Mathematisch für fortgeschrittene Anfänger

Martin Wohlgemuth (Hrsg.)

Mathematisch für fortgeschrittene Anfänger

Weitere beliebte Beiträge von Matroids Matheplanet

Mit Beiträgen von Johannes Hahn, Florian Weingarten, Florian Modler, Martin Wohlgemuth, Manuel Naumann, Jens Koch, Thorsten Neuschel, Peter Keller, Norbert Engbers, Hans-Jürgen Caspar, Kay Schönberger, Ueli Hafner, Reinhard Brünner

Spektrum
AKADEMISCHER VERLAG

Herausgeber
Martin Wohlgemuth
E-Mail: mail@matroid.de
www.matheplanet.de

Wichtiger Hinweis für den Benutzer
Der Verlag, der Herausgeber und die Autoren haben alle Sorgfalt walten lassen, um vollständige und akkurate Informationen in diesem Buch zu publizieren. Der Verlag übernimmt weder Garantie noch die juristische Verantwortung oder irgendeine Haftung für die Nutzung dieser Informationen, für deren Wirtschaftlichkeit oder fehlerfreie Funktion für einen bestimmten Zweck. Ferner kann der Verlag für Schäden, die auf einer Fehlfunktion von Programmen oder ähnliches zurückzuführen sind, nicht haftbar gemacht werden. Auch nicht für die Verletzung von Patent- und anderen Rechten Dritter, die daraus resultieren. Eine telefonische oder schriftliche Beratung durch den Verlag über den Einsatz der Programme ist nicht möglich. Der Verlag übernimmt keine Gewähr dafür, dass die beschriebenen Verfahren, Programme usw. frei von Schutzrechten Dritter sind. Die Wiedergabe von Gebrauchsnamen, Handelsnamen, Warenbezeichnungen usw. in diesem Buch berechtigt auch ohne besondere Kennzeichnung nicht zu der Annahme, dass solche Namen im Sinne der Warenzeichen- und Markenschutz-Gesetzgebung als frei zu betrachten wären und daher von jedermann benutzt werden dürften. Der Verlag hat sich bemüht, sämtliche Rechteinhaber von Abbildungen zu ermitteln. Sollte dem Verlag gegenüber dennoch der Nachweis der Rechtsinhaberschaft geführt werden, wird das branchenübliche Honorar gezahlt.

Bibliografische Information der Deutschen Nationalbibliothek
Die Deutsche Nationalbibliothek verzeichnet diese Publikation in der Deutschen Nationalbibliografie; detaillierte bibliografische Daten sind im Internet über http://dnb.d-nb.de abrufbar.

Springer ist ein Unternehmen von Springer Science+Business Media
springer.de

© Spektrum Akademischer Verlag Heidelberg 2010
Spektrum Akademischer Verlag ist ein Imprint von Springer

10 11 12 13 14   5 4 3 2 1

Planung und Lektorat: Dr. Andreas Rüdinger, Barbara Lühker
Herstellung: Crest Premedia Solutions (P) Ltd, Pune, Maharashtra, India
Satz: Martin Wohlgemuth und die Autoren
Umschlaggestaltung: SpieszDesign, Neu-Ulm
Titelbild: © Jos Leys

ISBN 978-3-8274-2606-2

Vorwort

Nun liegt das zweite Buch mit Beiträgen von Matroids Matheplanet vor. Alles, was im Vorwort zum ersten Band über den Matheplaneten, seine Mitglieder und die dortigen Gepflogenheiten gesagt worden ist, gilt weiterhin. Ich muss es nicht wiederholen.

Der erste Band hat den Titel „Mathematisch für Anfänger"; der neue, hier vorgelegte Band wendet sich an „fortgeschrittene Anfänger". Diese Bezeichnung drückt für uns, die Autoren, zweierlei aus: Zum einen behandelt dieser Band Themen, die aufbauend auf den mathematischen Grundlagen, die im ersten Band zusammengetragen worden sind, dem Leser abwechslungsreiche und interessante Einblicke in verschiedene weiterführende oder fortgeschrittenere Gebiete der Mathematik geben. Zum zweiten ist es unser Ziel, dass alles so verständlich ist, wie ein Anfänger im jeweiligen neuen Gebiet es sich wünschen wird.

Doch so verschieden und weit auseinander die Themen scheinen, so haben Auswahl und Anordnung der Inhalte einen roten Faden. Der Leser wird — so hoffen wir — von Kapitel zu Kapitel vorwärts gehen und es wird ihm so vorkommen, als ob alles zusammenhinge, weil nämlich das eine auf dem anderen aufbaut und in der Vielfalt der Themen diese gemeinsamen Grundlagen und wiederkehrenden mathematischen Denkweisen gut zu erkennen sind.

Am Beginn des Buches steht die Algebra. In sechs umfangreichen Kapiteln wird eine Einführung in die Gruppentheorie gegeben, die von zyklischen Gruppen, Untergruppen und Faktorgruppen über Homomorphismen, Isomorphiesätze und die Sylowschen Sätze bis zur Auflösbarkeit von Gruppen reicht. Dies entspricht etwa dem Stoff einer Algebra 1-Vorlesung. Gute Beispiele und die richtigen Erklärungen an der richtigen Stelle machen unseren Kurs zur Gruppentheorie zu etwas Besonderem. Daran anschließend folgt ein (erstes) Beispiel für die Anwendung von Gruppentheorie im „wirklichen Leben", nämlich beim *Rubik's Cube*. Der Algebra-Teil endet mit einer Darstellung zu endlichen Körpern, welche dann im vierten Teil, in dem es um Kryptographie und Faktorisierungsverfahren geht, eine Rolle spielen werden.

Der zweite Teil gibt eine Auswahl von Themen der Diskreten Mathematik; dazu gehören Beiträge zur Kombinatorik, aus der Graphentheorie und über ganzzahlige Optimierung. Es handelt sich hier aber nicht um einen Grundkurs in elementarer Kombinatorik. Vielmehr erhält der Leser einen Einblick, wie vielseitig, komplex und ideenreich die fortgeschrittene Kombinatorik sein kann. Wichtige Stichworte sind: Polya-Burnside-Lemma, Partitionszahlen, erzeugende Funktionen, Heiratsproblem, Bernoulli-Zahlen, Satz von Lagrange, Permanenten und Fixpunkte sowie die Binomialmatrix und das Lemma von Gessel-Viennot. Die behandelten Probleme kann jeder „Anfänger" verstehen, denn sie sind anschaulich und auch im Kleinen überprüfbar. Das ist ein Vorteil der Diskreten Mathematik.

Auch die Geometrie ist anschaulich. Es gibt aber nicht nur die elementare Geometrie aus der Schule. Auch Geometrie kann man fortgeschritten betreiben. Das zeigt zunächst ein Beitrag zur Geometrie des Origami, gefolgt von einer geometrischen Konstruktion des regelmäßigen Siebzehnecks, für die ganz erhebliche algebraische Hilfsmittel herangezogen werden müssen. In beiden Beiträgen geht es auch darum, was man nicht konstruieren kann. Der darauf folgende Beitrag mit einem Satz über ein Dreieck verallgemeinert einen aus der Schule bekannten Sachverhalt. Den geometrischen Teil beschließt eine Konstruktion der Kardioide als Hüllkurve einer Kurvenschar.

Die Kryptographie ist das Gebiet der Mathematik, das in den letzten Jahrzehnten mit den meisten Auftrieb erfahren hat. Ohne Verschlüsselung geht heute, im *online*-Zeitalter, nichts mehr, und die Mathematik liefert die Methoden zum sicheren Verschlüsseln: die elliptischen Kurven. In hohem Maße werden in diesem Teil Ergebnisse und Methoden der Gruppentheorie und der Theorie endlicher Körper benutzt. Was der eine verschlüsselt, das soll der andere nicht (leicht) unerlaubt entschlüsseln können. Bei der Verschlüsselung spielen sehr große Zahlen mit sehr großen Primfaktoren eine entscheidende Rolle. Ein ausführlicher Überblick, mit welchen Methoden man Teiler großer Zahlen finden kann und wie effizient das geht, schließt sich an. Im vierten Teil wird damit das Thema Kryptographie von „beiden" Seiten betrachtet.

Die Sammlung wird im fünften Teil fortgesetzt mit Beiträgen zur Fouriertransformation und zu einem klassischen Problem der Variationsrechnung, das als Brachistochronenproblem bekannt ist. Der Schwerpunkt im fünften Teil ist die Zahlentheorie mit Beiträgen über die bekanntesten transzendenten Zahlen der Welt, nämlich die Eulersche Zahl e und die Kreiszahl π. Zahlen sind transzendent, wenn sie eine bestimmte Eigenschaft *nicht* haben. Wie beweist man die Nicht-Eigenschaft „Transzendenz"? Das ist trickreich, also etwas für fortgeschrittene Anfänger. In einem weiteren Beitrag aus dem Bereich der elementaren Zahlentheorie laden die *repunits* zum Mitdenken ein.

Die Autoren der Beiträge sind junge und alte Mathematiker, Physiker oder Ingenieure. Sie schreiben für die Leser, weil sie ihre persönliche Faszination und
Freude an der Mathematik teilen und vermitteln wollen. Die Autoren hoffen auf
viele Leser, die sich anschließend mit Neugier und voller Begeisterung auf die
Mathematik stürzen und den Weg vom mathematischen Anfänger zum Fortgeschrittenen beginnen und durchhalten. Das wäre ein Erfolg!

Man muss wissen, was die Mathematik zu bieten hat, damit man sie richtig
(ein-)schätzen kann.

Matheplanet im Juli 2010

Martin Wohlgemuth (Matroid) aus Witten, *Johannes Hahn* aus Rostock, *Florian Weingarten* aus Aachen, *Florian Modler* aus Hannover, *Manuel Naumann*
aus Zürich, *Jens Koch* aus Berlin, *Thorsten Neuschel* aus Trier, *Peter Keller*
aus Berlin, *Norbert Engbers* aus Osnabrück, *Hans-Jürgen Caspar* aus Henstedt-
Ulzburg, *Kay Schönberger* aus Berlin, *Ueli Hafner* aus Winterthur, *Reinhard
Brünner* aus Reichertshofen.

Danksagungen

Herzlichen Dank an alle Autoren für die sehr gute und erfolgreiche Zusammen-
arbeit in unserem Team; insbesondere meine ich damit die sachliche und angenehme Durchführung der wechselseitigen Korrekturen. Ganz besonders möchte
ich mich bei Thorsten und Johannes bedanken, die sich vor allen anderen um
die Qualität des ganzen Buchs verdient gemacht haben.

Besten Dank den anderen Korrektoren und Probelesern, die mit ihrer Anmer-
kungen ganz entscheidend zu unserem Buch beigetragen haben: *buh* aus Berlin,
Wally aus Dortmund, *Curufin* aus Stuttgart, *huepfer* aus Münster, *xycolon* aus
Aachen, *Mentat* aus Heidelberg, *marvinius* aus Rostock, *Spock* aus Mannheim
und *Bilbo* aus Heidelberg. Vielen Dank an *Aikee* und *da_bounce*, die einzelne
Autoren bei der Erstellung der tex-Dateien unterstützt haben. Genau wie die
Autoren sind sie alle Mitglieder von Matroids Matheplanet.

Vielen Dank an den Spektrum Akademischer Verlag, dort vor allem an den
Leiter des mathematischen Programms Herrn Dr. Rüdinger für seine guten An-
regungen und an unsere Lektorin Frau Lühker für die sehr gute Betreuung.

Martin Wohlgemuth

Inhaltsverzeichnis

V Ausblick auf Weiteres   361

Teil I
Algebra

1 Gruppenzwang I
— Wir rechnen mit allem

Übersicht

---

ch stehe an einem Bahnhof mitten in Deutschland und muss möglichst schnell ein paar Fahrkarten kaufen, um meinen nächsten Zug zu schaffen. Mein Problem ist, dass ich zwar genügend Fünfer- und Zehner-Scheine habe, aber wenig Kleingeld. Und der Automat gibt kein Rückgeld! Reicht mein Kleingeld, wenn die Fahrscheine 12,80 €, 18,60 € und 24,50 € kosten, oder muss ich schnell noch zum Schalter flitzen und dabei zwei Euro Gebühr in Kauf nehmen? Ich rechne kurz nach:

$$12{,}80 + 18{,}60 + 24{,}50 = 2{,}80 + 3{,}60 + 4{,}50 = 6{,}40 + 4{,}50 = 10{,}90 = 0{,}90$$

Ja, 90 Cent habe ich klein, ich nehme also den Automaten und nicht den Schalter.

Später. Ich habe die Bahnfahrerei annähernd unbeschadet überstanden und verabrede mich mit Freunden. Es ist 21 Uhr, und in fünf Stunden wollen wir gemeinsam die Clubs unsicher machen. Ich rechne also wieder kurz:

$$21 + 5 = 26 = 2$$

Pünktlich um zwei Uhr stehe ich also vor dem Club.

Was haben beide Rechnungen gemeinsam? Zum einen, dass sie augenscheinlich nicht richtig sein können, und zum anderen, dass sie trotzdem ein sinnvolles Ergebnis liefern. Es stellt sich die Frage, ob man diesen obskuren Rechnungen eine sinnvolle mathematische Interpretation geben kann.

Das mathematische Gebiet Gruppentheorie gibt uns die Mittel in die Hand, beinahe beliebig definierte „Rechenvorschriften" zu untersuchen. Zumindest solange diese „Rechenvorschriften" sich wenigstens in einigen Eckpunkten nicht vom uns gewohnten Zahlenrechnen unterscheiden.

1.1   Die graue Theorie zu Beginn

Diese Eckpunkte, die wir festhalten wollen, sind die sogenannten Gruppenaxiome. Sie beschreiben fünf wesentliche Eigenschaften eines Konzeptes von „Multiplikation" oder „Addition".

1.1.1   Eine Hierarchie mathematischer Strukturen

Wir gehen zunächst davon aus, dass wir eine Menge G (wie „Gruppe") gegeben haben, deren Elemente wir mit einer solchen verallgemeinerten Multiplikation irgendwie verbasteln wollen. Für so eine Menge definiert man nun folgende Axiome:

Definition 1.1 (Gruppenaxiome)
Sei G eine Menge.

E Existenz und Wohldefiniertheit einer Verknüpfung

Eine *Verknüpfung* ist eine Abbildung $\circ : G \times G \to G$. (Zur genaueren Abgrenzung spricht man manchmal präziser auch von einer inneren, binären Verknüpfung.)

Sie ordnet also einem Paar von Elementen von G ein weiteres Element von G zu. Diese Verknüpfung soll unsere „Multiplikation" modellieren. Daher schreiben wir sie auch in einer Notation, die an die Multiplikation erinnert: Statt wie bei anderen Abbildungen üblich $\circ(a, b)$ zu schreiben, schreiben wir $a \circ b$ für das Bild von (a, b) unter der Abbildung $\circ$.

A Assoziativität

Die Verknüpfung $\circ$ heißt *assoziativ*, falls

$$\forall\, a, b, c \in G : a \circ (b \circ c) = (a \circ b) \circ c$$

gilt. Dieses Axiom sagt uns also, dass unsere Verknüpfung mit der gewöhnlichen Multiplikation von Zahlen die Eigenschaft gemein hat, dass wir in komplizierteren Termen umklammern dürfen, wie wir wollen. Und weil wir das dürfen, ist uns die Klammerung so egal, dass wir sie bei assoziativen Verknüpfungen in den meisten Fällen gleich gänzlich weglassen.

N Neutrales Element

Man sagt, $e \in G$ sei ein *neutrales Element* der Verknüpfung, falls

$$\forall g \in G : e \circ g = g = g \circ e$$

gilt.

Auch dies wird von der Multiplikation reeller Zahlen erfüllt, denn für die reelle Zahl $e = 1$ gilt diese Eigenschaft. Aufgrund dessen heißt ein neutrales Element oft auch „Einselement" oder kurz „Eins" der Verknüpfung. Dadurch erklären sich auch die üblichen Bezeichnungsweisen wie e oder 1 für solch ein Element.

Wir werden vorerst bei der Bezeichnung e bleiben, aber gebräuchlicher ist 1. Für einen Einsteiger kann es ungewohnt sein, wenn verschiedene Dinge (wie etwa die reelle Zahl 1 und neutrale Elemente von beliebigen anderen Verknüpfungen) mit derselben Bezeichnung versehen werden wie hier. Daher ist es zum Eingewöhnen vielleicht nicht die schlechteste Lösung, zunächst bei e zu bleiben und nach der Eingewöhnungsphase zu 1 zu wechseln.

I Inverse Elemente

Eine weitere Forderung, die man an die Verknüpfung stellen kann, ist die, dass jedes Element $g \in G$ ein sogenanntes *inverses Element* $g' \in G$ besitzt. Darunter ist folgendes zu verstehen:

$$\forall g \in G \ \exists g' \in G : g \circ g' = g' \circ g = e$$

e meint dabei das neutrale Element, dessen Existenz im vorherigen Axiom gefordert wurde. Wir werden später einsehen, dass es nur ein einziges neutrales Element geben kann, daher benötigt man keinen klärenden Zusatz wie „inverse Elemente bzgl. e", um zwischen verschiedenen neutralen Elementen zu unterscheiden.

Hier muss man zum ersten Mal Vorsicht walten lassen beim Vergleich mit der bekannten Multiplikation von reellen Zahlen, denn nicht alle reellen Zahlen erfüllen diese Forderung. Die (einzige) Ausnahme ist bekanntlich die Zahl $g = 0$, denn, egal welches $g' \in \mathbb{R}$ wie betrachten, es ist stets $0 \cdot g' = 0 \neq 1$.

Alle anderen reellen Zahlen erfüllen dies jedoch.

K Kommutativität

Die Verknüpfung heißt *kommutativ* oder auch *abelsch*, falls

$$\forall g, h \in G : g \circ h = h \circ g$$

gilt.

Dies wird von der uns bekannten Multiplikation reeller Zahlen wieder uneingeschränkt erfüllt.

Ein Paar $(G, \circ)$ wird eine *Gruppe* genannt, falls es EANI erfüllt, d. h., wenn $\circ$ eine Verknüpfung ist (E), die assoziativ (A) ist, ein neutrales Element besitzt (N) und bzgl. derer jedes Element ein inverses Element hat (I).

Falls $(G, \circ)$ zusätzlich auch K erfüllt, spricht man von einer *kommutativen Gruppe* bzw. einer *abelschen Gruppe*.

Je nachdem, welche dieser Axiome erfüllt sind und welche nicht, vergibt man verschiedene weitere Namen für solche Strukturen:

Erfüllt $(G, \circ)$ nur E, so nennt man dies *Gruppoid* oder *Magma*. Da „Gruppoid" eine zweite, wichtigere Bedeutung hat, ist der Begriff Magma im Zweifelsfall vorzuziehen. Jedoch ist eine Struktur, die keinerlei nützliche Eigenschaften hat, zu unspannend, um großartig darüber zu reden, daher tritt das sowieso selten in Erscheinung.

Erfüllt $(G, \circ)$ EA, so spricht man von einer *Halbgruppe*.

Erfüllt $(G, \circ)$ EAN, so spricht man von einem *Monoid*. Sowohl Halbgruppen als auch Monoide können natürlich zusätzlich auch K erfüllen. Man nennt das ggf. dann eine kommutative/abelsche Halbgruppe bzw. einen kommutativen/abelschen Monoid.

Am Ende der Fahnenstange steht dann, wie schon gesagt, mit EANI bzw. EA-NIK die (kommutative) Gruppe.   ◆

Noch ein Wort zur Notation: Mathematiker sind notorische Faulpelze und schreiben daher meist nichts mit auf, was sich vermeiden lässt. Wenn man sich an die Definitionen und Konzepte, die durch die Gruppenaxiome gegeben sind, erst einmal gewöhnt hat, geht man in der Regel schnell zu abkürzenden Notationen über.

So ist es üblich, bis auf begründete Ausnahmen jede Gruppenverknüpfung entweder mit dem gewohnten Multiplikationspunkt (d. h. in der Form $a \cdot b$) oder — was besonders bei abelschen Gruppen üblich ist — mit einem Plus (d. h. in der Form $a + b$) zu schreiben. Man sagt auch, dass die Gruppe „multiplikativ" bzw. „additiv geschrieben" sei. Bei multiplikativer Notation verzichtet man dann sogar darauf, überhaupt ein Verknüpfungssymbol zu benutzen und schreibt nur noch ab für die Verknüpfung von a mit b.

Es ist aber wichtig, dass das ein rein kosmetischer Unterschied ist, denn wie immer sind Namen nur Schall und Rauch. Es kommt einzig und allein darauf an, was unsere Verknüpfung für Eigenschaften hat oder nicht hat, und nicht darauf, ob wir sie mit $\circ$, $\cdot$, $+$, $*$ oder irgendwie anders bezeichnen.

1.2 Die bunte Praxis

1.2.1 Beispiele für Gruppen

Beispiel 1.2 (EANIK — gewöhnliche Zahlen)
Wir haben bereits während der Definition der Gruppenaxiome gesehen, dass die Menge der von Null verschiedenen reellen Zahlen alle fünf Axiome erfüllt, d. h., $(\mathbb{R} \setminus \{0\}, \cdot)$ ist eine abelsche Gruppe. Das gilt, wie wir wissen, genauso für die Multiplikation komplexer und rationaler Zahlen, d. h., $(\mathbb{C} \setminus \{0\}, \cdot)$ und $(\mathbb{Q} \setminus \{0\}, \cdot)$ sind ebenfalls abelsche Gruppen. Man schreibt abkürzend auch $\mathbb{Q}^\times, \mathbb{R}^\times$ und $\mathbb{C}^\times$ für diese Gruppen. (Manchmal wird auch ein Stern statt eines Kreuzes benutzt.)

Es muss jedoch nicht immer die Multiplikation sein. Wir können uns ganz leicht klarmachen, dass auch die Addition Gruppen aus $\mathbb{Q}, \mathbb{R}$ und $\mathbb{C}$ macht, denn ...

E ... die Addition ist eine Abbildung $\mathbb{R} \times \mathbb{R} \to \mathbb{R}$, ...

A ... die assoziativ ist, denn dass für reelle Zahlen

$$\forall a, b, c \in \mathbb{R} : a + (b + c) = (a + b) + c$$

gilt, ist uns schon aus der Schule und noch davor bestens bekannt, ...

N ... die mit der reellen Zahl 0 ein neutrales Element hat, da

$$\forall a \in \mathbb{R} : a + 0 = a = 0 + a$$

gilt, ...

I ... die zu jeder reellen Zahl a mit der reellen Zahl $-a$ ein Inverses bereithält, da

$$\forall a \in \mathbb{R} : a + (-a) = 0 = (-a) + a$$

ist und ...

K ... die bekanntlich auch kommutativ ist, denn auch

$$\forall a, b \in \mathbb{R} : a + b = b + a$$

kennen und benutzen wir alle bereits seit vielen Jahren.

Im Wesentlichen dasselbe Argument funktioniert natürlich auch für $(\mathbb{Q}, +)$, für $(\mathbb{C}, +)$ und auch für $(\mathbb{Z}, +)$. Bei letzterem klappt das analoge Vorgehen mit der Multiplikation jedoch nicht (siehe weiter unten). ∎

Beispiel 1.3 (EANI — Affine Abbildungen)
Ein sehr einfaches Beispiel einer Gruppe, die jedoch nicht kommutativ ist, sind sogenannte *affine Abbildungen* $\mathbb{R} \to \mathbb{R}$, d. h. Abbildungen der Form

$$x \mapsto ax + b,$$

wobei a, b reelle Zahlen sind und $a \neq 0$ ist.

Wir setzen also als zugrunde liegende Menge

$$G := \mathrm{Aff}(\mathbb{R}) := \{\, f : \mathbb{R} \to \mathbb{R} \mid f \text{ ist affin}\,\}.$$

Als Verknüpfung benutzen wir die Hintereinanderausführung von Abbildungen, d. h., für zwei Abbildungen $f, g : \mathbb{R} \to \mathbb{R}$ definieren wir $f \circ g$ als die Abbildung

$$f \circ g := \begin{cases} \mathbb{R} \to \mathbb{R} \\ x \mapsto f(g(x)) \end{cases}.$$

Wir prüfen nach, dass es sich dabei um eine Gruppe handelt:

E Die Verknüpfung ist so definiert, dass aus zwei affinen Abbildungen $f, g :$ $\mathbb{R} \to \mathbb{R}$ (etwa mit $f(x) = ax + b$ und $g(x) = cx + d$) wieder eine Abbildung $f \circ g : \mathbb{R} \to \mathbb{R}$ wird. Ist $f \circ g$ jedoch wieder eine *affine* Abbildung? Wir überprüfen das: Für alle $x \in \mathbb{R}$ gilt:

$$\begin{aligned} (f \circ g)(x) &= f(g(x)) && \text{nach Definition} \\ &= f(cx + d) && \text{in } g \text{ eingesetzt} \\ &= a(cx + d) + b && f \text{ eingesetzt} \\ &= (ac)x + (ad + b) \end{aligned}$$

Da nun a und c nach Voraussetzung $\neq 0$ sind, ist auch $ac \neq 0$, d. h., $f \circ g$ hat ebenfalls die Gestalt, die affine Abbildungen definieren.

A Es gilt allgemein für alle Abbildungen f, g, h, die man überhaupt hintereinander ausführen kann, dass diese Hintereinanderausführung assoziativ ist:

$$((f \circ g) \circ h)(x) = (f \circ g)(h(x)) = f(g(h(x))) = f((g \circ h)(x)) = (f \circ (g \circ h))(x)$$

Dabei wurde in jedem Schritt nur die Definition der Hintereinanderausführung benutzt.

N Wenn man irgendeinen Ausdruck in die Abbildung $\mathbb{R} \to \mathbb{R}, e(x) := x$ einsetzt, dann kommt derselbe Ausdruck wieder heraus, d. h., es gilt

$$f(e(x)) = f(x) \implies f \circ e = f$$

und

$$e(f(x)) = f(x) \implies e \circ f = f.$$

Also ist die Abbildung e, die auch *identische Abbildung* oder kurz *Identität* genannt und als $\mathrm{id}_{\mathbb{R}}$ geschrieben wird, ein neutrales Element für die Hintereinanderausführung von Abbildungen.

Um zu bestimmen, ob alle affinen Abbildungen $f : \mathbb{R} \to \mathbb{R}$ inverse affine Abbildungen haben, schreiben wir uns zunächst auf, was das heißt: Wenn g eine inverse Abbildung wäre, so müssten $f \circ g = e$ und also auch

$$\forall\, x \in \mathbb{R} : x = e(x) = (f \circ g)(x) = f(g(x))$$

wahr sein. Wenn wir also $g(x)$ mit y abkürzen, dann müssen wir $x = f(y)$ nach y auflösen, um herauszufinden, wie g denn aussähe, falls es tatsächlich ein Inverses zu f gäbe. Das Auflösen ist einfach:

$$x = ay + b \iff y = \frac{1}{a}(x - b) = \frac{1}{a}x - \frac{b}{a}$$

Wenn es überhaupt eine inverse Abbildung g von f gäbe, dann müsste sie

$$g(x) = \frac{1}{a}x - \frac{b}{a}$$

erfüllen. Das ist bis jetzt aber nur ein Verdacht, denn wir haben ja angenommen, dass g ein Inverses von f ist, um dieses Resultat zu erhalten. Um jetzt nachzuprüfen, dass f wirklich ein Inverses hat, gehen wir den Weg rückwärts: Wir *definieren* $g : \mathbb{R} \to \mathbb{R}$ durch die obige Gleichung (und erkennen jetzt, weshalb wir eingangs $a \neq 0$ gefordert haben, nämlich damit diese Definition einen Sinn ergibt) und prüfen nach, ob die Eigenschaft, die inverse Element definiert, wahr ist:

$$
\begin{aligned}
(f \circ g)(x) &= f(g(x)) \\
&= f\left(\frac{1}{a}x - \frac{b}{a}\right) \\
&= a\left(\frac{1}{a}x - \frac{b}{a}\right) + b \\
&= (x - b) + b \\
&= x = e(x) && \implies f \circ g = e \\
(g \circ f)(x) &= g(f(x)) \\
&= g(ax + b) \\
&= \frac{1}{a}(ax + b) - \frac{b}{a} \\
&= \left(x + \frac{b}{a}\right) - \frac{b}{a} \\
&= x = e(x) && \implies g \circ f = e
\end{aligned}
$$

Also ist g tatsächlich das Inverse von f.

Damit haben wir festgestellt, dass $(\mathrm{Aff}(\mathbb{R}), \circ)$ tatsächlich eine Gruppe definiert. Wir überzeugen uns jetzt noch davon, dass dies eine nichtabelsche Gruppe ist: Dazu müssen wir zwei affine Abbildungen f_1, f_2 finden, sodass $f_1 \circ f_2 \neq f_2 \circ f_1$ ist. Es ist beinahe egal, welche Abbildungen man da nun tatsächlich wählt, fast alle Paare werden funktionieren und wenn man zufällig eines auswählt, hat man gute Chancen, dass es klappt. Ich wähle zufällig $f_1(x) = 2x + 1$ und $f_2(x) = 3x - 4$ und rechne nach, dass dieses Paar tatsächlich zu der Ungleichheit führt:

$$
\begin{aligned}
(f_1 \circ f_2)(x) &= f_1(3x - 4) \\
&= 2(3x - 4) + 1 \\
&= 6x - 7 \\
(f_2 \circ f_1)(x) &= f_2(2x + 1) \\
&= 3(2x + 1) - 4 \\
&= 6x - 1
\end{aligned}
$$

Setzt man nun $x = 0$ in beide Gleichungen ein, sieht man, dass $(f_1 \circ f_2)(0) = -7 \neq -1 = (f_2 \circ f_2)(0)$ ist, d. h., $f_1 \circ f_2$ und $f_2 \circ f_2$ sind verschiedene Abbildungen. (Man beachte, dass man tatsächlich eine Zahl einsetzen muss, denn nur weil zwei Abbildungsvorschriften verschieden sind, heißt das nicht, dass die Abbildungen auch verschieden sind, denn man kann ja ein und dieselbe Funktion durchaus auch mit verschiedenen Abbildungsvorschriften beschreiben.)   ∎

Beispiel 1.4 (EANI — Symmetrische Gruppen)
Völlig analog lässt sich beweisen, dass

$$
\mathrm{Sym}(M) := \{\, f : M \to M \mid f \text{ ist bijektiv} \,\}
$$

für jede Menge M zusammen mit der Hintereinanderausführung von Abbildungen eine Gruppe ist. Die Argumente für E, A und N sind dieselben wie eben. Das neutrale Element ist wie eben die *Identität*, d. h.:

$$
\mathrm{id}_M := \begin{cases} M \to M \\ m \mapsto m \end{cases}
$$

Jede bijektive Abbildung $f : M \to M$ hat eine Umkehrabbildung $f^{-1} : M \to M$, die hier als Inverses dient.

Ist speziell $M = \{\, 1, 2, \ldots, n \,\}$, so schreibt man auch S_n statt $\mathrm{Sym}(M)$.   ∎

1.2.2 Gegenbeispiele

Beispiel 1.5 (EAN — Monoide, die keine Gruppen sind)
Wir haben festgestellt, dass Multiplikation und Addition bei uns bekannten Zahlen sich oft wie (kommutative) Gruppen verhalten. Das gilt jedoch nicht uneingeschränkt. Die Tatsache, dass man nicht durch 0 teilen darf, ist uns schon aufgefallen. Es geht jedoch auch schlimmer:

So ist $(\mathbb{Z} \setminus \{0\}, \cdot)$ im Gegensatz zu $(\mathbb{Q} \setminus \{0\}, \cdot)$ ein (kommutativer) Monoid aber keine Gruppe. Das liegt daran, dass ganze Zahlen ungleich $-1, 0, +1$ keine Inversen in $\mathbb{Z}$ haben, (Dass sie Inverse in $\mathbb{Q}$ haben, widerspricht dem nicht! Das Axiom der inversen Elemente fordert ja ganz explizit, dass für alle $g \in G$ ein $g' \in G$ mit der entsprechenden Eigenschaft existiert, d.h., man darf die vorgegebene Menge nicht verlassen). Das sieht man wie folgt:

Wäre $ab = 1$ und $a, b \in \mathbb{Z}$, so ist $|a| \geq 1$ und $|b| \geq 1$, da es sich ja um ganze Zahlen ungleich 0 handelt. Wäre nun $|a| > 1$, so würde das $|ab| = 1$ widersprechen (analog mit b). Also kann nur $|a| = |b| = 1$, d.h. $a = b = \pm 1$ sein. Ganze Zahlen wie $\pm 2, \pm 3, \ldots$ haben also keine ganzzahligen Inversen.

Mit einem ähnlichen Argument kann man sich auch überzeugen, dass $(\mathbb{N}, +)$ ein kommutativer Monoid ist, aber keine Gruppe, da außer dem neutralen Element 0 keine natürliche Zahl ein Inverses in $\mathbb{N}$ hat. (Bei mir und den meisten anderen Algebraikern ist 0 eine natürliche Zahl. $\mathbb{N}$ erst bei 1 beginnen zu lassen, macht die Algebra nur unnötig kompliziert!)

Wenn wir in obigem Beispiel $\text{Aff}(\mathbb{R})$ die Forderung $a \neq 0$ fallen lassen, dann stimmen die Beweise für E, A und N natürlich ganz genauso, denn dort wurde $a \neq 0$ ja kein einziges Mal benutzt. Auch K ist immer noch falsch, denn das Beispiel funktioniert ganz genauso. Damit haben wir auch ein Beispiel für einen Monoid gefunden, der weder kommutativ noch eine Gruppe ist.

Allgemeiner ist für jede Menge X die Menge $\text{Abb}(X)$ aller Abbildungen $X \to X$ ein Monoid. Dieser Monoid ist genau dann eine Gruppe, wenn $|X| \in \{0, 1\}$ ist, und genau dann kommutativ, wenn $|X| \in \{0, 1, 2\}$ ist. ■

Beispiel 1.6 (EA — Halbgruppen)
Indem man statt $(\mathbb{N}, +)$ einfach $(\mathbb{N}_{>0}, +)$ betrachtet, also das neutrale Element 0 entfernt, kann man sich eine Halbgruppe schaffen, die kein Monoid mehr ist, denn wenn a und b beide positive natürliche Zahlen sind, dann ist $a + b > a \wedge a + b > b$, d.h., die für ein neutrales Element notwendige Bedingung $\forall a \in \mathbb{N}_{>0} : a + e = a$ kann für kein Element von $\mathbb{N}_{>0}$ erfüllt werden.

Vorsicht: Allein dadurch, dass man ein neutrales Element aus einer Halbgruppe entfernt, kommt man noch nicht automatisch zu einem Gegenbeispiel. Es gibt Beispiele, wo der „Rest" wieder ein Monoid ist, d.h. ein neues Element plötzlich neutral wird. ■

Beispiel 1.7 (E — Verknüpfungen ohne Alles)
Das Kreuzprodukt von Vektoren aus dem $\mathbb{R}^3$ ist ein Beispiel für eine Verknüpfung, die weder assoziativ oder kommutativ ist noch ein neutrales Element hat. (Von inversen Elementen zu sprechen ist natürlich gar nicht sinnvoll, weil man ein neutrales Element braucht, um dieses Axiom überhaupt zu formulieren.)

Das sieht man schon an den allereinfachsten Vektoren: Für $e_x := (1,0,0), e_y := (0,1,0), e_z := (0,0,1)$ gilt:

$$e_x \times e_y = e_z$$

$$e_y \times e_x = -e_z$$

$$e_x \times (e_x \times e_y) = e_x \times e_z = -e_y$$

$$(e_x \times e_x) \times e_y = 0 \times e_y = 0$$

$$\forall v \in \mathbb{R}^3 : v \times v = 0$$

Die ersten beiden Gleichungen zeigen, dass $\times$ nicht kommutativ ist, die dritte und vierte zeigen, dass es nicht assoziativ ist, und die letzte zeigt, dass kein Vektor neutral sein kann, denn wäre $e \in \mathbb{R}^3$ neutral, so müsste ja insbesondere $e \times e = e$ sein, d. h. $e = 0$. $e = 0$ erfüllt aber beispielsweise die notwendige Gleichung $e_x \times 0 = e_x$ nicht.

Natürlich sind solche Verknüpfungen nicht unwichtig, nur weil sie sich nicht den fünf Gruppenaxiomen unterordnen. Sie kommen halt nur in anderen Fragestellungen vor und haben dort ihre Daseinsberechtigung. Nur untersucht man diese nicht (immer) mit den Mitteln der Gruppentheorie. ∎

1.2.3 Kleingeld- und Uhrenarithmetik

Die Frage, welche Gruppe jetzt den Rechenbeispielen der Einleitung einen sinnvollen Rahmen verleiht, steht natürlich weiterhin im Raum. Darauf wollen wir nun eine Antwort finden.

Beide Beispiele basieren auf demselben Prinzip, das man so zusammenfassen kann: Wenn zwei natürliche Zahlen, z. B. zwei Stundenzahlen oder zwei Centbeträge, gegeben sind, so ist die Verknüpfung von beidem dadurch gegeben, dass man die Zahlen erst wie gewohnt addiert. Falls das Ergebnis größer oder gleich einer vorgegebene Grenze (z. B. 24 Stunden oder 500 Cent) ist, so wird diese Grenzzahl wieder subtrahiert. Diese Zahl ist größer oder gleich 0 und kleiner als die vorgegebene Grenze und wird als das Ergebnis der Rechnung benutzt.

Dieses Prinzip läuft unter dem Stichwort „modulo rechnen" natürlich mit beliebigen Grenzen ab. Eine mögliche Definition der *Addition modulo n* (wobei n eine positive, natürliche Zahl sei) ist die folgende: (Wir werden in einem weiteren Kapitel jedoch sehen, dass dies aus theoretischer Sicht nicht die sinnvollste ist. Sie ist jedoch zum konkreten Rechnen oder zum Programmieren sehr gut einsetzbar.)

Definition 1.8
Ist $x \in \mathbb{N}$, so definiere:

$$x \operatorname{MOD} n := x - n \left\lfloor \frac{x}{n} \right\rfloor$$

Dabei meint $\lfloor \cdot \rfloor$ die Abrunden-Funktion, d. h., $\lfloor r \rfloor$ ist die größte ganze Zahl, die kleiner oder gleich r ist.

Um $x \operatorname{MOD} n$ zu bestimmen, kann man also folgende Anleitung benutzen: Bestimme das größte Vielfache von n, das noch kleiner oder gleich x ist, und subtrahiere es von x.

Für Zahlen $a, b, c \in \{0,1,\ldots,n-1\}$ definiere die Addition modulo n durch:

$$a \oplus_n b := (a + b) \operatorname{MOD} n$$

Wieder umgangssprachlich formuliert: Addiere erst wie gewohnt und reduziere dann modulo n. ◆

Ich behaupte nun, dass die Menge $G_n := \{0,1,\ldots,n-1\}$ zusammen mit der Verknüpfung $\oplus_n$ eine Gruppe ist. Das nur zu behaupten reicht selbstverständlich nicht, es muss bewiesen werden:

E Ist noch relativ einfach: Wenn $a \in G_n$ und $b \in G_n$ sind, dann ist $a \oplus_n b$ nach Definition schon einmal eine ganze Zahl. Wegen $n \lfloor \frac{x}{n} \rfloor \le n\frac{x}{n} = x$ ist $x \operatorname{MOD} n$ stets größer oder gleich 0. Da $n \lfloor \frac{x}{n} \rfloor$ das *größte* Vielfache von n ist, das kleiner oder gleich x ist, muss außerdem $x - n\lfloor \frac{x}{n} \rfloor < n$ sein, d. h. kleiner oder gleich $n-1$. Damit ist gezeigt, dass für alle $a, b \in G_n$ auch $a \oplus_n b \in G_n$ ist, dass $\oplus_n$ also eine wohldefinierte Verknüpfung ist.

K Die Assoziativität verschieben wir auf das Ende und schauen uns zunächst die Kommutativität an: Da $a \oplus_n b$ mittels der gewöhnlichen Summe $a + b$ definiert wurde, sollte die Verknüpfung kommutativ werden. Wir prüfen das nach:

$$a \oplus_n b = (a + b) - n \left\lfloor \frac{a+b}{n} \right\rfloor = (b + a) - n \left\lfloor \frac{b+a}{n} \right\rfloor = b \oplus_n a$$

Also ist $\oplus_n$ kommutativ wie vermutet.

N Sehen wir uns nun das neutrale Element an. Wenn man einmal raten müsste, wie das neutrale Element einer Verknüpfung aussieht, die als „Addition" bezeichnet und durch „Addiere erst und tue dann etwas mit dem Ergebnis." definiert wurde, dann kommt man relativ schnell darauf, dass der einzig naheliegende Kandidat für das neutrale Element 0 ist. Prüfen wir nach, ob das stimmt:

$$\forall a \in G_n : 0 \oplus a = (0 + a) - n \left\lfloor \frac{0+a}{n} \right\rfloor = a - n \left\lfloor \frac{a}{n} \right\rfloor$$

Da nun nach Voraussetzung $a \in G_n$ ist, ist $0 \le a < n$, also $0 \le \frac{a}{n} < 1$, also $\lfloor \frac{a}{n} \rfloor = 0$ und somit $0 \oplus_n a = a - n0 = a$. Da wir schon wissen, dass $\oplus_n$ kommutativ ist, muss daher auch $a \oplus_n 0 = a$ sein für alle $a \in G_n$.

I Über die Inversen muss man vielleicht einmal nachdenken, bevor da eine zündende Idee kommt. Wenn man sich aber wieder das Uhren- oder das Kleingeldbeispiel vor Augen führt, dann sieht man schnell ein, dass man, um $a \oplus_n b = 0$ zu erreichen, b „komplementär" zu a wählen muss, d.h., b muss der Abstand zum nächstgrößeren Vielfachen von 24 Stunden bzw. 500 Cent sein. Oder allgemeiner: $0 \oplus_n 0 = 0$ und für $a > 0$ ist $n - a$ das Inverse.

Das prüfen wir nach: Wenn $0 < a < n$ ist, dann ist natürlich $n > n - a > 0$, d.h. $n - a \in G_n$. Damit haben wir also schon einmal keinerlei Probleme. Auch die Rechnung macht uns keine Schwierigkeiten:

$$a \oplus_n (n - a) = a + n - a - n \left\lfloor \frac{a + n - a}{n} \right\rfloor = n - \left\lfloor \frac{n}{n} \right\rfloor = n - n \cdot 1 = 0$$

Aufgrund der Kommutativität ist auch $(n - a) \oplus_n a = 0$.

A Der letzte Punkt auf unserer Agenda ist nun die Assoziativität. Dafür müssen wir eine winzige Vorüberlegung über die Abrundungsfunktion $\lfloor \cdot \rfloor$ machen: Egal, welche reelle Zahl x man dort einsetzt, da $\lfloor \cdot \rfloor$ immer auf die nächstkleinere ganze Zahl abrundet, ändert sich nicht viel, wenn wir um eine ganze Zahl verschieben, d.h.:

$$\forall\, x \in \mathbb{R}\, \forall\, k \in \mathbb{Z} : \lfloor k + x \rfloor = k + \lfloor x \rfloor$$

Das benutzen wir jetzt, um die Assoziativität nachzurechnen: Für alle $a, b, c \in G_n$ gilt:

$$\begin{aligned}
(a \oplus_n b) \oplus_n c &= (a + b \,\mathrm{MOD}\, n) \oplus_n c \\
&= \left(a + b - n \left\lfloor \frac{a + b}{n} \right\rfloor \right) \oplus_n c \\
&= a + b - n \left\lfloor \frac{a + b}{n} \right\rfloor + c - n \left\lfloor \frac{a + b - n \lfloor \frac{a+b}{n} \rfloor + c}{n} \right\rfloor \\
&= a + b + c - n \left\lfloor \frac{a + b}{n} \right\rfloor - n \left\lfloor \frac{a + b + c}{n} - \left\lfloor \frac{a + b}{n} \right\rfloor \right\rfloor \\
&= a + b + c - n \left\lfloor \frac{a + b}{n} \right\rfloor - n \left\lfloor \frac{a + b + c}{n} \right\rfloor + n \left\lfloor \frac{a + b}{n} \right\rfloor \\
&= a + b + c - n \left\lfloor \frac{a + b + c}{n} \right\rfloor
\end{aligned}$$

Wertet man $a \oplus_n (b \oplus_n c)$ genauso aus, so erhält man dasselbe Ergebnis. Das zeigt, dass $a \oplus_n (b \oplus_n c) = (a \oplus_n b) \oplus_n c$ ist, d.h., $\oplus_n$ ist assoziativ.

Damit ist also bewiesen, dass $(G_n, \oplus_n)$ eine abelsche Gruppe ist.

Ich möchte anmerken, dass die Notation, die ich für diese Gruppe und ihre Verknüpfung verwendet habe, weit weg davon ist, irgendwie verbreitet, manchmal üblich oder außerhalb dieses Beispiels nur ein einziges Mal verwendet worden zu sein. Wir werden in einem späteren Kapitel noch eine alternative Konstruktion kennenlernen, die uns im Wesentlichen dieselbe Gruppe liefert und mit $\mathbb{Z}/n\mathbb{Z}$ bezeichnet wird. Dies ist die Standardbezeichnung.

Um diese beiden Konstruktionen aber nicht zu vermischen, solange wir noch nicht wissen, dass sie im Wesentlichen identisch sind, habe ich mich hier entschieden, eine andere Bezeichnung zu wählen.

1.3   Wieder Theorie: Ein paar Beweise als Grundlage

Es lohnt sich, einen genaueren Blick auf die Axiome zu werfen. Wenn man ein paar Übungsaufgaben macht und öfter einmal nachweist, dass dieses oder jenes eine Gruppe ist, dann fällt einem vielleicht auf, dass viel Arbeit dabei ist, die zwar in den Axiomen gefordert wird, aber in den Beispielen für Gruppen eigentlich nicht notwendig erscheint.

1.3.1   Einseitig- und Eindeutigkeit

Nun ist es so, dass man sehr oft doppelten Aufwand hat, um zu zeigen, dass das (vermutete) neutrale Element e wirklich $e \cdot x = x$ *und* $x \cdot e = x$ für alle $x \in G$ erfüllt. Es scheint, als würde dort immer nur ein und dieselbe Rechnung auf zwei verschiedene Weisen aufgeschrieben. Derselbe Verdacht drängt sich einem beim Nachprüfen der Definition eines inversen Elements auf.

Es stellt sich also die Frage, ob es wirklich sein muss, dass man immer beide Varianten der jeweiligen Gleichung überprüfen muss. Gibt es vielleicht eine Gruppe, wo die eine Variante stets funktioniert, die andere jedoch nicht?

Außerdem fällt auf, dass in den Axiomen nur gefordert wurde, dass es *ein* (was ja auf Mathematisch stets „mindestens ein" meint) neutrales Element gibt und pro Gruppenelement ein Inverses. Hier stellt sich die Frage, ob es vielleicht der Fall sein könnte, dass es *genau ein* neutrales Element und für Gruppenelemente genau ein Inverses gibt.

Beide Fragen wollen wir in diesem Abschnitt beantworten und dabei gleich den Umgang mit den Gruppenaxiomen in Beweisen einüben.

Definition 1.9
Seien X eine Menge und $\cdot : X \times X \to X$ eine Verknüpfung auf dieser. Wir definieren dann:

Ein Element $e \in X$ heißt *linksneutral*, falls

$$\forall x \in X : e \cdot x = x$$

gilt, und *rechtsneutral*, falls gilt:

$$\forall x \in X : x \cdot e = x$$

Sei $e \in X$ ein rechts- oder linksneutrales Element. Ein $y \in X$ heißt *linksinvers zu* x, falls

$$y \cdot x = e$$

gilt, und entsprechend *rechtsinvers zu* x, falls

$$x \cdot y = e$$

gilt. Korrekterweise müsste man eigentlich sagen, dass es sich um ein Links- bzw. Rechtsinverses *bzgl.* e handelt, solange wir noch nicht bewiesen haben, dass neutrale Elemente eindeutig bestimmt sind.   ♦

Ein neutrales Element (ohne Seitenangabe) ist nach dieser Definition ein Element, das links- *und* rechtsneutral ist, ein inverses Element von x ist eines, das links- *und* rechtsinvers zu x ist. Man spricht deshalb zur Klarstellung auch manchmal von „beidseitig" neutralen bzw. inversen Elementen.

Lemma 1.10 (Eindeutigkeit von neutralen Elementen)

Sei X eine Menge und $\cdot : X \times X \to X$ eine Verknüpfung auf X. Ist e_R ein rechts- und e_L ein linksneutrales Element, so gilt bereits $e_R = e_L$.

Beweis: Wir werten dazu $e_L \cdot e_R$ auf zwei verschiedene Weisen aus: Es gilt

$$e_L \cdot e_R = e_R,$$

denn e_L ist linksneutral.

Es gilt jedoch auch

$$e_L \cdot e_R = e_L,$$

denn e_R ist rechtsneutral.   □

Wie folgt aus diesem Lemma nun die Eindeutigkeit von neutralen Elementen? Ein neutrales Element ist stets von beiden Seiten neutral. Wenn also e und e' neutral sind, ist e rechts- und e' linksneutral (und auch umgekehrt natürlich) und laut Lemma deshalb $e = e'$.

Wichtig ist aber, dass es überhaupt ein rechts- *und* ein linksneutrales Element gibt. Man betrachte dafür folgendes Beispiel:

Beispiel 1.11

Betrachte eine beliebige Menge X mit mehr als einem Element und definiere darauf eine Verknüpfung durch

$$\forall a, b \in X : a * b := b.$$

Diese Verknüpfung ist stets assoziativ, denn es gilt:

$$\forall a, b, c \in X : (a * b) * c = c = b * c = a * (b * c)$$

Die Definition ist so gewählt, dass tatsächlich *jedes* Element von X linksneutral ist. Es kann also durchaus viele verschiedene linksneutrale Elemente geben. Das Lemma sagt uns nur, dass dieser obskure Fall höchstens dann eintreten kann, wenn gleichzeitig *kein* Element rechtsneutral ist.

Indem man umgekehrt

$$a * b := a$$

definiert, erhält man ein Beispiel einer Struktur, die zwar assoziativ ist, aber viele rechtsneutrale und kein linksneutrales Element besitzt. ∎

Lemma 1.12 (Eindeutigkeit von Inversen)

Sei $(X, \cdot)$ ein Monoid und $x \in X$ ein beliebiges Element. Ist a_R ein rechts- und a_L ein linksinverses Element zu x, dann gilt $a_R = a_L$.

Beweis: Der Trick ist erneut, ein Produkt auf zwei verschiedene Weisen auszuwerten. Diesmal ist das das Produkt $a_L \cdot x \cdot a_R$. Bezeichne das neutrale Element (jetzt wirklich „das" neutrale Element, weil wir jetzt wissen, dass es eindeutig bestimmt ist) mit e.

Zum einen gilt

$$a_L \cdot (x \cdot a_R) = a_L \cdot e = a_L,$$

weil a_R rechtsinvers zu x und e rechtsneutral ist.

Zum anderen gilt jedoch auch

$$(a_L \cdot x) \cdot a_R = e a_R = a_R,$$

weil a_L linksinvers zu x und e linksneutral ist.

Weil $(X, \cdot)$ das Assoziativgesetz erfüllt, ist aber $a_L \cdot (x \cdot a_R) = (a_L \cdot x) \cdot a_R$, d. h. $a_R = a_L$. □

Weil das inverse Element zu einem festen x also eindeutig bestimmt ist, kann man sich dafür eine Bezeichnung einfallen lassen, die nur von x abhängt. Üblich ist dafür x^{-1} bei multiplikativ geschriebenen und $-x$ bei additiv geschriebenen Verknüpfungen.

Man beachte aber, dass wir in diesem Beweis (im Gegensatz zu vorher) ausdrücklich die Assoziativität und die Eigenschaften des neutralen Elements benutzt haben. Wenn man auf Assoziativität verzichtet und/oder nur ein einseitig neutrales Element fordert, dann gilt die Eindeutigkeit inverser Elemente i. A. nicht mehr. (Gleich wird es ein Beispiel dafür geben.)

Was ist nun mit der Frage, ob man den Beweisaufwand reduzieren kann? Folgender Satz zeigt uns, dass man das sehr wohl kann, solange man vorsichtig ist:

Satz 1.13 (Abgeschwächte Gruppenaxiome)

Sei G eine Menge. Folgende drei Aussagen sind äquivalent:

1. $(G, \cdot)$ *ist eine Gruppe, d. h. erfüllt EANI.*

2. $(G, \cdot)$ *erfüllt*

E $\cdot$ *ist eine Abbildung $G \times G \to G$.*

A $\cdot$ *ist assoziativ.*

NL *Es existiert ein linksneutrales Element $e_L \in G$.*

IL *Jedes $g \in G$ hat ein linksinverses Element $g' \in G$.*

3. $(G, \cdot)$ *erfüllt*

E $\cdot$ *ist eine Abbildung $G \times G \to G$.*

A $\cdot$ *ist assoziativ.*

NR *Es existiert ein rechtsneutrales Element $e_L \in G$.*

IR *Jedes $g \in G$ hat ein rechtsinverses Element $g' \in G$.*

Beweis: Wir zeigen nur, dass die ersten beiden Aussagen äquivalent sind, dass die erste und die dritte äquivalent sind, beweist man völlig analog. Natürlich ist in jeder Gruppe NL und IL erfüllt, das sagen uns schon die Definitionen. Wir müssen also nur die Umkehrung zeigen.

Zunächst überzeugen wir uns jetzt davon, dass jedes zu $x \in G$ linksinverse Element x' auch rechtsinvers ist. Wähle dafür ein linksinverses Element x'' von x' (!). Dann gilt für alle $x \in G$:

$$
\begin{aligned}
x \cdot x' &= e_L \cdot (x \cdot x') && \text{da } e_L \text{ linksneutral ist} \\
&= (x'' \cdot x') \cdot (x \cdot x') && \text{da } x'' \text{ linksinvers zu } x' \\
&= x'' \cdot ((x' \cdot x) \cdot x') && \text{mehrmals Assoziativgesetz} \\
&= x'' \cdot (e_L \cdot x') && \text{da } x' \text{ linksinvers zu } x \\
&= x'' \cdot x' && \text{da } e_L \text{ linksneutral} \\
&= e_L && \text{da } x'' \text{ linksinvers zu } x'
\end{aligned}
$$

Also folgt aus E, A, NL und IL die volle Stärke von I. Das nutzen wir jetzt wiederum, um auch N in voller Form zu zeigen: Für alle $x \in G$ gibt es ein (jetzt beidseitiges!) Inverses x' und es gilt somit:

$$
\begin{aligned}
x \cdot e_L &= x \cdot (x' \cdot x) && \text{da } x' \text{ linksinvers zu } x \\
&= (x \cdot x') \cdot x && \text{Assoziativgesetz} \\
&= e_L \cdot x && \text{da } x' \text{ auch rechtsinvers zu } x \\
&= x && \text{da } e_L \text{ linksneutral}
\end{aligned}
$$

$\square$

Unsere Antwortet lautet also: Ja, man kann die Beweisarbeit um die Hälfte reduzieren beim Existenznachweis von neutralen und inversen Elementen, solange man sich auf eine Seite (Rechts oder Links) festlegt. An folgendem Beispiel sehen wir, dass eine Struktur mit E, A, NL und IR (und wieder völlig analog auch E, A, NR und IL) *keine* Gruppe zu sein braucht. Die Seiten mischen darf man also nicht.

Beispiel 1.14
Wir betrachten wie vorhin eine beliebige Menge X mit mindestens zwei Elementen und der Verknüpfung

$$\forall a, b \in X : a * b := b$$

darauf. Wählen wir nun ein festes $e \in X$, so ist dieses linksneutral, wie vorhin festgestellt. Die Definition der Verknüpfung sagt uns, dass $a * e = e$ ist, d. h., dass jedes Element von X ein Rechtsinverses bzgl. e hat.   ■

1.3.2   Einfache Rechenregeln

Mit den Axiomen und der Eindeutigkeit von neutralen und inversen Elementen kann man nun sehr einfache Rechenregeln beweisen, die völlig einleuchtend sind und daher immer ohne Kommentar verwendet werden:

Lemma 1.15
Sei G eine Gruppe. Wir bezeichnen wie üblich das neutrale Element mit 1 und das Inverse von $x \in G$ mit x^{-1}. Mit diesen Bezeichnungen gilt:

1. $1^{-1} = 1$
2. $\forall x \in G : (x^{-1})^{-1} = x$
3. $\forall x, y \in G : (xy)^{-1} = y^{-1}x^{-1}$

Man beachte, dass im dritten Punkt die Reihenfolge der Faktoren vertauscht wird beim Invertieren. Das ist wichtig und sollte stets beachtet werden. Da die gewöhnlichen Rechenoperationen für reelle Zahlen kommutativ sind, kann man die Gleichung für reelle Zahlen ohne schlechtes Gewissen auch als $(xy)^{-1} = x^{-1}y^{-1}$ schreiben. Da wir jedoch wissen, dass Gruppen auch nichtkommutativ sein können, muss in allen allgemeinen Beweisen stets die Reihenfolge der Faktoren beachtet werden.

Beweis: Da 1 neutral ist, gilt $1 \cdot 1 = 1$. Dies ist nun aber auch die Gleichung, die das Inverse von 1 charakterisiert und wir wissen, dass es nur ein einziges Element von G gibt, das diese Gleichung erfüllt (nämlich eben das Inverse von 1). Also muss $1^{-1} = 1$ sein.

Das Inverse von x erfüllt nach Definition die beiden Gleichungen $xx^{-1} = 1 = x^{-1}x$. Dies sind nun jedoch auch genau die beiden Gleichungen, die das Inverse von x^{-1} zu erfüllen hat. Wieder aufgrund der Eindeutigkeit inverser Elemente muss also $(x^{-1})^{-1} = x$ sein.

Auch hier wenden wir erneut die Eindeutigkeit des Inversen an. $(xy)^{-1}$ ist dasjenige Element von G, welches 1 ergibt, wenn man es mit xy multipliziert. Wir prüfen also, ob $y^{-1}x^{-1}$ diese Eigenschaft hat:

$$(xy)(y^{-1}x^{-1}) = x(yy^{-1})x^{-1} = x1x^{-1} = xx^{-1} = 1$$

Also stimmt es: $(xy)^{-1} = y^{-1}x^{-1}$. □

Man beachte, dass man, wollte man denselben Beweis für $x^{-1}y^{-1}$ führen, in dieser Rechnung die Reihenfolge von Faktoren vertauschen müsste. In einer nicht-kommutativen Gruppe ist das i. A. nicht möglich, also würde ein solcher Beweis nicht funktionieren.

In der Tat ist es so, dass kommutative Gruppen die einzigen sind, die diese andere Inversengleichung erfüllen:

Satz 1.16
Sei G eine Gruppe. Es gilt:

$$G \text{ ist kommutativ} \iff \forall x, y \in G : (xy)^{-1} = x^{-1}y^{-1}.$$

Dies zu beweisen ist auch immer eine beliebte Übungsaufgabe zur Gruppentheorie. Fast jeder Student, der Gruppentheorie hatte, musste diese Aufgabe oder eine ähnliche mindestens einmal lösen.

Beweis: „ $\Longrightarrow$ ":
Ist G kommutativ, so wissen wir bereits, dass $(xy)^{-1} = y^{-1}x^{-1} = x^{-1}y^{-1}$ gilt.

„ $\Longleftarrow$ ":
Ist umgekehrt diese Eigenschaft gegeben, so benutzen wir obiges Lemma und schreiben

$$xy = (x^{-1})^{-1}(y^{-1})^{-1}.$$

Wenden wir jetzt die gegebene Eigenschaft für Inverse an, so erhalten wir

$$(x^{-1})^{-1}(y^{-1})^{-1} = (x^{-1}y^{-1})^{-1},$$

was sich mit dem Lemma erneut umformen lässt zu

$$(x^{-1}y^{-1})^{-1} = (y^{-1})^{-1}(x^{-1})^{-1} = yx.$$

Also gilt wie behauptet $xy = yx$ für alle $x, y \in G$. □

1.3.3   Potenzen

Eine weitere Gelegenheit, den Umgang mit den Gruppenaxiomen zu üben, ist die Beschäftigung mit Potenzen.

Wir können in einer Gruppe ja nicht nur zwei Elemente multiplizieren, sondern beliebig viele Elemente: $g_1 \cdot g_2 \cdot g_3 \cdot g_4$ ist ohne Probleme möglich. (Da wir das Assoziativgesetz haben, ist es uns sogar egal, wie wir dies klammern.)

Um speziell für Produkte der Form $g \cdot g \cdot g \cdot \ldots$, die recht häufig vorkommen, abkürzende Schreibenweisen benutzen zu können, führen wir Potenzen ein nach dem Muster der schon bekannten Potenzen gewöhnlicher Zahlen:

Definition 1.17 (Potenzen mit ganzzahligem Exponenten)
Sei $(X, \cdot)$ eine Gruppe und $x \in X$ beliebig.

Wir definieren

$$x^0 := 1, \quad x^{n+1} := x^n \cdot x$$

für alle $n \in \mathbb{N}$. Für negative Exponenten definieren wir:

$$x^{-n-1} := x^{-n} \cdot x^{-1}$$

für alle $n \in \mathbb{N}$. ◆

Die Definition folgt dem gewohnten Muster der Potenzgesetze, die wir kennen. Das folgende Lemma zeigt, dass auch die meisten anderen uns bekannten Potenzgesetze erfüllt sind:

Satz 1.18
Sei $(X, \cdot)$ eine Gruppe und $x \in X$ beliebig. Es gilt:

1. $\forall n, m \in \mathbb{Z} : x^{n+m} = x^n \cdot x^m$
2. $\forall n, m \in \mathbb{Z} : x^{nm} = (x^n)^m$

Insbesondere schließt die zweite Aussage

$$x^{-n} = (x^n)^{-1} = (x^{-1})^n$$

mit ein.

Der Beweis kann sehr einfach sein, wenn man sich „Pünktchen-Beweise" erlaubt. Ein formeller Beweis wartet jedoch mit winzigen Fallen auf, in die man leicht tappen kann:

Beweis: Der Beweis wird, wie gesagt, durch Induktion geführt. Wir entscheiden uns für Induktion nach m.

Der Induktionsanfang ist sehr einfach, denn

$$\forall n \in \mathbb{Z} : x^{n+0} = x^n = x^n \cdot 1 = x^n \cdot x^0$$

ist nach Definition wahr.

Für den Induktionsschritt zeigen wir zunächst, dass die Behauptung für alle $n \in \mathbb{Z}$ und $m = 1$ wahr ist. Die Gleichung $x^{n+1} = x^n \cdot x$ ist zwar für $n \geq 0$, aber nicht für $n < 0$ durch die Definition gesichert. Es gilt dann jedoch für $n \geq 0$

$$x^{-n} = x^{-n+1-1} \overset{\text{Def.}}{=} x^{-n+1} \cdot x^{-1} \implies x^{-n+1} = x^{-n} \cdot x^{-1}.$$

Jetzt überzeugen wir uns genauso, dass die Behauptung für $m = -1$ wahr ist. Für $n \leq 0$ ist das wieder per Definition gegeben und für $n > 0$ gilt:

$$x^n = x^{n-1+1} \overset{\text{Def.}}{=} x^{n-1} \cdot x \implies x^{n-1} = x^n \cdot x^{-1}.$$

Also gilt:

$$\forall n \in \mathbb{Z} : x^{n+1} = x^n \cdot x \qquad \forall n \in \mathbb{Z} : x^{n-1} = x^n \cdot x^{-1}. \qquad (*)$$

Nehmen wir nun an, dass

$$\forall n \in \mathbb{Z} : x^{n+m} = x^n \cdot x^m$$

wahr ist. Dann folgt für alle $n \in \mathbb{Z}$:

$$
\begin{aligned}
x^{n+(m\pm1)} &= x^{(n+m)\pm1} \\
&= x^{n+m} \cdot x^{\pm1} & (*) \\
&= (x^n \cdot x^m) \cdot x^{\pm1} & \text{I.V.} \\
&= x^n \cdot (x^m \cdot x^{\pm1}) & \text{Assoziativität} \\
&= x^n \cdot x^{m\pm1} & (*)
\end{aligned}
$$

Also ist die Aussage auch für $m \pm 1$ wahr. Per Induktion folgt, dass sie für alle $m \in \mathbb{Z}$ wahr ist.

Auch für die zweite Aussage überzeugen wir uns zuerst von der Gültigkeit des Induktionsanfangs $m = 0$:

$$\forall n \in \mathbb{Z} : (x^n)^0 = 1 = x^0 = x^{n \cdot 0}$$

Gut, bis dahin keine Probleme. Genau wie vorher prüfen wir die Fälle $m = 1$ und $m = -1$. Für $m = 1$ ist das sofort klar, denn nach Definition ist

$$\forall n \in \mathbb{Z} : (x^n)^1 = x^n = x^{n \cdot 1}.$$

Für $m = -1$ wenden wir die Definition des Inversen und die schon bewiesene Gleichung an:

$$x^{-n} \cdot x^n = x^{-n+n} = x^0 = 1 \implies x^{-n} = (x^n)^{-1}$$

Zusammenfassend gilt also schon einmal:

$$\forall\, n \in \mathbb{Z} : (x^n)^{\pm 1} = x^{\pm n} \qquad (*)$$

Und das nutzen wir jetzt für den Induktionsschluss. Falls

$$\forall\, n \in \mathbb{Z} : (x^n)^m = x^{nm}$$

bereits gilt, folgt für alle $n \in \mathbb{Z}$:

$$
\begin{aligned}
x^{n(m\pm 1)} &= x^{nm \pm n} \\
&= x^{nm} \cdot x^{\pm n} && \text{siehe oben} \\
&= (x^n)^m \cdot x^{\pm n} && \text{I.V.} \\
&= (x^n)^m \cdot (x^n)^{\pm 1} && (*) \\
&= (x^n)^{m \pm 1} && \text{siehe oben}
\end{aligned}
$$

Also folgt per Induktion die Gültigkeit der zu zeigenden Gleichung $\forall\, m \in \mathbb{Z}$.

$\square$

Der Beweis ist natürlich nicht auf Gruppen beschränkt. Die Definitionen und Potenzgesetze gelten auch unter geringeren Voraussetzungen, wenn man die Exponenten entsprechend einschränkt.

So ist etwa die Definition

$$x^0 := 1, \ x^{n+1} := x^n \cdot x$$

in allen Monoiden sinnvoll. Selbst auf die neutralen Elemente kann man verzichten, wenn man

$$x^1 := x, \ x^{n+1} := x^n \cdot x$$

definiert.

Auch dann gelten die beiden Potenzgesetze

$$x^{n+m} = x^n \cdot x^m, \quad (x^n)^m = x^{nm}$$

immer noch für alle Exponenten, für die die Ausdrücke sinnvoll sind, d. h. für $n, m \in \mathbb{N}$ bei Monoiden und $n, m \in \mathbb{N}_{>0}$ bei Halbgruppen.

Die Beweise sind jeweils exakt dieselben wie oben skizziert, nur dass man eben auf die Verwendung von Inversen verzichtet und ggf. den Induktionsanfang auf $m = 1$ statt $m = 0$ festlegt.

1.4   Abschluss

Das soll es bis hierher zur Definition und zum Umgang mit Gruppen gewesen sein. Es ist nur ein winziger Einblick in die Gruppentheorie gewesen, aber ich hoffe, trotzdem den einen oder anderen für mehr interessiert zu haben, denn mehr wird es geben.

$$(mfg)^{-1} \cdot Gockel$$

Johannes Hahn (*Gockel*) ist Dipl.-Math. und promoviert in Jena.

2 Gruppenzwang II
— Anonyme Mathematiker bieten Gruppentherapie an

Übersicht

Hallo, Gruppentheorie-Fans und solche, die es einmal werden wollen!

In diesem Kapitel der Gruppenzwang-Reihe soll es darum gehen, verschiedene Grundkonzepte der Gruppentheorie einzuführen.

2.1 Untergruppen

Definition 2.1 (Untergruppen)
Sei G eine Gruppe. Eine Teilmenge $U \subseteq G$ heißt *Untergruppe von G*, falls U zusammen mit der auf U eingeschränkten Verknüpfung selbst eine Gruppe ist.

Eine übliche, abkürzende Notation für „U ist Untergruppe von G" ist $U \leq G$.

$\blacklozenge$

Zunächst überlegen wir uns ein paar elementare Dinge über Untergruppen. Was sagt uns beispielsweise das erste Gruppenaxiom? Wir erinnern uns:

E Existenz und Wohldefiniertheit:
Die Verknüpfung ist eine Abbildung $U \times U \to U$.

Die Verknüpfung hier ist die Einschränkung der Gruppenverknüpfung von G laut Definition, d. h., das Produkt zweier Elemente von U ist dasselbe, wie es das auch schon in G war. Die wesentliche Forderung besteht jetzt darin, dass dieses Produkt wieder in U landen muss. Man sagt dazu U sei *abgeschlossen unter der Multiplikation*.

Was sagt uns das zweite Gruppenaxiom?

A Assoziativität: $\forall a, b, c \in U : (ab)c = a(bc)$.

Hier ist nichts passiert, denn das Assoziativitätsgesetz gilt ja schon für G und wenn die Gleichung für alle Elemente von G richtig ist, dann ist sie erst recht auch für alle Elemente von U richtig.

Weiter zum nächsten Axiom:

N Neutrales Element: $\exists e_U \in U \; \forall u \in U : e_U \cdot u = u$.

Jetzt wird es schon spannender: Wir wissen, dass G ebenfalls ein neutrales Element besitzt. Aber sind das jetzt zwei verschiedene Elemente oder ist es ein und dasselbe? Wir prüfen das nach:

Es muss ja

$$e_U e_U = e_U$$

gelten. Wenn wir nun das Inverse (in G) von e_U benutzen, erhalten wir

$$e_U = (e_U^{-1} e_U)e_U = e_U^{-1}(e_U e_U) = e_U^{-1} e_U = e_G.$$

Also unterscheiden sich das neutrale Element von U und von G nicht voneinander. Das liefert eine weitere Begründung dafür, weshalb man neutrale Elemente meist ohne Unterscheidung für alle Gruppen als 1 (bzw. 0, falls es sich um additiv geschriebene Gruppen handelt) bezeichnet.

Was sagt uns das letzte der vier Gruppenaxiome?

I Inverse Elemente: $\forall u \in U \; \exists u' \in U : u'u = e_U$.

Auch hier stellt sich die naheliegende Frage: Ist das in G berechnete Inverse von u dasselbe, wie das in U berechnete? Ja, das ist der Fall, denn

$$u'u = e_U = e_G,$$

wie wir uns eben überlegt haben. Das Inverse in der Gruppe G ist nun eindeutig durch diese Gleichung bestimmt, d. h., u' ist auch das Inverse von u bzgl. G. Dies wird auch als *Abgeschlossenheit unter Inversenbildung* bezeichnet.

Dies liefert uns eine Rechtfertigung, alle Inversen stets mit x^{-1} (bzw. eben $-x$ bei additiv geschriebenen Gruppen) zu notieren, ungeachtet der Gruppe, auf die wir uns beziehen. Ab jetzt werden wir das auch tun.

2.1.1 Das Untergruppenkriterium

Unsere Überlegungen fassen wir in folgendem Lemma zusammen, das uns zugleich auch eine Methode in die Hand gibt, Teilmengen darauf zu untersuchen, ob sie denn wirklich Untergruppen sind:

Lemma 2.2 (Untergruppenkriterium)
Sei G eine Gruppe und $U \subseteq G$ eine Teilmenge. Äquivalent sind:

1. $U \leq G$, d. h., U ist eine Untergruppe von G.
2. U erfüllt:

    a) $\forall u, v \in U : uv \in U$
    b) $1 \in U$
    c) $\forall u \in U : u^{-1} \in U$

3. U erfüllt:

    a) $U \neq \emptyset$
    b) $\forall u, v \in U : uv^{-1} \in U$

Beweis: „1. $\implies$ 2." haben wir uns eben überlegt.

„2. $\implies$ 1." folgt aus genau denselben Überlegungen:

Wenn 2.a) gegeben ist, dann ist die Multiplikation eine Abbildung $U \times U \to U$, also ist E gegeben. Die Assoziativität gilt sowieso, weil sie für G gilt. Also stimmt auch A. Ist $1 \in U$, so gilt $\forall u \in U : 1u = u$, da das bereits für alle Elemente von G gilt, also erst recht für die von U. Das zeigt N. Schließlich gilt $\forall u \in U : u^{-1} \in U$ und $u^{-1}u = 1$, d. h., auch I ist für U erfüllt. Somit ist U eine Untergruppe.

„2. $\implies$ 3." ist ebenfalls sehr einfach:
$U \neq \emptyset$ gilt, da $1 \in U$. Sind $u, v \in U$, so gilt nach 2.c) $v^{-1} \in U$ und nach 2.a) $uv^{-1} \in U$, also ist 3.b) erfüllt.

„3. $\implies$ 2." Das ist der einzige Punkt, bei dem ein kleiner Trick versteckt ist. Sei zunächst $u \in U$ ein beliebiges Element. Nach 3.a) gibt es so etwas. Dann gilt nach 3.b): $1 = uu^{-1} \in U$, also ist 2.b) erfüllt.

Nun sind also 1 und u Elemente von U. Nach 3.b) gilt also $u^{-1} = 1u^{-1} \in U$. Damit haben wir 2.c) bewiesen.

Schließlich folgt auch 2.a), denn sind $u, v \in U$ beliebig, so gilt, wie eben gesehen, $v^{-1} \in U$ und mittels 3.b) damit: $uv = u(v^{-1})^{-1} \in U$. $\qquad\square$

2.1.2   Beispiele und Gegenbeispiele

Beispiel 2.3 (Triviale Beispiele)
In jeder Gruppe G sind $\{\,1\,\}$ und G selbst Untergruppen von G, denn natürlich sind beide nichtleer, abgeschlossen unter Multiplikation und unter Inversenbildung.

Es kann passieren, dass dies die einzigen Untergruppen von G sind. Das tritt z. B. (genauer gesagt: dann und nur dann) ein, wenn G die Gruppe $\{\,0,1,\dots,p-1\,\}$ mit der Addition modulo p ist, wobei p eine Primzahl ist.   ∎

Beispiel 2.4 (Modulorechnen)
Erinnern wir uns an das Rechnen modulo n aus dem letzten Kapitel. Die „Uhren-Arithmetik", also $\{\,0,1,2,\dots,23\,\}$ zusammen mit der Addition modulo 24, hat die Untergruppe $U := \{\,0,6,12,18\,\}$, denn wenn a und b durch 6 teilbar sind, so auch $a+b$ und auch $a+b-k\cdot24$ für alle $k \in \mathbb{Z}$. Also ist $(a+b)$ MOD 24 ebenfalls durch 6 teilbar, d. h. wieder eine von den vier Zahlen aus U.

Also ist U unter Addition modulo 24 abgeschlossen. U enthält auch das neutrale Element 0, es bleibt also noch die Abgeschlossenheit unter Inversenbildung nachzuprüfen. 0 ist das Inverse von 0. Für alle anderen ist $24 - x$ das Inverse und, wenn $6 \mid x$, dann ist auch $6 \mid (24 - x)$.   ∎

Beispiel 2.5 (Gewöhnliche Zahlen)
Für die Gruppen bzgl. Addition gilt:

$$\mathbb{Z} \leq \mathbb{Q} \leq \mathbb{R} \leq \mathbb{C}$$

Für die Gruppen bzgl. Multiplikation gilt genauso

$$\mathbb{Q}^{\times} \leq \mathbb{R}^{\times} \leq \mathbb{C}^{\times}$$

∎

Beispiel 2.6 (Gegenbeispiele)
$\mathbb{N}$ ist keine Untergruppe von $\mathbb{Z}$. Es gilt zwar $0 \in \mathbb{N}$ und auch $\forall\, a, b \in \mathbb{N} : a+b \in \mathbb{N}$, jedoch ist $\mathbb{N}$ nicht unter Inversion abgeschlossen, denn es ist etwa $-1 \notin \mathbb{N}$.

$\{\,-1,0,+1\,\} \subseteq \mathbb{Z}$ ist unter Inversion abgeschlossen und enthält das neutrale Element, ist jedoch keine Untergruppe von $\mathbb{Z}$, da z. B. $1 + 1 \notin \{\,-1,0,+1\,\}$ ist.

$\emptyset$ ist unter Inversion und Multiplikation abgeschlossen, ist jedoch auch keine Untergruppe (egal, von welcher Gruppe), weil das neutrale Element nicht enthalten ist.   ∎

2.1.3 Untergruppen von $\mathbb{Z}$

Wir wollen ein klein wenig komplexeres, dafür aber um so wichtigeres Beispiel besprechen und alle Untergruppen von $\mathbb{Z}$ klassifizieren:

Satz 2.7
Die Untergruppen von $\mathbb{Z}$ sind exakt die Teilmengen der Form $n\mathbb{Z} := \{ nk \mid k \in \mathbb{Z} \}$ für $n \in \mathbb{N}$.

Beweis: Zunächst überzeugen wir uns davon, dass alle diese Teilmengen wirklich Untergruppen sind. Dazu benutzen wir natürlich wieder das Untergruppenkriterium.

Da $0 = n \cdot 0 \in n\mathbb{Z}$ ist, für jedes n, sind alle diese Mengen nichtleer. Sind nk und nm zwei beliebige Elemente von $n\mathbb{Z}$, so ist $nk - nm = n(k - m) \in n\mathbb{Z}$, d. h., $n\mathbb{Z}$ ist eine Untergruppe von $\mathbb{Z}$.

Es muss nun noch gezeigt werden, dass *jede* Untergruppe $U \leq \mathbb{Z}$ die Form $n\mathbb{Z}$ für ein geeignet zu wählendes n hat. Ist $U = \{ 0 \}$, so ist nichts zu beweisen, denn $\{ 0 \} = 0\mathbb{Z}$ hat bereits die gewünschte Form.

Ist $U \neq \{ 0 \}$, so gibt es also ein Element $k \in U$, das ungleich 0 ist. Falls $k < 0$ ist, so liegt auch das Inverse $-k$ in U (denn U ist eine Untergruppe) und $-k$ wäre größer als 0. Es gibt also in jedem Fall ein Element in U, das größer als 0 ist.

Wir bezeichnen mit n nun das *kleinste* positive Element von U und behaupten, dass für diese natürliche Zahl $U = n\mathbb{Z}$ gilt. n ist ein Element von U, d. h., $n + n$, $n + n + n$, $n + n + n + n$, ... und $-n$, $(-n) + (-n)$, $(-n) + (-n) + (-n)$, ... sind ebenfalls Elemente von U, da U als Untergruppe unter Inversenbildung und Addition abgeschlossen ist. Damit haben wir schon $n\mathbb{Z} \subseteq U$ gezeigt.

Es muss also noch die umgekehrte Inklusion gezeigt werden. Sei dafür $u \in U$ ein beliebiges Element. Wir führen eine Division mit Rest durch, um u als

$$u = qn + r$$

mit $q \in \mathbb{Z}$ und $r \in \{ 0, 1, ..., n - 1 \}$ zu schreiben. Nun ist $u \in U$ und $qn \in n\mathbb{Z} \subseteq U$, d. h., $u - qn = r$ ist auch in U.

Jetzt war n aber das *kleinste positive* Element von U und r ist nach Konstruktion echt kleiner als n. r darf also nicht positiv sein. Es bleibt damit als einzige Lösung $r = 0$, d. h. $u = qn$ übrig. Damit ist $u \in n\mathbb{Z}$ und, weil $u \in U$ beliebig war, auch $U = n\mathbb{Z}$ gezeigt. $\qquad\square$

2.1.4 Erzeugendensysteme

Es gibt eine allgemeine Konstruktionsmöglichkeit für Untergruppen, die ich jetzt vorstellen möchte. Dazu überzeugen wir uns zunächst von folgendem Fakt:

Lemma 2.8

Sei G eine Gruppe und $(U_i)_{i \in I}$ eine Familie von Untergruppen $U_i \leq G$. Dann ist auch

$$\bigcap_{i \in I} U_i \leq G.$$

Beweis: Der Beweis fällt uns nicht mehr schwer, jetzt, wo wir mit dem Untergruppenkriterium so gut umgehen können:

$\bigcap_{i \in I} U_i$ ist nichtleer, da alle U_i das Element 1 enthalten. Sind $x, y \in \bigcap_{i \in I} U_i$ beliebig, so gilt natürlich $x, y \in U_i$ für alle $i \in I$. Da alle diese U_i Untergruppen sind, gilt also $xy^{-1} \in U_i$. Da i hier beliebig war, folgt also $xy^{-1} \in \bigcap_{i \in I} U_i$ wie gewünscht. $\qquad\square$

Damit können wir nun folgende Definition treffen:

Definition 2.9

Sei G eine Gruppe und $E \subseteq G$ eine beliebige Teilmenge. Dann bezeichnen wir mit $\langle E \rangle$ die kleinste Untergruppe von G, die E enthält, d.h.:

$$\langle E \rangle = \bigcap_{\substack{U \leq G \\ E \subseteq U}} U$$

Diese Untergruppe bezeichnet man auch als die von E *erzeugte Untergruppe*.

Ist $U \leq G$ eine Untergruppe und $\langle E \rangle = U$, so nennt man E ein *Erzeugendensystem von U*.   ◆

Dies ist eine sehr nützliche, abstrakte Beschreibung der von E erzeugten Untergruppe. Genauso nützlich ist aber folgende konkrete Beschreibung:

Lemma 2.10

Sei G eine Gruppe und $E \subseteq G$ eine beliebige Teilmenge. Dann gilt:

$$\langle E \rangle = \left\{ e_1^{k_1} \cdot e_2^{k_2} \cdot \ldots \cdot e_n^{k_n} \ \middle| \ n \in \mathbb{N}, e_i \in E, k_i \in \mathbb{Z} \right\}$$

Beweis: Sei U die Menge auf der rechten Seite. Wir müssen nun zwei Dinge zeigen, wenn wir $\langle E \rangle = U$ zeigen wollen:

1. U ist eine Untergruppe, die E enthält, und
2. jede andere Untergruppe, die E enthält, enthält auch U, d.h., U ist die *kleinste* Untergruppe mit dieser Eigenschaft.

Zu 1. U ist nichtleer, denn wenn wir $n = 0$ in der Definition wählen, ist $e_1^{k_1} \cdot e_2^{k_2} \cdot \ldots \cdot e_n^{k_n}$ das leere Produkt mit 0 Faktoren, welches definitionsgemäß gleich 1 ist, d.h. $1 \in U$.

Sind $x, y \in$ beliebig, d. h. $x = e_1^{k_1} \cdot e_2^{k_2} \cdot \ldots \cdot e_n^{k_n}$ und $y = f_1^{m_1} \cdot f_2^{m_2} \cdot \ldots \cdot f_l^{m_l}$ für geeignete $e_i, f_i \in E$ und geeignete Exponenten $k_i, m_i \in \mathbb{Z}$, so ist

$$xy^{-1} = e_1^{k_1} \cdot e_2^{k_2} \cdot \ldots \cdot e_n^{k_n} \cdot f_l^{-m_l} \cdot \ldots \cdot f_2^{-m_2} \cdot f_1^{-m_1}.$$

Dieses Gruppenelement ist von der in der Definition geforderten Form, also Element von U. Damit ist U eine Untergruppe.

U enthält definitionsgemäß auch alle Elemente der Form $e = e^1$ mit $e \in E$, d. h. $E \subseteq U$.

Zu 2. Ist andererseits $V \leq G$ eine Untergruppe mit $E \subseteq V$, dann enthält V alle $e \in E$, also auch alle Potenzen e^k, denn V enthält als Untergruppe $1 = e^0$ und ist unter Multiplikation mit e und $e^{-1} \in V$ abgeschlossen. Und weil V unter Multiplikation abgeschlossen ist, enthält es auch alle Produkte von Potenzen $e_1^{k_1} \cdot e_2^{k_2} \cdot \ldots \cdot e_n^{k_n}$. Das heißt also $U \subseteq V$, und die Aussage ist bewiesen. □

Es gibt natürlich immer Erzeugendensysteme. Beispielsweise ist stets U selbst ein Erzeugendensystem von U. Wir können selbstverständlich auch kleinere Erzeugendensysteme finden. Welches Erzeugendensystem geschickterweise gewählt werden sollte, hängt stark vom Problem ab, das man lösen möchte.

Beispiel 2.11
Ein Erzeugendensystem der additive Gruppe $\mathbb{Q}$ ist die Menge aller Stammbrüche:

$$E := \left\{ \frac{1}{n} \ \middle| \ n \in \mathbb{N}_{>0} \right\}$$

Jede rationale Zahl $\frac{a}{b}$ mit $a \in \mathbb{Z}$, $b \in \mathbb{N}_{>0}$ kann ja als $a \cdot \frac{1}{b}$, d. h. $\frac{1}{b} + \frac{1}{b} + \ldots$ (falls $a \geq 0$) bzw. $-\frac{1}{b} - \frac{1}{b} - \ldots$ (falls $a < 0$) geschrieben werden.

Wir erkennen jedoch, dass die Darstellung mittels Elementen des Erzeugendensystems keinesfalls eindeutig zu sein braucht, denn es ist z. B.

$$\frac{2}{3} = \frac{1}{3} + \frac{1}{3} = \frac{1}{6} + \frac{1}{6} + \frac{1}{6} + \frac{1}{6}.$$

∎

Für manche Gruppen gibt es besonders einfache Erzeugendensysteme, mit deren Hilfe man viel über die Gruppe aussagen kann. Ein Beispiel dafür sind die sogenannten zyklischen Gruppen:

Definition 2.12 (Zyklische Gruppen)
Eine Gruppe, die ein Erzeugendensystem besitzt, welches genau ein Element hat, heißt auch *zyklisch*. ♦

Eine zyklische Gruppe $G = \langle g \rangle$ besteht also nach obigem Lemma genau aus allen ganzzahligen Potenzen von g: $G = \left\{ g^k \mid k \in \mathbb{Z} \right\}$.

Beispiel 2.13 (Ganze Zahlen)

Eine unendliche, zyklische Gruppe sind die ganzen Zahlen, denn $\{\,1\,\}$ ist ein Erzeugendensystem: Jede ganze Zahl $k \in \mathbb{Z}$ kann als „Potenz" — aufgrund der additiven Schreibung ist es hier ein Produkt — von 1, nämlich als $k \cdot 1$ geschrieben werden.

Es existiert (genau) ein weiteres Erzeugendensystem, nämlich $\{\,-1\,\}$.

Die Untergruppen $n\mathbb{Z}$ sind auch zyklisch, sie werden erzeugt von $\{\,n\,\}$ mit analoger Begründung. Ein weiteres Erzeugendensystem wäre $\{\,-n\,\}$.   ∎

Beispiel 2.14 (Modulorechnen)

Es gibt jedoch auch endliche zyklische Gruppen. Unsere Gruppen aus dem letzten Kapitel $\{\,0,1,2,\ldots,n-1\,\}$ zusammen mit der Addition modulo n bilden ein Beispiel dafür:

Auch hier ist $\{\,1\,\}$ ein Erzeugendensystem, wie man sich leicht überzeugt. An diesem Beispiel wird auch klar, weshalb man von „zyklischen" Gruppen spricht, denn bestimmt man der Reihe nach alle „Potenzen" — auch hier wieder als Produkte geschrieben — von 1 bzgl. der Addition modulo n, so ergibt sich:

$$0 \cdot 1 = 0$$
$$1 \cdot 1 = 1$$
$$2 \cdot 1 = 2$$
$$\ldots$$
$$(n-1) \cdot 1 = n-1$$
$$n \cdot 1 = 0 \qquad \text{denn wir rechnen modulo } n \text{ !!}$$
$$(n+1) \cdot 1 = 1$$
$$\ldots$$

Die Untergruppe $\{\,0,6,12,18\,\}$ für $n = 24$, die wir oben als Beispiel hatten, ist ebenfalls zyklisch. Sie wird, wie man sich sofort klar macht, von $\{\,6\,\}$ erzeugt.   ∎

Im Wesentlichen waren das bereits alle zyklischen Gruppen, die es gibt. Wir werden das im nächsten Kapitel präzise machen. Im vierten Kapitel werden wir dann auch zeigen, dass die Untergruppenbeispiele nur Spezialfälle eines allgemeinen Prinzips sind: Untergruppen zyklischer Gruppen sind *immer* selbst zyklisch.

Ein Wort noch zur Notation: Zwar haben wir die Symbolik $\langle E \rangle$ nur für Teilmengen $E \subseteq G$ definiert, benutzt werden jedoch auch verschiedene Abwandlungen dieser Notation, die nicht ganz unserer Definition entsprechen.

Will man beispielsweise die Elemente von E explizit angeben, so lässt man ggf. auch die Mengenklammern weg und schreibt beispielsweise $\langle x, y, z \rangle$ statt $\langle \{\, x, y, z \,\} \rangle$. Insbesondere schreibt man bei zyklischen Gruppen gern $G = \langle g \rangle$, um auszudrücken, dass die einelementige Menge $\{\, g \,\}$ ein Erzeugendensystem von G ist.

Hat man die Elemente beispielsweise durchnummeriert, so schreibt man auch $\langle a_i | i = 1 \ldots n \rangle$ oder Ähnliches in Anlehnung an die entsprechende Mengenschreibweise $\{\, a_i \mid i = 1 \ldots n \,\}$.

Eine Mischform entsteht, wenn man einfach Mengen und Elemente zusammenwürfelt. So meint $\langle E_1, E_2, x, y, z \rangle$ etwa die von $E_1 \cup E_2 \cup \{\, x, y, z \,\}$ erzeugte Untergruppe. Es ergibt sich aber üblicherweise aus dem Kontext, welche Menge von Erzeugenden jeweils gemeint ist.

2.2   Nebenklassen und der Satz von Lagrange

Definition 2.15 (Nebenklassen)
Sei G eine Gruppe, $X, Y \subseteq G$ beliebige Teilmengen. Dann definieren wir

$$XY := X \cdot Y := \{\, xy \mid x \in X, y \in Y \,\}$$

und

$$X^{-1} := \left\{\, x^{-1} \;\middle|\; x \in X \,\right\}$$

Ist $X = \{\, x \,\}$, so schreiben wir abkürzend auch xY und Yx statt $\{\, x \,\} Y$ und $Y \{\, x \,\}$.

Ist $U \leq G$ eine Untergruppe und $g \in G$ ein beliebiges Element, dann heißt gU eine *Linksnebenklasse von U in G* und analog Ug eine *Rechtsnebenklasse von U in G*.

Bei additiv geschriebenen Gruppen schreibt man Nebenklassen entsprechend auch als $g + U$ bzw. $U + g$ auf (wobei man die additive Notation fast nur bei abelschen Gruppen benutzt, wo die Unterscheidung zwischen Rechts- und Linksnebenklassen dann überflüssig wird).   ◆

Wir lassen bei dieser Schreibweise oft Klammerungen weg, da sich die Assoziativität von Elementen auf Teilmengen von G überträgt. Für alle $X, Y, Z \subseteq G$ gilt nämlich:

$$
\begin{aligned}
X(YZ) &= \{\, xa \mid x \in X, a \in YZ \,\} \\
&= \{\, x(yz) \mid x \in X, y \in Y, z \in Z \,\} \\
&= \{\, (xy)z \mid x \in X, y \in Y, z \in Z \,\} \\
&= \{\, bz \mid b \in XY, z \in Z \,\} \\
&= (XY)Z
\end{aligned}
$$

Beispiel 2.16

Betrachten wir die Nebenklasse der beiden trivialen Untergruppen $\{1\}$ und G von G:

$g\{1\} = \{g1\} = \{g\}$, d.h., die Nebenklassen von $\{1\}$ in G sind die einelementigen Teilmengen von G. $\{1\}$ hat also genauso viele Nebenklassen in G wie G Elemente hat.

Hingegen ist $gG = \{gh \mid h \in G\} = \{x \mid x \in G\} = G$, denn jedes Element von G lässt sich als gh mit geeignetem h schreiben (nämlich $h = g^{-1}x$). Es gibt also stets nur eine Nebenklasse von G in G. ∎

Der Sinn der Definition einer Nebenklasse erschließt sich nicht sofort, aber betrachten wir einmal folgendes Lemma:

Lemma 2.17 (Gleichheit von Nebenklassen)
Sei G eine Gruppe, $U \leq G$ und $g, h \in G$ beliebig. Dann sind folgende Aussagen äquivalent:

1. $gU = hU$
2. $gU \cap hU \neq \emptyset$
3. $h^{-1}g \in U$
4. $g^{-1}h \in U$

Für Rechtsnebenklassen gilt Entsprechendes:

1. $Ug = Uh$
2. $Ug \cap Uh \neq \emptyset$
3. $hg^{-1} \in U$
4. $gh^{-1} \in U$

Lässt man sich die Aussage des Lemmas etwas genauer durch den Kopf gehen, dann kann man folgende Interpretation von Nebenklassen geben: Wenn man die Elemente der Untergruppe U als „vernachlässigbar" (in welchem Sinne auch immer) auffasst, so sind zwei Nebenklassen gU und hU genau dann gleich, wenn g und h „im Wesentlichen" gleich sind, d.h. bis auf Multiplikation eines Elementes aus U. Die Elemente unterscheiden sich also nur um etwas Vernachlässigbares.

Mit diesem Konzept kommt man schon sehr weit. Je nach Problemstellung ergeben sich oft ganz natürlich Situationen, in denen bestimmte Elemente der Gruppe keine Rolle spielen und dann treten oft auch Nebenklassen auf.

Das nützt jedoch alles gar nichts, solange wir das Lemma nicht beweisen können. Also los:

Beweis: „1. $\implies$ 2.":
Das ist trivial, denn natürlich ist jede Nebenklasse eine nichtleere Menge (gU enthält ja immer mindestens $g1$).

„**2.** $\Longrightarrow$ **3.**":
Das sieht man wie folgt ein: Ist $x \in gU \cap hU$, so gibt es Elemente $u, v \in U$ mit $x = gu$ und $x = hv$, also $gu = hv \implies h^{-1}g = vu^{-1} \in U$.

„**3.** $\Longleftrightarrow$ **4.**":
$g^{-1}h$ ist das Inverse von $h^{-1}g$.

„**3.+4.** $\Longrightarrow$ **1.**":
Sei also $u_0 := h^{-1}g$. Es gilt dann $gu = h(h^{-1}g)u = h(u_0 u) \in hU$ für alle $u \in U$. Daher ist $gU \subseteq hU$. Aus Symmetriegründen gilt aber auch $hU \subseteq gU$, d.h. $gU = hU$.   □

Eine wichtige Beobachtung, die aus diesem Lemma folgt: Zwei Linksnebenklassen sind entweder gleich oder disjunkt. Da jedes $g \in G$ in einer Linksnebenklasse (sogar genau einer, nämlich gU) enthalten ist, bilden die Linksnebenklassen von U in G eine Partition von G. Genau dasselbe gilt natürlich auch für Rechtsnebenklassen.

Ganz besonders nützlich ist es oftmals, genau zu wissen, wie viele Nebenklassen es gibt. Daher treffen wir folgende Definition:

Definition 2.18 (Index)
Sei G eine Gruppe und $U \leq G$. Als $|G : U|$ definieren wir die Anzahl der Linksnebenklassen von U in G.   ◆

Dabei ist übrigens mit keinem Wort ausgeschlossen worden, dass $|G : U|$ unendlich ist. U kann durchaus unendlich viele Nebenklassen in G haben.

In dieser Definition haben wir uns auf Linksnebenklassen eingeschränkt, obwohl bis jetzt Rechts- und Linksnebenklassen stets gleichberechtigt waren und im Wesentlichen dieselben Eigenschaften hatten. Natürlich ist auch der Index für Rechts- und Linksnebenklassen gleich (sonst hätten wir auch eine Notation gewählt, die deutlich erkennbar rechts- oder linksseitig ist). Das sieht man wie folgt:

Wenn wir die Inversion auf eine Nebenklasse anwenden, erhalten wir:

$$(gU)^{-1} = \left\{ (gu)^{-1} \mid u \in U \right\} = \left\{ u^{-1}g^{-1} \mid u \in U \right\} = \left\{ vg^{-1} \mid v \in U \right\} = Ug^{-1}$$

Aus einer Linksnebenklasse wird so eine Rechtsnebenklasse. Wenn wir nun $g \in G$ laufen lassen, so durchläuft auch g^{-1} alle Elemente von G. Damit liefert das mengenweise Invertieren also eine Bijektion von der Menge der Links- auf die Menge der Rechtsnebenklassen und umgekehrt.

Bevor wir uns dem Satz von Lagrange zuwenden, wollen wir einen weiteren Größenvergleich machen: Nicht nur die Mengen der Links- und Rechtsnebenklassen sind gleich groß, es sind sogar die Nebenklassen selbst alle von identischer Größe. Das sieht man wie folgt:

$$\lambda_h := \begin{cases} G \to G \\ g \mapsto hg \end{cases}$$

ist eine Bijektion von G auf sich selbst (die Umkehrabbildung ist $\lambda_{h^{-1}}$, wie man leicht überprüft), genannt „Linkstranslation". Wendet man diese Abbildung auf eine Linksnebenklasse an, so erhält man:

$$\lambda_h(gU) = \{\, h(gu) \mid u \in U \,\} = \{\, (hg)u \mid u \in U \,\} = (hg)U$$

Die Abbildung schickt also gU auf hgU. Weil es sich um eine bijektive Abbildung handelt, erkennen wir, dass gU und hgU gleich groß sind. Da wir die freie Auswahl von h haben und jedes Gruppenelement $g' \in G$ als hg geschrieben werden kann, wenn wir h geschickt wählen (nämlich als $h = g'g^{-1}$), erkennen wir, dass wirklich *alle* Linksnebenklassen von U in G gleich groß sind.

Gänzlich analog funktioniert das natürlich auch für Rechtsnebenklassen, wenn man die Rechtstranslation

$$\rho_h := \begin{cases} G \to G \\ g \mapsto gh \end{cases}$$

benutzt.

Nun zum Satz von Lagrange. Er zeigt uns die wesentliche Beziehung von Indizes verschiedener Untergruppen:

Satz 2.19 (Satz von Lagrange)
Seien A, B, C Gruppen und $A \le B \le C$. Dann gilt

$$|C : A| = |C : B| \cdot |B : A|$$

und damit insbesondere auch

$$|C| = |C : B| \cdot |B|.$$

Beweis: Wir wählen uns eine Familie $(b_i)_{i \in I}$ von Elementen $b_i \in B$, sodass aus jeder Linksnebenklasse von A in B genau ein b_i gewählt wurde. Jedes b_i ist natürlich in der Nebenklasse $b_i A$ und, weil wir das so gewählt haben, kommt jede Nebenklasse dabei genau einmal vor. Wir wählen analog eine zweite Familie $(c_j)_{j \in J}$ von Elementen $c_j \in C$ für die Linksnebenklasse von B in C.

Man nennt solche Familien übrigens auch *vollständige Repräsentantensysteme* der Linksnebenklassen.

Es gilt nun also:

$$C = \dot{\bigcup_{j \in J}} c_j B \qquad B = \dot{\bigcup_{i \in I}} b_i A$$

(Der Punkt über dem Vereinigungssymbol zeigt an, dass es sich um eine disjunkte Vereinigung handelt.)

Und noch einmal umformuliert sagt die Bedingung, mit der wir (b_i) bzw. (c_j) gewählt haben, dass

$$\forall i, i' \in I : b_i A = b_{i'} A \iff i = i'$$

und analog

$$\forall j, j' \in J : c_j B = c_{j'} B \iff j = j'$$

gilt.

Wenn wir nun diese Gleichungen ineinander einsetzen, erhalten wir:

$$C = \bigcup_{j \in J} c_j \left(\bigcup_{i \in I} b_i A \right) = \bigcup_{j \in J} \bigcup_{i \in I} c_j (b_i A) = \bigcup_{(i,j) \in I \times J} (c_j b_i) A$$

Wir haben also eine Familie $(c_j b_i)_{(i,j) \in I \times J}$ von Elementen aus C, sodass alle Linksnebenklassen von A in C die Form $c_j b_i A$ für geeignete i, j haben. Also kann es *höchstens* $|I \times J|$ Nebenklassen von A in C geben.

Wir zeigen nun, dass das sogar eine disjunkte Vereinigung ist:

$$c_j b_i A = c_{j'} b_{i'} A$$
$$\implies c_j B \cap c_{j'} B \neq \emptyset \qquad \text{da } b_i A \text{ und } b_{i'} A \subseteq B$$
$$\implies c_j = c_{j'}$$
$$\implies c_j b_i A = c_j b_{i'} A$$
$$\implies b_i A = b_{i'} A$$
$$\implies b_i = b_{i'}$$

Also sind die Nebenklassen paarweise disjunkt, und es gibt daher *genau* $|I \times J| = |I| \cdot |J|$ Linksnebenklassen von A in C.

Nach Konstruktion war nun $|I| = |B : A|$ und $|J| = |C : B|$, d.h., wir erhalten wie gewünscht die Gleichung

$$|C : A| = |C : B| \cdot |B : A|.$$

Wenn wir nun speziell die Untergruppe $A = \{ 1 \}$ betrachten, dann haben wir uns vorhin überlegt, dass $|C : \{ 1 \}| = |C|$ und analog $|B : \{ 1 \}| = |B|$ gilt. Also ergibt sich als Spezialfall:

$$|C| = |C : B| \, |B|$$

$\square$

Interessant wird der Satz von Lagrange insbesondere dann, wenn es um endliche Gruppen geht, denn alle Indizes sind dann natürliche Zahlen größer 0 und wir können folgern, dass beispielsweise $|A|$ ein Teiler von $|B|$ und $|B|$ ein Teiler von $|C|$ sein muss, wenn $A \leq B \leq C$ ist.

Das ist eine sehr wichtige Erkenntnis! Dadurch werden die Eigenschaften von endlichen Gruppen und ihren Untergruppen stark eingeschränkt. Viele weitere Teilbarkeitsaussagen (die letztendlich aber alle aus dem Satz von Lagrange gefolgert werden) bilden das Rückgrat der endlichen Gruppentheorie.

Die erste, sehr wichtige Strukturaussage, die sich daraus folgern lässt, ist die folgende:

Satz 2.20 (Gruppen mit Primzahlordnung)
Sei G eine Gruppe, deren Ordnung $|G| = p$ eine Primzahl ist. Dann ist G zyklisch und jedes $\{\, g \,\}$ mit $g \in G \setminus \{\, 1 \,\}$ ist ein Erzeugendensystem.

Beweis: Betrachten wir die von $\{\, g \,\}$ erzeugte Untergruppe, d. h. $\langle g \rangle = \{\, g^k \mid k \in \mathbb{Z} \,\}$. Ist $g \neq 1$, so enthält diese Untergruppe mindestens zwei Elemente, nämlich 1 und $g^1 = g$.

Der Satz von Lagrange sagt uns jedoch, dass $|\langle g \rangle|$ ein Teiler der Gruppenordnung p sein muss. Als Primzahl hat p nur zwei Teiler: 1 und p selbst. Die Ordnung der Untergruppe ist mindestens 2, also kommt nur noch p in Frage. Da es insgesamt nur p Elemente in G gibt, muss daher $G = \langle g \rangle$ sein, d. h., G ist zyklisch. $\square$

2.3   Normalteiler und Faktorgruppen

Eine ganz besondere Klasse von Untergruppen sind die sogenannten Normalteiler. Man kann ganz kurz formulieren, dass Normalteiler genau diejenigen Untergruppen sind, deren Rechts- und Linksnebenklassen sich nicht unterscheiden.

Es gibt verschiedene äquivalente Formulierungen, die wir uns gleich zu Beginn anschauen wollen:

Lemma und Definition 2.21 (Normalteiler)
Sei G eine Gruppe und $N \leq G$ eine Untergruppe. Dann sind folgende Bedingungen äquivalent:

1. $\forall\, g \in G : gN = Ng$
2. $\forall\, g \in G : gNg^{-1} = N$
3. $\forall\, g \in G : gNg^{-1} \subseteq N$
4. $\forall\, g \in G,\, n \in N : gng^{-1} \in N$

Erfüllt N in dieser Situation eine Bedingung (und damit alle Bedingungen), so nennt man N einen Normalteiler von G oder sagt auch, N sei normal in G. Man notiert dies auch kurz als $N \trianglelefteq G$.

Beweis: (Beweis des Lemmas) „1. $\iff$ 2." sieht man leicht durch Multiplikation mit geeigneten Elementen ein:

$$gN = Ng \iff (gN)g^{-1} = (Ng)g^{-1}$$
$$\iff gNg^{-1} = Ngg^{-1} = N$$

„3. $\iff$ 4." ist offensichtlich, da 4. $\forall n \in N : gng^{-1} \in N$ nur die ausformulierte Version der Gleichung $gNg^{-1} \subseteq N$ ist.

„2. $\implies$ 3." ist auch offensichtlich. Einzig zu zeigen bleibt also „3. $\implies$ 2.": Dafür benutzen wir, dass die Bedingung *für alle* $g \in G$ gelten soll, d. h., insbesondere gilt sie auch für g^{-1}:

$$g^{-1}N(g^{-1})^{-1} \subseteq N \implies N = (gg^{-1})N(gg^{-1}) = g(g^{-1}Ng)g^{-1} \subseteq gNg^{-1}$$

Da die umgekehrte Inklusion $gNg^{-1} \subseteq N$ auch vorausgesetzt ist, gilt also die Gleichheit $gNg^{-1} = N$. $\square$

Besonders der erste Punkt sagt uns, dass in abelschen Gruppen kein Unterschied zwischen gewöhnlichen Untergruppen und Normalteilern besteht. Nur in nichtabelschen Gruppen ist es sinnvoll, dazwischen zu unterscheiden.

Beispiel 2.22 (Triviale Normalteiler)
In jeder Gruppe G sind $\{1\}$ und G normal, denn für alle $g \in G$ gilt natürlich $g \cdot 1 \cdot g^{-1} = gg^{-1} = 1 \in \{1\}$ bzw. $\forall h \in G : ghg^{-1} \in G$.

Es kann passieren, dass es keine anderen Normalteiler von G gibt. Man nennt G in diesem Fall eine *einfache Gruppe* (man darf sich aber vom Namen nicht verwirren lassen, denn die Theorie der einfachen Gruppen kann ziemlich kompliziert sein).   ∎

Besonders interessant werden Normalteiler im Zusammenhang mit den sogenannten Faktorgruppen. Wir erinnern uns an die Veranschaulichung, die wir uns für Nebenklassen überlegt hatten. Eine Nebenklasse gU umfasst alle Elemente, die „im Wesentlichen" gleich g sind, wobei das, was „unwesentlich" ist, durch U definiert wird.

Wenn wir jetzt zwei Elemente g, g' haben, die aus derselben Nebenklasse sind, d. h. sich nur um (Rechts)Multiplikation eines Elementes aus U unterscheiden, und zwei Elemente h, h' die ebenfalls aus einer Nebenklasse sind, dann ist es wünschenswert, dass dann auch gh und $g'h'$ aus derselben Nebenklasse sind, denn wenn g und g' sowie h und h' „im Wesentlichen gleich" sind, dann sollte das doch auch auf ihre Produkte gh und $g'h'$ zutreffen, oder?

Nun, das ist nicht immer der Fall. Es ist ganz genau dann der Fall, wenn U eine normale Untergruppe von G ist, wie wir jetzt sehen werden:

Lemma 2.23

Sei G eine Gruppe und $N \leq G$. Dann sind äquivalent:

1. N *ist Normalteiler.*
2. $\forall\, g, g', h, h' \in G : gN = g'N \wedge hN = h'N \implies ghN = g'h'N.$

Beweis: „1. $\implies$ 2.":

Seien also g, g', h, h' wie in 2. gegeben. Dann gibt es $n, m \in N$ mit $g^{-1}g' = n$ und $h^{-1}h' = m$, d.h. $g' = gn$ und $h' = hm$.

Daraus ergibt sich:

$$g'h' = (gn)(hm) = g(hh^{-1})nhm = gh(h^{-1}nh)m$$

Jetzt ist N aber ein Normalteiler, d.h., es ist $h^{-1}nh \in N$. Da N auch eine Untergruppe ist, ist das Produkt $(h^{-1}nh)m$ wieder in N, d.h., $g'h'$ und gh unterscheiden sich nur um die Multiplikation eines Elements aus N und daher ist $ghN = g'h'N$ wie gewünscht.

„2. $\implies$ 1.":

Dieser Beweis basiert auf demselben Gedanken: g und gn sind Elemente derselben Nebenklasse für $g \in G$ und $n \in N$ beliebig, d.h. $gN = (gn)N$. Natürlich ist auch $g^{-1}N = g^{-1}N$. Also muss nach Annahme

$$(gn)g^{-1}N = gg^{-1}N = 1N$$

sein, d.h. $gng^{-1} = 1^{-1} \cdot gng^{-1} \in N$. Da dies nun für alle $g \in G$ und $n \in N$ gilt, muss also N ein Normalteiler sein. $\qquad\square$

Wo kommen nun die Faktorgruppen ins Spiel? Hier:

Definition 2.24 (Faktorgruppen)

Sei G eine Gruppe und $N \trianglelefteq G$ ein Normalteiler. Dann definiere G/N als die Menge der (Links- oder Rechts-, das ist egal) Nebenklassen von N in G zusammen mit der Multiplikation

$$gN \cdot hN := ghN.$$

Das so definierte G/N heißt *Faktorgruppe von G nach N*. Eine alternative Bezeichnung ist *Quotient von G nach N*. $\qquad\blacklozenge$

Wenn etwas schon Faktor*gruppe* heißt, liegt die Vermutung nahe, dass es sich dabei wirklich um eine Gruppe handelt. Wir prüfen das nach:

E Existenz und Wohldefiniertheit der Verknüpfung.

Das wird durch das obige Lemma sichergestellt. Es sagt uns ja gerade, dass die oben beschriebene Verknüpfung wirklich wohldefiniert ist: Egal, wie wir die Nebenklassen darstellen, ob als gN und hN oder mit anderen Vertretern als $g'N$ und $h'N$ schreiben, solange $gN = g'N$ und $hN = h'N$ ist, ist auch $ghN = g'h'N$.

Alle weiteren Eigenschaften folgen, sobald man die Wohldefiniertheit erst einmal hat, direkt aus den Gruppenaxiomen für G:

A Assoziativität:

$$(g_1 N \cdot g_2 N) \cdot g_3 N = g_1 g_2 N \cdot g_3 N$$
$$= (g_1 g_2) g_3 N$$
$$= g_1 (g_2 g_3) N$$
$$= g_1 N \cdot g_2 g_3 N$$
$$= g_1 N \cdot (g_2 N \cdot g_3 N)$$

N Neutrales Element:

$$1 N \cdot g N = 1 g N = g N$$

I Inverse Elemente:

$$g^{-1} N \cdot g N = g^{-1} g N = 1 N$$

Eine interessante Beobachtung über Faktorgruppen ist die Anwendung des Satzes von Lagrange auf sie. Da die zugrunde liegende Menge G/N die Menge der Nebenklassen von N in G ist, gilt:

$$|G| = |G/N| \cdot |N|$$

Das heißt, falls G endlich ist, so gilt

$$|G/N| = \frac{|G|}{|N|},$$

was die Notation G/N und die Bezeichnung Quotientengruppe zum Teil erklärt. Weitere Motivationen, inwiefern G/N einem Quotienten gleicht, werden in späteren Kapiteln folgen.

2.4   Uhrenarithmetik reloaded

Kommen wir noch einmal auf das Hauptbeispiel aus dem ersten Kapitel zurück. Dort habe ich bereits angedeutet, dass es für theoretische Überlegungen nicht ganz clever ist, die Gruppen auf die dortige Weise einzuführen, während dieses Vorgehen für Berechnungen von Hand und insbesondere auch zum Programmieren besser geeignet ist.

Die theoretisch günstigere Alternative ist die Konstruktion über Faktorgruppen. Dabei wird die Faktorgruppe $\mathbb{Z}/n\mathbb{Z}$ benutzt (das ist wirklich eine Faktorgruppe, weil $\mathbb{Z}$ ja abelsch ist und daher jede Untergruppe von der Form $n\mathbb{Z}$ ist). Da dies sehr wichtige Gruppen sind, gibt es diverse Kurzschreibweisen dafür, die u. a. $\mathbb{Z}/(n)$, $\mathbb{Z}/n$ und $\mathbb{Z}_n$ enthalten. Letzteres birgt Verwechslungsgefahr, wenn man sich mit Mathematikern unterhält, die p-adische Zahlen benutzen, denn diese werden auch als $\mathbb{Z}_p$ bezeichnet. Die anderen beiden Notationen sind meines Wissens kollisionsfrei.

Wir wollen uns jetzt noch überlegen, dass $\mathbb{Z}/n\mathbb{Z}$ und die im letzten Kapitel vorgestellte Gruppe mit n Elementen — sie wurde mit G_n bezeichnet — für alle $n \in \mathbb{N}_{>0}$ im Wesentlichen dasselbe sind. Formal präzise machen können wir das noch nicht, das wird uns erst im nächsten Kapitel mit dem Begriff des Isomorphismus gelingen, aber einen Eindruck davon können wir uns verschaffen:

Erster Schritt ist es, sich klarzumachen, dass $\mathbb{Z}/n\mathbb{Z}$ genau n Elemente hat, d. h., dass $|\mathbb{Z} : n\mathbb{Z}| = n$ für alle $n \in \mathbb{N}_{>0}$ ist. Clevererweise vermuten wir sofort, dass diese Elemente $0 + n\mathbb{Z}, 1 + n\mathbb{Z}, \ldots, (n-1) + n\mathbb{Z}$ sind, denn dann hätten wir auch gleich die Entsprechung zu G_n.

Natürlich sind dies *höchstens* n Elemente. Wir wissen jedoch erst einmal nicht, ob nicht vielleicht einige dieser Restklassen identisch sein könnten. Prüfen wir das nach:

Angenommen, $0 \leq i < j \leq n - 1$ sind natürliche Zahlen mit $i + n\mathbb{Z} = j + n\mathbb{Z}$, d. h. $j - i \in n\mathbb{Z} \implies n \mid j - i$. Nun ist aber $0 < j - i < n$, d. h., es ergibt sich ein Widerspruch. Daher sind die Restklassen $0 + n\mathbb{Z}, 1 + n\mathbb{Z}, \ldots, (n-1) + n\mathbb{Z}$ paarweise verschieden, es sind *genau* n Stück.

Was jetzt noch schief gehen könnte: Wir könnten nicht alle vorhandenen Restklassen mit diesen n erfasst haben. Das ist jedoch nicht der Fall, denn wir wissen ja, dass i und $i + kn$ dieselbe Restklasse von $n\mathbb{Z}$ in $\mathbb{Z}$ beschreiben für alle $k \in \mathbb{Z}$. Insbesondere ist $i + n\mathbb{Z} = (i \operatorname{MOD} n) + n\mathbb{Z}$, da $i \operatorname{MOD} n$ sich von i genau durch Subtraktion eines Vielfachen von n unterscheidet.

Also haben wir tatsächlich alle Restklassen erfasst, und weiter gilt mit derselben Überlegung außerdem noch

$$(i + n\mathbb{Z}) + (j + n\mathbb{Z}) = (i + j) + n\mathbb{Z} = ((i + j) \operatorname{MOD} n) + n\mathbb{Z},$$

d. h., die Restklassen $0 + n\mathbb{Z}, 1 + n\mathbb{Z}, \ldots, (n-1) + n\mathbb{Z}$ verhalten sich genauso wie die Elemente von G_n, einzig die Bezeichnung ist eine andere.

Wir werden im nächsten Kapitel für einen solchen Sachverhalt die Sprechweise „$\mathbb{Z}/n\mathbb{Z}$ und G_n sind isomorph" einführen. Hier soll es bei der Feststellung bleiben, dass beide Gruppen in ihren wesentlichen Punkten (d. h. dem Verhalten ihrer Elemente bzgl. der Gruppenverknüpfung) gleich sind. Alle Unterschiede sind „kosmetischer Natur": Nur die Namen der Elemente unterscheiden sich.

2.5 Abschluss

Ich hoffe, euch hat auch diese Gruppentherapie gefallen. Vielleicht hat der eine oder andere ja sogar etwas dabei über Untergruppen, Quotienten, den Satz von Lagrange, Anwendungen davon sowie den Ideen dahinter gelernt. Ich würde es mir wünschen.

$$mfg \leq Goc/kel$$

3 Gruppenzwang III
— Sensation: Homo Morphismus ist ein Gruppentier

Übersicht

Hallo, Gruppentheorie-Fans!

Wir sind nun schon im dritten Kapitel der Gruppenzwang-Reihe angekommen.

Diesmal soll es uns vor allem um Gruppenhomomorphismen gehen, die es uns erlauben werden, Verbindungen zwischen verschiedenen Gruppen zu knüpfen. Dabei möchte ich euch grundsätzliches Handwerkszeug zur Arbeit mit diesen Abbildungen in die Hand geben.

3.1 Gruppenhomomorphismen

Definition 3.1 (Gruppenhomomorphismen)
Seien G und H zwei Gruppen. Eine Abbildung $f : G \to H$ heißt *Gruppenhomomorphismus* oder einfach kurz *Homomorphismus von G nach H*, falls

$$\forall\, a, b \in G : f(a \cdot b) = f(a) \cdot f(b)$$

gilt.

Dabei ist auf der linken Seite mit $\cdot$ natürlich die Gruppenverknüpfung von G und auf der rechten Seite die von H gemeint. ♦

Aus dieser Gleichung leitet sich die Bezeichnung „Homomorphismus" ab: „homo" ist griechisch für „gleich, ähnlich" und „morph" ist das griechische Wort für „Gestalt, Form". Ein Homomorphismus ist — wörtlich übersetzt — also eine „formähnliche" Abbildung. Moderner würde man „strukturerhaltend" sagen: Ein Homomorphismus erhält die Struktur, die eine Gruppe auszeichnet, nämlich die Verknüpfung der Gruppe.

Beispiel 3.2 (Potenzieren)

Betrachten wir die Gruppen $\mathbb{R}$ (wie immer mit der Addition) und $\mathbb{R}^\times$ (mit der Multiplikation). Dann ist für jedes $a > 0$ die Abbildung

$$f_a := \begin{cases} \mathbb{R} \to \mathbb{R}^\times \\ x \mapsto a^x \end{cases}$$

ein Homomorphismus zwischen diesen Gruppen, denn es gilt ja bekanntlich:

$$f_a(x + y) = a^{x+y} = a^x \cdot a^y = f_a(x) \cdot f_a(y)$$

(Die Gruppenverknüpfung in $\mathbb{R}$ ist die Addition!)

Mit demselben Argument zeigt man, dass $\exp : \mathbb{C} \to \mathbb{C}^\times$ ein Homomorphismus ist. ∎

Beispiel 3.3 (Noch einmal Potenzieren)

Ist G eine Gruppe und $g \in G$ ein beliebiges Element, so ist ja

$$\forall\, n, m \in \mathbb{Z} : g^{n+m} = g^n \cdot g^m,$$

d. h.,

$$\begin{cases} \mathbb{Z} \to G \\ n \mapsto g^n \end{cases}$$

ist ein Homomorphismus von $\mathbb{Z}$ nach G.

Da wir für allgemeine Gruppen keine Definition über Potenzen g^x mit $x \notin \mathbb{Z}$ getroffen haben (das ist auch nur in Spezialfällen auf sinnvolle Weise möglich), müssen wir uns hier im Gegensatz zum vorherigen Beispiel auf ganzzahlige Exponenten beschränken. ∎

Beispiel 3.4 (Determinante)

Für quadratische Matrizen über dem Körper K gilt bekanntlich die Determinantenmultiplikationsformel:

$$\forall\, A, B \in K^{n \times n} : \det(A \cdot B) = \det(A) \cdot \det(B)$$

d. h., die Determinante ist ein Homomorphismus $\mathrm{GL}_n(K) \to K^\times$. ∎

3.1.1 Strukturerhaltung

Da Homomorphismen mit der Gruppenverknüpfung verträglich sind, erhalten sie auch viele Strukturen, die von der Multiplikation abgeleitet sind. Wir wollen uns genauer ansehen, welche das sind:

Lemma 3.5
Seien G und H Gruppen und $f : G \to H$ ein Homomorphismus. Dann gilt:

1. $f(1) = 1$
2. $\forall g \in G : f(g^{-1}) = f(g)^{-1}$

Man achte wieder darauf, was gemeint ist: In der ersten Aussage ist die 1 linker Hand das neutrale Element in G, die rechts das neutrale Element von H. Nur so ergibt die Aussage auch einen Sinn.

Beweis: Es gilt $f(1) = f(1 \cdot 1) = f(1) \cdot f(1)$. Wenn wir jetzt $f(1)$ kürzen (d. h. mit dem Inversen multiplizieren), dann bleibt nur die gewünschte Gleichung $f(1) = 1$ übrig.

Die zweite Gleichung geht genauso einfach: $1 = f(1) = f(g \cdot g^{-1}) = f(g) \cdot f(g^{-1})$. Also muss $f(g^{-1})$ das Inverse von $f(g)$ sein. $\qquad\qquad\square$

Lemma 3.6 (Bilder und Urbilder)
Seien G und H Gruppen und $f : G \to H$ ein Homomorphismus. Dann gilt:

1. *Ist $U \leq G$, so ist $f(U) \leq H$.*
2. *Ist $V \leq H$, so ist $f^{-1}(V) \leq G$. Ist sogar $V \trianglelefteq H$, so ist auch $f^{-1}(V) \trianglelefteq G$.*

Man beachte die Asymmetrie zwischen Bildern und Urbildern: Urbilder erhalten auch Normalteiler, nicht nur Untergruppen. Für Bilder ist das i. A. falsch.

Beweis: Wir benutzen natürlich das Untergruppenkriterium. Wegen $1 = f(1) \in f(U)$ ist $f(U) \neq \emptyset$. Sind $x_1, x_2 \in f(U)$, so gibt es $u_1, u_2 \in U$ mit $x_1 = f(u_1)$, $x_2 = f(u_2)$. Es gilt dann:

$$x_1 \cdot x_2^{-1} = f(u_1) \cdot f(u_2^{-1}) = f(u_1 \cdot u_2^{-1}) \in f(U)$$

Genauso funktioniert der zweite Beweis. Es ist $1 \in f^{-1}(V)$, da $f(1) = 1 \in V$. Sind $x_1, x_2 \in f^{-1}(V)$ beliebig, so gilt:

$$f(x_1 \cdot x_2^{-1}) = f(x_1) \cdot f(x_2)^{-1} \in V \implies x_1 \cdot x_2^{-1} \in f^{-1}(V)$$

Ist nun V ein Normalteiler von H, so gilt weiter für alle $x \in f^{-1}(V)$ und alle $g \in G$:

$$f(gxg^{-1}) = f(g)f(x)f(g)^{-1} \in V \implies gxg^{-1} \in f^{-1}(V)$$

Also ist $f^{-1}(V)$ ein Normalteiler. $\qquad\qquad\square$

Das Lemma ist ganz besonders nützlich, weil diese Situation sehr häufig auftritt. Die meisten Untergruppen und Normalteiler, die einem so über den Weg laufen, sind Bilder oder Urbilder unter bestimmten Homomorphismen. Man muss dann nur erkennen, ob diese Situation vorliegt, wendet das Lemma an und hat auf einen Schlag nachgewiesen, dass es sich um eine Untergruppe oder ggf. sogar um einen Normalteiler handelt.

3.1.2 Kern und Bild

Zwei Spezialfälle dieses Lemmas sind besonders wichtig.

Definition 3.7 (Kern und Bild)
Seien G und H Gruppen und $f : G \to H$ ein Homomorphismus.

Wir definieren das *Bild von* f als $\operatorname{im}(f) := f(G)$ und den *Kern von* f als $\ker(f) := f^{-1}(\{\,1\,\})$.   ◆

Mit obigem Lemma ist das Bild stets eine Untergruppe der Zielgruppe H und der Kern ein Normalteiler von G, da $\{\,1\,\}$ ein Normalteiler von H ist.

Beispiel 3.8 (Kanonische Homomorphismen auf Faktorgruppen)
Sei G eine Gruppe und $N \trianglelefteq G$. Dann ist

$$\begin{cases} G \to G/N \\ g \mapsto gN \end{cases}$$

ein Gruppenhomomorphismus. Das gilt einfach, weil wir die Verknüpfung in G/N genauso definiert hatten:

$$g_1 N \cdot g_2 N := g_1 g_2 N$$

Dieser Homomorphismus wird als der *kanonische Homomorphismus von* G *auf* G/N bezeichnet. Dabei bedeutet „kanonisch" soviel wie „natürlich, naheliegend". Eben weil er so naheliegend ist, wird oft keine eigene Bezeichnung für diesen Homomorphismus vergeben. Wenn ein Homomorphismus $G \to G/N$ irgendwo auftaucht, handelt es sich in fast allen Fällen um den kanonischen Homomorphismus.

Falls doch eine Bezeichnung gewählt wird, so ist es oftmals p oder π oder etwas Ähnliches. Das kommt daher, dass ein alternativer Name für diesen Homomorphismus *Projektion von* G *auf* G/N ist.

Die dritte Bezeichnungsalternative ist die sogenannte *Strich-Konvention*, die oftmals dann angewandt wird, wenn man es mit nur einem einzigen Normalteiler N zu tun hat (der dann aus dem Kontext klar ist), aber dafür sehr viel in G/N arbeitet. Man bezeichnet dann gN als $\overline{g}$, G/N als $\overline{G}$ etc.

Untersuchen wir nun den Kern des kanonischen Homomorphismus. Es gilt nach Definition, dass $g \in G$ genau dann im Kern liegt, wenn $gN = 1N \iff 1^{-1}g \in N \iff g \in N$, d.h., der Kern ist genau N.

Damit haben wir erkannt, dass jeder Normalteiler Kern mindestens eines Homomorphismus und jeder Kern ein Normalteiler ist. ∎

Eine äußerst angenehme Eigenschaft des Kerns ist folgende:

Satz 3.9
Seien G und H Gruppen und $f : G \to H$ ein Homomorphismus. Dann sind äquivalent:

1. *f ist injektiv.*
2. $\ker(f) = \{\, 1 \,\}$.

Beweis: „**1.** $\implies$ **2.**":
Ist f injektiv, so gilt: $\forall x, y \in G : f(x) = f(y) \implies x = y$. Daraus ergibt sich: $x \in \ker(f) \implies f(x) = 1 = f(1) \implies x = 1$. Da die 1 jedoch sowieso immer im Kern enthalten ist, muss also $\ker(f) = \{\, 1 \,\}$ sein.

„**2.** $\implies$ **1.**":
Ist andererseits $\ker(f) = 1$ bekannt, so sieht man die Injektivität wie folgt: $f(x) = f(y) \implies 1 = f(x)f(y)^{-1} = f(xy^{-1}) \implies xy^{-1} \in \ker(f) \implies xy^{-1} = 1 \implies x = y$. □

3.2 Mehr Homomorphismen

Weil Homomorphismen ein so wichtiges Konzept sind, gibt es verschiedene Spezialisierungen des Begriffes:

Definition 3.10
Seien G und H Gruppen und $f : G \to H$ ein Homomorphismus.

f heißt *Epimorphismus* / *Monomorphismus* / *Isomorphismus*, falls f surjektiv / injektiv / bijektiv ist.

f heißt *Endomorphismus*, falls $G = H$ ist.

f heißt *Automorphismus*, falls f ein Endomorphismus und ein Isomorphismus ist, d.h. ein bijektiver Homomorphismus $G \to G$. ♦

Man spricht im Falle eines Monomorphismus auch manchmal von einer *Einbettung* von G in H. Das basiert darauf, dass — da solch ein f ja injektiv ist — G mit einer bestimmten Teilmenge von H identifiziert werden kann, nämlich mit $\text{im}(f)$. Da bei dieser Identifizierung die Multiplikation erhalten bleibt (f ist ja ein Homomorphismus), identifizieren wir G dabei nicht nur mit einer bloßen Teilmenge, sondern sogar mit einer Untergruppe von H.

Beispiel 3.11 (Einbettungen)

Umgekehrt erhält man aus jeder Untergruppe $U \leq G$ einen Monomorphismus, der von der echten Einbettung von U in G herkommt, das ist die sogenannte Inklusionsabbildung:

$$i := \begin{cases} U \to G \\ u \mapsto u \end{cases}$$

Diese Abbildung ist offenbar ein Monomorphismus.   ∎

Beispiel 3.12 (Projektionen)

Sei G eine Gruppe und $N \trianglelefteq G$. Die Projektion $G \to G/N$ ist nach Konstruktion ein surjektiver Homomorphismus.

Wir werden im Zuge des Homomorphiesatzes sehen, dass das auch umgekehrt richtig ist und jeder Epimorphismus im Wesentlichen eine solche Projektion ist.

                                                                          ∎

3.2.1 Isomorphismen

Von besonderem Interesse sind die Isomorphismen. Greifen wir die Überlegung von oben noch einmal auf, so können wir einen Isomorphismus $G \to H$ als eine Identifizierung von G mit ganz H (da f surjektiv ist) auffassen, bei der die Multiplikation respektiert wird.

Etwas umformuliert: Wenn wir mit f von G nach H übergehen, dann verpassen wir zwar allen Elementen von G einen neuen Namen ($f(g)$ statt g), aber die Multiplikation bleibt dieselbe.

Da Namen bekanntlich nur Schall und Rauch sind, können wir daher zusammenfassen: Falls ein Isomorphismus $G \to H$ existiert, so sind G und H vom gruppentheoretischen Standpunkt aus betrachtet (d. h. in allen Punkten, die die Multiplikation betreffen) im Wesentlichen gleich.

Formal gerechtfertigt wird dies durch folgendes Lemma:

Lemma und Definition 3.13 (Isomorphie)

Seien G und H Gruppen. G und H heißen isomorph, *geschrieben $G \cong H$, falls es einen Isomorphismus $f : G \to H$ gibt.*

Es gilt:

1. *$\mathrm{id}_G : G \to G$ ist ein Isomorphismus. Insbesondere ist $G \cong G$, d. h., die Relation „isomorph zu" ist reflexiv.*
2. *Ist $f : G \to H$ ein Isomorphismus, so ist auch $f^{-1} : H \to G$ (das existiert, weil f nach Definition bijektiv ist) ein Isomorphismus. Insbesondere ist $G \cong H \implies H \cong G$, d. h., die Relation „isomorph zu" ist symmetrisch.*

3. *Sind $f : G \to H, g : H \to I$ Isomorphismen, so ist auch $g \circ f : G \to I$ ein Isomorphismus. Es ist demnach $G \cong H \wedge H \cong I \implies G \cong I$, d.h., die Relation „isomorph zu" ist transitiv.*

Beweis: Alle drei Behauptungen sind sehr einfach einzusehen. Dass die Identität bijektiv und ein Homomorphismus ist, ist trivial.

Dass f^{-1} bijektiv ist, wenn f es ist, ist auch trivial. Dass es ein Homomorphismus ist, wenn f einer ist, wollen wir nachprüfen: Da f surjektiv ist, lassen sich alle Elemente $y_1, y_2 \in H$ als $y_1 = f(x_1)$, $y_2 = f(x_2)$ mit $x_1, x_2 \in G$ darstellen. Es gilt daher:

$$f^{-1}(x_1 \cdot x_2) = f^{-1}(f(x_1) \cdot f(x_2)) = f^{-1}(f(x_1 \cdot x_2)) = x_1 \cdot x_2 = f^{-1}(y_1) \cdot f^{-1}(y_2)$$

Also ist f^{-1} wirklich ein Isomorphismus.

Sind f und g bijektiv, so trifft das natürlich auch auf $g \circ f$ zu. Nachzuprüfen, dass dies ein Homomorphismus ist, falls f und g solche sind, ist auch völlig problemlos:

$$\begin{aligned}
(g \circ f)(x_1 \cdot x_2) &= g(f(x_1 \cdot x_2)) \\
&= g(f(x_1) \cdot f(x_2)) \\
&= g(f(x_1)) \cdot g(f(x_2)) \\
&= (g \circ f)(x_1) \cdot (g \circ f)(x_1)
\end{aligned}$$

$\square$

Also ist die Relation $\cong$ eine Äquivalenzrelation. Das trifft unsere Erwartungen, denn wenn wir isomorphe Gruppen als „im Wesentlichen gleich" beschreiben, dann sollte diese Relation auch die grundlegenden Eigenschaften der Gleichheit teilen.

Beispiel 3.14 (Potenzieren)
Der Homomorphismus

$$f := \begin{cases} \mathbb{R} \to \mathbb{R}_{>0} \\ x \mapsto \exp x \end{cases}$$

von der additiven Gruppe $\mathbb{R}$ in die Gruppe $\mathbb{R}_{>0}$ zusammen mit der Multiplikation, den wir so ähnlich schon zuvor betrachtet haben, ist bijektiv. Seine Umkehrabbildung ist der natürliche Logarithmus $\ln : \mathbb{R}_{>0} \to \mathbb{R}$.

Das zeigt, dass diese beiden Gruppen isomorph sind. ∎

Beispiel 3.15 (Zyklische Gruppen)
Bereits im letzten Kapitel haben wir nachgerechnet, dass $\{0, 1, \ldots, n-1\}$ zusammen mit der Addition modulo n isomorph ist zur Gruppe $\mathbb{Z}/n\mathbb{Z}$. Wir hatten nur da die Begrifflichkeiten noch nicht zur Verfügung, die wir jetzt haben. ∎

Eine weitere interessante Beobachtung ist, dass die Automorphismen einer Gruppe G, d.h. die Isomorphismen $G \to G$, eine Gruppe bilden:

Lemma und Definition 3.16 (Automorphismengruppen)

Sei G eine Gruppe. Dann ist die Automorphismengruppe von G *als*

$$\text{Aut}(G) := \{\, f : G \to G \mid f \text{ ist Automorphismus}\,\}$$

mit der Komposition $\circ$ von Abbildungen als Verknüpfung definiert.

Beweis: Es muss gezeigt werden, dass dies wirklich eine Gruppe ist. Eine Verknüpfung haben wir gegeben, denn im eben bewiesenen Lemma haben wir uns davon überzeugt, dass die Komposition zweier Isomorphismen $G \to G$ wieder ein Isomorphismus $G \to G$ ist.

Die Komposition von Abbildungen ist immer assoziativ, auch das haben wir bereits früher nachgeprüft.

Das neutrale Element ist uns ebenfalls schon einmal in dem obigen Lemma begegnet: id_G ist ein Element von $\text{Aut}(G)$ und wie immer gilt $\text{id} \circ f = f$ für alle Abbildungen $f : G \to G$.

Das inverse Element wird uns ganz genauso vom obigen Lemma geschenkt: Zu jedem $f \in \text{Aut}(G)$ ist $f^{-1} \in \text{Aut}(G)$, und natürlich gilt $f^{-1} \circ f = \text{id}$. $\square$

Automorphismengruppen beschreiben in einem gewissem Sinne die „innere Symmetrie" der Gruppe G.

3.3   Der Homomorphiesatz

Es ist für die Theorie der Gruppen natürlich von Interesse, entscheiden zu können, ob zwei Gruppen isomorph sind oder nicht. Während das in dieser Allgemeinheit ein sehr schwieriges Problem ist (sogar so schwierig, dass es algorithmisch unlösbar ist), gibt es doch viele Sätze, die uns in speziellen Situationen die Sache wesentlich erleichtern.

Der erste und wichtigste dieser Sätze ist der Homomorphiesatz:

Satz 3.17 (Homomorphiesatz)

Seien G und H Gruppen und $f : G \to H$ ein Homomorphismus. Es gilt dann:

1. *Ist $N \trianglelefteq G$ ein Normalteiler und $\pi : G \to G/N$ der kanonische Homomorphismus, so gibt es genau dann einen Homomorphismus $\overline{f} : G/N \to H$ mit $f = \overline{f} \circ \pi$, falls $N \subseteq \ker(f)$. Dieser Homomorphismus ist ggf. eindeutig bestimmt.*

   Man sagt in diesem Zusammenhang auch f faktorisiert über G/N.

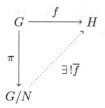

Abb. 3.1: Die drei Abbildungen f, π und $\overline{f}$

2. *Es gilt $G/\ker(f) \cong \operatorname{im}(f)$. Ein Isomorphismus ist durch $\overline{f}$ aus der vorherigen Aussage mit $N = \ker(f)$ gegeben.*

Beweis: Schauen wir uns zunächst einmal diese Abbildung $\overline{f}$ an. Wenn sie die Bedingung $f = \overline{f} \circ \pi$ erfüllt, dann heißt das ja:

$$\forall x \in G : f(x) = \overline{f}(\pi(x)) = \overline{f}(xN)$$

Falls ein Homomorphismus $\overline{f} : G/N \to H$ mit dieser Eigenschaft existiert, so gilt für alle $x \in N$: $xN = 1N \implies f(x) = \overline{f}(xN) = \overline{f}(1 \cdot N) = 1 \implies x \in \ker(f)$. Also ist tatsächlich $N \subseteq \ker(f)$.

Okay, das war der einfache Part. Jetzt müssen wir uns Gedanken darüber machen, wie wir die Existenz und Eindeutigkeit solch eines Homomorphismus beweisen, falls $N \subseteq \ker(f)$ gegeben ist. Dazu betrachten wir die obige Gleichung. Sie sagt uns genau, wie $\overline{f}(xN)$ auszusehen hat, falls so eine Abbildung überhaupt existiert. Daraus folgt schon einmal, dass, wenn es überhaupt eine Abbildung gibt, diese eindeutig bestimmt ist.

Andererseits liefert uns das auch eine Idee, wie wir $\overline{f}$ zu definieren haben, um die Existenz zu beweisen: Nämlich genau durch diese Gleichung:

$$\forall x \in G : \overline{f}(xN) := f(x)$$

Natürlich ist das nicht ohne Weiteres möglich. Eine Nebenklasse xN kann ja bekanntlich durch verschiedene $x \in G$ dargestellt werden. Woher wissen wir, dass sich $f(x)$ nicht ändert, falls wir zu einer solchen alternativen Darstellung wechseln?

Das sagt uns die gegebene Bedingung: Falls $xN = x'N$ ist, folgt $x^{-1}x' \in N \subseteq \ker(f) \implies 1 = f(x^{-1}x') = f(x)^{-1}f(x') \implies f(x) = f(x')$. Also ist die von uns getroffene Definition tatsächlich zulässig. Die Gleichung $f = \overline{f} \circ \pi$ ist für diese Abbildung $\overline{f}$ (von der wir jetzt wissen, dass sie tatsächlich existiert) nun durch die Konstruktion erfüllt.

Das war der schwierige Teil. Jetzt müssen wir noch überprüfen, dass das so definierte $\overline{f} : G/N \to H$ wirklich ein Homomorphismus ist. Das ist leicht:

$$\overline{f}(xN \cdot x'N) = \overline{f}(xx'N) = f(xx') = f(x)f(x') = \overline{f}(xN)\overline{f}(x'N)$$

Die zweite Aussage ist einfacher. $K := \ker(f)$ ist ein Normalteiler, der offensichtlich in $\ker(f)$ enthalten ist. Also gibt es einen Homomorphismus $\overline{f} : G/\ker(f) \to H$, der

$$\forall\, x \in G : \overline{f}(xK) = f(x)$$

erfüllt.

Daher ist zum einen $\mathrm{im}(\overline{f}) = \mathrm{im}(f)$ gesichert und zum anderen

$$\overline{f}(xK) = 1 \iff f(x) = 1 \iff x \in \ker(f) = K \iff xK = 1 \cdot K,$$

d. h. $\ker(\overline{f}) = \{\, 1K \,\}$. Wir haben vorhin erst ein Lemma bewiesen, das uns zeigt, dass $\overline{f}$ daher injektiv ist.

Wir fassen zusammen: Die durch $\overline{f}$ gegebene Abbildung $G/\ker(f) \to \mathrm{im}(f)$ ist ein Homomorphismus, surjektiv und injektiv. Also ist sie ein Isomorphismus dieser Gruppen. Das wollten wir zeigen. □

Die Konsequenzen dieses Satzes sind weitreichend. Die Situation tritt so häufig (teilweise implizit hinter anderen Sätzen versteckt) auf, dass man mit Fug und Recht behaupten kann, hier das wichtigste Werkzeug in der Hand zu haben, um Isomorphien zwischen Gruppen aufzudecken.

Eine interessante Konsequenz möchte ich direkt ansprechen: Da die Gruppen $G/\ker(f)$ und $\mathrm{im}(f)$ isomorph sind, sind sie natürlich insbesondere gleich groß: $|G/\ker(f)| = |\mathrm{im}(f)|$. Daraus folgt mit Hilfe des Satzes von Lagrange:

$$|G| = |G/\ker(f)| \cdot |\ker(f)| = |\mathrm{im}(f)| \cdot |\ker(f)|$$

Diese Gleichung ist in gewisser Weise ein Cousin der Gleichung

$$\dim(V) = \dim(\mathrm{im}(f)) + \dim(\ker(f))$$

für Vektorräume und Vektorraumhomomorphismen $f : V \to W$. Im Falle endlicher Gruppen und endlicher Vektorräume (d. h. endlichdimensional über endlichen Körpern) sind beide Gleichungen tatsächlich äquivalent zueinander.

Eine weitere Konsequenz ist, wie ich oben schon andeutete, die Tatsache, dass jeder Epimorphismus „im Wesentlichen" eine Projektion ist. Wir können das nun ganz präzise formulieren mit unseren neuen Begrifflichkeiten:

Ist $f : G \to H$ ein Epimorphismus, so gilt $\mathrm{im}(f) = H$, d. h., der Homomorphiesatz liefert uns mit $\overline{f}$ einen Isomorphismus $G/\ker(f) \to H$, der $x\ker(f)$ mit $f(x)$ identifiziert. Wenn wir diese Identifikation benutzen, dann entspricht f genau der Abbildung $G \to G/\ker(f)$, $x \mapsto xN$, d. h. der Projektion von G auf $\ker(f)$.

3.3.1 Einmal mehr zyklische Gruppen

Der Homomorphiesatz erlaubt uns, eine Behauptung zu beweisen, die ich bereits im letzten Kapitel in den Raum gestellt hatte:

Lemma und Definition 3.18
Sei G eine zyklische Gruppe, etwa $G = \langle g \rangle$. Es gilt:

1. *Durch*

$$f := \begin{cases} \mathbb{Z} \to G \\ k \mapsto g^k \end{cases}$$

und den Homomorphiesatz wird ein Isomorphismus $\overline{f} : \mathbb{Z}/n\mathbb{Z} \to G$ für genau ein $n \in \mathbb{N}$ bestimmt.

2. *Dieses n heißt auch Ordnung von g, wird meistens als ord(g) notiert und hat folgende Eigenschaft:*

$$\forall\, k \in \mathbb{Z} : g^k = 1 \iff n \mid k$$

Im Falle $n = 0$ ist die Bezeichnung jedoch uneindeutig. Man schreibt statt ord$(g) = 0$ auch oft ord$(g) = \infty$. Mit dieser Symbolik wäre ord$(g) = |\langle g \rangle|$ die charakterisierende Eigenschaft der Ordnung von g.

3. *Es gibt bis auf Isomorphie genau eine unendliche, zyklische Gruppe (nämlich $\mathbb{Z}$) und genau eine zyklische Gruppe der Ordnung n für alle $n \in \mathbb{N}_{>0}$ (nämlich $\mathbb{Z}/n\mathbb{Z}$).*

Beweis: Dank des Homomorphiesatzes müssen wir gar nicht mehr viel machen, um diese Aussagen zu beweisen. Die Potenzgesetze für Gruppen sagen uns, dass

$$f(k + m) = g^{k+m} = g^k \cdot g^m = f(k) \cdot f(m)$$

ist, d.h., dass f ein Homomorphismus ist. Weil $G = \langle g \rangle$ ist, ist f surjektiv.

Außerdem wissen wir, dass jede Untergruppe von $\mathbb{Z}$ (also insbesondere ker(f)) die Form $n\mathbb{Z}$ für genau ein passendes $n \in \mathbb{N}$ hat. Damit ist dank des Homomorphiesatzes die erste Aussage bereits vollständig bewiesen.

Falls G endlich war, so folgt $|G| = |\mathbb{Z}/n\mathbb{Z}| = n$, und falls G unendlich war, so folgt $|G| = |\mathbb{Z}/0\mathbb{Z}| = |\mathbb{Z}| = \infty$, d.h., mit der zweiten Konvention ist tatsächlich ord$(g) = |\langle g \rangle|$.

Die Charakterisierung der Ordnung durch die Teilbarkeitseigenschaft (hier müssen wir die Konvention bemühen, die ord$(g) = 0$ erlaubt), folgt auch völlig aus bereits bekannten Tatsachen:

$$1 = g^k = f(k) \iff k \in \ker(f) = n\mathbb{Z} \iff k \mid n$$

Die dritte Aussage ist eine Zusammenfassung der ersten. Wenn $G_1 = \langle g_1 \rangle$ und $G_2 = \langle g_2 \rangle$ zwei zyklische Gruppen derselben Ordnung $\mathrm{ord}(g_1) = \mathrm{ord}(g_2) = n \in \mathbb{N}_{>0} \cup \{\infty\}$ sind, dann ist $G_1 \cong \mathbb{Z}/n\mathbb{Z} \cong G_2$ (im endlichen Fall) bzw. $G_1 \cong \mathbb{Z} \cong G_2$ (im unendlichen Fall). $\qquad\qquad\square$

Eine wichtige Konsequenz aus der Beobachtung $|\langle g \rangle| = \mathrm{ord}(g)$ für endliche Ordnungen ist, dass für endliche Gruppen stets $\mathrm{ord}(g)$ ein Teiler von $|G|$ ist, denn nach dem Satz von Lagrange ist $|\langle g \rangle|$ ein Teiler von $|G|$.

Wenn man jetzt das Lemma auf diese Erkenntnis anwendet, erhält man, dass in endlichen Gruppen stets $g^{|G|} = 1$ ist. Ebenfalls eine sehr einfache, aber unschätzbar wertvolle Information.

3.4 Charakteristische Untergruppen

Mit Homomorphismen kann man sich in der Gruppentheorie vieles erleichtern. Sie treten oft genug auf, um viel Arbeitsersparnis zu bedeuten. Eine Möglichkeit haben wir bereits gesehen: Kerne von Homomorphismen sind immer Normalteiler, Bilder sind stets Untergruppen.

Eine weitere, von Zeit zu Zeit nützliche Methode, sich Normalteiler zu beschaffen, sind charakteristische Untergruppen:

Definition 3.19
Sei G eine Gruppe und $U \leq G$ eine Untergruppe. U heißt *charakteristische Untergruppe von G*, falls für alle $f \in \mathrm{Aut}(G)$ stets $f(U) \subseteq U$ gilt.

U heißt *voll charakteristisch*, falls dies sogar für alle Endomorphismen $f : G \to G$ gilt.

Ganz allgemein definiert man entsprechend für beliebige Teilmengen $X \subseteq \mathrm{End}(G)$, dass U *X-invariant* heißt, falls $\forall f \in X : f(U) \subseteq U$ ist. $\qquad\blacklozenge$

Wie kommen da die Normalteiler ins Spiel? So:

Lemma und Definition 3.20 (Innere Automorphismen)
Sei G eine Gruppe. Dann gilt:

1. *Sei $g \in G$. Die Konjugation mit g, d. h.,*

$$\kappa_g := \begin{cases} G \to G \\ x \mapsto gxg^{-1} \end{cases}$$

   ist ein Automorphismus von G. Automorphismen dieser Form heißen innere Automorphismen.

2. $\mathrm{Inn}(G) := \{\,\kappa_g \mid g \in G\,\}$ *ist ein Normalteiler von* $\mathrm{Aut}(G)$.

3. *Eine Untergruppe $N \leq G$ ist genau dann ein Normalteiler, wenn sie $\mathrm{Inn}(G)$-invariant ist. Insbesondere sind charakteristische und voll charakteristische Untergruppen stets auch Normalteiler.*

Beweis: Die ersten beiden Punkte beweisen wir gemeinsam in mehreren Schritten. Erster Schritt: κ_g ist ein Homomorphismus $G \to G$. Das sieht man wie folgt ein:

$$\forall\, x, y \in G : \kappa_g(xy) = g(xy)g^{-1} = (gxg^{-1})(gyg^{-1}) = \kappa_g(x)\kappa_g(y)$$

Zweiter Schritt: Wir schauen uns an, wie die inneren Automorphismen zueinander in Verbindung stehen. Für alle $g, h, x \in G$ gilt:

$$(\kappa_g \circ \kappa_h)(x) = \kappa_g(hxh^{-1}) = ghxh^{-1}g^{-1} = (gh)x(gh)^{-1} = \kappa_{gh}(x)$$

Also ist $\kappa_g \circ \kappa_h = \kappa_{gh}$.

Dritter Schritt: Weil offenbar $\kappa_1 = \mathrm{id}_G$ ist, ist $\kappa_g \circ \kappa_{g^{-1}} = \mathrm{id}_G = \kappa_{g^{-1}} \circ \kappa_g$, d. h., alle κ_g sind tatsächlich Automorphismen von G. Weiterhin zeigt uns die Gleichung aus Schritt 2, dass

$$\kappa := \begin{cases} G \to \mathrm{Aut}(G) \\ g \mapsto \kappa_g \end{cases}$$

ein Homomorphismus von Gruppen ist. Also ist $\mathrm{Inn}(G) = \mathrm{im}(\kappa)$ schon einmal mindestens eine Untergruppe von $\mathrm{Aut}(G)$.

Vierter Schritt: $\mathrm{Inn}(G)$ ist aber sogar ein Normalteiler, denn es gilt für alle $\alpha \in \mathrm{Aut}(G), g, x \in G$:

$$(\alpha \circ \kappa_g \circ \alpha^{-1})(x) = \alpha(\kappa_g(\alpha^{-1}(x))) = \alpha(g\alpha^{-1}(x)g^{-1}) = \alpha(g)x\alpha(g)^{-1} = \kappa_{\alpha(g)}(x),$$

d. h. $\alpha \circ \kappa_g \circ \alpha^{-1} \in \mathrm{Inn}(G)$. Also ist tatsächlich $\mathrm{Inn}(G) \trianglelefteq \mathrm{Aut}(G)$.

Die dritte Aussage ist nur eine Umformulierung des uns schon bekannten Kriteriums

$$N \trianglelefteq G \iff \forall g \in G : gNg^{-1} \subseteq N,$$

denn gNg^{-1} ist natürlich nichts anderes als $\kappa_g(N)$. $\qquad\square$

Beispiel 3.21 (Das Zentrum)
Ein besonders interessantes Beispiel, das zugleich eine nette Anwendung des Homomorphiesatzes bereithält, ist folgendes:

Definiere das *Zentrum der Gruppe G* als

$$Z(G) := \left\{ g \in G \,\middle|\, \forall x \in G : gxg^{-1} = x \right\},$$

man könnte natürlich auch umstellen und

$$Z(G) = \{\, g \in G \mid \forall\, x \in G : gx = xg \,\}$$

schreiben. Das Zentrum besteht also aus allen Elementen von G, die mit allen anderen Elementen von G kommutieren.

Ich behaupte nun, dass $Z(G)$ eine charakteristische Untergruppe von G ist, mithin also sogar ein Normalteiler. Jetzt könnte man natürlich mit dem Untergruppenkriterium anfangen und sich dann Schritt für Schritt alles zusammensammeln, was man braucht.

Der wesentlich elegantere Weg ist aber, sich einen geeigneten Homomorphismus zu besorgen und diese Arbeit von den Lemmata, die bereits bewiesen wurden, erledigen zu lassen. Wir benutzen dafür den Homomorphismus aus dem Lemma: $\kappa : G \to \mathrm{Aut}(G)$.

Es gilt nämlich

$$g \in \ker(\kappa) \iff \kappa_g = \mathrm{id} \iff \forall\, x \in G : x = \kappa_g(x) = gxg^{-1} \iff g \in Z(G),$$

d. h. $Z(G) = \ker(\kappa)$. Damit haben wir in nur einer Zeile bewiesen, dass $Z(G)$ mindestens ein Normalteiler von G ist. Der Homomorphiesatz gibt uns direkt noch die schöne Zusatzaussage, dass $G/Z(G) \cong \mathrm{Inn}(G)$ ist.

Das einzige, was jetzt noch zu tun ist, ist zu beweisen, dass $Z(G)$ nicht nur normal (d. h. $\mathrm{Inn}(G)$-invariant), sondern sogar charakteristisch (d. h. $\mathrm{Aut}(G)$-invariant) in G ist. Das sieht man wie folgt:

Wenn $\alpha \in \mathrm{Aut}(G)$ ist, dann ist α insbesondere ein surjektiver Homomorphismus, d. h., jedes $x \in G$ lässt sich als $\alpha(y)$ schreiben. Dann gilt für alle $g \in Z(G)$:

$$x\alpha(g) = \alpha(y)\alpha(g) = \alpha(yg) = \alpha(gy) = \alpha(g)\alpha(y) = \alpha(g)x$$

Da $x \in G$ beliebig war, folgt, dass $\alpha(g) \in Z(G)$ ist, d. h. $\alpha(Z(G)) \subseteq Z(G)$.

Genauer haben wir also gezeigt, dass $Z(G)$ nicht nur unter allen Automorphismen, sondern sogar unter allen Epimorphismen $G \to G$ invariant ist.   ■

3.5   Direkte Produkte und direkte Summen von Gruppen

Wir wollen zum Abschluss noch eine weitere Möglichkeit kennenlernen, sich aus vorhandenen Gruppen neue zu basteln.

Definition 3.22 (Summen und Produkte)

Ist $(G_i)_{i \in I}$ eine Familie von Gruppen, so definieren wir das *direkte* oder auch *kartesische Produkt* als die Menge

$$\prod_{i \in I} G_i := \{ (g_i)_{i \in I} \mid g_i \in G_i \}.$$

Die Gruppenverknüpfung ist *komponentenweise* definiert, d. h.:

$$(g_i)_{i \in I} \cdot (h_i)_{i \in I} := (g_i h_i)_{i \in I}$$

Die *direkte Summe* dieser Gruppen ist nun definiert als

$$\bigoplus_{i \in I} G_i := \left\{ (g_i)_{i \in I} \in \prod_{i \in I} G_i \ \middle|\ g_i = 1 \text{ bis auf endlich viele Ausnahmen} \right\}.$$

$\blacklozenge$

Man kann sich leicht anhand der Axiome bzw. anhand des Untergruppenkriteriums davon überzeugen, dass $\prod_i G_i$ eine Gruppe und $\bigoplus_i G_i$ eine Untergruppe davon ist. Offenbar unterscheiden sich direkte Summe und direktes Produkt höchstens dann, wenn I unendlich groß ist; falls wir endlich viele Mengen betrachten, sind beide Gruppen identisch.

Durch die Konstruktion als kartesisches Produkt haben wir folgende Formel für die Ordnungen automatisch sichergestellt:

$$\left| \prod_{i \in I} G_i \right| = \prod_{i \in I} |G_i|$$

Von Zeit zu Zeit nützlich ist das folgende Lemma, das es uns erlaubt, zyklische Gruppen in bestimmten Fällen in direkte Produkte zu zerlegen bzw. ein Produkt zyklischer Gruppen zu einer zyklischen Gruppe zusammenzufassen:

Lemma 3.23

Sind G und H endliche, zyklische Gruppen, etwa mit Ordnungen $n := |G|, m := |H|$, so gilt:

$$G \times H \text{ zyklisch} \iff \mathrm{ggT}(n, m) = 1$$

Speziell gilt:

$$\mathbb{Z}/n\mathbb{Z} \times \mathbb{Z}/m\mathbb{Z} \cong \mathbb{Z}/nm\mathbb{Z} \iff \mathrm{ggT}(n, m) = 1$$

Beweis: „ $\implies$ ":

Sei etwa $x := (g, h) \in G \times H$ ein erzeugendes Element. Wir nutzen das Lemma über die Elementordnungen und seine Konsequenzen aus und erhalten: $x^n = (g^n, h^n) = (1, h^n)$ und $x^m = (g^m, h^m) = (g^m, 1)$. Daraus folgt $x^{\mathrm{kgV}(n,m)} = (1, 1)$. Wie wir in diesem Lemma ebenfalls gesehen haben, folgt daraus, dass $\mathrm{ord}(x)$ ein Teiler von $\mathrm{kgV}(n, m) \mid nm$ ist. Als erzeugendes Element erfüllt x aber auch $\mathrm{ord}(x) = |G \times H| = nm$, d. h. $\mathrm{kgV}(n, m) = nm \implies \mathrm{ggT}(n, m) = 1$.

„ $\Longleftarrow$ " :

Ist umgekehrt ggT$(n, m) = 1$ und sind $g \in G$ bzw. $h \in H$ erzeugende Elemente, so gilt für alle $k \in \mathbb{N}$:

$$
\begin{aligned}
1 = (g, h)^k &\Longleftrightarrow 1 = g^k \wedge 1 = h^k \\
&\Longleftrightarrow n = \operatorname{ord}(g) \mid k \wedge m = \operatorname{ord}(h) \mid k \\
&\Longleftrightarrow nm = \operatorname{kgV}(n, m) \mid k
\end{aligned}
$$

Daraus folgt, dass (g, h) mindestens die Ordnung nm hat, d. h., die Untergruppe $\langle (g, h) \rangle \leq G \times H$ hat mindestens die Ordnung nm. Weil nm aber auch die höchstmögliche Ordnung ist, folgt $G \times H = \langle (g, h) \rangle$. Also ist $G \times H$ zyklisch wie behauptet. $\qquad\square$

3.6 Abschluss

Ich hoffe, ich konnte euch in den bisher drei Teilen der Reihe einen guten Eindruck von der Gruppentheorie vermitteln. Vielleicht teilt ja jetzt der eine oder andere von euch mein Interesse und meine Begeisterung für dieses Gebiet.

Ich wünsche den Neu-Begeisterten noch viel Spaß, und dass sie am Ende keine Gruppentherapie brauchen!

$$mfg : G \to ockel$$

4 Gruppenzwang IV
— Gruppencamper brauchen Iso(morphie-)matten

Hallo, Freunde der Gruppentheorie und -therapie!

Es soll in diesem Kapitel um die sogenannten Isomorphiesätze gehen. Diese sind besonders interessant, wenn man (Na, was wohl?) Isomorphien von Gruppen nachweisen will (Na? Wen hat's überrascht?). Sie bieten einige Hilfsmittel und grundlegende Ideen zum Suchen und Finden von Isomorphien. Wir werden einige sehr nützliche Sätze und Lemmata kennenlernen, die vielseitig einsetzbar sind und ein tiefer gehendes Verständnis der Gruppen ermöglichen.

Die Isomorphiesätze werden in Büchern und Quellen verschieden angegeben. Manchmal sind es drei, manchmal zwei Isomorphiesätze, einmal wird der Homomorphiesatz (siehe dazu das vorhergehende Kapitel der Gruppenzwang-Reihe) als erster Isomorphiesatz betitelt und einmal nicht.

Ich werde hier drei Isomorphiesätze vorstellen, von denen die ersten zwei die beiden bekanntesten Isomorphiesätze sind, während der dritte Satz selten erwähnt wird, dafür aber sehr interessant und sein Beweis vielleicht auch lehrreich ist.

4.1   Hilfssätze und Konventionen

In den folgenden Abschnitten werden bestimmte Konstrukte immer wieder auftauchen. Die sollen hier noch einmal zusammengefasst werden, auch wenn wir
sie im zweiten Kapitel bereits definiert hatten:

Wenn A und B zwei Teilmengen einer Gruppe G sind und $g \in G$ ein beliebiges
festes Element, dann werden wir folgende Bezeichnungen benutzen:

$$gA := \{\, ga \mid a \in A \,\}$$
$$Ag := \{\, ag \mid a \in A \,\}$$
$$AB := \{\, ab \mid a \in A, b \in B \,\}$$
$$A^{-1} := \left\{\, a^{-1} \mid a \in A \,\right\}$$

Die Menge AB wird auch *Komplexprodukt von A und B* genannt, im Gegensatz
etwa zum kartesischen oder direkten Produkt.

Wir wollen jetzt noch einige nützliche und vielseitig verwendbare Hilfssätze über
Komplexprodukte bereitstellen, die für unsere Beweise (insbesondere vom dritten Isomorphiesatz) benötigt werden.

Lemma 4.1 (Tausch-Lemma)
*Sei G eine Gruppe, $N \trianglelefteq G$ ein Normalteiler und $X \subseteq G$ eine beliebige Teilmenge.
Dann gilt $NX = XN$.*

Beweis:
$$NX = \bigcup_{x \in X} Nx = \bigcup_{x \in X} xN = XN \qquad \square$$

Lemma 4.2 (ABBA-Lemma)
Sei G eine Gruppe und $A, B \leq G$ zwei Untergruppen. Dann gilt:

$$AB = BA \iff AB \text{ ist Untergruppe}$$

Beweis: „$\Longrightarrow$": AB enthält nach Definition das Element $1 = 1 \cdot 1$, ist also
nichtleer. Seien $a_1, a_2 \in A, b_1, b_2 \in B$ beliebig. Dann gilt:

$$(a_1 b_1) \cdot (a_2 b_2)^{-1} = a_1 (b_1 b_2^{-1}) a_2^{-1}$$

Weil $AB = BA$ ist, gibt es $a_3 \in A, b_3 \in B$, sodass $(b_1 b_2^{-1}) a_2^{-1}$ — was ja in BA
liegt — als $a_3 b_3$ geschrieben werden kann. Eingesetzt ergibt sich:

$$(a_1 b_1) \cdot (a_2 b_2)^{-1} = a_1 (a_3 b_3) = (a_1 a_3) b_3 \in AB$$

Also erfüllt AB das Untergruppenkriterium.

„$\Longleftarrow$": Für jede Untergruppe $U \leq G$ gilt

$$U^{-1} = \left\{\, u^{-1} \mid u \in U \,\right\} = U,$$

da U als Untergruppe gegenüber Inversenbildung abgeschlossen ist und jedes u das Inverse von $u^{-1} \in U$ ist.

Wenn nun AB eine Untergruppe ist, dann gilt also

$$AB = (AB)^{-1} = B^{-1}A^{-1} = BA,$$

da A und B ja selbst Untergruppen sind. $\qquad\qquad\qquad\qquad\qquad$ □

4.2　Der erste Isomorphiesatz

Dieser Satz ist relativ einfach zu beweisen. Er wird in einigen Quellen auch als der zweite Isomorphiesatz bezeichnet. Das sind i. d. R. die Quellen, die den Homomorphiesatz zu den Isomorphiesätzen hinzuzählen und für diesen dann die Nummer Eins reservieren. Der Homomorphiesatz wird in jedem Fall essenziell sein für die meisten der folgenden Beweise, daher sollte man ihn zur Not im vorangegangenen Kapitel noch einmal nachlesen.

Zunächst beweisen wir einen kleinen, aber feinen Satz, der sich immer wieder als nützlich erweist:

Satz 4.3
Sei G eine Gruppe und $U, V \leq G$ zwei Untergruppen. Dann gilt:

$$|U \cap V| \cdot |UV| = |U| \cdot |V|$$

Beweis:　UV ist offenbar gleich $\bigcup_{u \in U} uV$. Wir wissen aus der Diskussion des Satzes von Lagrange in Kapitel 2, dass Nebenklassen einer Untergruppe paarweise disjunkt sind. Wir würden also gern $|UV| = |V| \cdot$(Anzahl dieser Nebenklassen) schreiben. Dafür müssen wir uns aber überlegen, wie viele dieser Nebenklassen es denn überhaupt gibt. Es könnte natürlich sein, dass für zwei $u, u' \in U$ der Fall $uV = u'V$ eintritt.

Das geschieht aber genau dann, wenn $u'^{-1}u \in V$ ist. Andererseits sind $u, u' \in U \implies u'^{-1}u \in U$, d. h., das tritt genau dann ein, wenn $u'^{-1}u \in U \cap V$ ist. Das wiederum tritt genau dann ein, wenn $u(U \cap V) = u'(U \cap V)$ ist. Daraus schlussfolgern wir: Es gibt genauso viele verschiedene Nebenklassen der Form $uV, u \in U$, wie es Nebenklassen der Form $u(U \cap V), u \in U$ gibt. Weil $U \cap V$ eine Untergruppe von U ist, ist uns diese zweite Anzahl als Index $|U : U \cap V|$ bekannt.

Alles zusammen ergibt also:

$$|UV| = |V| \cdot |U : U \cap V|$$
$$\implies |UV| \cdot |U \cap V| = |V| \cdot (|U : U \cap V| \cdot |U \cap V|)$$
$$= |V| \cdot |U|$$

$\qquad\qquad\qquad\qquad\qquad\qquad\qquad\qquad\qquad\qquad\qquad\qquad\qquad$ □

Auch der erste Isomorphiesatz dreht sich um Teilmengen der Form UV der Gruppe. Besonders interessant ist natürlich der Fall, wo dies nicht nur eine bloße Teilmenge ist (was der Allgemeinfall wäre), sondern sogar eine Untergruppe von G. Der erste Isomorphiesatz zeigt dann, dass die eben bewiesene Gleichung für die Kardinalitäten der auftretenden Teilmengen kein bloßer arithmetischer Zufall ist, sondern von einem Isomorphismus der Gruppe herkommt:

Satz 4.4 (Erster Isomorphiesatz)
Sei G eine Gruppe, $H \leq G$ eine Untergruppe und $N \trianglelefteq G$ ein Normalteiler. Dann gilt:

1. $HN \leq G$ und $N \trianglelefteq HN$.
2. $N \cap H \trianglelefteq H$ und $HN/N \cong H/(N \cap H)$.

Beweis: Die erste Aussage ist relativ einfach: Da N ein Normalteiler ist, gilt nach Tauschlemma $HN = NH$ und wegen des ABBA-Lemmas ist HN eine Untergruppe.

Offenbar ist $N = 1 \cdot N \subseteq HN$, also eine Untergruppe von HN. Da $gN = Ng$ für alle $g \in G$ gilt, gilt es natürlich auch für alle $g \in HN$, d. h., HN ist auch ein Normalteiler.

Die Isomorphie der Faktorgruppen folgt dann aus dem Homomorphiesatz. Dazu brauchen wir einen Homomorphismus $H \to HN/N$, dessen Kern genau $H \cap N$ ist. Ein Homomorphismus bietet sich regelrecht an, nämlich die Einschränkung des kanonischen Homomorphismus $x \mapsto xN$ auf H:

$$\phi := \begin{cases} H \to HN/N \\ h \mapsto hN \end{cases}$$

Um den Homomorphiesatz anwenden zu können, müssen wir zeigen, dass ϕ surjektiv ist und $\ker(\phi)$ bestimmen. Den Kern zu bestimmen ist noch am einfachsten: Das neutrale Element der Faktorgruppe ist die Nebenklasse von 1 und es gilt: $hN = 1N \iff h \in N \iff h \in H \cap N$, da h ja ein Element von H ist. Damit haben wir $\ker(\phi) = H \cap N$ gezeigt. Insbesondere folgt daraus, dass $H \cap N$ ein Normalteiler von H ist.

Um die Surjektivität von ϕ zu überprüfen, schauen wir uns die Elemente von HN/N einmal genauer an. Das sind Nebenklassen der Form xN wobei $x \in HN$ ist. Die Elemente von HN haben nun die Form hn für bestimmte $h \in H, n \in N$, d. h., die Nebenklassen haben die Form $hnN = hN$, da $nN = N$ für alle $n \in N$ gilt. Das Bild von ϕ besteht nun aber genau aus allen Nebenklassen der Form hN mit $h \in H$, also ist ϕ surjektiv.

Mit dem Homomorphiesatz folgt jetzt die Behauptung. $\qquad\square$

Isomorphe Gruppen sind insbesondere gleich groß, d. h., es ergibt sich aus dieser Isomorphie, wie schon erwähnt, ein neuer Beweis der Gleichung aus dem vorherigen Satz:

$$HN/N \cong H/(H \cap N)$$
$$\implies |HN| \cdot |H \cap N| = |HN/N| \cdot |N| \cdot |H \cap N|$$
$$= |H/(H \cap N)| \cdot |N| \cdot |H \cap N|$$
$$= |H| \cdot |N|$$

Allerdings mussten wir für die Isomorphie eine zusätzliche Voraussetzung hineinstecken, nämlich, dass N ein Normalteiler von G ist. Das obige Lemma setzt ja nur die Untergruppeneigenschaft voraus.

4.3 Der zweite Isomorphiesatz

Der zweite Isomorphiesatz (oder auch der dritte, das hängt, wie gesagt, von der Zählweise ab) gehört zu einer Reihe von Eigenschaften, die einen sehr engen Zusammenhang zwischen der Faktorgruppe G/N und der Gruppe G herstellen und ist damit unverzichtbar für das Verständnis der Gruppentheorie.

Es stellt sich nämlich heraus, dass viele der wichtigen Eigenschaften und Strukturen von G/N denen von G „oberhalb von N" gleichen. Wir werden gleich sehen, wie das genau zu verstehen ist. Der zweite Isomorphiesatz selbst ist eine Art „Kürzungsregel" für Faktorgruppen und stellt auf diese Weise einen Zusammenhang zwischen Quotienten von G und von G/N her.

Der Satz, der diesen Zusammenhang darstellt, hat keine einheitliche Bezeichnung in der Literatur und wird auch nicht immer in einem Satz zusammengefasst dargestellt. Manchmal wird er als *Korrespondenzsatz* bezeichnet. So werde ich das auch handhaben:

Satz 4.5 (Korrespondenzsatz)
Sei G eine Gruppe und $N \trianglelefteq G$ ein Normalteiler von G. Bezeichne mit $\pi : G \to G/N$ den kanonischen Homomorphismus $\pi(g) := gN$. Dann gilt:

1. *Untergruppen von G/N entsprechen eindeutig Untergruppen von G oberhalb von N. Präzise:*

$$\begin{cases} \{\, U \subseteq G \mid U \ Untergruppe, N \subseteq U \,\} \to \{\, V \subseteq G/N \mid V \ Untergruppe \,\} \\ U \mapsto \pi(U) \end{cases}$$

ist eine Bijektion. Die inverse Abbildung ist durch Bildung von Urbildern bzgl. π gegeben: $V \mapsto \pi^{-1}(V)$. Insbesondere hat jede Untergruppe von G/N die Form $\pi(U) = U/N$ für eine geeignete Untergruppe U von G.

2. *Diese Korrespondenz erhält alle Inklusionsbeziehungen: Für alle Untergruppen U_1, U_2 und U_i ($i \in I$) mit $N \leq U_i \leq G$ gilt:*

a) $U_1 \subseteq U_2 \iff \pi(U_1) \subseteq \pi(U_2)$

b) $\pi\left(\bigcap_i U_i\right) = \bigcap_i \pi(U_i)$

c) $\pi(\langle U_i | i \in I \rangle) = \langle \pi(U_i) | i \in I \rangle$ *(Dabei ist auf der linken Seite natürlich die erzeugte Untergruppe von G und auf der rechten Seite die erzeugte Untergruppe von G/N gemeint.)*

3. *Indizes werden erhalten: Für $N \leq U \leq V \leq G$ gilt:*

$$|V : U| = |\pi(V) : \pi(U)|$$

Insbesondere ist $|\pi(U)| = |U : N|$.

4. *Normalteiler von G/N entsprechen eindeutig Normalteilern von N bzgl. dieser Korrespondenz: Für $N \leq U \leq V \leq G$ gilt:*

$$U \trianglelefteq V \iff \pi(U) \trianglelefteq \pi(V)$$

Insbesondere liefert die Korrespondenz nicht nur eine Bijektion zwischen den Untergruppen oberhalb von N mit den Untergruppen von G/N, sondern auch zwischen den Normalteilern oberhalb von N und den Normalteilern von G/N.

5. **Zweiter Isomorphiesatz**

Sei $N \leq M \leq G$ und M ein Normalteiler von G. Dann ist, wie eben gesehen, $\pi(M) = M/N$ ein Normalteiler von $\pi(G) = G/N$ und für die Quotienten gilt:

$$(G/N)/(M/N) \cong G/M$$

Der zweite Isomorphiesatz liefert also eine „Kürzungsregel" für Gruppenquotienten und somit eine weitere Rechtfertigung für die Verwendung dieser Schreibweise.

Wenn man noch mehr gruppentheoretische Strukturen kennt, dann stellt man immer wieder fest, dass noch mehr dieser Strukturen von dieser Korrespondenz erhalten werden. So werden z. B. Konjugationsklassen von Untergruppen bijektiv aufeinander abgebildet unter dieser Korrespondenz. Allerdings gibt es auch Grenzen, so werden beispielsweise Normalisatoren erhalten, Zentralisatoren jedoch i. A. nicht.

Kommen wir nun zum Beweis des Satzes:

Beweis: (1. $U \mapsto \pi(U)$ ist bijektiv) Zunächst müssen wir uns überzeugen, dass die beiden Abbildungen überhaupt wohldefiniert sind. Das ist einfach, denn wir hatten uns schon einmal überlegt, dass Bilder und Urbilder von Untergruppen unter Homomorphismen selbst Untergruppen sind. Außerdem gilt für jede Untergruppe $V \leq G/N$ natürlich $1N \in V \implies N = \ker(\pi) = \pi^{-1}(1) \subseteq \pi^{-1}(V)$, d. h., $U \mapsto (U)$ und $V \mapsto \pi^{-1}(V)$ bilden wirklich die angegebenen Mengen ineinander ab.

Jetzt müssen wir noch nachrechnen, dass es sich um inverse Abbildungen handelt.

$\pi(\pi^{-1}(V)) = V$ gilt, weil π eine surjektive Abbildung $G \to G/N$ ist und die entsprechende Gleichung für alle surjektiven Abbildungen richtig ist. Wir müssen uns also nur um die umgekehrte Gleichung kümmern.

$U \subseteq \pi^{-1}(\pi(U))$ ist ebenfalls für alle Abbildungen richtig. Erst wenn wir '$\supseteq$' beweisen wollen, müssen wir benutzen, dass U eine Untergruppe mit $N \leq U \leq G$ ist: Sei nämlich $x \in \pi^{-1}(\pi(U))$ beliebig. Dann gilt also $\pi(x) \in \pi(U) \implies \exists u \in U : xN = \pi(x) = \pi(u) = uN \implies \exists u \in U : u^{-1}x \in N$. Nun ist aber $N \subseteq U$, d. h. $u^{-1}x \in U \implies x = u(u^{-1}x) \in U$. Also gilt auch $\pi^{-1}(\pi(U)) \subseteq U$ und daher sogar die Gleichheit $\pi^{-1}(\pi(U)) = U$, was die erste unserer Behauptungen beweist. □

Bisher ist nicht viel gewonnen, denn 1. sagt uns nur, dass die beiden Mengen gleich viele Elemente haben. Punkt 2. sagt uns hingegen, dass auch die Inklusionsbeziehungen erhalten bleiben:

Beweis: (**2. Inklusionen**) $U_1 \subseteq U_2 \implies \pi(U_1) \subseteq \pi(U_2)$ ist für jede Abbildung richtig, genau wie $V_1 \subseteq V_2 \implies \pi^{-1}(V_1) \subseteq \pi^{-1}(V_2)$. Wenn man jetzt in die zweite Gleichung $V_i := \pi(U_i)$ einsetzt, ergibt sich $\pi(U_1) \subseteq \pi(U_2) \implies U_1 \subseteq U_2$, d. h., der erste Teilpunkt gilt.

Es gilt nun weiter:

$$xN \in \bigcap_{i \in I} \pi(U_i) \iff \forall i \in I : xN \in \pi(U_i)$$

$$\iff \forall i \in I \, \exists u_i \in U_i : xN = u_i N$$

$$\iff \forall i \in I \, \exists u_i \in U_i : u_i^{-1} x \in N$$

$$\iff \forall i \in I : x \in U_i$$

$$\iff x \in \bigcap_{i \in I} U_i$$

Der vorletzte Schritt funktioniert dabei genauso wie vorher: Wenn $u_i^{-1}x \in N$ ist, dann ist es auch in U_i, also $x \in U_i$. Ist umgekehrt $x \in U_i$, dann kann man umgekehrt $u_i := x$ wählen, um $u_i^{-1}x \in N$ zu erreichen.

Die eben bewiesene Äquivalenz sagt uns aber vor allem, dass $\pi(\bigcap_i U_i) = \bigcap_i \pi(U_i)$ gilt.

Aus dem ersten und dem zweiten folgt auch der dritte Teilpunkt, denn

$$\pi(\langle U_i | i \in I \rangle) = \pi(\bigcap_{\substack{X \leq G \\ U_i \leq X}} X)$$

$$= \bigcap_{\substack{X \leq G \\ U_i \leq X}} \pi(X)$$

$$= \bigcap_{\substack{\pi(X) \leq \pi(G) \\ \pi(U_i) \leq \pi(X)}} \pi(X)$$

$$= \bigcap_{\substack{V \leq G/N \\ \pi(U_i) \leq V}} V$$

$$= \langle \pi(U_i) | i \in I \rangle.$$

Der vorletzte Schritt basiert dabei darauf, dass jede Untergruppe von G/N die Form $\pi(X)$ für ein geeignetes X hat, d. h., wir schneiden wirklich über dieselben Mengen in der zweiten und dritten Zeile von unten. $\square$

Beweis: (3. Indizes werden erhalten) Seien also U, V Untergruppen von G mit $N \leq U \leq V \leq G$. Wähle nun aus jeder Linksnebenklasse von U in V genau ein Element. V ist also die disjunkte Vereinigung

$$V = \dot{\bigcup_{i \in I}} v_i U.$$

Dann gilt natürlich auch

$$\pi(V) = \bigcup_{i \in I} \pi(v_i U) = \bigcup_{i \in I} \pi(v_i) \pi(U).$$

Die Behauptung ist nun, dass dies wieder eine disjunkte Vereinigung ist. Ist nämlich $\pi(v_i)\pi(U) = \pi(v_j)\pi(U)$, so folgt $\pi(v_j)^{-1}\pi(v_i) \in \pi(U) \implies \pi(v_j^{-1}v_i) \in \pi(U) \implies v_j^{-1}v_i \in \pi^{-1}(\pi(U)) = U \implies v_i U = v_j U \implies v_i = v_j$, da die ursprüngliche Nebenklassenzerlegung disjunkt gewählt worden war.

Also ist sowohl $|V : U|$ als auch $|\pi(V) : \pi(U)|$ gleich $|I|$. $\square$

Bisher wurde immer nur über Untergruppen geredet, jetzt kümmern wir uns auch einmal um Normalteiler.

Beweis: (4. $U \trianglelefteq V \iff \pi(U) \trianglelefteq \pi(V)$) Dieser Beweis schreibt sich eigentlich von selbst: Seien also U, V wieder zwei Untergruppen mit $N \leq U \leq V \leq G$.

Für alle $g \in G$ gilt wegen der Bijektivität $\pi(gUg^{-1}) = \pi(U) \iff gUg^{-1} = U$ und daher gilt

$$\begin{aligned}
U \trianglelefteq V &\iff \forall v \in V : vUv^{-1} = U \\
&\iff \forall v \in V : \pi(vUv^{-1}) = \pi(U) \\
&\iff \forall v \in V : \pi(v)\pi(U)\pi(v)^{-1} = \pi(U) \\
&\iff \pi(U) \trianglelefteq \pi(V)
\end{aligned}$$

wie behauptet. $\square$

Beweis: (5. Der zweite Isomorphiesatz) Sei nun M ein Normalteiler von G mit $N \leq M \leq G$. Dann beweisen wir $(G/N)/(M/N) \cong G/M$ wieder einmal mit dem Homomorphiesatz.

Die kanonischen Homomorphismen $\pi : G \to G/N$ und $\phi : G/N \to (G/N)/(M/N)$ kann man natürlich verknüpfen, und weil beide surjektiv sind, erhält man so einen surjektiven Homomorphismus $\psi : G \to (G/N)/(G/M)$. Um unsere Isomorphie zu zeigen, bleibt noch zu zeigen, dass $\ker(\psi) = M$ ist.

Es gilt $g \in \ker(\psi) \iff 1 = \psi(g) = \phi(\pi(g)) \iff \pi(g) \in \ker(\phi) = M/N$, d.h., $\ker(\psi)$ ist das Urbild $\pi^{-1}(M/N) = \pi^{-1}(\pi(M)) = M$. $\qquad\square$

Beispiel 4.6
Man denke sich eine Gruppe, deren Untergruppen wie in Abbildung 4.1 (links) angeordnet sind.

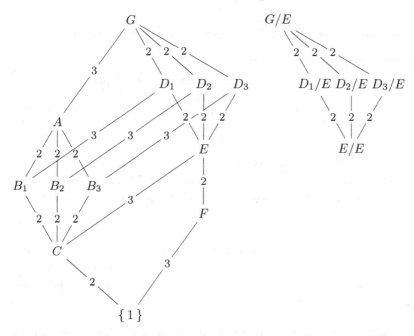

Abb. 4.1: Links: Eine Gruppe G, ihre Untergruppen und die gegenseitigen Indizes. Rechts: G/E mit Untergruppen und Indizes.

In diesem sogenannten *Hasse-Diagramm* sind Untergruppen, die sich weiter unten befinden, kleiner als die, die weiter oben stehen. Eine Linie zwischen zwei Untergruppen bedeutet, dass die kleinere in der größeren enthalten ist. Inklusionen, die sich automatisch ergeben (weil z. B. $\{1\} \subseteq F \subseteq E$ ist, ist natürlich auch $\{1\} \subseteq E$), wurden der Übersichtlichkeit halber weggelassen. Die Zahlen auf den Linien geben den Index zwischen den jeweiligen Untergruppen an. (Solch eine Gruppe, wie sie hier dargestellt ist, existiert wirklich. $Q_8 \times \mathbb{Z}/3\mathbb{Z}$ ist ein Beispiel. Wir haben nicht besprochen, was Q_8 ist, die genaue Konstruktion solch einer Gruppe ist jedoch sowieso unwichtig im Moment.)

In jeder solchen Gruppe ist $E \trianglelefteq G$. (Das zu beweisen wäre zwar möglich, ist im Moment aber ebenfalls unwichtig.)

Wichtig ist nun, wie sich die Faktorgruppe G/E verhält. Der Korrespondenzsatz sagt uns nämlich, dass wir das analoge Diagramm für G/E direkt aus dem Diagramm für G ablesen können: Es ist einfach der Anteil, der oberhalb von E liegt. Dabei werden alle Informationen, die in obigem Diagramm verzeichnet sind (und sogar einige mehr, wie bemerkt wurde), auf die Faktorgruppe übertragen, d. h., das Hasse-Diagramm von G/E sieht aus wie Abbildung 4.1 (rechts).   ■

4.4   Der dritte Isomorphiesatz

Das folgende Lemma werden wir für diverse Umformungen brauchen:

Lemma 4.7 (Dedekind-Identität)
Sei G eine Gruppe und $U, V, W \leq G$ Untergruppen von G. Dann gilt:

$$U \leq W \implies U(V \cap W) = UV \cap W$$

Beweis: „$\subseteq$":
Seien also $u \in U$, $x \in V \cap W$ beliebig. Dann ist $x \in V \implies ux \in UV$. Wegen $U \subseteq W$ und $x \in W$ gilt außerdem $ux \in W$, also $ux \in UV \cap W$. Weil u und x beliebig waren, sind also alle Elemente von $U(V \cap W)$ auch in $UV \cap W$ enthalten.

„$\supseteq$":
Sei umgekehrt $x \in UV \cap W$. Weil $x \in UV$ ist, gibt es $u \in U$, $v \in V$ mit $x = uv \implies v = u^{-1}x$. Nun sind $u \in U \subseteq W$ und $x \in W$, d. h. $u^{-1}x \in W \implies v \in V \cap W$. Also ist $x = uv \in U(V \cap W)$. Da x beliebig war, folgt die zweite Inklusion.   □

Die Dedekind-Identität werden wir jetzt anwenden beim Beweis des dritten Isomorphiesatzes, welcher auch Schmetterlingslemma oder Zassenhaus-Lemma genannt wird:

Satz 4.8 (Dritter Isomorphiesatz)
Sei G eine Gruppe, $U, V \leq G$ Untergruppen und $U_0 \trianglelefteq U, V_0 \trianglelefteq V$ Normalteiler dieser Untergruppen. Dann gilt:

1.   *$U \cap V_0$ und $U_0 \cap V$ sind Normalteiler von $U \cap V$.*
2.   *$U_0(U \cap V_0) \trianglelefteq U_0(U \cap V)$ und $V_0(V \cap U_0) \trianglelefteq V_0(V \cap U)$.*

3. $(U \cap V_0)(U_0 \cap V) \trianglelefteq U \cap V$, *und für die Quotienten gelten die folgenden Isomorphien:*

$$(U \cap V)/(U \cap V_0)(U_0 \cap V) \cong U_0(U \cap V)/U_0(U \cap V_0)$$
$$\cong V_0(V \cap U)/V_0(V \cap U_0)$$

Es hilft, sich die Untergruppen — es sind ja doch ein paar mehr — in einem Hasse-Diagramm (siehe Abbildung 4.2) zu veranschaulichen, um zu erkennen, was in welcher anderen Gruppe enthalten ist. Die Anordnung der Untergruppen hat dem Satz den Namen Schmetterlingslemma gegeben.

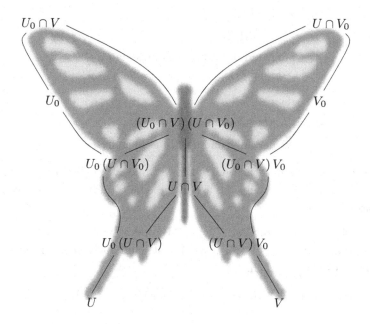

Abb. 4.2: Die Untergruppen des Schmetterlingslemmas

Man möge verzeihen, dass dieses Mal entgegen der Konvention die größeren Gruppen weiter unten stehen als die kleineren, aber so kommt der Schmetterling einfach besser zur Geltung.

Beweis: Der erste Isomorphiesatz angewandt auf (mit den dortigen Bezeichnungen) $G = V$, $H = U \cap V$, $N = V_0$ sagt uns, dass $U \cap V_0 = (U \cap V) \cap V_0$ ein Normalteiler von $U \cap V$ ist.

$U \cap V$ und $U \cap V_0$ sind Untergruppen und U_0 ist ein Normalteiler von U. Im ersten Isomorphiesatz haben wir uns ebenfalls überlegt, dass damit $U_0(U \cap V_0)$ und $U_0(U \cap V)$ Untergruppen von U sind. Natürlich ist $U \cap V_0 \subseteq U \cap V \implies U_0(U \cap V_0) \subseteq U_0(U \cap V)$, d.h., wir haben schon mal die Untergruppeneigenschaft.

Das werden wir jetzt beides benutzen, um zu zeigen, dass $U_0(U \cap V_0)$ auch ein Normalteiler von $U_0(U \cap V)$ ist. Wir nehmen uns also beliebige $x \in U_0, y \in U \cap V$ und rechnen:

$$(xy)U_0(U \cap V_0)(xy)^{-1} = xyU_0y^{-1}y(U \cap V_0)y^{-1}x^{-1}$$
$$= xU_0y(U \cap V_0)y^{-1}x^{-1}$$

da $y \in U$ und $U_0 \trianglelefteq U$ und deshalb $yU_0y^{-1} = U_0$ ist.

$$= xU_0(U \cap V_0)x^{-1}$$

da $y \in U \cap V$ und $U \cap V_0 \trianglelefteq U \cap V$ ist.

$$= U_0(U \cap V_0)x^{-1}$$

da $x \in U_0$

$$= (U \cap V_0)U_0x^{-1}$$

aufgrund des Tauschlemmas, da $U_0 \trianglelefteq U$

$$= (U \cap V_0)U_0$$

da $x \in U_0$

$$= U_0(U \cap V_0)$$

wieder aufgrund des Tauschlemmas

Völlig analog funktioniert natürlich der Nachweis, dass $V \cap U_0 \trianglelefteq U \cap V$ und $V_0(V \cap U_0) \trianglelefteq V_0(V \cap U)$ ist, denn das ist ja dieselbe Situation, nur mit vertauschten Bezeichnungen.

Nun haben wir die zwei Normalteiler $N := U \cap V_0$ und $M := U_0 \cap V$ von $U \cap V$. Das Komplexprodukt $NM = (U \cap V_0)(U_0 \cap V)$ ist dann auch ein Normalteiler von $U \cap V$, denn es gilt natürlich:

$$\forall\, x \in U \cap V : xNMx^{-1} = (xNx^{-1})(xMx^{-1}) = NM$$

Um jetzt letztendlich die Isomorphie der Quotienten zu zeigen, benutzen wir (Na ratet mal! Wer kommt drauf? Genau!) den Homomorphiesatz. Dafür betrachten wir den Homomorphismus:

$$\phi := \begin{cases} U \cap V \to U_0(U \cap V)/U_0(U \cap V_0) \\ x \mapsto xU_0(U \cap V_0) \end{cases}$$

Das ist ein Homomorphismus, weil es die Einschränkung des kanonischen Homomorphismus $U_0(U \cap V) \to U_0(U \cap V)/U_0(U \cap V_0)$ auf die Untergruppe $U \cap V \leq U_0(U \cap V)$ ist.

Bestimmen wir zuerst den Kern: Für alle $x \in U \cap V$ ist $\phi(x)$ genau dann das neutrale Element $1U_0(U \cap V_0)$, wenn $x \in U_0(U \cap V_0)$ ist, d.h., wenn $x \in U_0(U \cap V) \cap (U \cap V)$ ist. Es gilt nun:

$$U_0(U \cap V_0) \cap (U \cap V) = (U_0 \cap (U \cap V))(U \cap V_0) = (U_0 \cap V)(U \cap V_0)$$

Beim ersten Gleichheitszeichen haben wir dabei die Dedekind-Identität benutzt. Sie ist hier anwendbar, weil natürlich $U \cap V_0 \subseteq U \cap V$ ist.

Nun müssen wir nachweisen, dass ϕ surjektiv ist. Jedes Element von $U_0(U \cap V)/U_0(U \cap V_0)$ hat die Gestalt $xyU_0(U \cap V_0)$ mit einem $x \in U_0$ und $y \in U \cap V$. Es gilt nun:

$$xyU_0(U \cap V_0) = xU_0y(U \cap V_0)$$
$$\text{da } y \in U \text{ und } U_0 \unlhd U \text{ ist.}$$
$$= U_0y(U \cap V)$$
$$\text{da } x \in U_0.$$
$$= yU_0(U \cap V)$$
$$= \phi(y)$$

Also ist ϕ tatsächlich surjektiv und liefert uns damit via Homomorphiesatz einen Isomorphismus

$$(U \cap V)/(U_0 \cap V)(U \cap V_0) \cong U_0(U \cap V)/U_0(U \cap V_0),$$

Die letzte Isomorphie

$$(U \cap V)/(U_0 \cap V)(U \cap V_0) \cong V_0(V \cap U)/V_0(V \cap U_0)$$

folgt nun wieder aus der Symmetrie der Situation, da sich alles nur durch die vertauschten Bezeichnungen vom schon Bewiesenen unterscheidet.   □

4.5   Eine Anwendung der Isomorphiesätze

Wir wollen nun eine der unzähligen Anwendungen dieser Isomorphiesätze vorstellen. Es soll uns um folgenden Satz gehen:

Satz 4.9
Sei G eine zyklische Gruppe der Ordnung $n \in \mathbb{N}$, etwa $G = \langle g \rangle$. G besitzt für jeden Teiler $d \mid n$ exakt eine Untergruppe U_d der Ordnung d. Diese ist ebenfalls zyklisch, und es gilt: $U_d = \langle g^{n/d} \rangle$.

Nach dem Satz von Lagrange muss die Ordnung jeder Untergruppe von G ein Teiler von n sein. Wir beweisen jetzt also, dass für zyklische Gruppen auch eine Umkehrung gilt.

Beweis: Wir wissen bereits, dass jede zyklische Gruppe der Ordnung n zu $\mathbb{Z}/n\mathbb{Z}$ isomorph ist (und der Isomorphismus von $\mathbb{Z} \to G, k \mapsto g^k$ induziert ist). Wir können und werden die Aussage also nur für $\mathbb{Z}/n\mathbb{Z}$ beweisen.

Der Korrespondenzsatz sagt uns, dass die Untergruppen von $\mathbb{Z}/n\mathbb{Z}$ alle von der Form $U/n\mathbb{Z}$ sind, wobei $U \leq \mathbb{Z}$ eine Untergruppe von $\mathbb{Z}$ ist, die oberhalb von $n\mathbb{Z}$ liegt.

Wir wissen außerdem, dass alle Untergruppen von $\mathbb{Z}$ von der Form $m\mathbb{Z}$ für ein passendes $m \in \mathbb{N}$ sind. Jetzt stellt sich also die Frage, für welche m dies eine Obergruppe von $n\mathbb{Z}$ ist.

Natürlich muss $n \in n\mathbb{Z} \subseteq m\mathbb{Z}$ sein, d. h. $n = mk$ für ein geeignetes $k \in \mathbb{Z}$. Es muss also $m \mid n$ sein. Umgekehrt folgt aus $n \in m\mathbb{Z}$ auch $n\mathbb{Z} \subseteq m\mathbb{Z}$, weil $n\mathbb{Z}$ ja die von n erzeugte Untergruppe ist, d. h. die kleinste Untergruppe, die n enthält. $m\mathbb{Z}$ ist selbst eine Untergruppe und wenn sie n enthält, muss sie also auch ganz $n\mathbb{Z}$ enthalten nach dieser Charakterisierung.

Wie sieht es nun mit der Ordnung von $m\mathbb{Z}/n\mathbb{Z}$ aus? Wir wissen ja, dass für Indizes von Untergruppen $A \leq B \leq C$ gilt:

$$|C : A| = |C : B| \cdot |B : A|$$

Wenden wir das auf $C = \mathbb{Z}$, $B = m\mathbb{Z}$, $C = n\mathbb{Z}$ an, so ergibt sich:

$$n = |\mathbb{Z} : n\mathbb{Z}| = |\mathbb{Z} : m\mathbb{Z}| \cdot |m\mathbb{Z} : n\mathbb{Z}| = m \cdot |m\mathbb{Z}/n\mathbb{Z}| \implies |m\mathbb{Z}/n\mathbb{Z}| = \frac{n}{m}$$

Da nun *jeder* Teiler d von n die Gestalt $\frac{n}{m}$ für ein eindeutig bestimmtes m hat (nämlich $m = \frac{n}{d}$), können wir also zu jedem d genau eine Untergruppe von $\mathbb{Z}/n\mathbb{Z}$ dieser Ordnung finden, nämlich $\frac{n}{d}\mathbb{Z}/n\mathbb{Z}$, und sie wird von der Restklasse von $\frac{n}{d}$ erzeugt. □

Anschaulich wird das natürlich am besten klar, wenn man das geometrisch darstellt. Wir betrachten dazu ein regelmäßiges n-Eck, dessen Ecken eine zyklische Gruppe der Ordnung n repräsentieren.

Jede Ecke bekommt eine Nummer von 0 bis $n - 1$. Die Addition erfolgt durch Addition der Winkel, die die beiden Summanden-Ecken mit der 0-ten Ecke einschließen. Hier sei das alles einmal an einem 12-Eck vorgeführt, das in dieser Betrachtungsweise die zyklische Gruppe $\mathbb{Z}/12\mathbb{Z}$ repräsentiert. (siehe Abbildung 4.3)

Der gestrichelte Winkel stellt $2 + 12\mathbb{Z}$ dar, der dünn gezeichnet $5 + 12\mathbb{Z}$ und der dick gezeichnet das Ergebnis ihrer Addition, nämlich $7 + 12\mathbb{Z}$.

Jetzt wird auch die Analogie mit den Winkeln klar: Wir bezeichnen die Ecken einmal mit den kleinsten natürlichen Repräsentanten der Nebenklassen, sprich mit den Zahlen 0 bis 11. Der Winkel zwischen „0" und „1" beträgt genau $\frac{2\pi}{12} = \frac{\pi}{6}$, da es sich um ein regelmäßiges 12-Eck handelt. Der Winkel, der von der „0" zur „2" führt beträgt $\frac{\pi}{3}$, der von „0" zu „5" beträgt $\frac{5\pi}{6}$. So ist der Winkel ihrer Summe also die Summe der Winkel, sprich $\frac{7\pi}{6}$, was genau dem Winkel der „7" entspricht.

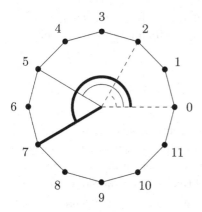

Abb. 4.3: Eine geometrische Interpretation der zyklischen Gruppe $\mathbb{Z}/12\mathbb{Z}$

Diese geometrische Deutung ist also gerechtfertigt. Analog kann man es für alle endlichen zyklischen Gruppen der Ordnung n machen, indem man ein n-Eck betrachtet. Diese Veranschaulichung wird manchmal auch als „(ebene) Drehgruppe" bezeichnet.

Und wenn der eine oder andere bei obiger Darstellung nicht an n-Ecke, sondern an komplexe Zahlen denkt, so hat auch dieser Jemand recht, denn die zyklische Gruppe der Ordnung n ist zur Gruppe der n-ten Einheitswurzeln isomorph, deren Gruppenverknüpfung durch die komplexe Multiplikation gegeben ist. Und diese reduziert sich ja bei Einheitswurzeln genau auf die Addition der Winkel, wie wir sie eben verwendet haben.

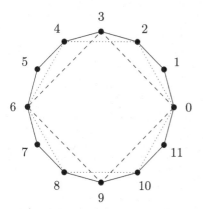

Abb. 4.4: $2\mathbb{Z}/12\mathbb{Z} \cong \mathbb{Z}/6\mathbb{Z}$ (gepunktet) und $3\mathbb{Z}/12\mathbb{Z} \cong \mathbb{Z}/4\mathbb{Z}$ (gestrichelt) als Untergruppen von $\mathbb{Z}/12\mathbb{Z}$

Den entscheidenden Teil kann man sich aber dadurch besser vor Augen führen: Um nämlich eine Untergruppe in einem solchen n-Eck zu bekommen, braucht man wieder ein anderes (regelmäßiges) m-Eck, dessen Ecken mit einigen Ecken des n-Ecks übereinstimmen. Dies ist anhand von Abbildung 4.4 dargestellt.

4.6   Abschluss

Isomorphiesätze sind eine sehr nützliche Angelegenheit, wenn man Isomorphien von Gruppen nachweisen will. Da sich die Gruppentheorie u. a. auch lange Zeit damit beschäftigt hat, alle endlichen einfachen Gruppen zu klassifizieren, waren Isomorphieuntersuchungen natürlich unverzichtbar. Da sind die Isomorphiesätze und insbesondere der Homomorphiesatz ein sehr wichtiges Werkzeug.

Ich hoffe, ich konnte euch ein wenig für dieses Werkzeug begeistern.

$$mfg \cong Gockel$$

5 Gruppenzwang V
— Dr. Cauchy und Dr. Sylow bitte zur Gruppen-OP

Hallo, Algebra-Freunde!

In diesem Kapitel möchte ich ein sehr wichtiges Konzept der Gruppentheorie vorstellen: Es soll um die sogenannten Gruppenoperationen gehen. Damit werden wir einige bekannte Sätze beweisen. Nämlich zum einen den Satz, dass jede p-Gruppe ein nichttriviales Zentrum hat, und zum anderen die berühmt-berüchtigten Sätze von Sylow.

5.1   Einführung

Gruppenoperationen sind ein sehr mächtiges Hilfsmittel. Sie verallgemeinern viel bereits Bekanntes aus der Gruppentheorie und anderen Bereichen der Mathematik. Man sollte sie sich also auf jeden Fall einmal anschauen.

Nun, wir tun genau das: Wir schauen sie uns an.

Definition 5.1
Sei G eine Gruppe und Ω eine beliebige nichtleere Menge. Eine Abbildung $G \times \Omega \to \Omega$, geschrieben $(g, \omega) \mapsto {}^g\omega$, wird *(Links-)Gruppenoperation von G auf Ω* genannt, wenn gilt:

1. $\forall\,\omega \in \Omega : {}^1\omega = \omega$

2. $\forall\,\omega \in \Omega, g, h \in G : {}^g({}^h\omega) = {}^{gh}\omega$

Man spricht hier davon, dass G auf Ω operiert. Oder als alternative Sprechweise, dass Ω eine G-Menge ist.

Die Menge ${}^G\omega := \{\, {}^g\omega \mid g \in G \,\}$ wird als *Orbit* oder auch *Bahn von ω* bezeichnet, die Mächtigkeit der Bahn als *Bahnlänge*.

Die Menge $G_\omega := \{\, g \in G \mid {}^g\omega = \omega \,\}$ wird als *Stabilisator von ω* bezeichnet.

$\blacklozenge$

Anmerkungen

Die Bezeichnungen gehen je nach Verwendungszweck der Operationen in der Literatur stark auseinander. In vielen Fällen wird die Abbildung $G \times \Omega \to \Omega$ anders notiert. Zum Beispiel als $g\omega$, $g \cdot \omega$ oder mit einem anderen Verknüpfungssymbol. Außerdem sind Rechtsoperationen genauso üblich. Entsprechende Schreibweisen wären dann ω^g, $\omega \cdot g$ etc.

Die Notationen ω^g und $g \cdot \omega$ machen die beiden Forderungen an eine Gruppenoperation besonders intuitiv. „Exponentiation" und „Multiplikation" mit dem neutralen Element sollte nichts ändern, und außerdem sollte das natürlich im obigen Sinne assoziativ sein. Die Notation ${}^g\omega$, wie ich sie verwenden werde, hat hingegen den Vorteil, noch nicht anderweitig belegt zu sein, sodass zunächst keine große Verwechslungsgefahr besteht, solange man sich noch an dieses neue Konzept gewöhnt.

Auch werden Bahn und Stabilisator sehr verschieden notiert. So sind für die Bahn eines Elements auch $\mathrm{Orb}_G(\omega)$, $G \cdot \omega$ und für Rechtsoperationen entsprechend auch ω^G und $\omega \cdot G$ geläufig.

Der Stabilisator wird oft als $\mathrm{Stb}_G(\omega)$, $\mathrm{Stab}(\omega)$ o. Ä. notiert. Selbst der Name wird nicht einheitlich gehandhabt. Die Begriffe „Stand-", „Isotropie-", „Fixgruppe" und viele weitere werden ebenfalls häufig verwendet.

Ich werde im Folgenden weiter ${}^g\omega$, ${}^G\omega$ und G_ω benutzen, sofern nicht eine andere Bezeichnung offensichtlicher ist. Man sollte sich jederzeit bewusst sein, dass es da Unterschiede in den Bezeichnungen gibt.

Beispiel 5.2

Sei H eine Untergruppe von G. Dann operiert H auf G von links durch Multiplikation: $(h, g) \mapsto hg$. Analog ist auch eine Rechtsoperation gegeben.

Die Bahn wird in diesem Falle natürlich als Hg geschrieben und als Rechtsnebenklasse (bzw. Linksnebenklasse) bezeichnet. Das kennen wir also schon. Man achte hier darauf, wie sich die Bezeichnung ändert: Die Operation $(h, g) \mapsto hg$ ist eine Linksoperation, weil die Elemente der operierenden Gruppe, das ist hier H, links stehen. Die Bahn Hg ist jedoch eine Rechtsnebenklasse, weil der Nebenklassenvertreter g rechts steht.

Ebenfalls bekannt ist, dass der Stabilisator H_g in diesem Fall für alle $g \in G$ gleich $\{\,1\,\}$ ist. ∎

Beispiel 5.3
G operiert auf jedem Normalteiler $N \trianglelefteq G$ (inkl. sich selbst) durch Konjugation:

$$\forall\, g \in G, n \in N : {}^g n = gng^{-1}$$

Die Bahnen werden hier als *Konjugationsklassen* bezeichnet.

Die Stabilisatoren dieser Operation von G auf sich selbst haben in diesem Spezialfall den Namen *Zentralisator* und werden (oft, aber auch nicht immer) mit $C_G(g)$ notiert. Andere übliche Bezeichnungen sind $Z(g)$ und $C(g)$. Diese werden wir später noch ausgiebig betrachten, denn diese Operation ist auch die mit am häufigsten gebrauchte (und eine äußerst nützliche) Gruppenoperation.

Es ist wieder Obacht geboten, da eine Bezeichnung wie $C(g)$ auch für viele andere Gruppen stehen kann und keineswegs standardisiert ist. ∎

Beispiel 5.4
G operiert auf seiner Potenzmenge $\mathcal{P}(G)$ (und diversen Teilmengen davon) ebenfalls durch Konjugation. Für eine Teilmenge $M \subseteq G$ setzt man also:

$$\forall\, g \in G : {}^g M := gMg^{-1}$$

Auch hier werden (oft, manchmal, selten, ..., sucht euch was aus) die Bahnen als *Konjugationsklassen* bezeichnet.

Die Stabilisatoren haben hier aber den Namen *Normalisatoren* und werden mit $N_G(M)$ bezeichnet. Daneben gibt es aber noch andere Bezeichnungen (Na, jetzt mal ehrlich: Wen hat das noch überrascht?) wie $\operatorname{Nor}(M)$ und $N(M)$. ∎

Also noch einmal zusammenfassend:

- Eine beliebige Gruppenoperation werde ich als Linksoperation und als $(g, \omega) \mapsto {}^g\omega$ bezeichnen.
- Stabilisatoren werde ich als G_ω schreiben.
- Bahnen werde ich als ${}^G\omega$ schreiben.
- Falls bei konkreten Operationen abweichende Bezeichnungen üblich sind, werde ich diese benutzen. Zentralisatoren werden etwa als $C_G(g)$ und Normalisatoren als $N_G(M)$ geschrieben.

5.2 Drei grundlegende Aussagen

Jetzt werden wir nach, all den Verwirrungen, zu den ersten Resultaten kommen, die wir beweisen wollen, als da wären:

Lemma 5.5

Die Gruppe G operiere auf der Menge Ω. Dann gilt:

1. *Jeder Stabilisator ist eine Untergruppe.*
2. *Bahnlänge eines Elements = Index des zugehörigen Stabilisators.*

oder in Formeln:

1. $\forall \omega \in \Omega : G_\omega \leq G$
2. $\forall \omega \in \Omega : \left| {}^G\omega \right| = |G : G_\omega|$

(Das $\leq$ meint hier einfach nur „ist Untergruppe von".)

Beweis: Sei ω ein fixes Element von Ω. Für alle $g, h \in G_\omega$ gilt dann ${}^g\omega = \omega$ und ${}^h\omega = \omega$, d. h.:

$$
\begin{aligned}
{}^{g^{-1}}\omega &= {}^{g^{-1}}({}^g\omega) \\
&= {}^{g^{-1}g}\omega \\
&= {}^1\omega = \omega \\
\implies g^{-1} &\in G_\omega \\
{}^{gh}\omega &= {}^g({}^h\omega) \\
&= {}^g\omega \\
&= \omega \\
\implies gh &\in G_\omega
\end{aligned}
$$

Außerdem ist nach Definition $1 \in G_\omega$. Nach dem Untergruppenkriterium ist also G_ω eine Untergruppe von G.

Sei für 2. wieder $\omega \in \Omega$ beliebig, aber fest.

Um zu zeigen, dass ${}^G\omega$ und die Menge der Nebenklassen von G_ω gleichmächtig sind, definieren wir eine Bijektion zwischen den beiden Mengen durch:

$$
f(gG_\omega) := {}^g\omega
$$

Natürlich müssen wir überprüfen, ob das wohldefiniert, injektiv und surjektiv ist.

Es gilt:

$$
\begin{aligned}
gG_\omega = hG_\omega &\iff h^{-1}g \in G_\omega \\
&\iff {}^{h^{-1}g}\omega = \omega \\
&\iff {}^g\omega = {}^h\omega
\end{aligned}
$$

Die Richtung $\implies$ dieser Äquivalenz zeigt uns die Wohldefiniertheit, $\impliedby$ die Injektivität der Abbildung. Dass f surjektiv ist, ist klar, denn die Bahn von ω ist ja gerade als die Menge aller ${}^g\omega$ definiert. $\square$

Der eine oder andere mag bemerkt haben, dass da in der Überschrift von drei Aussagen gesprochen wird ..., nun ja, Ihr wisst ja: „Es gibt drei Arten von Mathematikern: Die einen können bis drei zählen, die anderen nicht."

Nein, einmal im Ernst: Der nächste Satz kommt sofort. Es handelt sich hierbei um die sogenannte Bahnenformel (oder Bahnengleichung oder Klassengleichung oder oder oder ...):

Satz 5.6 (Bahnenformel)
Sei Ω eine nichtleere Menge, auf der die Gruppe G operiert. Dann gilt

$$|\Omega| = \sum_{\omega \in \mathcal{R}} \left|{}^G\omega\right| = \sum_{\omega \in \mathcal{R}} |G : G_\omega|,$$

wobei $\mathcal{R}$ ein beliebiges Repräsentantensystem der Bahnen ist, d. h., aus jeder Bahn der Operation ist exakt ein Element auch in $\mathcal{R}$ enthalten.

Beweis: Eine auch sonst ziemlich wichtige Beobachtung ist, dass für eine Gruppenoperation von G auf Ω durch

$$\omega \sim \omega' :\Longleftrightarrow \exists\, g \in G : {}^g\omega = \omega'$$

eine Äquivalenzrelation auf Ω definiert wird, wie man sich schnell überlegt: Die Wahl $g = 1$ und das erste unserer Axiome zeigen, dass die Relation reflexiv ist. Wegen des zweiten Axioms ist die Relation transitiv und wegen ${}^g\omega = \omega' \Longrightarrow \omega = {}^{g^{-1}}\omega'$ symmetrisch.

Offenbar sind die Äquivalenzklassen dieser Relation von der Form

$$[\omega] = \left\{\, \omega' \mid \exists\, g \in G : {}^g\omega = \omega' \,\right\} = \left\{\, {}^g\omega \mid g \in G \,\right\} = {}^G\omega,$$

d. h., die Bahnen von ω ist exakt dasselbe wie die Äquivalenzklasse von ω. Da die Äquivalenzklassen einer Äquivalenzrelation die zugrunde liegende Menge stets disjunkt zerlegen, trifft dies also auch auf die Bahnen zu.

Insbesondere folgt daraus aber das erste behauptete Gleichheitszeichen, da links die Anzahl aller Elemente von Ω gezählt wird und rechts die Anzahl aller Elemente in allen Bahnen. Das zweite Gleichheitszeichen haben wir uns oben bereits überlegt. $\qquad\square$

Anmerkung
Die verwendete Zerlegung heißt auch *Bahnenzerlegung von Ω*.

Man nennt dies auch die allgemeine Bahnenformel. Es gibt noch eine „spezielle", auf die ich gleich zu sprechen kommen werde. Wenn man von *der* Bahnenformel spricht, ist aber in fast allen Fällen diese hier gemeint.

5.3 Das erste Teilziel

Wie eingangs versprochen, wollen wir nun den Satz beweisen, dass jede nichttriviale p-Gruppe ein nichttriviales Zentrum hat. Zunächst klären wir, was darunter zu verstehen ist:

Definition 5.7 (p-Gruppen)
Sei p eine Primzahl. Eine endliche Gruppe G heißt p-*Gruppe*, falls $|G| = p^k$ für ein $k \in \mathbb{N}$ gilt.   ◆

Nun erinnern wir uns zunächst, dass das Zentrum als

$$Z(G) := \left\{\, x \in G \;\middle|\; \forall g \in G : gxg^{-1} = x \,\right\}$$

definiert war, und beweisen dann:

Satz 5.8
Sei G eine Gruppe mit $|G| = p^k$ für $p \in \mathbb{P}$, $k \in \mathbb{N}$ und $N \trianglelefteq G$ ein Normalteiler ungleich $\{\,1\,\}$. Dann gilt:

$$Z(G) \cap N \neq \{\,1\,\}$$

Insbesondere ist $Z(G) \neq \{\,1\,\}$.

Dieser Satz ist insofern interessant, als dass er (als erster in einer langen Reihe von Sätzen) allein aus der Ordnung einer endlichen Gruppe schon ziemlich weitreichende Strukturaussagen über die Gruppe folgert.

Beweis: Dazu betrachten wir eine ganz spezielle Operation, nämlich die von G auf N durch Konjugation. Ich hatte ja bereits angesprochen, dass wir sie noch brauchen werden. Es ist also:

$$ {}^g x := gxg^{-1}$$

Wir stellen zuerst fest, dass für ein Element $x \in N$ gilt:

$$x \in Z(G) \iff \forall g \in G : gxg^{-1} = x \iff {}^G x = \{\,x\,\}$$

Das erste ist hier natürlich per Definition des Zentrums so festgelegt. Wichtig ist aber die Äquivalenz dieser Definition zur Tatsache, dass die Bahn ${}^G x$ nur ein Element hat.

Nachdem wir das wissen, betrachten wir die Bahnengleichung, die angewandt auf unsere Operation dies hier sagt:

$$p^m := |N| = \sum_{x \in \mathcal{R}} \left| {}^G x \right|$$

Wobei auch hier wieder $\mathcal{R}$ ein Repräsentantensystem aller Bahnen der Operation sei.

Jetzt ist aber, wie wir festgestellt haben, für alle $x \in Z(G) \cap N$ stets $\left|{}^G x\right| = 1$.
Wenn also der Durchschnitt trivial wäre (also 1 das einzige Element wäre), so
wäre die Summe Folgende:

$$p^m = 1 + \sum_{\left|{}^G x\right| > 1} \left|{}^G x\right|$$

Jetzt tut sich folgendes Problem auf: Da $\left|{}^G x\right| = |G : G_x|$ gilt, müssen alle $\left|{}^G x\right|$
die Gruppenordnung p^k teilen. Das heißt insbesondere, dass sie echte Potenzen
von p sein müssen, wenn sie nicht gleich 1 sind.

Nun lässt sich aber $p^m - 1$ für kein $m > 0$ als Summe von echten Potenzen von
p darstellen.

Daraus können wir schlussfolgern, dass es noch mindestens ein weiteres x geben
muss, dessen Bahnlänge gleich 1 ist. Dieses x ist dann aber ein Element von
$Z(G)$. Demzufolge haben wir das Ziel erreicht.   □

Anmerkung:
Wir haben hier die eben schon erwähnte spezielle Bahnenformel bzw. Klassengleichung verwendet, die sich auf genau unsere Gruppenoperation bezieht. Sie
ist nur eine Folgerung der Äquivalenzenkette, die ich am Anfang des obigen
Beweises notiert hatte:

$$|G| = |Z(G)| + \sum_{x \in \mathcal{R} \setminus Z(G)} |G : C_G(x)|,$$

wobei $\mathcal{R}$ wieder ein vollständiges Repräsentantensystem der Konjugationsklassen sei.

5.4 Das Große Ziel: Die Sylow-Sätze

Im Gegensatz zum nun folgenden Satz haben wir bisher kleine Brötchen ge-
backen. Ich will wirklich vorwarnen, dass der nun folgende Beweis nicht ohne
ist.

Es soll uns nämlich um die Sätze von Sylow gehen, die Peter Ludwig Mejdell
Sylow 1872 zum ersten Mal bewies und benutzte.

Konkret sind das drei Sätze, die in verschiedensten Varianten auftauchen und
verwendet werden. Ich möchte hier die allgemeinste mir bekannte Fassung dieser
drei Sätze beweisen:

Satz 5.9 (Sätze von Sylow)

Sei im gesamten Folgenden G eine Gruppe mit $|G| = mp^k =: n$, wobei $m, k \in \mathbb{N}_{\geq 1}, p \in \mathbb{P}$ und $p \nmid m$ sei. Sei weiter a eine natürliche Zahl mit $0 \leq a \leq k$ sowie z_a die Anzahl der Untergruppen von G mit Kardinalität p^a, also

$$z_a := |\{\, U \leq G \mid |U| = p^a \,\}| \,.$$

Es gilt mit diesen Bezeichnungen:

Sylow 1 $z_a \equiv 1 \bmod p$.

Sylow 2 *Alle Untergruppen der Ordnung p^a sind in einer Untergruppe der Kardinalität p^k enthalten.*

Sylow 3 *Alle Untergruppen der Ordnung p^k sind zueinander konjugiert, d. h., sind U_1 und U_2 zwei dieser Untergruppen, so gibt es ein $g \in G$ mit $gU_1 g^{-1} = U_2$. Außerdem ist z_k ein Teiler von m.*

Die Untergruppen der Ordnung p^k werden auch p-Sylowuntergruppen von G oder kurz einfach p-Sylowgruppen genannt, falls G klar ist.

Die Sylow-Sätze stellen mit der Existenzaussage von Untergruppen in gewisser Weise eine Umkehrung zum Satz von Lagrange dar: Während dieser besagt, dass die Ordnung einer Untergruppe die Gruppenordnung teilen muss, sagen die Sätze von Sylow u. a. aus, dass es zu den Primzahlpotenzen, die die Gruppenordnung teilen, auch Untergruppen mit dieser Ordnung gibt.

Diese Sätze von Sylow dienen also zum Finden und Charakterisieren von Untergruppen in gegebenen Gruppen.

Diese Sätze sind, wie gesagt, in den verschiedensten Abwandlungen in Verwendung. So wird oftmals beim ersten Satz nur bewiesen, dass es mindestens eine Untergruppe der Ordnung p^k gibt. Die Kongruenz selbst wird dabei selten erwähnt, weil meistens nur das spezielle Resultat gebraucht wird, dass es mindestens eine dieser Untergruppen gibt. Oder aber die Kongruenz wird nur für die Sylowgruppen bewiesen, d. h. für den Spezialfall $a = k$.

Ebenso wird manchmal der zweite Teil weggelassen, weil er nicht so oft Anwendung findet. Ich habe mich entschieden, die allgemeinste, mir bekannte Version der Sylow-Sätze hier zu beweisen, auch wenn die anderen Versionen vielleicht einfacher zu beweisen sind.

5.4.1 Der erste Satz von Sylow

Zum Beweis des ersten Satzes von Sylow brauchen wir vier Hilfsaussagen:

Lemma 5.10

Sei $\Omega_1 := \{\, M \subseteq G \mid |M| = p^a \,\}$. Dann operiert G auf Ω_1 durch ${}^g M := gM$.

1. *Bzgl. der obigen Operation ist $|G_M| \mid p^a$.*
2. *Die Bahn von M enthält genau dann eine Untergruppe, wenn $|G_M| = p^a$.*
3. *Ist $U \leq G$ in der Bahn von M enthalten, so ist diese Bahn genau die Menge der Linksnebenklassen von U. U ist eindeutig bestimmt und $|G : G_M| = |G : U| = mp^{k-a}$.*
4. $\binom{n}{p^a} \equiv z_a \cdot mp^{k-a} \bmod mp^{k-a+1}$.

Beweis: **(1. Hilfsaussage)** Es gilt für den Stabilisator $H := G_M$ bzgl. dieser Operation

$$H \cdot M = \bigcup_{h \in H} hM = \bigcup_{h \in H} M = M.$$

Also operiert H auf $\Omega_2 := M$ durch $(h, m) \mapsto hm$. Das heißt, dass Hm die Bahn von $m \in M$ bezüglich dieser Operation ist. Dies wiederum heißt, dass alle Bahnen dieselbe Länge, nämlich $|Hm| = |H|$, haben. Da wir die Bahnengleichung kennen, gilt

$$p^a = |M| = \sum_{m \in \mathcal{R}} |Hm| = \sum_{m \in \mathcal{R}} |H| = |\mathcal{R}| \cdot |H|$$

(für ein Repräsentantensystem $\mathcal{R}$ unter der obigen Operation von H auf M).

Das wiederum bedeutet $|G_M| = |H| \mid p^a$. □

Beweis: **(2. Hilfsaussage)** Wenn mit obigen Bezeichnungen $|H| = p^a = |M|$ ist, dann gilt für jedes $m \in M : Hm = M$, denn Hm ist die Bahn von m (unter der eben beschriebenen Operation von H auf M) und muss deshalb vollständig in M liegen.

Da H bereits eine Untergruppe von G ist (denn es ist ja die Stabilisator-*Untergruppe* von M unter der ersten Operation), ist $m^{-1}M = m^{-1}Hm$ ebenfalls eine Untergruppe von G.

Nun ist aber $m^{-1}M = {}^{m^{-1}}M$ ein Element der Bahn von M unter der Operation von G auf Ω_1.

Ist umgekehrt die Untergruppe $U = {}^{g}M = gM$ ein Element in der Bahn von M, so ist offenbar $|U| = p^a$, da gM zu M gleichmächtig ist. Wegen $g^{-1}U = M$ ist aber auch $g^{-1}Ug \subseteq G_M$. Aufgrund von 1. muss dann also $|G_M| = p^a$ sein. □

Beweis: **(3. Hilfsaussage)** Sei nun also U eine Untergruppe in der Bahn von M, d.h. $U = {}^{h}M = hM$ für ein geeignetes $h \in G$. Dann gilt für die Linksnebenklassen von U:

$$\{\, gU \mid g \in G \,\} = \{\, ghM \mid g \in G \,\} = \{\, gM \mid g \in G \,\} = \{\, {}^{g}M \mid g \in G \,\} = {}^{G}M$$

Aus dieser Identität folgt natürlich, dass auch die Kardinalitäten gleich sind:

$$|G : G_M| = \left| {}^{G}M \right| = |G : U| = mp^{k-a}$$

Dass U die einzige Untergruppe in der Bahn $^G M$ ist, folgt ganz einfach daraus, dass die Bahn nun aus den Nebenklassen von U besteht. Da diese alle disjunkt sind (siehe Beweis zum Satz von Lagrange), kann in keinem anderen Element der Bahn die 1 enthalten sein, also kann es auch nur eine Untergruppe geben.

$\square$

Beweis: (4. Hilfsaussage) Wir halten zuerst fest, dass

$$\binom{n}{p^a} = |\Omega_1| = \sum_{M \in \mathcal{R}} \left| {}^G M \right|$$

ist.

Wir unterscheiden nun zwei Fälle: Die Bahn von M enthält keine Untergruppe bzw. die Bahn enthält eine.

Im ersten Falle gilt $|G_M| \mid p^{a-1}$, da diese Ordnung nach 1. ein Teiler von p^a sein muss, aber wegen 2. nicht gleich p^a sein kann. In diesem Falle ist $|G : G_M|$ also ein Vielfaches von $\frac{mp^k}{p^{a-1}} = mp^{k-a+1}$ und daraus folgt

$$\left| {}^G M \right| = |G : G_M| \equiv 0 \bmod mp^{k-a+1}.$$

Im zweiten Fall ist $\left| {}^G M \right| = |G : G_M|$ nach 2. genau gleich mp^{k-a}, und dieser Fall tritt für genau z_a Bahnen ein, weil es nach Definition z_a Untergruppen der Ordnung p^a gibt und die nach 3. in je einer Bahn enthalten sind.

Wir betrachten nun also $\binom{n}{p^a} = |\Omega_1|$ modulo mp^{k-a+1}:

$$\binom{n}{p^a} = \sum_{M \in \mathcal{R}} \left| {}^G M \right| \equiv z_a \cdot mp^{k-a} \bmod mp^{k-a+1}$$

$\square$

Beweis: (1. Satz von Sylow) Es gilt nun also für *alle* Gruppen der Ordnung $n = mp^k$ die folgende Gleichung:

$$\binom{n}{p^a} \equiv z_a \cdot mp^{k-a} \bmod mp^{k-a+1}$$

Betrachten wir nun zwei dieser Gruppen, nämlich $\mathbb{Z}/n\mathbb{Z}$ und eine beliebige andere, dann gilt:

$$z_a^{\mathbb{Z}/n\mathbb{Z}} \cdot mp^{k-a} \equiv \binom{n}{p^a} \equiv z_a \cdot mp^{k-a} \bmod mp^{k-a+1}$$

Für $\mathbb{Z}/n\mathbb{Z}$ gibt es genau eine einzige Untergruppe für jeden Teiler der Ordnung, weshalb auf der linken Seite das $z_a^{\mathbb{Z}/n\mathbb{Z}}$ gleich 1 ist.

Aus dieser Gleichung folgt für alle Gruppen der Ordnung n:

$$mp^{k-a} \equiv z_a \cdot mp^{k-a} \bmod mp^{k-a+1}$$
$$\Longleftrightarrow mp^{k-a+1} \mid z_a \cdot mp^{k-a} - mp^{k-a}$$

Wenn wir auf beiden Seiten mp^{k-a} kürzen, steht nur noch Folgendes da:

$$p^1 \mid z_a - 1 \implies z_a \equiv 1 \bmod p$$

$\square$

5.4.2 Der zweite Satz von Sylow

Beweis: (2. Satz von Sylow) Seien U und P Untergruppen von G mit $|U| = p^a$ und $|P| = p^k$. P ist also eine p-Sylowgruppe von G. (Wegen des 1. Satzes von Sylow gibt es sowohl U als auch P.)

Sei weiter $\Omega_3 := \{\, gPg^{-1} \mid g \in G \,\}$. Auf dieser Menge operiert G durch Konjugation, also ${}^xQ = xQx^{-1}$.

Man erkennt leicht, dass nach Definition $\Omega_3 = {}^GP$ ist, also auch $|\Omega_3| = |{}^GP| = |G : N_G(P)|$ gilt, da es hier nur eine Bahn gibt.

Wenn nun X eine Untergruppe von G ist, ist — wie man leicht einsieht — X ein Normalteiler seines Normalisators $N_G(X)$: Dazu muss man sich nur die Definition $N_G(X) := \{\, g \in G \mid gXg^{-1} = X \,\}$ ansehen. In der Tat ist $N_G(X)$ die größte Untergruppe von G, in der X ein Normalteiler ist, daher auch der Name „Normalisator".

Weil P eine Untergruppe von $N_G(P)$ ist, gilt also $|P| \mid |N_G(P)| \implies p \nmid |G : N_G(P)|$, da $\frac{|G|}{p^k} = m$ nicht von p geteilt wird nach unserer Definition ganz am Anfang.

Als Zweites halten wir fest, dass auch U auf Ω_3 durch Konjugation operiert. Wir schränken also die Operation G auf U ein. Woraus sich nach der Bahnengleichung

$$|\Omega_3| = \sum_{Q \in \mathcal{R}} |{}^UQ|$$

ergibt, wobei $\mathcal{R}$ ein Repräsentantensystem der Bahnen unter der Operation von U ist.

Da wir die Operation von G auf U eingeschränkt haben, müssen wir, um den Stabilisator eines $Q \in \Omega_3$ zu erhalten, auch den Normalisator einschränken auf $U \cap N_G(Q)$. Nach dem Satz von Lagrange ist $|{}^UQ| = |U : (U \cap N_G(U))|$ ein Teiler von $|U|$. $|U|$ ist aber p^a. Wir hatten jedoch festgestellt, dass $p \nmid |\Omega_3|$ ist.

Daraus schlussfolgern wir, dass für mindestens ein $Q \in \mathcal{R}$ dieser Index $|U : (U \cap N_G(U))| = 1$ sein muss. Das wiederum heißt, dass für dieses Q auch $U \cap N_G(U) = U \implies U \subseteq N_G(Q)$ gilt. Somit ist

$$\implies \forall u \in U : uQu^{-1} = Q.$$

Wir wissen aber ebenfalls, dass Q ein Normalteiler von $N_G(Q)$ ist. Wenden wir also den ersten Isomorphiesatz an (siehe Gruppenzwang Kapitel 4):

Dieser besagt zum einen, dass UQ eine Untergruppe von $N_G(Q)$, und zum anderen, dass $UQ/Q \cong U/(U \cap Q)$ ist.

Daraus wiederum folgt:

$$|UQ| = |UQ : Q| \cdot |Q| = |U : (U \cap Q)| \cdot |Q|$$

Das heißt vor allem, da $|U| = p^a$ und $|Q| = p^k$ ist, dass $|UQ|$ ebenfalls eine Potenz von p ist. Da Q eine Untergruppe von UQ ist und $|Q|$ die *höchstmögliche* Potenz von p nämlich p^k ist, muss $|UQ| = p^k$ sein. Es ist also vor allem $UQ = Q$.

U muss daher eine Untergruppe von Q sein.

Da $Q \in \Omega_3$ und deshalb eine p-Sylowgruppe ist, haben wir den zweiten Satz von Sylow also bewiesen. $\square$

5.4.3 Der dritte Satz von Sylow

Nachdem uns die ersten beiden Sätze viel Anstrengung und einiges Kopfzerbrechen gekostet haben, bekommen wir den dritten Satz von Sylow praktisch geschenkt:

Beweis: (3. Satz von Sylow) Wir setzen im vorherigen Beweis einfach $|U| = p^k$ und erhalten, dass U gleich einer Untergruppe Q ist, welche wiederum in $\Omega_3 = \{ gPg^{-1} \mid g \in G \}$ enthalten ist. Da alle Elemente von Ω_3 zueinander konjugiert sind, sind also alle p-Sylowgruppen zueinander konjugiert und es gilt $z_k = |G : N_G(P)|$. Wegen $P \leq N_G(P) \leq G$ ist $|G : N_G(P)|$ ein Teiler von $|G : P| = \frac{|G|}{p^k} = m$. $\square$

5.5 Anwendungen der Sätze von Sylow

Wir wollen uns jetzt einmal mit einigen typischen Anwendungen der Sätze von Sylow beschäftigen ...

Die einfachste Anwendung ist der sogenannte Satz von Cauchy:

Satz 5.11 (Satz von Cauchy)

Es gibt in einer Gruppe G für jeden Primteiler p von |G| mindestens ein Element der Ordnung p.

Beweis: Der ist mit Kenntnis des ersten Satzes von Sylow denkbar einfach:

Es gibt nämlich für jeden Primteiler $p \mid |G|$ nach diesem Satz auch mindestens eine Untergruppe $U \leq G$ mit der Ordnung p. Und da jede Gruppe mit primer Ordnung zyklisch ist, muss es einen Erzeuger dieser Untergruppe geben. Und dieser hat wiederum die Ordnung $|U| = p$. $\qquad\square$

Eine weitere oft benötigte Anwendung ist die Bestimmung der Gruppenstruktur mit Hilfe von Sylow.

So gibt es z. B. (bis auf Isomorphie) nur eine einzige Gruppe der Ordnung $1729 = 7 \cdot 13 \cdot 19$.

Beweis: Aus den Sylowsätzen können wir schlussfolgern, dass es genau eine 7-Sylowgruppe N_7, genau eine 13-Sylowgruppe N_{13} und genau eine 19-Sylowgruppe N_{19} in solchen Gruppen G gibt:

Das folgt aus dem dritten und dem ersten Satz von Sylow, denn die Anzahl der 7-Sylowgruppen zum Beispiel muss sowohl ein Teiler von $13 \cdot 19$ sein als auch kongruent 1 mod 7. Dafür kommt nur 1 in Frage, da $13 \equiv 6 \not\equiv 1 \bmod 7$, $19 \equiv 5 \not\equiv 1 \bmod 7$ und $13 \cdot 19 \equiv 2 \not\equiv 1 \bmod 7$ ist. Analog kann man sich auch davon überzeugen, dass dies für 13 und 19 zutrifft.

Diese Sylowgruppen sind insbesondere Normalteiler, denn gN_pg^{-1} ist ja ebenfalls eine Untergruppe der Ordnung p, also eine p-Sylowuntergruppe, also gleich N_p. Ebenfalls sind sie (bis auf das neutrale Element) paarweise disjunkt, da die Ordnung eines gemeinsamen Elements jeweils 7 und 19, 7 und 13 bzw. 13 und 19 teilen müsste. Die einzige Zahl, die das tut, ist der triviale Teiler 1 und das einzige Element der Ordnung 1 ist das neutrale.

Es gilt nun für solche Gruppen:

$$G \cong N_7 \times N_{13} \times N_{19} \cong \mathbb{Z}/1729\mathbb{Z}$$

Da je zwei der Sylowgruppen N_7, N_{13} und N_{19} Normalteiler von G und bis auf 1 disjunkt sind, kommutieren ihre Elemente, denn es gilt beispielsweise für alle $x \in N_7$ und alle $y \in N_{13}$:

$$xyx^{-1}y^{-1} = (xyx^{-1})y^{-1} = x(yx^{-1}y^{-1})$$

Da für alle Normalteiler gilt, dass sie unter der Konjugation abgeschlossen sind, ist dieser Ausdruck eine Element von $N_7 \cap N_{13}$ also gleich 1. Daraus wiederum folgt:

$$xyx^{-1}y^{-1} = 1 \implies xy = yx$$

Analog kann man das für die anderen beiden Kombinationen beweisen oder induktiv für eine beliebige (endliche) Anzahl von Normalteilern, die paarweise trivialen Durchschnitt haben.

Mit diesem Wissen können wir einen Homomorphismus konstruieren, nämlich:

$$\phi := \begin{cases} N_7 \times N_{13} \times N_{19} \to G \\ (x, y, z) \mapsto xyz \end{cases}$$

Dass es ein Homomorphismus ist, folgt direkt aus der Vertauschbarkeit von x, y, z:

$$\begin{aligned} \phi(x, y, z)\phi(x', y', z') &= xyzx'y'z' \\ &= xyx'zy'z' \\ &= (xx')yzy'z' \\ &= (xx')(yy')(zz') \\ &= \phi(xx', yy', zz') \\ &= \phi((x, y, z)(x', y', z')) \end{aligned}$$

Außerdem ist ϕ injektiv. Dazu zeigen wir, dass der Kern trivial ist. Sei nämlich $1 = \phi(x, y, z) = xyz$. Dann gilt $xy = z^{-1}$. Nun ist $z \in N_{19}$ und $xy \in N_7 \cdot N_{13}$ und, weil beides gleich ist, muss daher beides in $N_{19} \cap N_7 \cdot N_{13}$ sein.

Im Zusammenhang mit dem ersten Isomorphiesatz haben wir gezeigt, dass $N_7 \cdot N_{13}$ eine Untergruppe der Ordnung $\frac{|N_7| \cdot |N_{13}|}{|N_7 \cap N_{13}|} = \frac{7 \cdot 13}{1}$ ist. Der Schnitt von N_{19} mit dieser Untergruppe muss wieder trivial sein, weil die Ordnungen teilerfremd sind. Das hatten wir uns ja eben bereits überlegt. Also muss $z = 1$ sein $\implies$ $xy = 1 \implies x = y^{-1} \in N_7 \cap N_{13} = 1 \implies x = y = 1$.

Damit haben wir $x = y = z = 1$ gezeigt und ϕ ist injektiv.

Da die Ordnungen von $N_7 \times N_{13} \times N_{19}$ und G übereinstimmen und beide endlich sind, ist ϕ nicht nur injektiv, sondern auch surjektiv und damit ein Isomorphismus. G ist also tatsächlich isomorph zum direkten Produkt seiner Sylowgruppen.

Da diese wiederum von Primzahlordnung sind, sind sie isomorph zu $\mathbb{Z}/7\mathbb{Z}$, $\mathbb{Z}/13\mathbb{Z}$ bzw. $\mathbb{Z}/19\mathbb{Z}$. Und das direkte Produkt aus ihnen ist wiederum isomorph zu $\mathbb{Z}/(7 \cdot 13 \cdot 19)\mathbb{Z} = \mathbb{Z}/1729\mathbb{Z}$. $\qquad \square$

Das konnte man bereits in Kapitel 2 nachlesen. Da wurde bewiesen, dass Gruppen von Primzahlordnung zyklisch sind, was wir hier ja mehrmals verwendet haben. Außerdem wurde dort bewiesen, dass das direkte Produkt zyklischer Gruppen genau dann zyklisch ist, wenn die Ordnungen teilerfremd sind (was 7, 13 und 19 ja offensichtlich sind).

5.6   Abschluss

Mit den Sätzen von Sylow hat man ein mächtiges Mittel zur Untersuchung von
Gruppen gefunden. Mit ihrer Hilfe sind vielseitige Untersuchungen von Gruppen
möglich. Die Bestimmung der möglichen Isomorphietypen, wie wir sie durchgeführt haben, wäre ohne Sylow praktisch nicht möglich.

Und nach den vielen, vielen, vielen Namensverwirrungen möchte ich nur noch
sagen:

$$mfg = G_{ockel}$$

$$z_{mfg} \equiv Gockel \bmod p$$

$$|mfg| = \sum_{x \in \mathcal{R}} \left| {}^{G}ockel \right|$$

$$mfg \cong N_G \times N_o \times N_c \times N_k \times N_e \times N_l$$

6 Gruppenzwang VI
— Randale: Gruppendemo musste aufgelöst werden

Hallo, Gruppentheoretiker!

Als großes „Überziel" über den meisten Algebra-Vorlesungen an der Uni steht nicht selten die sogenannte Galoistheorie, mit deren Hilfe es u. a. möglich ist zu bestimmen, ob eine gegebene Polynomgleichung durch Radikale auflösbar ist oder nicht, d. h., ob sich die Nullstellen des Polynoms mit den vier Grundrechenarten und Wurzelausdrücken darstellen lassen. Genau diese Eigenschaft wollen wir in diesem Kapitel des Gruppenzwangs unter die Lupe nehmen, auch wenn (und gerade weil) es auf den ersten Blick nichts mit Gruppen zu tun hat.

6.1 Und was hat das nun mit Gruppen zu tun?

Diese Eigenschaft der Auflösbarkeit von Polynomen ist eng an die sogenannten Galoisgruppen geknüpft. Insbesondere ist nämlich ein Polynom genau dann durch Radikale auflösbar, wenn die zugehörige Galoisgruppe „auflösbar" ist. Diese Beziehung zu beweisen liegt außerhalb der Möglichkeiten dieses Kapitels, weil die gruppentheoretischen Grundlagen allein dafür nicht ausreichen. Man benötigt weiteres, algebraisches Grundwissen, z. B. über Polynomringe und Körpererweiterungen. Wir können und werden uns aber mit der Gruppeneigenschaft der „Auflösbarkeit" beschäftigen.

Fangen wir einfach an ..., was bedeutet Auflösbarkeit eigentlich??

6.1.1 (Sub-)Normalreihen

Definition 6.1

Eine endliche Folge von Untergruppen

$$G = N_0 \geq N_1 \geq N_2 \geq \ldots \geq N_k = \{\, 1 \,\}$$

heißt *Subnormalreihe*, wenn gilt:

$$\forall\, 0 \leq i < k : N_{i+1} \trianglelefteq N_i$$

(Hierbei meint das $\trianglelefteq$-Zeichen „ist Normalteiler von", ähnlich wie die Zeichen $\leq$ und $\geq$, die ein „ist Untergruppe von"-Verhältnis bedeuten)

Wenn sogar immer gilt:

$$\forall\, 0 \leq i < k : N_i \trianglelefteq G$$

spricht man von einer *Normalreihe*, nicht nur von einer Subnormalreihe.

Die Zahl k einer Subnormalreihe wird auch als *Länge der Subnormalreihe* bezeichnet.   ◆

Beispiel 6.2

$$\mathbb{Z} \trianglerighteq 5\mathbb{Z} \trianglerighteq 15\mathbb{Z} \trianglerighteq 30\mathbb{Z} \trianglerighteq 60\mathbb{Z} \trianglerighteq \{\, 0 \,\}$$

ist eine Subnormalreihe und auch eine Normalreihe, weil $\mathbb{Z}$ abelsch ist und deshalb alle Untergruppen auch Normalteiler sind.

Betrachten wir als nächstes Permutationsgruppen. (Für nähere Informationen über Permutationsgruppen und die Definitionen von A_n und V_4 verweise ich auf das entsprechende Kapitel der Gruppenzwang-Reihe [4].)

$$S_5 \trianglerighteq A_5 \trianglerighteq \{\, 1 \,\}$$

ist ebenfalls eine Normalreihe, obwohl S_5 nicht abelsch ist.

$$S_4 \trianglerighteq A_4 \trianglerighteq V_4 \trianglerighteq \{\, 1 \,\}$$

ist auch noch eine Normalreihe, während

$$S_4 \trianglerighteq A_4 \trianglerighteq V_4 \trianglerighteq \langle (1{,}2)(3{,}4) \rangle \trianglerighteq \{\, 1 \,\}$$

zwar eine Subnormal-, aber keine Normalreihe mehr ist, denn $\langle (1{,}2)(3{,}4) \rangle$ ist kein Normalteiler von S_4.   ■

6.1.2   Faktoren von (Sub-)Normalreihen und Auflösbarkeit

Definition 6.3
Die Faktorgruppen N_i/N_{i+1} in einer Subnormalreihe werden auch einfach *Faktoren der Reihe* genannt.

Hat eine Gruppe eine Subnormalreihe, in der ausschließlich abelsche Faktoren vorkommen, spricht man von einer *auflösbaren Gruppe*.   ◆

Beispiel 6.4 (S_4 **und** S_5)
S_4 ist auflösbar, denn die Subnormalreihe

$$S_4 \trianglerighteq A_4 \trianglerighteq V_4 \trianglerighteq \{\, 1 \,\}$$

besitzt Faktoren, die allesamt abelsch sind:

$$S_4/A_4 \cong \mathbb{Z}/2\mathbb{Z}$$
$$A_4/V_4 \cong \mathbb{Z}/3\mathbb{Z}$$
$$V_4/\{\, 1 \,\} \cong V_4 \cong \mathbb{Z}/2\mathbb{Z} \times \mathbb{Z}/2\mathbb{Z}$$

Dass diese Isomorphien gelten, sieht man sofort anhand der Ordnungen ein: Die ersten beiden Quotienten haben aufgrund des Satzes von Lagrange die Ordnungen $\frac{24}{12} = 2$, $\frac{12}{4} = 3$, welche Primzahlen sind. Gruppen mit Primzahlordnung sind zyklisch, wie wir wissen (siehe Kapitel 2), und zyklische Gruppen sind zu den Quotienten von $\mathbb{Z}$ isomorph (siehe Kapitel 3). Dass V_4 zu $\mathbb{Z}/2\mathbb{Z} \times \mathbb{Z}/2\mathbb{Z}$ isomorph ist, sieht man auch leicht ein, da man nach kurzem Überlegen einen Isomorphismus leicht hinschreiben kann (beispielsweise $(12)(34) \mapsto (1,0)$, $(13)(24) \mapsto (0,1)$, $(14)(23) \mapsto (1,1)$).

S_5 dagegen ist nicht mehr auflösbar, denn die beiden einzigen Subnormalreihen von S_5

$$S_5 \trianglerighteq \{\, 1 \,\}$$

und

$$S_5 \trianglerighteq A_5 \trianglerighteq \{\, 1 \,\}$$

besitzen nichtabelsche Faktoren, nämlich $S_5/1 \cong S_5$ sowie $A_5/\{\, 1 \,\} \cong A_5$. Dass dies die einzigen Subnormalreihen von S_5 sind, folgt u. a. daraus, dass die alternierende Gruppe A_n für $n \geq 5$ einfach ist, also überhaupt keine nichttrivialen Normalteiler besitzt, die in einer Subnormalreihe vorkommen könnten. Für $n \geq 4$ sind außerdem alle alternierenden Gruppen nichtabelsch, sodass S_n und A_n für $n \geq 5$ niemals auflösbar sind. (Siehe dazu auch [4], wo die Nichtauflösbarkeit ganz explizit bewiesen wird.)

Außerdem ist natürlich jede abelsche Gruppe auflösbar, denn die triviale Normalreihe

$$G \trianglerighteq \{\, 1 \,\}$$

besitzt den abelschen Faktor $G/\{\, 1 \,\} \cong G$.   ∎

6.2   Erste Schritte

Für die Untersuchung der Auflösbarkeit sind einige Definitionen sehr wichtig und nützlich:

6.2.1   Isomorphie von Subnormalreihen

Dem wollen wir uns zuerst widmen, denn wie bei anderen Objekten in der Mathematik gibt es an Subnormalreihen interessante und weniger interessante Aspekte, von denen der Mathematiker natürlich am liebsten die interessanteren betrachtet.

Dies sind bei Subnormalreihen die Faktoren, denn sie entscheiden über die Auflösbarkeit. Wie wir oben definiert haben, ist die Auflösbarkeit nur von der Struktur dieser Faktoren abhängig, nicht von ihrer Reihenfolge.

Was liegt also näher als Isomorphie für Subnormalreihen zu definieren, wenn sie sich nur in der Reihenfolge der Faktoren unterscheiden?

Definition 6.5
Gegeben seien zwei (Sub-)Normalreihen der Gruppe G:

$$G = N_0 \trianglerighteq N_1 \trianglerighteq \ldots \trianglerighteq N_k = \{\, 1 \,\}$$

$$G = M_0 \trianglerighteq M_1 \trianglerighteq \ldots \trianglerighteq M_l = \{\, 1 \,\}$$

Diese heißen *isomorph*, wenn

1. $k = l$ ist, d. h., wenn sie die gleiche Länge haben, und
2. eine Permutation $\sigma \in S_k$ existiert mit $N_i/N_{i+1} \cong M_{\sigma(i)}/M_{\sigma(i)+1}$ für alle $i < k$.

♦

Beispiel 6.6 ($\mathbb{Z}/6\mathbb{Z}$)

$$N_0 = \mathbb{Z}/6\mathbb{Z} \trianglerighteq N_1 = 3\mathbb{Z}/6\mathbb{Z} \trianglerighteq N_2 = 6\mathbb{Z}/6\mathbb{Z} = \{\, 0 \,\}$$

und

$$M_0 = \mathbb{Z}/6\mathbb{Z} \trianglerighteq M_1 = 2\mathbb{Z}/6\mathbb{Z} \trianglerighteq M_2 = 6\mathbb{Z}/6\mathbb{Z} = \{\, 0 \,\}$$

sind zwei isomorphe Normalreihen, denn beide haben wie in 1 gefordert drei Folgenglieder und $\sigma = (0{,}1)$ ist die in 2 geforderte Permutation, denn es gilt

$$N_0/N_1 \cong \mathbb{Z}/2\mathbb{Z},$$

$$N_1/N_2 \cong \mathbb{Z}/3\mathbb{Z}$$

sowie

$$M_{\sigma(0)}/M_{\sigma(0)+1} = M_1/M_2 \cong \mathbb{Z}/2\mathbb{Z},$$

$$M_{\sigma(1)}/M_{\sigma(1)+1} = M_0/M_1 \cong \mathbb{Z}/3\mathbb{Z},$$

wie man wieder anhand der Primzahlordnungen der Quotienten leicht einsieht. ∎

Beispiel 6.7 ($A_4 \times \mathbb{Z}/4\mathbb{Z}$)

Ein komplexeres Beispiel: Sei G die Gruppe $A_4 \times \mathbb{Z}/4\mathbb{Z}$. Dann gibt es (u. a.) diese beiden Normalreihen:

$$N := A_4 \times \mathbb{Z}/4\mathbb{Z} \trianglerighteq A_4 \times \mathbb{Z}/2\mathbb{Z} \trianglerighteq A_4 \times \{\,1\,\} \trianglerighteq V_4 \times \{\,1\,\} \trianglerighteq \{\,1\,\}$$
$$M := A_4 \times \mathbb{Z}/4\mathbb{Z} \trianglerighteq V_4 \times \mathbb{Z}/4\mathbb{Z} \trianglerighteq \{\,1\,\} \times \mathbb{Z}/4\mathbb{Z} \trianglerighteq \{\,1\,\} \times \mathbb{Z}/2\mathbb{Z} \trianglerighteq \{\,1\,\}$$

Hier treten folgende Faktoren auf:

$$N_0/N_1 \cong M_2/M_3 \cong \mathbb{Z}/2\mathbb{Z}$$
$$N_1/N_2 \cong M_3/M_4 \cong \mathbb{Z}/2\mathbb{Z}$$
$$N_2/N_3 \cong M_0/M_1 \cong \mathbb{Z}/3\mathbb{Z}$$
$$N_3/N_4 \cong M_1/M_2 \cong V_4$$

Das entspricht also der Permutation $\sigma = (02)(13)$.

Insbesondere haben wir damit (fast nebenbei) gezeigt, dass $A_4 \times \mathbb{Z}/4\mathbb{Z}$ auch auflösbar ist, da sowohl $\mathbb{Z}/2\mathbb{Z}$, $\mathbb{Z}/3\mathbb{Z}$ als auch $V_4 \cong \mathbb{Z}/2\mathbb{Z} \times \mathbb{Z}/2\mathbb{Z}$ abelsch sind. ∎

Wie auch bei anderen Strukturen ist der Isomorphiebegriff eine Äquivalenzrelation, was man leicht nachrechnen kann, wenn man möchte. Ich möchte aber nicht, also machen wir weiter.

6.2.2 Verfeinerungen

Wie wir gesehen haben, kann eine Gruppe mehrere Subnormalreihen haben. Einige davon sind isomorph, andere sind wiederum sogenannte „Verfeinerungen". Eine Verfeinerung ist im Prinzip nichts anderes als das Einfügen von zusätzlichen Folgengliedern, sodass die Subnormalreihe verlängert wird.

Formal bedeutet das:

Definition 6.8

Eine Subnormalreihe $G = M_0 \trianglerighteq M_1 \trianglerighteq \ldots \trianglerighteq M_m = \{\,1\,\}$ nennt man *Verfeinerung* einer Subnormalreihe $G = N_0 \trianglerighteq N_1 \trianglerighteq \ldots \trianglerighteq N_n = \{\,1\,\}$, wenn eine injektive Abbildung $f : \{\,1,2,\ldots,n\,\} \to \{\,1,2,\ldots,m\,\}$ existiert mit $N_i = M_{f(i)}$.

(Anmerkung: Manchmal werden Unterscheidungen getroffen, ob $m = n$ zugelassen wird. In einem solchen Fall ist natürlich jede Subnormalreihe eine Verfeinerung ihrer selbst. Falls nun tatsächlich $m > n$ gilt, spricht man auch von einer „echten" Verfeinerung, analog zu Begriffen wie der echten Teilmenge.)

Gilt in einer Subnormalreihe an irgendeiner Stelle $N_i = N_{i+1}$, so spricht man auch von einer Subnormalreihe mit Wiederholungen. Indem man Wiederholungen einfügt, kann man eine Subnormalreihe natürlich beliebig oft verfeinern. Aber das macht ja keinen Spaß.

Eine Subnormalreihe, die selbst keine Wiederholungen hat und auch nicht verfeinert werden kann, ohne Wiederholungen einzufügen, nennt man auch *Kompositionsreihe*.   ♦

Beispiel 6.9
Zu S_4 gibt es (wie zu jeder anderen Gruppe auch) die triviale Normalreihe

$$S_4 \trianglerighteq \{\,1\,\}\,.$$

Diese können wir schrittweise immer mehr verfeinern:

$$S_4 \trianglerighteq V_4 \trianglerighteq \{\,1\,\}$$
$$S_4 \trianglerighteq A_4 \trianglerighteq V_4 \trianglerighteq \{\,1\,\}$$
$$S_4 \trianglerighteq A_4 \trianglerighteq V_4 \trianglerighteq \langle (1,2)(3,4) \rangle \trianglerighteq \{\,1\,\}$$

Nach dem zweiten Isomorphiesatz entsprechen die Normalteiler in einer Faktorgruppe U/V genau den Normalteilern in U, die den „herausfaktorisierten" Normalteiler V enthalten. Da die Faktoren der letzten Subnormalreihe isomorph zu $\mathbb{Z}/3\mathbb{Z}$ bzw. $\mathbb{Z}/2\mathbb{Z}$ sind (siehe oben), welche beide einfach sind und keine nicht-trivialen Normalteiler enthalten, können wir also schlussfolgern, dass die letzte Reihe sich nicht weiter verfeinern lässt, ohne zu wiederholen. Es handelt sich also um eine Kompositionsreihe.

Die Subnormalreihe

$$\mathbb{Z} \trianglerighteq n_1\mathbb{Z} \trianglerighteq n_2\mathbb{Z} \trianglerighteq \ldots \trianglerighteq n_i\mathbb{Z} \trianglerighteq \{\,0\,\}$$

kann man immer verfeinern zu

$$\mathbb{Z} \trianglerighteq n_1\mathbb{Z} \trianglerighteq n_2\mathbb{Z} \trianglerighteq \ldots \trianglerighteq n_i\mathbb{Z} \trianglerighteq 2n_i\mathbb{Z} \trianglerighteq \{\,0\,\}\,.$$

Da $2n_i\mathbb{Z}$ eine echte Untergruppe von $n_i\mathbb{Z}$ ist, können wir schlussfolgern, dass man eine Subnormalreihe von $\mathbb{Z}$ *immer* verfeinern kann, ohne dass Wiederholungen auftreten, sodass $\mathbb{Z}$ also keine Kompositionsreihe besitzen kann.   ∎

In einer endlichen Gruppe kann man natürlich immer eine Kompositionsreihe finden, da man die triviale Subnormalreihe $G \trianglerighteq 1$ nur endlich oft ohne Wiederholungen verfeinern kann aufgrund der Endlichkeit von G.

Es stellt sich heraus, dass bei endlichen, auflösbaren Gruppen eine Kompositionsreihe stets zyklische Faktoren hat. In der Galoistheorie entsprechen diesen zyklischen Faktoren (im Wesentlichen) die Körpererweiterungen der Form $K(\sqrt[k]{a})$. Die Kompositionsreihe auf Seiten der Galoisgruppe entspricht so einem Turm von Radikalerweiterungen auf der Körperseite. Auf diese Weise wird der eingangs erwähnte Zusammenhang von auflösbaren (Galois)gruppen und auflösbaren Polynomen hergestellt.

6.3 Die Sätze von Schreier und Jordan-Hölder

Mit dem Wissen über Isomorphien und Verfeinerungen können wir nun zwei wichtige Sätze über Subnormalreihen formulieren und beweisen:

Satz 6.10 (Satz von Schreier)
Je zwei Subnormalreihen besitzen isomorphe Verfeinerungen. Sind also $G = N_0 \trianglerighteq N_1 \trianglerighteq \ldots \trianglerighteq N_n = \{1\}$ und $G = M_0 \trianglerighteq M_1 \trianglerighteq \ldots \trianglerighteq M_m = \{1\}$ zwei Subnormalreihen einer Gruppe G, dann gibt es jeweils eine Verfeinerung, sodass beide Verfeinerungen zueinander isomorph sind.

Beweis: Wir verfeinern zunächst unsere beiden Subnormalreihen etwas: Aus der Folge $N_0 \trianglerighteq N_1 \trianglerighteq \ldots \trianglerighteq N_n$ konstruieren wir

$$N_{i,j} := N_i(N_{i-1} \cap M_j)$$

für $0 < i \leq n$ und $0 \leq j \leq m$. Diese Gruppen liegen nach Konstruktion jeweils zwischen $N_{i-1} = N_{i,0}$ und $N_i = N_{i,m}$.

Wir erhalten also folgende Subnormalreihe:

$$
\begin{aligned}
G &= N_{1,0} \trianglerighteq \ldots \trianglerighteq N_{1,m} \\
&= N_{2,0} \trianglerighteq \ldots \trianglerighteq N_{2,m} \\
&\;\;\vdots \\
&= N_{n-1,0} \trianglerighteq \ldots \ldots \trianglerighteq N_{n-1,m} \\
&= N_{n,0} \trianglerighteq \ldots \trianglerighteq N_{n,m} \\
&= \{1\}
\end{aligned}
$$

Diese Folge ist aufgrund $N_{i,j} \trianglerighteq N_{i,j+1}$ eine Subnormalreihe und wegen $N_{i,0} = N_{i-1}$ eine Verfeinerung unserer ersten Reihe.

Die Eigenschaft $N_{i,j} \trianglerighteq N_{i,j+1}$ folgt aus dem dritten Isomorphiesatz, welcher in Gruppenzwang Kapitel 4 bewiesen wurde (wenn man mit den dortigen Bezeichnungen $U = N_{i-1}$, $U_0 = N_i$, $V = M_j$ und $V_0 = M_{j+1}$ setzt).

Ganz analog können wir die zweite Subnormalreihe verfeinern, indem wir die Gruppen $M_{i,j} := M_j(M_{j-1} \cap N_i)$ definieren für alle $0 \le i \le n$ und $0 < j \le m$. Ganz ähnlich zu oben ist dann

$$M_{0,j} = M_{j-1}, M_{n,j} = M_j$$

und

$$M_{i,j} \trianglerighteq M_{i+1,j}.$$

Somit haben wir auch hier eine Subnormalreihe als Verfeinerung:

$$
\begin{aligned}
G = M_{0,1} &\trianglerighteq \ldots \trianglerighteq M_{n,1} \\
= M_{0,2} &\trianglerighteq \ldots \trianglerighteq M_{n,2} \\
&\vdots \\
= M_{0,m-1} &\trianglerighteq \ldots \trianglerighteq M_{n,m-1} \\
= M_{0,m} &\trianglerighteq \ldots \trianglerighteq M_{n,m} \\
= \{\, 1 \,\}
\end{aligned}
$$

Der nächste Schritt besteht nun in der Isomorphie dieser beiden Verfeinerungen.

Zunächst erkennen wir, dass beide Verfeinerungen die Länge $n \cdot m$ haben, denn die Indizes i und j laufen in der ersten Konstruktion von 1 bis n bzw. 0 bis m und im zweiten Fall von 0 bis n bzw. von 1 bis m.

In der Subnormalreihe stehen aber mehrere Indizes für dieselbe Gruppe, d. h., wir müssen n bzw. m wieder abziehen, um die korrekte Anzahl zu erhalten. Somit haben wir $n(m + 1) - n = nm$ bzw. $(n + 1)m - m = nm$ Gruppen in beiden Ketten.

Wenn man jetzt den dritten Isomorphiesatz noch einmal anwendet, erhält man außerdem, dass

$$N_{i,j-1}/N_{i,j} \cong M_{i-1,j}/M_{i,j}$$

für alle $0 < i \le n, 0 < j \le m$ gilt.

Daraus folgt also auch die zweite Bedingung für Isomorphie. Die beiden Verfeinerungen sind isomorph. □

Mit Kenntnis dieses Satzes können wir ein weiteres wichtiges Ergebnis formulieren und beweisen, nämlich den Satz von Jordan-Hölder.

Satz 6.11 (Satz von Jordan-Hölder)
Je zwei Kompositionsreihen einer Gruppe sind isomorph.

Vor allem sagt dieser Satz, dass eine Gruppe bis auf Isomorphie nur eine Kompositionsreihe haben kann, falls sie denn überhaupt eine hat. Insbesondere sind die Faktoren der Kompositionsreihen (auf die es uns ja eigentlich ankommt) nur durch die Gruppe selbst schon eindeutig bestimmt.

Beweis: Nehmen wir also an, es gäbe zwei Kompositionsreihen.

Nach dem Satz von Schreier gibt es Verfeinerungen der jeweiligen Kompositionsreihe, die zueinander isomorph sind. Da man Kompositionsreihen laut Definition nicht verfeinern kann, ohne Wiederholungen einzufügen, sind diese Verfeinerungen möglicherweise mit Wiederholungen behaftet.

Wenn wir diese in beiden Reihen wieder streichen, bleibt die Isomorphie erhalten, obwohl wir wieder auf die ursprüngliche Kompositionsreihen reduzieren. Also sind auch die beiden ursprünglichen Reihen isomorph.   □

6.4 Kommutatoren

Wie so oft führen viele Wege zum Ziel. Einer der wichtigsten Wege zur Untersuchung von auflösbaren Gruppen sind Kommutatoren.

Schauen wir uns doch gleich einmal an, was das ist und was das bringt:

Definition 6.12
Wir definieren den *Kommutator* $[a, b]$ zweier Gruppenelemente a und b wie folgt:

$$[a, b] := aba^{-1}b^{-1}$$

(Wie so oft, wenn man zwei gleichberechtigte Varianten hat, ist auch hier die andere Definition als $a^{-1}b^{-1}ab$ im Umlauf. Alle Sätze und Beweise gelten sinngemäß auch für diese Definition.)   ◆

Was zuerst einmal nicht so ganz naheliegend erscheint, ist in der Tat aber dicht mit unserem Thema verbunden, wenn man die folgende Definition für Teilmengen einer Gruppe U und V kennt:

Definition 6.13
Sei G eine Gruppe. $U, V \subseteq G$ seien beliebige Teilmengen. Wir definieren die Untergruppe $[U, V]$ durch:

$$[U, V] := \langle [u, v] \mid u \in U, \, v \in V \rangle$$

◆

Nicht überzeugt? Na gut: Dann wird dieser Satz bestimmt helfen:

Lemma 6.14

$$\forall A, B \subseteq G : [A, B] = \{1\} \iff \forall a \in A, b \in B : ab = ba$$

Er besagt also, dass zwei Teilmengen genau dann elementweise kommutieren, wenn ihr Kommutator gleich 1 ist. Schreiten wir zum Beweis:

Beweis: „ $\implies$ ":

Sei $[A, B] = \{\,1\,\}$, dann gilt insbesondere für alle $a \in A$, $b \in B$: $aba^{-1}b^{-1} = [a,b] = 1$, denn sonst gäbe es noch ein weiteres Element im Erzeugnis aller Kommutatoren. Daraus folgt vor allem: $aba^{-1}b^{-1} = 1 \implies ab = ba$.

„ $\impliedby$ ":

Wenn wiederum alle Kommutatoren $[a,b] = 1$ sind, dann kann das Erzeugnis aller dieser Kommutatoren auch nur $\{\,1\,\}$ sein.   □

Immer noch nicht ganz überzeugt? Nun denn, betrachten wir eine Gruppe G und die *Kommutatorgruppe*

$$G' := [G, G].$$

Wenn $f : G \to H$ nun ein Gruppenhomomorphismus ist, so gilt ja offensichtlich $f(aba^{-1}b^{-1}) = f(a)f(b)f(a)^{-1}f(b)^{-1}$ und daher

$$
\begin{aligned}
f(G') &= f\left(\langle [g,h] \mid g,h \in G \rangle\right) \\
&= \langle f([g,h]) \mid g,h \in G \rangle \\
&= \langle [f(g), f(h)] \mid g,h \in G \rangle \\
&= [f(G), f(G)]
\end{aligned}
$$

Insbesondere ist $f([G,G]) = [f(G), f(G)] \subseteq [G, G]$ für einen Endomorphismus $f : G \to G$. Das heißt also, dass G' eine voll charakteristische Untergruppe von G und damit insbesondere ein Normalteiler von G ist.

Was liegt bei Normalteilern näher, als ihre Faktorgruppe zu betrachten? Schauen wir uns also G/G' an.

Da in einer solchen Gruppe für alle $g, h \in G$ gilt: $ghg^{-1}h^{-1}G' = G'$, ist vor allem $ghG' = hgG'$, womit G/G' insbesondere abelsch wird.

Man kann es sogar noch weiter fassen, denn eine Faktorgruppe G/N ist genau dann abelsch, wenn $[G,G] \subseteq N$ ist, wegen der Beziehung $[g,h]N = ghg^{-1}h^{-1}N = N$, die in diesen Gruppen ja gelten muss. Wir halten fest:

Lemma 6.15
Sei $N \trianglelefteq G$. Dann ist G/N abelsch $\iff [G,G] \subseteq N$.

6.4.1 Die Kommutator-Reihe

„Moment!" wird der eine oder andere jetzt denken, „abelsche Faktorgruppen? Da war doch etwas ..."

Ja, ganz richtig gedacht: Abelsche Faktorgruppen in einer Subnormalreihe sind essenziell dafür, dass eine Gruppe auflösbar ist. Wir können mit der Kommutatorgruppe immer eine abelsche Faktorgruppe erreichen. Was liegt also näher, als unsere eben gewonnenen Erkenntnisse anzuwenden und eine Kette von Kommutatorgruppen zu definieren:

Definition 6.16
Die sogenannten *höheren Kommutatorgruppen* einer Gruppe G sind rekursiv definiert durch:

$$G^{(0)} := G$$
$$G^{(n+1)} := \left(G^{(n)}\right)'$$

♦

Jetzt ist

$$G = G^{(0)} \trianglerighteq G^{(1)} \trianglerighteq G^{(2)} \trianglerighteq \ldots$$

eine absteigende Folge von Subnormalteilern (in der Tat eine Folge von Normalteilern, da alle $G^{(i)}$ charakteristisch in G sind). Sie ist genau dann eine Subnormalreihe nach unserer obigen Definition, wenn die Folge bei 1 stationär wird, d. h., wenn es ein $k \in \mathbb{N}$ gibt mit $1 = G^{(k)} = G^{(k+1)} = \ldots$

Insbesondere sind in einem solchen Falle also alle Faktoren abelsch, wie wir gesehen haben, sodass G in diesem Falle also auflösbar wäre. Man kann sogar noch einen Schritt weitergehen und sagen:

Satz 6.17
Eine Gruppe G ist auflösbar $\Longleftrightarrow \exists\, k \in \mathbb{N} : G^{(k)} = 1.$

In der Tat wird nicht selten Auflösbarkeit über diese Kommutatorreihe definiert. Das kleinste k, für das $G^{(k)} = \{\,1\,\}$ gilt, wird auch *Auflösbarkeitsstufe* von G genannt. Offensichtlich haben abelsche Gruppen die Auflösbarkeitsstufe ≤ 1 (wobei 0 genau für die triviale Gruppe eintritt).

Beweis: (Beweis des Satzes) „ $\Longrightarrow$ “:
Da G auflösbar ist, existiert eine Subnormalreihe

$$G = N_0 \trianglerighteq N_1 \trianglerighteq \ldots \trianglerighteq N_n = \{\,1\,\}$$

mit abelschen Faktoren.

Es reicht zu zeigen, dass in einem solchen Fall $G^{(i)} \subseteq N_i$ ist, denn dann wäre $G^{(n)} = 1$.

Wir machen das am besten per Induktion nach dem Index i. Ein Induktionsanfang drängt sich mit $G^{(0)} = G = N_0$ praktisch auf.

Der Induktionsschritt ist auch nicht so schwer, denn nach Induktionsvoraussetzung ist $G^{(i)} \subseteq N_i$, sodass auch $G^{(i+1)} = [G^{(i)}, G^{(i)}] \subseteq [N_i, N_i]$ ist. Da vor allem die Faktorgruppe N_i/N_{i+1} abelsch ist (das ist ja unsere Bedingung an die Subnormalreihe), ist $[N_i, N_i]$ in N_{i+1} enthalten, wie wir oben festgestellt haben. So gilt also $G^{(i+1)} \subseteq [N_i, N_i] \subseteq N_{i+1}$, womit wir insgesamt $\forall\, i \in \mathbb{N} : G^{(i)} \subseteq N_i$ bewiesen haben.

„ $\Longleftarrow$ " :

Die Rückrichtung gestaltet sich viel einfacher, denn wir wissen ja bereits, dass die Faktorgruppen $G^{(i)}/G^{(i+1))}$ immer abelsch sind und G deshalb auflösbar ist, da die Kommutatorreihe bei $\{\,1\,\}$ endet.   □

Beispiel 6.18

Betrachten wir wieder unsere liebgewonnene Gruppe S_4. Dort ist die Kommutatorreihe folgende:

$$S_4 = S_4^{(0)} \trianglerighteq A_4 = S_4^{(1)} \trianglerighteq V_4 = S_4^{(2)} \trianglerighteq \{\,1\,\} = S_4^{(3)}$$

■

6.4.2   Nützliches für Gruppentherapeuten

Zum Schluss wollen wir noch schnell ein paar Lemmata beweisen, die man für das Arbeiten mit auflösbaren Gruppen immer wieder gebrauchen kann.

Lemma 6.19

Ist $U \leq G$, so ist $U^{(i)} \leq G^{(i)}$.

Beweis: Das ist wirklich trivial (wir haben es auch oben schon benutzt):

Da $U \subseteq G$, ist $\{\,[u_1, u_2] \mid u_1, u_2 \in U\,\} \subseteq \{\,[g_1, g_2] \mid g_1, g_2 \in G\,\}$, weshalb $[U, U] = \langle [u_1, u_2] \mid u_1, u_2 \in U \rangle \leq \langle [g_1, g_2] \mid g_1, g_2 \in G \rangle = [G, G]$ ist. Induktiv folgt die allgemeine Aussage.   □

Lemma 6.20

$$\forall\; i, j \in \mathbb{N} : \left(G^{(i)} \right)^{(j)} = G^{(i+j)}$$

Beweis: An diesen Beweis kommt man auch recht einfach heran: Für $j = 0$ ist das klar, denn wir hatten den Kommutator 0-ter Stufe als mit der Gruppe identisch definiert, also haben wir den Induktionsanfang $\left(G^{(i)} \right)^{(0)} = G^{(i+0)}$.

Der Induktionsschritt ist einfach:

$$\left(G^{(i)} \right)^{(j+1)} = \left[\left(G^{(i)} \right)^{(j)}, \left(G^{(i)} \right)^{(j)} \right] = \left[G^{(i+j)}, G^{(i+j)} \right] = G^{(i+j+1)}$$

□

Lemma 6.21

Sei $N \trianglelefteq G$. Dann gilt:

$$\forall i \in \mathbb{N} : (G/N)^{(i)} = \left(G^{(i)} N / N \right)$$

Beweis: Der Beweis ist hier eine schnell gemachte Umformung:

Mit $(G/N)^{(0)} = G/N = GN/N = G^{(0)}N/N$ haben wir einen Induktionsanfang gefunden. Außerdem können wir feststellen, dass gilt:

$$
\begin{aligned}
(G/N)^{(i+1)} &= \left[(G/N)^{(i)}, (G/N)^{(i)}\right] \\
&= \left[G^{(i)}N/N, G^{(i)}N/N\right] \\
&= \langle [gN, hN] \mid g, h \in G^{(i)}N \rangle \\
&= \langle [gN, hN] \mid g, h \in G^{(i)} \rangle \\
&= \langle [g, h]N \mid g, h \in G^{(i)} \rangle \\
&= G^{(i+1)}N/N
\end{aligned}
$$

□

Und zum Schluss noch ein unschätzbar wertvolles Werkzeug in der Theorie auflösbarer Gruppen:

Satz 6.22
Ist $N \trianglelefteq G$, so ist G auflösbar $\iff G/N$ und N sind auflösbar.

Beweis: Hier kann man den Beweis auf dem eben bewiesenen Lemma aufbauen:

„$\implies$ ":
Das ist trivial, denn für $G^{(i)} = \{1\}$ gilt natürlich auch $N^{(i)} = \{1\}$ und $(G/N)^{(i)} = G^{(i)}N/N) = 1N/N \cong \{1\}$.

„$\impliedby$ ":
Die andere Richtung ist auch machbar, denn wenn G/N und N auflösbar sein sollen, gibt es ein i und ein j mit

$$(G/N)^{(i)} = N/N \text{ und } N^{(j)} = \{1\}.$$

Wegen ersterem gilt
$$(G/N)^{(i)} = G^{(i)}N/N = N/N,$$

also insbesondere $G^{(i)}N \subseteq N \implies G^{(i)} \subseteq N$. Zusammen mit $N^{(j)} = \{1\}$ können wir sagen, dass $G^{(i+j)} = \left(G^{(i)}\right)^{(j)} \subseteq N^{(j)} = \{1\}$ ist, G also auflösbar höchstens mit der Auflösbarkeitsstufe $i + j$ ist. □

Besonders letzteres wird oft für Beweise verwendet, sodass es sich damit geradezu aufdrängt, eine Induktion über die Ordnung der beteiligten Gruppe(n) durchzuführen. Wenn man zeigen möchte, dass ein bestimmter Typ von Gruppen auflösbar ist (üblich sind z.B. die Vorgabe bestimmter Arten von Primfaktorzerlegungen der Gruppenordnung), dann kann man das dadurch tun, dass man annimmt, alle Gruppen dieses Typs mit einer Ordnung kleiner als $|G|$ wären bereits als auflösbar erkannt, und dann einen nichttrivialen Normalteiler $1 < N < G$ konstruiert. Sind dann G/N und N ebenfalls von diesem speziellen Typ, so sind sie echt kleiner und daher nach Induktionsannahme auflösbar, also ist auch G auflösbar und die Induktion vollständig.

6.5 Nilpotente und p-Gruppen

Wir wissen aus vorgehenden Kapiteln des Gruppenzwangs bereits, dass durch

$$Z(G) := \{\, g \in G \mid \forall h \in G : gh = hg \,\}$$

ein Normalteiler von G definiert wird, der „Zentrum von G" genannt wird.

Eine besonderes interessante Sicht darauf hat man, wenn man die Faktorgruppe $G/Z(G)$ betrachtet. Denn diese hat auch wieder ein Zentrum. Aufgrund des zweiten Isomorphiesatzes können wir dann vor allem schlussfolgern, dass $Z(G/Z(G))$ zu einer Untergruppe U (genauer gesagt einem Normalteiler) von G gehört, die $Z(G)$ enthält und $U/Z(G) = Z(G/Z(G))$ erfüllt.

Und weil U wieder ein Normalteiler ist, kann man das Spiel natürlich fortsetzen und auch hier wieder den Normalteiler suchen, der die Entsprechung zu $Z(G/U)$ ist.

Das ganze führt uns schließlich und endlich zu folgender rekursiver Definition:

Definition 6.23
Die *aufsteigende Zentralreihe* der Gruppe G ist definiert durch

$$Z_0 = \{\, 1 \,\}$$

$$Z_{n+1}/Z_n = Z(G/Z_n)$$

Oft wird auch die Gruppe dazugeschrieben, auf die man sich bezieht. Man schreibt also $Z_n(G)$, wenn man das auf die Gruppe G bezieht.   ◆

Wir sehen natürlich, dass dann $Z_1(G) = Z(G)$ das Zentrum der Gruppe ist und $Z_2(G)$ unserer Gruppe U von oben entspricht.

Da das insbesondere Normalteiler sind, drängt es sich geradezu auf, daraus eine Normalreihe zu bilden:

$$G \trianglerighteq \ldots \trianglerighteq Z_k \trianglerighteq Z_{k-1} \trianglerighteq \ldots \trianglerighteq Z_1 \trianglerighteq Z_0 = \{\, 1 \,\}$$

Besonders interessant sind für uns diejenigen Gruppen, bei denen für ein $k \in \mathbb{N}$ der Fall $G = Z_k(G)$ eintritt. Solche Gruppen werden auch *nilpotent* genannt. Die kleinste natürliche Zahl k mit $Z_k(G) = G$ wird auch *Nilpotenz-Klasse von G* genannt.

Und wie bereits oben gesagt, sind nilpotente Gruppen ein Spezialfall von auflösbaren Gruppen: Da für die Faktorgruppen $Z_{n+1}/Z_n \subseteq Z(G/Z_n)$ gilt, sind alle Faktorgruppen in der aufsteigenden Zentralreihe abelsch.

Das sieht man sehr einfach, wenn man sich klarmacht, dass in der Reihe

$$G = Z_k \trianglerighteq Z_{k-1} \trianglerighteq \ldots \trianglerighteq Z_1 \trianglerighteq Z_0 = \{\,1\,\}$$

die Faktoren immer per definitionem das Zentrum einer Gruppe sind und daher garantiert auch immer abelsch.

Allein mit diesem Wissen können wir wunderbar einen sehr wichtigen Satz beweisen:

Satz 6.24

Endliche p-Gruppen sind nilpotent.

Beweis: Es ist also $|G| = p^k$ für ein $p \in \mathbb{P}$ und ein $k \in \mathbb{N}$. Aus dem vorigen Kapitel des Gruppenzwangs kennen wir bereits den Satz, dass jede endliche, nichttriviale p-Gruppe ein nichttriviales Zentrum hat. Mehr brauchen wir nicht, denn angenommen, $n \in \mathbb{N}$ wäre ein Index, für den $Z_n = Z_{n+1} = \ldots \neq G$ gilt. Dann ist G/Z_n eine nichttriviale, endliche p-Gruppe, d. h., sie hat ein nichttriviales Zentrum. Andererseits ist $Z(G/Z_n) = Z_{n+1}/Z_n = 1$ nach Annahme. Das ist ein Widerspruch, also kann sich die Zentralreihe nicht unterhalb von G stabilisieren. Sie muss sich aber stabilisieren, weil G ja endlich ist. Also muss das Ende der Fahnenstange bei G selbst liegen. $\qquad\qquad\square$

Das heißt vor allem natürlich, dass Gruppen der Ordnung p^k auch auflösbar sind. Mit etwas mehr Aufwand kann man auch beweisen, dass Gruppen der Ordnung $p^k q$ für zwei Primzahlen p und q auflösbar sind. Es gibt viele weitere Kriterien, die allein anhand der Gruppenordnung über Auflösbarkeit Auskunft geben.

Mit Hilfe der sogenannten Darstellungstheorie kann man da z. B. relativ einfach den Satz von Burnside beweisen, der besagt, dass jede Gruppe der Ordnung $p^a q^b$ auflösbar ist.

Darstellungstheorie wird auch im (sehr, sehr schweren!) Satz verwendet, dass sogar jede Gruppe ungerader Ordnung auflösbar ist. Dieser Satz wurde 1963 von J. Thompson und W. Feit auf 254 Seiten bewiesen.

Während der $p^a q^b$-Satz von Burnside auch einen (relativ umständlichen) gruppentheoretischen Beweis hat, ist für den Satz von Feit-Thompson bisher nur der darstellungstheoretische Beweis bekannt.

6.6   Abschluss

So, ich hoffe, ich habe euch einen kurzen Einstieg in die Theorie der Subnormal-, Normal- und Zentralreihen gegeben.

Wie gesagt, spielt die Auflösbarkeit und die Nilpotenz von Gruppen in der Algebra eine sehr wichtige Rolle. Mit dem hier (hoffentlich) erworbenen Wissen hat man auf jeden Fall einen Einstieg in die Vielzahl der Theoreme, die sich da vor einem auftun. Wer Spaß an Algebra hat, dem sei dieses Gebiet auf jeden Fall empfohlen, es bietet sehr viel Interessantes.

An Literatur wird empfohlen:

- Die *Theorie der endlichen Gruppen* von Kurzweil und Stellmacher [1] enthält eine knappe Einführung in die Gruppentheorie, die die Ergebnisse des Gruppenzwangs komprimiert darlegt. Außerdem sind viele interessante Themen enthalten, die man nach dem Gruppenzwang untersuchen kann. Ist auch sehr gut geschrieben, finde ich.
- Wirklich fortgeschritten von der Thematik und Stilistik ist *Finite group theory* von Aschbacher [3]. Das ist schon eine Perle, man muss es aber mögen, wie Aschbacher schreibt.
- Das Gruppentheoriekapitel in Artin [2] ist für Anfänger geeignet, enthält abrundende Informationen und die Übungsaufgaben sind auch prima.

So das war's erst einmal von mir zu den Gruppen. Weitere Kapitel des Gruppenzwangs gibt es auf dem Matheplaneten [siehe 5].

$$mfg = G \unrhd O \unrhd C \unrhd K \unrhd E \unrhd L = \{\, 1 \,\}$$

Johannes Hahn (*Gockel*) ist Dipl.-Math. und promoviert in Jena.

7 Ein Spielzeug mit Gruppenstruktur

„There is a new craze going around the world: to turn the cube. I have done it myself and discovered Rubik's cube as a wonderful instrument of demonstrating some basic facts of group theory and their application to Euclidean geometry."

Hans Julius Zassenhaus

7.1 Einleitung

Der *Rubik's Cube*, in Deutschland besser bekannt als *Zauberwürfel*, ist wohl das bekannteste Spielzeug aus den 80er-Jahren. Es handelt sich um einen kleinen Würfel (siehe Abbildung 7.1), bestehend aus drei Ebenen, mit jeweils neun farbigen Aufklebern pro Seite, wobei die Aufkleber einer Seite gleich gefärbt sind. Jede Ebene lässt sich drehen. Das Ziel ist klar: Den Würfel, nachdem er verdreht wurde, zurück in die Ausgangsposition bringen.

In diesem Kapitel möchte ich eine kleine Einführung zu diesem sehr interessanten Spielzeug geben und kurz anschneiden, wie man ihn mathematisch beschreiben kann. Es stellt sich nämlich heraus, dass der Zauberwürfel ein sehr schönes

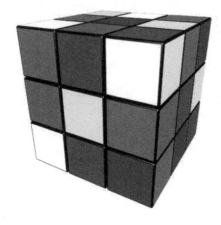

Abb. 7.1: Rubik's Cube oder Zauberwürfel

anschauliches Beispiel für eine Permutationsgruppe ist, nämlich eine Untergruppe der symmetrischen Gruppe auf 48 bzw. 54 Elementen. Er eignet sich daher sehr gut dazu, gruppentheoretische Konzepte wie z. B. das der Ordnung, Konjugation, Kommutatoren oder viele weitere kennenzulernen. Außerdem stellt er ein nettes Beispiel für das Phänomen der *kombinatorischen Explosion* dar.

Um diesem Beitrag folgen zu können, sollte der Leser idealerweise selbst einen Zauberwürfel zur Hand haben. Wie man einen Würfel genau löst, werde ich hier allerdings nicht erklären, da es dazu bereits genügend Material im Internet gibt. Ich werde auf einige Eigenschaften des Würfels eingehen und auch ein paar interessante Sätze der „Cubetheorie" (ohne Beweis) zitieren.

7.2   Speedcubing

Unter *Speedcubing* versteht man, wie der Name bereits suggeriert, das Lösen von Zauberwürfeln und anderen ähnlichen Puzzles auf Zeit. Es gibt dafür (sowohl in Deutschland als auch weltweit) eine enorm schnell wachsende Community, und es ist tatsächlich nicht so schwer zu lernen, wie manch einer vielleicht denkt. Nach weniger als ein paar Wochen Übung kann jeder auf Zeiten von unter einer Minute kommen, nach ein paar Monaten durchaus auch deutlich darunter. Der aktuelle offizielle Weltrekord liegt bei einer Durchschnittszeit von unter 10 Sekunden.

Mehr Informationen: `www.speedcubing.com/`

7.3 Notation

Der Würfel besteht aus drei unterschiedlichen und nicht austauschbaren Arten von Steinen: *Ecken*, *Kanten* und *Mitten*. Eine Mitte ist ein Stein mit genau einem Aufkleber (davon gibt es sechs Stück), eine Kante hat genau zwei Aufkleber (zwölf Stück) und eine Ecke hat genau drei Aufkleber (acht Stück). Der Typ der Steine kann offensichtlich durch die Drehungen nicht geändert werden, d. h., es ist z. B. nicht möglich, einen Kantenstein mit einem Eckenstein zu tauschen usw. Eine weitere zum Verständnis des Würfels sehr wichtige Eigenschaft ist, dass die Mittelsteine fest sind: Auf einem üblichen Zauberwürfel ist z. B. der weiße Mittelstein gegenüber von dem gelben und es gibt keine Drehung, die das ändert.

Die sechs Seiten des Würfels entsprechen den sechs Basisdrehungen, die durchführbar sind. Jede Seite lässt sich drehen und die Drehungen werden wie folgt bezeichnet: U (Up), D (Down), B (Back), F (Front), R (Right) und L (Left), jeweils um 90° im Uhrzeigersinn (bei Draufsicht auf die jeweilige Seite).

Jeder Kanten- und jeder Eckenstein des Würfels hat genau zwei Parameter die ihn eindeutig beschreiben: Seine *Permutation*, d. h. seine Position auf dem Würfel, und seine *Orientierung*. Ecken haben drei mögliche Orientierungen (z. B. gelber Aufkleber oben/vorne/rechts), Kanten haben zwei mögliche Orientierungen (gekippt oder nicht gekippt).

Mehr Informationen:

`www.cosine-systems.com/cubestation/cubenotation.html`

7.4 Die Gesetze des Würfels

Offensichtlich ist nicht jede Permutation der Aufkleber möglich, z. B. wird man durch keine Drehung einen Stein dazu bringen können, zwei Aufkleber mit der gleichen Farbe zu haben. Aber auch andere Konfigurationen, die auf den ersten Blick erreichbar erscheinen, sind auf einem korrekt zusammengebauten Würfel nicht herstellbar. Wird ein Würfel in seine Einzelteile auseinander genommen und zufällig wieder zusammengebaut, so ist dieser nur mit einer Wahrscheinlichkeit von 1 : 12 tatsächlich lösbar.

Grund dafür sind die folgenden *Gesetze*:.

1. Nur die Hälfte der Permutationen ist möglich. Die Anzahl der Vertauschungen von Steinen ist immer eine gerade Zahl.
2. Nur die Hälfte der Kantenorientierungen ist möglich. Die Anzahl der Kanten, die von einem Zug umorientiert („gekippt") werden, ist immer eine gerade Zahl, d. h., wenn eine Kante gekippt wird, dann immer auch noch eine zweite.

3. Nur ein Drittel der Eckenorientierungen ist möglich.

Mehr Informationen: `www.ryanheise.com/cube/cube_laws.html`

7.5 Die Cubegruppe

Wie schon erwähnt, besteht der Zauberwürfel aus sechs Seiten mit jeweils neun Aufklebern, also aus insgesamt 54 Aufklebern. Die Mittelstücke sind fix, d. h. können nicht untereinander permutiert werden und sollen daher im Folgenden ohne Einschränkung der Allgemeinheit ignoriert werden. Alle übrigen Aufkleber werden wir durchnummerieren, z. B. nach folgendem Schema:

1	2	3
4	**U**	5
6	7	8

9	10	11		17	18	19		25	26	27		33	34	35
12	**L**	13		20	**F**	21		28	**R**	29		36	**B**	37
14	15	16		22	23	24		30	31	32		38	39	40

41	42	43
44	**D**	45
46	47	48

Jedem Aufkleber wird also genau eine natürliche Zahl zwischen 1 und 48 zugewiesen. Die sechs Basisdrehungen des Würfels lassen sich nun bereits als Permutation der Aufkleber beschreiben. In disjunkter Zykelschreibweise lauten diese:

- $F = (17,19,24,22)(18,21,23,20)(06,25,43,16)(07,28,42,13)(08,30,41,11)$
- $B = (33,35,40,38)(34,37,39,36)(03,09,46,32)(02,12,47,29)(01,14,48,27)$
- $L = (09,11,16,14)(10,13,15,12)(01,17,41,40)(04,20,44,37)(06,22,46,35)$
- $R = (25,27,32,30)(26,29,31,28)(03,38,43,19)(05,36,45,21)(08,33,48,24)$
- $U = (01,03,08,06)(02,05,07,04)(09,33,25,17)(10,34,26,18)(11,35,27,19)$
- $D = (41,43,48,46)(42,45,47,44)(14,22,30,38)(15,23,31,39)(16,24,32,40)$

Es ist klar, dass keine der sechs Basisdrehungen eine Wirkung hat, falls sie viermal wiederholt wird. In der Sprache der Gruppentheorie: Die Basisdrehungen haben eine *Ordnung* von 4. Allgemein versteht man unter der Ordnung eines Zuges die kleinste Anzahl an Wiederholungen, die auf einem bereits gelösten Würfel durchgeführt werden muss, um wieder zu diesem zu gelangen.

Wir haben durch unsere Modellierung als Permutationen der Aufkleber nun bereits eine einfache Möglichkeit, um die Ordnung eines beliebigen Zuges zu bestimmen, da die Ordnung einer Permutation in disjunkter Zykelschreibweise bekanntlich genau das kleinste gemeinsame Vielfache der Zykellängen ist.

Zur konkreten Rechnung bemüht man am besten ein Computeralgebrasystem wie z. B. GAP:

$$
\begin{aligned}
\mathrm{Order}(U) &= 4 \\
\mathrm{Order}(UD) &= \mathrm{Order}(DU) = 4 \\
RU &= (1,3,38,43,11,35,27,32,30,17,9,33,48,24,6) \\
&\quad (2,5,36,45,21,7,4)(8,25,19)(10,34,26,29,31,28,18) \\
\mathrm{Order}(RU) &= kgV(15,7,3,7) = 105 \\
A &= R^2 U^{-1} R^{-1} U^{-1} R U R U R U^{-1} R \\
\mathrm{Order}(A) &= \mathrm{Order}((2,4,5)(10,26,34)) = 3
\end{aligned}
$$

Der Zug RU muss also z. B. 105-mal wiederholt werden, um wieder zum gelösten Würfel zurück zu gelangen. Bei dem zuletzt genannten Zug handelt es sich um einen sogenannten *Kanten 3-Cycle*, eine Zugfolge, die drei der vier Kanten der oberen Ebene zyklisch vertauscht, ohne die Orientierung zu ändern. Solche Zugfolgen, die nur sehr wenige Teile beeinflussen, spielen beim Lösen des Würfels (durch einen Menschen, etwa beim Speedcubing) eine sehr wichtige Rolle.

Mehr Informationen: `www.gap-system.org/Doc/Examples/rubik.html`

Definition 7.1 (Cubegroup)
Sei $M := \{1, 2, \ldots, 48\}$ die Menge der Aufkleber des Zauberwürfels und $R, L, U, D, F, B \in S_M$ seien die sechs Basisdrehungen. Dann heißt die Permutationsgruppe G, die von den sechs Basisdrehungen erzeugt wird, die *Cubegroup*:
$$
G := \langle R, L, U, D, F, B \rangle
$$
Es gilt $G \subset S_M = S_{48}$.   ♦

Wie die meisten Permutationsgruppen ist auch G keine abelsche Gruppe, d. h., nicht alle Züge kommutieren miteinander (G hat sogar fast triviales Zentrum, siehe unten), d. h. im Allgemeinen ist es wichtig, in welcher Reihenfolge zwei Zugfolgen ausgeführt werden.

Die Zuordnung zwischen Stellungen des Würfels und Zugfolgen ist natürlich nicht eindeutig, d. h., es gibt für jede Stellung eine Vielzahl von Zügen, die diese Stellung auf einem gelösten Würfel herbeiführen.

Es stellt sich nun die Frage, wie viele Elemente es in der Gruppe G gibt, d. h., welche *Ordnung* G hat.

Satz 7.2
G hat die Ordnung $43\,252\,003\,274\,489\,856\,000$.

Es gibt also etwa $43 \cdot 10^{18}$ verschiedene Arten, auf die ein Würfel verdreht werden kann.

Beweis: Diese Zahl ist unmittelbar aus den Gesetzen des Würfels herleitbar: Es gibt 8! Permutationen der Ecken, 3^8 mögliche Eckenorientierungen, 12! mögliche Permutationen der Kanten, 2^{12} mögliche Kantenorientierungen, allerdings sind nur die Hälfte der Kantenorientierungen, die Hälfte der Permutationen und ein Drittel der Eckenorientierungen möglich. Zusammen ergibt das:

$$\operatorname{ord} G = \frac{1}{2 \cdot 2 \cdot 3} \cdot 8! \cdot 3^8 \cdot 12! \cdot 2^{12}$$
$$= 2^{27} \cdot 3^{14} \cdot 5^3 \cdot 7^2 \cdot 11^1$$
$$= 43\,252\,003\,274\,489\,856\,000$$

$\square$

Diese Zahl ist übrigens um 1 größer als eine Primzahl, d. h., die Anzahl der ungelösten Stellungen des Würfels ist prim.

Der Satz von Lagrange, ein bekannter Satz aus der Gruppentheorie, besagt, dass die Ordnung jedes Elementes einer endlichen Gruppe die Gruppenordnung teilt. Der Satz von Cauchy besagt, dass zu jedem Primteiler p von $|G|$ ein Element existiert, dessen Ordnung gleich p ist. Damit lässt sich z. B. folgern, dass es eine Zugfolge mit Ordnung 11 geben muss, aber dass keine existieren kann, deren Ordnung gleich 13 ist.

Da G selbst endlich ist, folgt außerdem, dass die Ordnung jedes Elementes endlich sein muss. Tatsächlich ist die maximale Ordnung eines Elementes aber deutlich kleiner als die Gruppenordnung.

Satz 7.3
Der Zug $RU^2D^{-1}BD^{-1}$ *hat Ordnung* 1260.
Es existiert kein Zug mit größerer Ordnung.

Ebenfalls interessant ist die Frage, wie „nichtkommutativ" eine Gruppe ist. Ein Maß dafür ist die Größe des sogenannten *Zentrums*.

Definition 7.4 (Zentrum)

Das *Zentrum* $Z(G)$ einer Gruppe G ist diejenige Untergruppe von G, die genau die Elemente von G enthält, die mit allen anderen kommutieren, d. h.:

$$Z(G) := \{z \in G : zg = gz \quad \forall\, g \in G\}$$

♦

Es stellt sich heraus, dass nur sehr wenige Züge im Zentrum der Cubegroup liegen.

Satz 7.5

Sei G die Cubegroup, dann gilt: $Z(G) = \{\mathrm{id}, \mathrm{superflip}\}$, wobei

$$\mathrm{superflip} := R^{-1}U^2BL^{-1}FU^{-1}BDFUD^{-1}$$
$$LD^2F^{-1}RB^{-1}DF^{-1}U^{-1}B^{-1}UD^{-1}.$$

Dieser Zug kippt alle Kanten (ohne sie zu permutieren) und behält alle Eckenkonfigurationen bei. Er ist also, neben der Identität, der einzige, der mit allen anderen Zügen vertauschbar ist.

Isomorphieklassen von Untergruppen

Viele kleine Untergruppen der Cubegroup lassen sich relativ einfach durch allgemein bekannte Gruppen ausdrücken. Auf diese Weise lassen sich diese Gruppen sehr schön mit Hilfe des Würfels veranschaulichen, z. B. ist jede Untergruppe, die von einer 180°-Drehung erzeugt wird, isomorph zur zyklischen Gruppe mit zwei Elementen ($C_2 \cong (\mathbb{Z}/2\mathbb{Z}, +)$) und die von $R^2F^2R^2F^2$ und R^2 erzeugte Untergruppe ist isomorph zur symmetrischen Gruppe auf drei Elementen (S_3).

Eine ausführliche Liste mit interessanteren Untergruppen findet sich im Internet auf *Jaaps Puzzle Page*: www.geocities.com/jaapsch/puzzles/subgroup.htm.

7.6 Konjugation und Kommutatoren

Die zwei wichtigsten gruppentheoretischen Konzepte, die dazu dienen, neue Zugfolgen zu finden oder bereits bekannte Zugfolgen sinnvoll anwenden zu können, sind die *Konjugation* und die Bildung von *Kommutatoren*. Insbesondere beim Blindlösen des Würfels spielen sie eine enorm große Rolle.

Beim Blindlösen geht es in erster Linie darum, sich den kompletten Würfel (bzw. dessen Lösungsweg) in einer vorherigen Einprägephase auswendig zu merken. Anschließen wird bei verbundenen Augen gelöst, ohne dass der Würfel nachträglich noch einmal angeschaut werden darf. Der aktuelle Weltrekord (Stand Juli 2010) liegt bei 30,94 Sekunden (Einprägen und Lösen).

Definition 7.6 (Konjugation)

Seien $g, h \in G$, dann heißt $h \cdot g \cdot h^{-1}$ die *Konjugation* von g mit h.   ◆

Die Konjugation mit einem Element ist ein Automorphismus der Gruppe, d. h. ein bijektiver Gruppenhomomorphismus der Gruppe in sich selbst. In der Speedcubing Community bezeichnet man Konjugationen treffend als *Setup Moves*, d. h., es sind Züge, die Steine in Position bringen (h), anschließend eine Zugfolge ausführen (g) und danach die Positionierung rückgängig machen (h^{-1}). Der Effekt wird also der gleiche sein wie der von g, nur dass er sich auf andere Steine auswirkt.

Mit diesem Konzept lassen sich leicht aus bereits bekannten sinnvollen Zugfolgen neue herleiten. Angenommen wir kennen bereits einen Zug der drei Kantensteine der oberen Ebene zyklisch vertauscht (einen 3-Cycle, siehe oben). Mit Hilfe dieser Zugfolge ist es uns nun bereits möglich, drei beliebige Kantensteine zu permutieren. Wir müssen die drei Steine, die wir tauschen wollen, lediglich noch „per Setup" in die Positionen bringen, von der aus wir bereits wissen, wie man die Steine tauscht.

Ein weiteres wichtiges Konzept ist das des *Kommutators*.

Definition 7.7 (Kommutator)

Seien $g, h \in G$, dann nennt man $[g, h] = g^{-1}h^{-1}gh$ den *Kommutator* von g und h.   ◆

Kommutatoren sind in gewisser Weise ein Maß dafür, wie sehr zwei Elemente das Kommutativgesetz verletzen. Wenn g und h kommutieren, ist der Kommutator das neutrale Element. Für den Cube sind solche Züge oft sehr nützlich. Wählt man z. B. zwei „fast kommutierende" Elemente g und h so ist $[g, h]$ sehr oft ein Zug, der „wenig ändert" und „nützliche Auswirkungen" hat.

Ein kurzes Beispiel soll diese Idee demonstrieren: Seien g und h zwei beliebige Basiszüge an benachbarten Seiten, dann ist $[g, h]^2$ ein Zug, der drei Kanten permutiert und keine Ecken, und $[g, h]^3$ ist ein Zug, der genau zwei Paare von Ecken permutiert und keine Kanten.

Die beiden Konzepte lassen sich natürlich auch kombinieren.

> **Satz 7.8**
> *Kommutatoren sind verträglich mit Gruppenhomomorphismen, also insbesondere mit Konjugation. Seien $g, x, y \in G$, dann gilt:*
>
> $$g^{-1}[x, y]g = [g^{-1}xg, g^{-1}yg].$$

7.7   Ein paar offene Probleme

Das wichtigste und bekannteste offene Problem ist die Frage nach dem sogenannten *Durchmesser* des *Cayley-Graphen* der Cubegruppe. Diese Zahl gibt die Anzahl der Züge der bestmöglichen Lösung für die schlechtest mögliche Verdrehung an. Bis heute ist diese Zahl nicht bekannt, man weiß lediglich, dass sie mindestens 20 beträgt (d. h., es gibt Stellungen, die sich nicht in weniger als 20 Zügen lösen lassen) und dass sie nicht größer als 22 ist (d. h., man kann zeigen, dass man jede Stellung in 22 oder weniger Zügen lösen kann). Ob es in 21 oder sogar in 20 geht, ist nicht bekannt.

Das nächst schwierigere Problem ist die Suche nach *God's Algorithm*. Gesucht ist ein effizienter Algorithmus (im Sinne der theoretischen Informatik) der zu einer beliebigen Stellung eine optimale (d. h. kürzeste) Lösung generiert.

Ebenfalls unbeantwortet ist die Frage, ob der Cayley-Graph der Cubegroup einen Hamiltonkreis enthält, oder anders ausgedrückt: Gibt es eine Zugfolge, bei deren schrittweiser Ausführung jede mögliche Stellung genau einmal eingenommen wird?

Mehr Informationen: `cubezzz.homelinux.org/drupal/?q=node/view/121`

7.8   Weitere Informationen

Ich hoffe, ich habe mit diesem Beitrag ein kleines bisschen Interesse wecken können. Wer weitere Informationen haben möchte, dem sei das Buch *Adventures in Group Theory* von David Joyner [6] empfohlen, welches auch die Beweise zu den von mir vorgestellten Sätzen enthält. Ebenfalls interessant ist der Artikel *Rubik's Cube: A toy, a galois tool, group theory for everybody* von Hans Julius Zassenhaus [7].

Florian Weingarten studiert Mathematik und Informatik in Aachen.

8 Endliche Körper

Übersicht

Schon im ersten Semester begegnet dem Studenten der Begriff des Körpers. Eventuell kommt man auch schon dort in den Genuss der Bekanntschaft mit sogenannten *endlichen Körpern*, die wir in diesem Kapitel behandeln werden. Wir werden sehen, dass die endlichen Körper gut „in den Griff" zu bekommen sind und wir alle Körper mit endlich vielen Elementen klassifizieren können.

Bemerkenswert sind dabei die folgenden beiden Tatsachen:

1.) Die Anzahl der Elemente von endlichen Körpern ist eine Primzahlpotenz.

2.) Für jede Primzahl p und jede natürliche Zahl $n > 0$ gibt es bis auf Isomorphie genau einen Körper mit p^n Elementen.

Ziel ist es, diese beiden Eigenschaften zu beweisen, da durch sie die endlichen Körper klassifiziert sind.

An Voraussetzungen sollte der Leser ein wenig Algebra-Gefühl mitbringen, wobei wir aber alle Begriffe, die wir benötigen, an passender Stelle zusammengestellt haben.

8.1 Wiederholung muss sein

Definition 8.1 (Körper)

Ein *Körper* ist ein Tupel $(K, +, \cdot)$ bestehend aus einer Menge K sowie zwei Verknüpfungen $+, \cdot : K \times K \to K$, sodass:

1. $(K, +)$ ist eine abelsche Gruppe. Ihr neutrales Element wird mit 0 bezeichnet.
2. $(K \setminus \{0\}, \cdot)$ ist eine abelsche Gruppe. Ihr neutrales Element wird mit 1 bezeichnet.
3. Es gelten die Distributivgesetze, d. h. für alle $a, b, c \in K$ gilt:

$$a \cdot (b + c) = a \cdot b + a \cdot c$$
$$(a + b) \cdot c = a \cdot c + b \cdot c$$

◆

Der kleinste endliche Körper ist $\mathbb{F}_2$. Dieser Körper besteht nur aus den Elementen 0 und 1, wobei $0 \neq 1$ ist. 1 ist das Einselement und 0 das Nullelement des Körpers. Daher gelten die folgenden Aussagen für die Addition:

- $0 + 0 = 0$
- $0 + 1 = 1 + 0 = 1$
- $1 + 1 = 0$, denn die Annahme $1 + 1 = 1$, welche die einzige andere Möglichkeit wäre, führt nach Subtraktion von 1 auf beiden Seiten auf den Widerspruch $1 = 0$.

Für die Multiplikation gilt:

- $1 \cdot 1 = 1$
- $0 \cdot 1 = 1 \cdot 0 = 0$
- $0 \cdot 0 = 0$

Fertig! Die Körperaxiome legen also eindeutig fest, wie Addition und Multiplikation bei nur zwei Elementen auszusehen haben. Umgekehrt kann man prüfen, dass diese Festlegungen die Körperaxiome erfüllen. Es gibt also tatsächlich bis auf Isomorphie genau einen Körper mit zwei Elementen. Diesen nennt man $\mathbb{F}_2$.

Die interessante Eigenschaft, die $\mathbb{F}_2$ von den „gewöhnlichen" Körpern wie $\mathbb{Q}$, $\mathbb{R}$ oder $\mathbb{C}$ unterscheidet, ist also, dass in diesem Körper $1 + 1 = 0$ gilt.

Die einfachsten endlichen Körper sind, wie wir sehen werden, die Restklassenringe $\mathbb{Z}/p\mathbb{Z}$, wenn p eine Primzahl ist. Es ist übrigens $\mathbb{F}_2$ der gleiche Körper wie (d. h. ist isomorph zu) $\mathbb{Z}/2\mathbb{Z}$. Schauen wir uns dies noch einmal an:

Sei $p \in \mathbb{N}$. Dann definiert

$$a \equiv b \bmod p : \iff p \mid a - b$$

eine Äquivalenzrelation auf $\mathbb{Z}$. Die Äquivalenzklassen sind die Restklassen $\bar{a}$ der Form

$$\bar{a} = a + p\mathbb{Z}.$$

Die Abbildung $\mathbb{Z} \to \mathbb{Z}/p\mathbb{Z}$, welche durch $a \mapsto \bar{a}$ gegeben ist, nennt man auch *Reduktion modulo p*. Die Menge aller Äquivalenzklassen bezeichnen wir mit $\mathbb{Z}/p\mathbb{Z}$. Sie besteht gerade aus allen Restklassen und man kann zeigen, dass $\mathbb{Z}/p\mathbb{Z}$ genau p Elemente hat, nämlich

$$\mathbb{Z}/p\mathbb{Z} = \left\{ \bar{0}, \bar{1}, \ldots, \overline{p-1} \right\}.$$

Im Kapitel 2 wird der Beweis dieser Tatsache auch vorgeführt.

Mit der Addition $\bar{a} + \bar{b} := \overline{a+b}$ und der Multiplikation $\bar{a} \cdot \bar{b} := \overline{ab}$ wird $(\mathbb{Z}/p\mathbb{Z}, +, \cdot)$ zu einem kommutativen Ring mit Einselement $\bar{1}$ und Nullelement $\bar{0}$. Wir bemerken: Die Operationen auf den Restklassenringen sind wohldefiniert.

Satz 8.2
Für $p \in \mathbb{N}$ sind die folgenden drei Aussagen äquivalent:

a) $(\mathbb{Z}/p\mathbb{Z}, +, \cdot)$ *ist ein Körper.*
b) $(\mathbb{Z}/p\mathbb{Z}, +, \cdot)$ *ist nullteilerfrei.*
c) p *ist eine Primzahl.*

Beweis: Zunächst zu „a) $\implies$ b)": Sei $(\mathbb{Z}/p\mathbb{Z}, +, \cdot)$ ein Körper. Es seien nun $\bar{a} \neq 0$ und $\bar{b} \neq 0$ Elemente in $\mathbb{Z}/p\mathbb{Z}$ mit $\overline{ab} = \bar{0}$. Multipliziert man diese Gleichung mit $\bar{a}^{-1}$, so erhält man den Widerspruch $\bar{b} = \bar{0}$.

Den Beweis der Richtung „b) $\implies$ c)" führen wir durch Widerspruch: Angenommen, p ist keine Primzahl. Dann besitzt p nichttriviale Teiler a und b, also $p = a \cdot b$. Es ist nun

$$\bar{0} = \bar{p} = \overline{ab} = \bar{a} \cdot \bar{b}.$$

Da aber $1 < a, b < p$, ist weder $\bar{a} = \bar{0}$ noch $\bar{b} = \bar{0}$. Nach Voraussetzung ist $(\mathbb{Z}/p\mathbb{Z}, +, \cdot)$ aber nullteilerfrei.

Nun noch zur Richtung „c) $\implies$ a)": Sei p eine Primzahl und $\bar{a} \neq \bar{0}$. Da p nicht a teilt und p eine Primzahl ist, erhalten wir $\mathrm{ggT}(a, p) = 1$. Das Lemma von Bézout für ganze Zahlen impliziert, dass es Zahlen $b, k \in \mathbb{Z}$ gibt mit $1 = ba + kp$, und die Reduktion modulo p liefert

$$\bar{1} = \bar{b} \cdot \bar{a} + \bar{p} \cdot \bar{0}.$$

Also ist $\bar{b} = \bar{a}^{-1}$, das heißt $(\mathbb{Z}/p\mathbb{Z}, +, \cdot)$ ist ein Körper, da zu jedem von Null verschiedenen Element ein Inverses existiert. $\square$

Nun noch etwas zu Körpererweiterungen und zur Notation, die wir verwenden werden.

Definition 8.3 (Körpererweiterung)
Sei K ein Körper. Eine *Körpererweiterung* von K ist ein Körper L, in welchem K enthalten ist. ♦

Wir schreiben hierfür L/K. In der Literatur findet man auch oft $L : K$.

Die ersten Beispiele von Körpererweiterungen, die einem in den Sinn kommen, sind $\mathbb{C}/\mathbb{R}$ und $\mathbb{R}/\mathbb{Q}$. Dabei erhält man durch „Hinzufügen" der imaginären Einheit i zu $\mathbb{R}$ gerade $\mathbb{C}$. Obwohl gerade dieses Beispiel jedem Mathematiker sehr früh begegnet, hat es wegen seiner Einfachheit den Nachteil, kein „repräsentatives" Beispiel zu sein.

Es sei noch angemerkt, dass sich schon allein aus Kardinalitätsgründen die Körpererweiterung $\mathbb{R}/\mathbb{Q}$ nicht besonders gut durch „Hinzufügen" von Elementen beschreiben lässt und von grundsätzlich anderer Art als die in diesem Kapitel betrachteten Körpererweiterungen ist.

Man sollte sich daher nicht darauf versteifen und sich einen reicheren Fundus an Beispielen zulegen, um sich in der Theorie von Körpererweiterungen, die wir hier nur für endliche Körper entwickeln wollen, sicher bewegen zu können.

Wir werden später noch eine exakte mathematische Beschreibung für das „Hinzufügen" von Elementen zu Körpern angeben.

Ist nun L/K eine beliebige Körpererweiterung, so besitzt L in natürlicher Weise die Struktur eines K-Vektorraums. Die zu Grunde liegende abelsche Gruppe ist hierbei $(L, +)$. Die skalare Multiplikation $K \times L \to L$ ist gegeben durch die Einschränkung der Multiplikation in L auf Elemente aus K. Die Vektorraumaxiome prüft man leicht nach, sie folgen sofort aus den Körpereigenschaften.

Wir wissen aus der linearen Algebra, dass jeder Vektorraum eine Basis besitzt. Zwei Basen eines Vektorraums haben dieselbe Kardinalität. Damit kann jedem Vektorraum eindeutig eine Dimension zugeordnet werden, nämlich die Kardinalität einer Basis. Dies rechtfertigt folgende

Definition 8.4 (Grad einer Körpererweiterung)
Der *Grad einer Körpererweiterung* L/K, geschrieben $[L : K]$, ist definiert als Dimension $\dim_K(L)$ von L als K-Vektorraum. Im Fall von $[L : K] < \infty$ heißt die Körpererweiterung *endlich*.   ◆

8.2 Körper haben Charakter

Es seien L ein Körper und K_i $(i \in I)$ ein Teilkörper von L. Dann ist der Schnitt $\bigcap_{i \in I} K_i$ nichtleer, da $\{0,1\} \subseteq K_i$ für alle $i \in I$. Man verifiziert schnell, dass mit $a, b \in \bigcap_i K_i$ sicherlich auch $a + b$ und $a \cdot b$ im Schnitt liegen. Daher ist $\bigcap_i K_i$ ein Teilkörper von L.

Mit dieser Erkenntnis ist folgende Definition sinnvoll:

Definition 8.5 (Primkörper)
Sei K ein Körper. Es sei

$$F = \bigcap_{\substack{M \subseteq K \\ M \text{ ist Teilkörper}}} M$$

der kleinste Teilkörper von K. Dann heißt F *Primkörper* von K.   ◆

Definition 8.6 (Charakteristik)
Für alle $x \in K$ und $n \in \mathbb{Z}$ ist das Körperelement $n \cdot x$ definiert als $x + x + \ldots + x$, wobei diese Summe genau n Summanden hat, falls $n \geq 0$. Für $n < 0$ ist $n \cdot x :=$ $|n| \cdot (-x) = (-x) + (-x) + \ldots + (-x)$, wobei es genau $|n|$ Summanden sind.

Die *Charakteristik* eines Körpers K, geschrieben $\text{char}(K)$, ist die kleinste positive natürliche Zahl n, sodass $n \cdot 1 = 0$ ist, wobei 1 das Einselement aus dem Körper ist. Falls es kein solches n gibt, so ist $\text{char}(K) = 0$.   ◆

Satz 8.7
Die Charakteristik eines Körpers ist entweder null oder eine Primzahl p.

Beweis: Sei $\text{char}(K) = p \neq 0$ und angenommen, p sei keine Primzahl. $p = 1$ kann nicht eintreten. Denn das hieße $1 = 1 \cdot 1 = 0$. In allen Körpern gilt jedoch $1 \neq 0$. Ist $p > 2$ und keine Primzahl, so besitzt p eine Darstellung

$$p = t \cdot s \quad \text{mit } 1 < t, s < p.$$

Es ergibt sich dann

$$0 = p \cdot 1 = (ts) \cdot 1 = (t \cdot 1)(s \cdot 1).$$

Da ein Körper aber nullteilerfrei ist, folgt $t \cdot 1 = 0$ oder $s \cdot 1 = 0$. Dies widerspricht der Minimalität von p.   □

Beispiel 8.8
Schauen wir uns ein paar einfache Beispiele an:

■ Der Körper $\mathbb{F}_2$ besitzt die Charakteristik $\text{char}(\mathbb{F}_2) = 2$, denn hier gilt $2 \cdot 1 = 1 + 1 = 0$.

■ Allgemeiner haben die Körper $\mathbb{F}_p$ die Charakteristik p.

■ Unsere „gewohnten" Körper $\mathbb{Q}$, $\mathbb{R}$ oder $\mathbb{C}$ haben die Charakteristik 0.

                                                                        ■

Der kommende Satz ist besonders wichtig und zeigt, dass es im Wesentlichen nur zwei Fälle für Primkörper gibt. Zuvor geben wir aber eine Bemerkung, die für den Beweis entscheidend sein wird. Wenn ein Körper die Charakteristik 0 besitzt, dann ist der Homomorphismus $\mathbb{Z} \to K$, der durch $n \mapsto n \cdot 1$ gegeben ist, injektiv. Da es (für jeden Ring) nur einen Ringhomomorphismus dieser Art gibt, können wir in diesem Fall das Bild von $\mathbb{Z}$ in K ganz natürlich wieder mit $\mathbb{Z}$ identifizieren.

Satz 8.9 (Satz über Primkörper)

Sei K ein beliebiger Körper und F sein Primkörper. Dann treten zwei Fälle auf:

a) $\operatorname{char}(K) = 0 \iff F \cong \mathbb{Q}$

b) $\operatorname{char}(K) = p \neq 0 \iff F \cong \mathbb{Z}/p\mathbb{Z}$.

Beweis: In beiden Fällen wird nur die Richtung „ $\Longrightarrow$ " bewiesen. Die Umkehrungen sind trival.

Zunächst zu a.) Da für $n \neq 0$ auch $n \cdot 1$ ein von Null verschiedenes Element von F ist, liegt auch $(n \cdot 1)^{-1}$ in F. Somit ist

$$P' := \{(m \cdot 1)(n \cdot 1)^{-1} : m, n \in \mathbb{Z}, n \neq 0\} \subseteq F.$$

Da aber P' bereits ein Körper ist, offensichtlich isomorph zu $\mathbb{Q}$, folgt $F = P' \cong \mathbb{Q}$.

Nun zu b.) Sei $\phi : \mathbb{Z} \to K$ der eindeutige Ringhomomorphismus, d. h. $\phi(n) := n \cdot 1$. Es ist $\ker(\phi) = p\mathbb{Z}$ mit $p = \operatorname{char}(K)$ eine Primzahl. Der Homomorphiesatz zeigt

$$\mathbb{Z}/p\mathbb{Z} = \mathbb{Z}/\ker(\phi) \cong \phi(\mathbb{Z}) = \{0, 1, 2, \ldots, (p-1) \cdot 1\}.$$

Da 1 in jedem Teilkörper liegt und Teilkörper bezüglich der Addition abgeschlossen sind, liegt auch $\phi(\mathbb{Z})$ in jedem Teilkörper. Nun ist $\mathbb{Z}/p\mathbb{Z} \cong \phi(\mathbb{Z})$ aber, bereits selbst ein Körper, d. h. $\phi(\mathbb{Z}) = F$. Der Primkörper von K ist also zu $\mathbb{Z}/p\mathbb{Z}$ isomorph. $\qquad \square$

Korollar 8.10

Es sei K ein endlicher Körper. Dann ist $\operatorname{char}(K) > 0$.

Beweis: Wäre $\operatorname{char}(K) = 0$, dann besäße K den Teilkörper $\mathbb{Q}$. Dieser ist jedoch nicht endlich. $\qquad \square$

Es sei jedoch angemerkt, dass es auch unendliche Körper der Charakteristik p gibt, etwa den algebraischen Abschluss von $\mathbb{Z}/p\mathbb{Z}$. Diese Körper sind jedoch nicht Gegenstand dieses Kapitels und sollen daher nicht eingehender besprochen werden.

Das folgende Lemma ist der erste Schritt zur Klassifikation endlicher Körper.

Satz 8.11

Ist K ein endlicher Körper, so ist $|K| = p^n$ mit $p = \operatorname{char}(K) > 0$ und $n \geq 1$.

Beweis: Sei $F \subseteq K$ der Primkörper von K. Nach dem vorherigen Korollar und Satz 8.9 gilt $F \cong \mathbb{Z}/p\mathbb{Z}$ mit $p = \operatorname{char}(K) > 0$ prim.

Es liegt nun eine Körpererweiterung K/F vor. Diese muss eine endliche Erweiterung sein, denn jede Basis des F-Vektorraums K muss eine Teilmenge von K und daher endlich sein. Es folgt nun mit linearer Algebra, dass K als Vektorraum zu F^n isomorph ist für $n = \dim_F K = [K : F]$, also $|K| = |F|^n = p^n$. $\qquad \square$

Wir wissen nun über die Anzahl der Elemente von endlichen Körpern, dass sie immer eine Primzahlpotenz ist.

Beispiel 8.12
Man kann auf einer 6-elementigen Menge keine Addition und Multiplikation definieren, sodass die Menge mit den Verknüpfungen einen Körper bildet. Wir haben ja gerade gezeigt, dass ein endlicher Körper Primzahlpotenzordnung hat.

∎

Wir können aber noch mehr aus der Betrachtung des Primkörpers herausfinden:

Satz 8.13 (Körper mit Primzahlordnung)
Ist K ein Körper und $|K| = p$ eine Primzahl, so ist $K \cong \mathbb{Z}/p\mathbb{Z}$.

Beweis: Wir haben bereits eingesehen, dass K einen zu $\mathbb{Z}/p\mathbb{Z}$ isomorphen Primkörper haben muss. Da nun aber K und dieser Teilkörper dieselbe Ordnung haben, müssen sie bereits gleich sein. Also ist K selbst zu $\mathbb{Z}/p\mathbb{Z}$ isomorph. □

Es gibt bis auf Isomorphie also nur einen Körper der Ordnung p für jede Primzahl p. Es wird sich am Ende des Kapitels sogar herausstellen, dass die Ordnung eines endlichen Körpers diesen bis auf Isomorphie bestimmt. Es ist daher üblich, den endlichen Körper mit q Elementen als $\mathbb{F}_q$ zu bezeichnen. Das $\mathbb{F}$ steht dabei für das englische Wort „field", das im Englischen für Körper verwendet wird (und nicht etwa „body"), und wurde von E. H. Moore eingeführt, der die endlichen Körper als Erster klassifizierte.

8.3 Frobenius mischt sich ein

Viele Besonderheiten von Körpern der Charakteristik $p \neq 0$ lassen sich durch das Verhalten der sogenannten *Frobenius-Abbildung* beschreiben. Wir definieren diese Abbildung wie folgt:

Definition 8.14 (Frobenius-Abbildung)
Die Abbildung $x \mapsto x^p$ wird als *Frobenius-Abbildung* bezeichnet. ♦

Der folgende Satz zeigt, dass die Frobenius-Abbildung ein Körperhomomorphismus ist.

Satz 8.15
Sei K ein Körper der Charakteristik $p \neq 0$. Dann gilt für alle $x, y \in K$ und $n \in \mathbb{N}$

$$(xy)^{p^n} = x^{p^n} \cdot y^{p^n} \quad und \quad (x+y)^{p^n} = x^{p^n} + y^{p^n}.$$

Im Englischen heißt dieser Satz „Freshman's dream", da einige Leute so rechnen, als ob das in jedem Körper gelte (sprich: Leute, die die binomischen Formeln nicht können).

Beweis: Die erste Aussage ist klar, da Körper kommutative Ringe sind. Zum Beweis der zweiten Aussage wenden wir den binomischen Lehrsatz an. In jedem Körper K gilt:

$$(x + y)^p = x^p + \sum_{k=1}^{p-1} \binom{p}{k} \cdot x^k \cdot y^{p-k} + y^p$$

Für die Binomialkoeffizienten, welche ganze Zahlen sind, gilt definitionsgemäß, dass

$$p! = \binom{p}{k} \cdot k! \cdot (p - k)! \,.$$

Da aber für $1 \leq k \leq p-1$ weder $k!$ noch $(p-k)!$ den Faktor p enthält, dieser aber auf der linken Seite vorkommt, muss $\binom{p}{k}$ durch p teilbar sein. Wegen $\mathrm{char}(K) = p$ sind all diese Terme identisch 0. Es bleibt daher $(x+y)^p = x^p + y^p$ übrig. Induktiv folgt daraus auch $(x + y)^{p^n} = x^{p^n} + y^{p^n}$ für alle $n \in \mathbb{N}$ wie behauptet.   □

Der folgende Satz zeigt, dass die Frobeniusabbildung sogar ein Körperautomorphismus ist.

Satz 8.16
In einem endlichen Körper der Charakteristik $p \neq 0$ ist die Frobeniusabbildung $x \mapsto x^p$ ein Automorphismus.

Beweis: Der Satz 8.15 liefert die Homomorphieeigenschaft der Frobeniusabbildung. Da diese nicht die Nullabbildung ist, ist sie als Körperhomomorphismus bereits injektiv. Nun ist aber eine injektive Abbildung einer endlichen Menge in sich surjektiv, zusammen also bijektiv, sprich ein Automorphismus.   □

Treiben wir das Spielchen noch ein wenig weiter:

Satz 8.17
Sei K ein Körper der Charakteristik p prim. Dann gilt $\sigma_{|\mathbb{F}_p} = \mathrm{id}_{\mathbb{F}_p}$ für jeden Körperautomorphismus $\sigma : K \to K$.

Beweis: Jeder Körperautomorphismus $\sigma : K \to K$ ist die Identität auf dem Primkörper, denn für $a \in \mathbb{F}_p$ gilt

$$\sigma(a) = \sigma(\underbrace{1 + \ldots + 1}_{a\text{-mal}}) = \underbrace{\sigma(1) + \ldots + \sigma(1)}_{a\text{-mal}} = a.$$

Also folgt die Behauptung.   □

Satz 8.18 (Der kleine Satz von Fermat)
Sei p eine Primzahl und $\mathrm{ggT}(a,p) = 1$, das heißt, p teilt nicht a. Dann ist

$$a^{p-1} \equiv 1 \bmod p.$$

Beweis: Der kleine Fermat folgt sofort aus dem obigen Satz 8.17, denn $\overline{a}^p = \overline{a}$ liefert $\overline{a}^{p-1} = 1$ in $\mathbb{F}_p$, falls $\overline{a} \neq 0$ ist. $\qquad\square$

8.4 Polynomringe

Wir werden uns im Folgenden einige nützliche Eigenschaften von Polynomringen über Körpern zu Nutze machen, die in diesem Abschnitt zusammengefasst werden sollen. Dafür wiederholen wir zunächst eine Definition, die in allen Ringen anwendbar ist:

Definition 8.19 (Einheiten und irreduzible Elemente)
Eine *Einheit* des Rings R ist ein invertierbares Element $f \in R$, d.h., f ist genau dann eine Einheit, wenn ein $g \in R$ existiert mit $1 = fg = gf$. Die Menge aller Einheiten von R wird als *Einheitengruppe von R* und mit dem Symbol $R^\times$ bezeichnet (bzgl. der Multiplikation von R ist das tatsächlich eine Gruppe).

Ein Element $f \in R$ heißt *irreduzibel*, falls f nicht Null und keine Einheit ist und falls gilt:

$$\forall g, h \in R : f = gh \implies g \in R^\times \vee h \in R^\times$$

$\blacklozenge$

Zentral für die Untersuchung von Polynomringen über Körpern ist die Möglichkeit, die Division mit Rest durchführen zu können:

Satz 8.20 (Polynomdivision)
Seien $g, h \in K[X]$ gegeben und $h \neq 0$. Dann existieren Polynome $q, r \in K[X]$, sodass

$$g = qh + r \quad und \quad \deg(r) < \deg(h).$$

Der Algorithmus, um q und r für gegebenes g und h zu finden, ist sogar schon aus dem Schulunterricht bekannt. Er funktioniert unabhängig von K stets auf dieselbe Weise.

Hat man diesen Satz erst einmal verinnerlicht, kann man mit seiner Hilfe weitere wichtige Aussagen über Polynomringe herleiten, wie etwa diese beiden:

Satz 8.21 (Größter gemeinsamer Teiler)
Zu je zwei Polynomen $g, h \in K[X]$ existiert ein größter gemeinsamer Teiler $\mathrm{ggT}(g, h)$, welcher bis auf Multiplikation mit Einheiten eindeutig bestimmt ist.

Satz 8.22 (Lemma von Bézout)
Zu je zwei Polynomen $g, h \in K[X]$ und jedem größten gemeinsamen Teiler $d = \mathrm{ggT}(f, g)$ gibt es Polynome $s, t \in K[X]$ mit

$$d = sg + th.$$

Beide Aussagen sind mit einem Algorithmus verbunden: $\mathrm{ggT}(g, h)$ lässt sich mit Hilfe des euklidischen Algorithmus ermitteln. $\mathrm{ggT}(g, h), s$ und t zugleich kann der erweiterte euklidische Algorithmus berechnen. Beide sind ganz allgemein funktionstüchtig und wieder in ihrer Anwendung für alle Koeffizientenkörper gleich. In der Tat kann man sie in jedem sogenannten euklidischen Ring auf dieselbe Weise anwenden. Ein Ring ist dabei euklidisch, falls er eine Division mit Rest nach obigem Schema erlaubt, wenn die Grad-Funktion dabei durch ein geeignetes Pendant ersetzt wird. (Ein Beispiel für so einen Ring ist $\mathbb{Z}$ mit dem Absolutbetrag als Ersatz für die Grad-Funktion. Das liefert die bekannten Variationen der beiden obigen Sätze für $\mathbb{Z}$.)

Beweis: Beide Sätze beweist man konstruktiv, indem man den erweiterten euklidischen Algorithmus aufschreibt und beweist, dass dieser Algorithmus nach endlich vielen Schritten beendet ist und die Elemente, die dabei herauskommen, die geforderten Eigenschaften haben. Das wird üblicherweise induktiv bewiesen und zwar mit denselben Methoden, die für die analogen Sätze für $\mathbb{Z}$ verwendet wurden. $\square$

Was ebenfalls in jedem euklidischen Ring funktioniert, hier aber wie zuvor nur für den uns interessierenden Fall der Polynomringe formuliert sein soll, ist Folgendes:

Lemma 8.23 (Zerlegungen in irreduzible Elemente)
Sei K ein Körper und $f \in K[X]$ ein Polynom, das nicht null und keine Einheit ist. Dann existieren irreduzible Polynome $f_1, \ldots, f_k$, sodass

$$f = \prod_{i=1}^{k} f_i,$$

und die Zerlegung ist eindeutig bis auf Einheiten und Reihenfolge in dem Sinne, dass für jede weitere Zerlegung in irreduzible Faktoren

$$f = \prod_{i=1}^{m} g_i$$

gilt, dass $k = m$ ist und nach geeigneter Umnummerierung der Faktoren Einheiten $u_i \in R^\times$ mit $f_i = u_i g_i$ existieren.

Beweis: Auch hier ist der Beweis nur eine beinahe wortwörtliche Übertragung des Beweisprinzips von $\mathbb{Z}$ auf den allgemeinen Fall. □

8.5 Adjunktion

Wir wissen nun einiges über die Eigenschaften von Körpererweiterungen und kennen die endlichen Körper $\mathbb{F}_p$. Wir haben jedoch noch keine Möglichkeit kennengelernt, Körpererweiterungen zu konstruieren, um aus $\mathbb{F}_p$ größere, endliche Körper zu bekommen. Gibt es etwa einen Körper mit $2^2 = 4$ Elementen?

Beispiel 8.24 (Körper mit vier Elementen)
Überlegen wir zunächst, welche Eigenschaften solch ein hypothetischer Körper $K = \{\,0,1,a,b\,\}$ mit vier Elementen haben müsste.

Weil 4 eine Potenz von 2 ist, wissen wir, dass die Charakteristik dieses Körpers 2 und sein Primkörper $\mathbb{F}_2 = \{\,0,1\,\}$ sein müsste. Überlegen wir, wie die Addition in diesem Körper funktionieren müsste. Was ist etwa $a + 1$? Dafür gibt es nur vier Möglichkeiten:

- $a + 1 = 0$. Das führt zu $a = a + 1 + 1 = 0 + 1$ und zum Widerspruch $a = 1$.
- $a + 1 = 1$. Das führt zu $a = 0$, was ebenfalls ein Widerspruch ist.
- $a + 1 = a$. Das führt zu $1 = 0$, worin auch ein Widerspruch zu erkennen ist.

Also bleibt als einzige Option $a + 1 = b$ übrig. Ganz analog muss $b + 1 = a$ gelten. Daraus schlussfolgern wir auch messerscharf, dass $a + b = a + a + 1 = 0 + 1 = 1$ ist. Damit können wir die Verknüpfungstabelle für die Addition aufschreiben:

+	0	1	a	b
0	0	1	a	b
1	1	0	b	a
a	a	b	0	1
b	b	a	1	0

Wie sieht es aber mit der Multiplikation aus? Wie müsste K beschaffen sein? Was die Multiplikation mit 0 und 1 bewirkt, sagen uns die Körperaxiome. Wir müssen also fragen, was $a \cdot a$ sowie $a \cdot b$ ergeben. Wieder gibt es nur wenige Möglichkeiten dafür:

- $a \cdot a = 0$. Dann wäre $a = 0$, da Körper nullteilerfrei sind. Ein Widerspruch.
- $a \cdot a = 1$. Dann ergäbe sich $0 = 1 + 1 = a^2 + 1 = (a + 1)^2 \implies a + 1 = 0$, was wir bereits als Widerspruch erkannt hatten.
- $a \cdot a = a$. Das hieße $a = 1$, was derselbe Widerspruch wie zuvor ist.

Also bleibt nur $a^2 = b = a+1$ als einzige Option übrig. Völlig analog muss $b^2 = a$ sein. Daraus schlussfolgern wir auch zugleich, dass $a \cdot b = a \cdot (a + 1) = a^2 + a = (a + 1) + a = 1$ gelten muss. Die Verknüpfungstabelle für die Multiplikation in K sähe also wie folgt aus:

$\cdot$	0	1	a	b
0	0	0	0	0
1	0	1	a	b
a	0	a	b	1
b	0	b	1	a

Die Frage, ob ein Körper mit vier Elementen existiert, ist damit immer noch nicht beantwortet, aber wir wissen jetzt genau, wie er aussehen müsste, wenn es ihn denn gäbe. Nun könnten wir einfach nachprüfen, dass die beiden Verknüpfungen, wenn man sie wie in den Tabellen angegeben definiert, wirklich die Körperaxiome erfüllen. ∎

Eine interessante Beobachtung an diesem Körper ist, dass das Element a (und völlig analog auch b) die Gleichung $a^2 + a + 1 = 0$ erfüllt, d. h. eine Nullstelle des Polynoms $X^2 + X + 1 \in \mathbb{F}_2[X]$ ist. Dieses Polynom hat in $\mathbb{F}_2$ keine Nullstellen, wie man leicht durch Einsetzen von 0 und 1 einsieht.

Dieser Effekt ist uns auch schon bei anderen Körpererweiterungen aufgefallen. So hat $X^2 + 1 \in \mathbb{R}[X]$ keine Nullstellen in $\mathbb{R}$, sehr wohl jedoch in der Körpererweiterung $\mathbb{C}$, wo es die beiden Nullstellen $\pm i$ gibt. Wenn man etwas genauer darüber nachdenkt, stellt man fest, dass in der Tat jede Körpererweiterung mit endlichem Grad größer als 1 Nullstellen von Polynomen enthält, die im Grundkörper noch keine Nullstellen hatten. Wir wollen es an dieser Stelle bei der Feststellung belassen, dass es so ist, und nicht genauer darauf eingehen, wieso es sich so verhält.

Eine natürliche Frage, die sich uns aber an dieser Stelle stellt, ist, ob, und, wenn ja, wie wir diesen Gedanken zur Konstruktion neuer Körper nutzen können. Können wir systematisch eine Körpererweiterung L/K finden, in der ein vorgegebenes Polynom $f \in K[X]$ eine Nullstelle hat?

Im Falle etwa von $K = \mathbb{Q}$ funktioniert das problemlos, weil wir $\mathbb{C}$ kennen und in $\mathbb{C}$ jedes Polynom mit komplexen Koeffizienten und positivem Grad Nullstellen hat (das ist der Fundamentalsatz der Algebra). In der Tat können wir, wenn wir eine Körpererweiterung L/K von K bereits kennen, zu jeder Teilmenge $A \subseteq L$ sogar eine *kleinste* Körpererweiterung von K finden, die die Teilmenge A enthält:

Definition 8.25 (Adjunktion von Teilmengen)
Sei L/K eine Körpererweiterung, $A \subseteq L$ eine beliebige Teilmenge. Dann sagt man, der Körper

$$K(A) := \bigcap_{\substack{M \subseteq L \text{ Teilkörper} \\ K \cup A \subseteq M}} M$$

entstehe durch *Adjunktion von A zu K*.
Falls man die Elemente von A explizit aufzählen möchte, schreibt man der Kürze halber auch $K(a, b, c)$ statt $K(\{a, b, c\})$ usw. Man lässt also Mengenklammern weg, wenn sich keine Uneindeutigkeiten ergeben können.   ◆

Wenn es sich bei der Teilmenge A speziell um die vollständige Nullstellenmenge eines Polynoms $f \in K[X]$ handelt, dann ist $K(A)$ die *kleinste* Körpererweiterung von K, über der f vollständig in Linearfaktoren zerfällt. Für solch einen Körper vergibt man einen speziellen Namen:

Definition 8.26 (Zerfällungskörper)
Sei K ein Körper, $f \in K[X]$ ein Polynom und L/K eine Körpererweiterung. L heißt *Zerfällungskörper von f über K*, falls:

- f über L vollständig in Linearfaktoren zerfällt. Mit anderen Worten: Es gibt $a_1, \ldots a_n \in L$ und $u \in K^\times$ mit

$$f(X) = u \prod_{i=1}^{n} (X - a_i),$$

- L ist der kleinste Körper, über dem das der Fall ist, also $L = K(a_1, \ldots, a_n)$.
                                                                          ◆

8.6 Symbolische Adjunktion von Nullstellen

Nun gut, aber das klärt immer noch nicht, wie man solche Körper finden kann, wenn man nicht gerade einen großen Körper wie $\mathbb{C}$ hat, von dem man bereits weiß, dass er die Nullstellen aller fraglichen Polynome enthält.

Der Trick ist, „symbolisch" Elemente zu adjungieren. Was ist darunter zu verstehen? Man führt ein neues Symbol z ein, das für ein Element außerhalb von K stehen soll und beispielsweise die Gleichung $f(z) = 0$ erfüllen soll für ein Polynom $f \in K[X]$. Dann sind in einem hypothetischen Körper, der K und z enthält, ja nicht nur z selbst, sondern beispielsweise auch z^2, $2z^3 + 7$ und viele weitere Element enthalten, die sich aus den Körperaxiomen ergeben.

Wir erkennen, dass mit z auch jeder polynomielle Ausdruck der Form $\sum_{i=0}^{n} a_i z^i$ ein Element dieses hypothetischen neuen Körpers sein müsste. Es ist also sicherlich klug, den Polynomring $K[X]$ zu betrachten und die Konstruktion mit $K[X]$

beginnen zu lassen. Einige dieser polynomiellen Ausdrücke würden jedoch das Körperelement 0 darstellen müssen. So soll beispielsweise $f(z)$ null ergeben. Die Idee ist daher, f und alle seine Vielfachen mit dem Nullpolynom zu identifizieren, d. h. zum Quotientenring $K[X]/(f)$ überzugehen.

Der nun folgende Satz klärt, in welchen Fällen dieses Vorgehen den gewünschten Effekt hat:

Satz 8.27

Sei K ein Körper und $f \in K[X]$ ein beliebiges Polynom. Setze $L := K[X]/(f)$, und bezeichne das Bild des Polynoms $g \in K[X]$ unter dem kanonischen Homomorphismus $K[X] \to K[X]/(f)$ mit $\bar{g}$. Dann gelten folgende Aussagen:

1. *$a \mapsto \bar{a}$ ist ein injektiver Homomorphismus $K \to L$, wenn f keine Einheit ist. Man identifiziert K üblicherweise mit seinem Bild, fasst K also als Teilmenge von L auf.*
2. *f hat eine Nullstelle in L, nämlich $\bar{X}$.*
3. *Ist $f \neq 0$, so ist L als K-Vektorraum $\deg(f)$-dimensional. Falls K endlich war, ist insbesondere auch L endlich.*
4. *Folgende Aussagen sind äquivalent:*

   a) *L ist ein Körper.*

   b) *f ist irreduzibel.*

5. *Sei nun f irreduzibel. L/K ist dann die bis auf Isomorphie eindeutige kleinste Körpererweiterung, in der f eine Nullstelle hat. Genauer: Ist L'/K eine weitere Körpererweiterung und $\alpha' \in L'$ eine Nullstelle von f, so ist*

$$\phi : L \to L', \phi(\bar{g}) := g(\alpha)$$

ein Homomorphismus mit $\phi_{|K} = \mathrm{id}_K$, dessen Bild genau $K(\alpha') \subseteq L'$ ist.

Beweis: Punkt 1. folgt leicht daraus, dass die Einbettung $K \to K[X]$ und die Projektion $K[X] \to K[X]/(f)$ Homomorphismen sind. Die Abbildung $K \to K[X]/(f), a \mapsto \bar{a}$ ist als Komposition der beiden auch ein Homomorphismus. Weil K ein Körper ist, ist der Homomorphismus entweder injektiv oder konstant gleich 0. Falls letzteres der Fall wäre, so wäre also auch $\bar{1} = \bar{0}$, d. h. $1 \in (f)$. Das hieße wiederum, es gibt ein $g \in K[X]$ mit $1 = f \cdot g$, also mit anderen Worten: f ist eine Einheit.

Punkt 2. ist einfach, denn das kann man einfach nachrechnen. Sei $f(X) = \sum_{i=0}^{n} a_i X^i$. Dann gilt:

$$
\begin{aligned}
f(\bar{X}) &= \sum_{i=0}^{n} a_i \bar{X}^i \\
&= \sum_{i=0}^{n} \bar{a_i} \cdot \bar{X}^i \quad \text{, weil wir alle } a \in K \text{ mit } \bar{a} \text{ identifizieren.} \\
&= \overline{\sum_{i=0}^{n} a_i X^i} \quad \text{, weil } K[X] \to K[X]/(f) \text{ ein Homomorphismus ist.} \\
&= \overline{f(X)} = \bar{0} \quad \text{, weil } f \in (f) \text{ ist.}
\end{aligned}
$$

Punkt 3. folgt, wenn man die Division mit Rest benutzt: Jedes Polynom g lässt sich als $g = qf + r$ mit geeigneten $q, r \in K[X]$ darstellen, wobei $\deg(r) < \deg(f)$ ist. Für die Restklassen heißt das $\overline{g} = \overline{qf} + \overline{r} = \overline{q}\overline{0} + \overline{r} = \overline{r}$. Also hat jede Restklasse einen Vertreter vom Grad kleiner $d := \deg(f)$. Wären r und r' zwei solche Vertreter, würde $\overline{r} = \overline{r'}$, also $r - r' \in (f)$, gelten. Das hieße, dass f ein Teiler von $r - r'$ wäre. Falls nun aber $r - r' \neq 0$ wäre, so würde das wiederum $\deg(r - r') \geq \deg(f)$ heißen im Gegensatz zur Annahme, dass r und r' beides Polynome vom Grad $\leq d - 1$ sind.

Jedes Element von $K[X]/(f)$ lässt sich deshalb *eindeutig* als $\overline{\sum_{i=0}^{d-1} a_i X^i} = \sum_{i=0}^{d-1} a_i \overline{X}^i$ schreiben. Die Elemente $\overline{1} = \overline{X}^0, \overline{X}^1, \ldots, \overline{X}^{d-1}$ bilden damit eine K-Basis von $K[X]/(f)$. Diese Basis hat d Elemente, also ist $\dim_K K[X]/(f) = d$ wie behauptet.

Der vorletzte Punkt lässt sich nun wie folgt beweisen:

„ $\Longrightarrow$ ": Ist $K[X]/(f)$ ein Körper, so ist darin $\overline{1} \neq \overline{0}$, d. h. $1 \notin (f)$, weshalb f keine Einheit sein kann. Wäre $f = 0$, so wäre $(f) = \{0\}$, also $K[X]/(f) \cong K[X]$ kein Körper. Nehmen wir also an, dass f weder eine Null noch eine Einheit ist und $f = gh$ für Polynome $g, h \in K[X]$ gilt. Daraus folgt $\overline{0} = \overline{f} = \overline{g} \cdot \overline{h}$, also $\overline{g} = \overline{0}$ oder $\overline{h} = \overline{0}$. Wir nehmen o. B. d. A. $\overline{g} = \overline{0}$, d. h. $g \in (f)$ an. Dann ist g ein Vielfaches von f, etwa $g = fs$. Dann folgt aber $f = gh = fsh \Longrightarrow 1 = sh$, d. h., h ist eine Einheit.

„ $\Longleftarrow$ ": Ist andererseits f irreduzibel, dann ist jedes von Null verschiedene Element in $K[X]/(f)$ invertierbar. Um das einzusehen, betrachte man $d := \mathrm{ggT}(f, g)$. Weil $d \mid f$ ist, gibt es ein h mit $hd = f$, womit h oder d eine Einheit ist. Wäre h eine Einheit, wäre $d = \frac{1}{h} f \mid g$, also müsste g ein Vielfaches von d und somit auch von f sein. Das hieße aber $\overline{g} = \overline{0}$ entgegen unserer Voraussetzung. Also muss $d = \mathrm{ggT}(f, g)$ die Einheit gewesen sein, o. B. d. A. also $1 = \mathrm{ggT}(f, g)$ (der ggT ist ja nur bis auf Multiplikation mit Einheiten eindeutig). Nun wenden wir das Lemma von Bézout an und erhalten Polynome s, t mit $1 = sf + tg$, woraus sich $\overline{1} = \overline{sf} + \overline{tg} = \overline{s}\overline{0} + \overline{t}\overline{g}$ ergibt. Also hat $\overline{g}$ tatsächlich ein Inverses in $K[X]/(f)$, nämlich $\overline{t}$.

Zu guter Letzt beweisen wir den letzten Punkt mittels des Homomorphiesatzes: In der gegebenen Situation $f(\alpha') = 0$, d. h. auch $h(\alpha) f(\alpha) = 0$ für alle $h \in K[X]$. Wenn man also den Ringhomomorphismus $K[X] \to L', g(X) \mapsto g(\alpha')$ definiert, dann werden alle Elemente von (f) auf 0 abgebildet. Der Homomorphiesatz sagt uns, dass die angegebene Abbildung $\phi : L \to L'$ wohldefiniert ist. Sie hat offenbar die behauptete Eigenschaft $\phi_{|K} = \mathrm{id}_K$, denn wenn man das konstante Polynom a an irgendeiner Stelle auswertet, kommt natürlich a heraus, weil es eben das konstante Polynom ist. Weil nun L ein Körper ist nach Annahme, ist das Bild $\phi(L)$ ein Körper. Er ist in L' enthalten, enthält α' und K. Also muss schon einmal $K(\alpha') \subseteq \phi(L)$ sein. Andererseits muss jeder Körper, der

α' und K enthält, auch $\left\{ \sum_{i=0}^{n} a_i \alpha'^i \mid n \in \mathbb{N}, a_i \in K \right\} = \phi(L)$ enthalten, d. h. $\phi(L) = K(\alpha')$ wie behauptet. $\qquad\Box$

Diese allgemeine Konstruktion können wir nun anwenden, um Existenz und Eindeutigkeit von Zerfällungskörpern zu beweisen:

Satz 8.28 (Existenz von Zerfällungskörpern)
Sei K ein Körper, $f \in K[X]$ ein beliebiges nichtkonstantes Polynom. Dann gibt es einen Zerfällungskörper M von f über K.

Beweis: Die Idee ist, den Körper schrittweise um je eine Nullstelle von f zu vergrößern. Daher beweisen wir die Aussage per Induktion über $\deg(f)$.

Ist $\deg(f) = 1$, so ist nicht viel zu zeigen, denn jedes Polynom $f = aX + b$ vom Grad 1 ($\implies a \neq 0$) hat die Nullstelle $-\frac{b}{a} \in K$, also ist K ein Zerfällungskörper für solch ein f.

Sei f nun ein Polynom vom Grad $d > 1$. Sei

$$f = f_1 \cdot f_2 \cdot \ldots \cdot f_k$$

eine Zerlegung von f in irreduzible Faktoren. Wenn f nicht bereits vollständig in Linearfaktoren zerfällt, dann ist unter den f_i mindestens ein irreduzibles Polynom vom Grad > 1 vorhanden. O. B. d. A. sei dies f_1.

Dann ist nach obigem Satz $L := K[X]/(f_1)$ ein Erweiterungskörper von K, in dem f_1 eine Nullstelle α_1 hat. Man kann f also über L zerlegen in $f(X) = (X - \alpha_1) \cdot g(X)$ mit $\deg(g) = d - 1$. Per Induktionsvoraussetzung können wir nun annehmen, dass es einen Zerfällungskörper M für g mit $L \subseteq M$ gibt. Dann ist $K \subseteq L \subseteq M$. Seien $\alpha_2, \ldots, \alpha_d$ die Nullstellen von g in M. Dann ist

$$g(X) = \prod_{i=2}^{d} (X - \alpha_i) \quad \text{und} \quad M = L(\alpha_2, \ldots, \alpha_d)$$

Nach Konstruktion ist auch $L = K(\alpha_1)$, woraus sich

$$f(X) = \prod_{i=1}^{d} (X - \alpha_i) \quad \text{und} \quad M = K(\alpha_1, \alpha_2, \ldots, \alpha_d)$$

ergibt. Damit ist M ein Zerfällungskörper von f über K. $\qquad\Box$

Für die Eindeutigkeit beweisen wir folgenden Satz:

Satz 8.29 (Eindeutigkeit von Zerfällungskörpern)
Seien L/K und $\tilde{L}/\tilde{K}$ Körpererweiterungen, $\phi : K \to \tilde{K}$ ein Isomorphismus, $f = \sum_{i=0}^{d} a_i X^i \in K[X]$ ein Polynom und $\tilde{f} := \sum_{i=0}^{d} \phi(a_i) X^i \in \tilde{K}[X]$.

1. *Ist dann f irreduzibel, $\alpha \in L$ eine Nullstelle von f und $\widetilde{\alpha} \in \widetilde{L}$ eine Nullstelle von $\widetilde{f}$, so gibt es einen Isomorphismus*

$$\Phi : K(\alpha) \to \widetilde{K}(\widetilde{\alpha}),$$

   der ϕ fortsetzt (d. h. $\Phi(a) = \phi(a)$ für alle $a \in K$) und $\Phi(\alpha) = \widetilde{\alpha}$ erfüllt.
2. *Ist L ein Zerfällungskörper von f über K und $\widetilde{L}$ ein Zerfällungskörper von $\widetilde{f}$ über $\widetilde{K}$, so gibt es einen Isomorphismus $\Phi : L \to \widetilde{L}$, der ϕ fortsetzt.*
3. *Insbesondere ist der Zerfällungskörper von f eindeutig bis auf Isomorphie bestimmt.*

Beweis: Die Abbildung $K[X] \to \widetilde{K}[X]$,

$$\sum_{i=0}^{n} a_i X^i \mapsto \sum_{i=0}^{n} \phi(a_i) X^i$$

ist ein Isomorphismus der Polynomringe, wie man sich leicht überzeugt. Wir werden ihn der Einfachheit halber auch mit ϕ bezeichnen. Als Isomorphismus bildet ϕ irreduzible Elemente auf irreduzible Elemente ab, also ist mit f auch $\widetilde{f} = \phi(f)$ irreduzibel. Außerdem bildet ϕ alle Vielfachen von f (also die Menge $(f) \subseteq K[X]$) auf Vielfache von $\widetilde{f}$ (also die Menge $(\widetilde{f}) \subseteq \widetilde{K}[X]$) ab und induziert daher auch einen Isomorphismus

$$\psi : K[X]/(f) \to \widetilde{K}[X]/(\widetilde{f}), \psi \left(\sum_{i=0}^{n} a_i \overline{X}^i \right) := \sum_{i=0}^{n} \phi(a_i) \overline{X}^i.$$

Außerdem haben wir in Satz 8.27 vor kurzem bewiesen, dass es Isomorphismen $K(\alpha) \to K[X]/(f)$ mit $\alpha \mapsto \overline{X}$ und $\widetilde{K}[X]/(\widetilde{f}) \to \widetilde{K}(\widetilde{\alpha})$ mit $\overline{X} \mapsto \widetilde{\alpha}$ gibt. Setzen wir diese drei Isomorphismen zusammen, erhalten wir einen Isomorphismus

$$\Phi : K(\alpha) \to K[X]/(f) \to \widetilde{K}[X]/(\widetilde{f}) \to \widetilde{K}(\widetilde{\alpha})$$

mit

$$a \mapsto a \mapsto \phi(a) \mapsto \phi(a)$$

für alle $a \in K$ sowie

$$\alpha \mapsto \overline{X} \mapsto \overline{X} \mapsto \widetilde{\alpha}.$$

Dies ist also der gewünschte Isomorphismus.

Der zweite Teil der Aussage wird per Induktion über den Grad $d := \deg(f) = \deg(\widetilde{f})$ bewiesen. Für $d = 1$ ist nichts zu zeigen, denn wir haben uns im vorangegangenen Beweis davon überzeugt, dass der einzige Zerfällungskörper eines linearen Polynoms über K der Körper K selbst ist und wir bereits einen Isomorphismus $K \to \widetilde{K}$ haben.

Wir wählen für $d > 1$ eine Zerlegung

$$f = f_1 \cdot f_2 \cdot \ldots \cdot f_k \quad \Longrightarrow \quad \tilde{f} = \phi(f) = \phi(f_1) \cdot \phi(f_2) \cdot \ldots \cdot \phi(f_k)$$

mit irreduziblen $f_i \in K[X]$. Da $\phi : K[X] \to \tilde{K}[X]$ ja ein Isomorphismus ist, sind auch die $\phi(f_i)$ irreduzible Elemente von $\tilde{K}[X]$.

Sind nun L und $\tilde{L}$ Zerfällungskörper für das jeweilige Polynom, so zerfallen f_1 und $\phi(f_1)$ über L vollständig in Linearfaktoren, weil f bzw. $\phi(f)$ das tut und f_1 bzw. $\phi(f_1)$ ein Teiler davon ist. Es gibt also Nullstellen $\alpha_1 \in L$ und $\widetilde{\alpha_1} \in \tilde{L}$.

Dann liefert uns der erste Teil des Satzes eine Fortsetzung $\psi : K(\alpha_1) \to \tilde{K}(\widetilde{\alpha_1})$ von ϕ, die α_1 auf $\widetilde{\alpha_1}$ schickt. Um nun die Induktionsvoraussetzung anwenden zu können, betrachten wir das Polynom

$$g := \frac{f}{X - \alpha_1} \in K(\alpha_1)[X].$$

Dass dieses Polynom wirklich in $K(\alpha_1)[X]$ liegt, erkennt man, wenn man es sich als das Ergebnis des Polynomdivisionsalgorithmus vergegenwärtigt. Der Algorithmus benutzt nur die vier Grundrechenarten und die Koeffizienten von f und $X - \alpha_1$ und bleibt daher in $K(\alpha_1)[X]$. Weil L ja ein Zerfällungskörper von f über K ist, existiert eine Zerlegung

$$f = u(X - \alpha_1) \cdot (X - \alpha_2) \cdot \ldots \cdot (X - \alpha_d)$$

für gewisse $\alpha_i \in L$, $u \in K^{\times}$ und $L = K(\alpha_1, \alpha_2, \ldots, \alpha_n)$.

Daher gilt

$$g = u(X - \alpha_2) \cdot \ldots \cdot (X - \alpha_d)$$

und $L = K(\alpha_1, \alpha_2, \ldots, \alpha_n) = K(\alpha_1)(\alpha_2, \ldots, \alpha_n)$. Also ist L ein Zerfällungskörper für $\tilde{g}$ über $K(\alpha_1)$.

Es gilt ganz analog

$$\psi(g) = \frac{\psi(f)}{X - \psi(\alpha_1)} = \frac{\tilde{f}}{X - \widetilde{\alpha_1}} =: \tilde{g} \in \tilde{K}(\widetilde{\alpha_1})[X]$$

und $\tilde{L}$ ist ein Zerfällungskörper für $\tilde{g}$ über $\tilde{K}(\widetilde{\alpha_1})$.

Weil wir schon einen Isomorphismus $\psi : K(\alpha_1) \to \tilde{K}(\widetilde{\alpha_1})$ haben und $\deg(g) = \deg(\tilde{g}) = d-1 < d$ ist, können wir ψ induktiv fortsetzen zu einem Isomorphismus $\Psi : L \to \tilde{L}$ wie gewünscht.

Die letzte Aussage des Satzes ist jetzt ein einfacher Spezialfall der zweiten, denn sind L und $\tilde{L}$ zwei Zerfällungskörper von f über K, so können wir $\phi := \mathrm{id}_K :$ $K \to K$ wählen, den zweiten Teil anwenden und erhalten einen Isomorphismus $\Phi : L \to \tilde{L}$. $\qquad\qquad\square$

Wir können – und werden – also ab jetzt ohne schlechtes Gewissen von „dem" Zerfällungskörper eines Polynoms sprechen.

8.7 Existenz und Eindeutigkeit endlicher Körper

Das war ein ganz schönes Stück Arbeit, nicht wahr? Aber jetzt können wir endlich die endlichen Körper konstruieren, die wir uns schon die ganze Zeit gewünscht haben.

Wenn wir einen Körper K mit $q = p^n$ Elementen konstruieren wollten, wie würde dieser aussehen? Nun, zum Beispiel wäre seine Einheitengruppe $K^\times = K \setminus \{0\}$ eine Gruppe mit $q - 1$ Elementen. Der Satz von Lagrange sagt uns also, dass

$$\forall x \in K \setminus \{0\} : x^{q-1} = 1$$

sein müsste. Multiplizieren wir beide Seiten mit x, so erhalten wir eine Gleichung, die auch für $x = 0$ wahr ist:

$$\forall x \in K : x^q = x$$

Mit anderen Worten: Die q Elemente von K müssen genau die Nullstellen von $X^q - X$ sein. Insbesondere müsste K der Zerfällungskörper von $X^q - X$ über jedem Teilkörper sein.

Unser Ansatz wird also sein, K als Zerfällungskörper von $X^q - X$ zu konstruieren. Welchen Grundkörper sollten wir dabei benutzen? Natürlich den einzigen, den wir mit Sicherheit in K haben, den Primkörper $\mathbb{F}_p$.

Wir wissen, dass es einen Zerfällungskörper von $X^q - X \in \mathbb{F}_p[X]$ gibt und dass er bis auf Isomorphie eindeutig bestimmt ist. Damit sind wir schon fast am Ziel, die Eindeutigkeit des Körpers mit q Elementen folgt aus unseren Überlegungen bis hierhin schon: Jeder Körper mit q Elementen ist ein Zerfällungskörper von $X^q - X$ über $\mathbb{F}_p$, und dieser Zerfällungskörper ist bis auf Isomorphie eindeutig .

Es stellt sich jetzt die Frage, ob der Zerfällungskörper von $X^q - X$ wirklich die Umkehrung liefert, d. h. ob er wirklich genau q Elemente hat. Überlegen wir uns zunächst, dass er nicht mehr als die angepeilten q Elemente haben kann:

Lemma 8.30
Sei p prim und $q := p^n$ mit $n \in \mathbb{N}_{>0}$. Der Zerfällungskörper K von $X^q - X$ über $\mathbb{F}_p$ hat höchstens q Elemente.

Beweis: Seien $\alpha, \beta \in K$ zwei Nullstellen von $X^q - X$. Weil $q = p^n$ ist, gilt dann (siehe der Abschnitt über den Frobenius-Homomorphismus):

$$(\alpha + \beta)^q = \alpha^q + \beta^q = \alpha + \beta$$

und

$$(\alpha\beta)^q = \alpha^q \beta^q = \alpha\beta.$$

Also sind $\alpha + \beta$ und $\alpha\beta$ ebenfalls Nullstellen von $X^q - X$. Was bringt uns das? Nun, die Nullstellenmenge von $X^q - X$ bildet auf Grund dessen einen *Teilkörper* von K, und weil K der von allen Nullstellen erzeugte Teilkörper ist, muss die Nullstellenmenge sogar mit K übereinstimmen. Jetzt sind wir am Ziel: $X^q - X$ ist ein Polynom vom Grad q, kann also höchstens q Nullstellen in jedem Körper haben. Daher muss $|K| \leq q$ sein. $\square$

Jetzt fragt sich, ob auch $|K| \geq q$ gilt, denn das fehlt uns ja noch zu unserem Glück. Dann hätten wir einen Körper mit q Elementen für jede Primzahlpotenz q konstruiert und seine Eindeutigkeit sichergestellt. Das war unser Ziel.

Für diese Abschätzung gebrauchen wir das nun folgende Lemma:

Lemma und Definition 8.31

Sei K ein Körper. Definiere die formale Ableitung *eines Polynoms aus $K[X]$ durch:*

$$\left(\sum_{i=0}^{n} a_i X^i\right)' := \sum_{i=1}^{n} i \cdot a_i X^{i-1}$$

Es gilt:

1. $' : K[X] \to K[X]$ *ist K-linear, d. h. für alle $f_1, f_2 \in K[X]$ und alle $a_1, a_2 \in K$ gilt:*

$$(a_1 \cdot f_1 + a_2 \cdot f_2)' = a_1 \cdot f_1' + a_2 \cdot f_2'$$

2. $'$ *ist eine Derivation, d. h. für alle $f, g \in K[X]$ gilt die Produktregel:*

$$(f \cdot g)' = f' \cdot g + f \cdot g'$$

Allgemeiner gilt die Leibniz-Regel, d. h. für alle $f_1, \ldots, f_k \in K[X]$ gilt:

$$(f_1 \cdot \ldots \cdot f_k)' = \sum_{i=1}^{k} f_i' \prod_{\substack{j=1\ldots k \\ j \neq i}} f_j$$

3. *Falls $\mathrm{ggT}(f, f') = 1$ ist, hat f in seinem Zerfällungskörper keine mehrfachen Nullstellen.*

Beweis: Die Punkte 1. und 2. sind einfaches Nachrechnen mittels der Definition und werden daher hier nicht vorgeführt. Die Leibnizregel folgt induktiv durch mehrfaches Anwenden der Produktregel für zwei Faktoren (und zwar wortwörtlich mit demselben Induktionsbeweis wie für gewöhnliche Ableitungen aus der Analysis).

Kümmern wir uns also um Punkt 3. Ist L der Zerfällungskörper von f über K, so seien $\alpha_1, \ldots, \alpha_k \in L$ die paarweise verschiedenen (!) Nullstellen von f und $e_i \in \mathbb{N}_{>0}$ die dazugehörigen Vielfachheiten, d. h., es gibt eine Konstante $u \in K^{\times}$ mit

$$f(X) = u \prod_{i=1}^{k} (X - \alpha_i)^{e_i}.$$

Wir berechnen daraus f' zu

$$f'(X) = u \sum_{i=1}^{k} e_i (X - \alpha_i)^{e_i - 1} \prod_{\substack{j=1\ldots k \\ j \neq i}} (X - \alpha_j)^{e_j}.$$

Angenommen, es gäbe eine mehrfache Nullstelle von f. O.B.d.A. ist das α_1, d.h. $e_1 > 1$. Dann gilt:

$$f'(\alpha_1) = u \sum_{i=1}^{k} e_i (\alpha_1 - \alpha_i)^{e_i - 1} \prod_{\substack{j=1\ldots k \\ j \neq i}} (\alpha_1 - \alpha_j)^{e_j}$$

$$= u \cdot e_1 (\alpha_1 - \alpha_1)^{e_1 - 1} \prod_{j=2\ldots k} (\alpha_1 - \alpha_j)^{e_j}$$

$$+ u \sum_{i=2}^{k} e_i (\alpha_1 - \alpha_i)^{e_i - 1} \prod_{\substack{j=1\ldots k \\ j \neq i}} (\alpha_1 - \alpha_j)^{e_j}$$

$$= 0$$

Das wird null, weil im ersten Summanden $\alpha_1 - \alpha_1 = 0$ mit dem positiven Exponenten $e_1 - 1$ potenziert wird (man beachte, dass $0^0 = 1$ gewesen wäre), während in allen folgenden Summanden das Produkt den Faktor $\alpha_1 - \alpha_1 = 0$ mit positivem Exponenten e_1 enthält. So sind alle Summanden null und somit $f'(\alpha_1) = 0$.

Damit ist also $X - \alpha_1$ ein Teiler von $f'(X)$. Das wiederum heißt, dass $X - \alpha_1$ ein Teiler von $\mathrm{ggT}(f, f')$ sein muss. Dann kann der ggT aber unmöglich 1 sein. □

Wenden wir das nun auf $K = \mathbb{F}_p$ und $f = X^q - X$ an, so erhalten wir $f' = qX^{q-1} - 1 = -1$, da q ein Vielfaches der Charakteristik $\mathrm{char}(K) = p$ ist und daher der erste Summand null wird. Die einzigen Teiler von f', also insbesondere auch alle gemeinsamen Teiler mit f, sind aber Einheiten, d.h. $\mathrm{ggT}(f, f') = 1$. Das Lemma sagt uns deshalb, dass die Nullstellen von f im Zerfällungskörper paarweise verschieden sind, insbesondere gibt es genau q Nullstellen im Zerfällungskörper.

8.8 Zusammenfassung, Literatur und Ausblick

Das war jetzt eine Menge neuer Stoff. Ich denke, es ist ganz gut, wenn wir die wichtigsten Dinge, also das, was man auf jeden Fall wissen sollte, noch einmal zusammenfassen.

Satz 8.32 (Endliche Körper – Zusammenfassung)

- *Ist K ein endlicher Körper mit q Elementen, so ist $\mathrm{char}(K) = p$ eine Primzahl.*

- $\mathbb{F}_p$ *ist der Primkörper von K.*

- *q ist eine Potenz von p, genauer $q = |K| = p^{[K:\mathbb{F}_p]}$.*

- *Die Frobenius-Abbildung $K \to K, x \mapsto x^p$ ist ein Körperautomorphismus von K.*

- *Für jede Primzahlpotenz $q = p^n$ existiert bis auf Isomorphie genau ein Körper der Ordnung q. Es ist der Zerfällungskörper von $X^q - X \in \mathbb{F}_p[X]$.*

Endliche Körper haben viele interessante Anwendungen, etwa in der Kryptographie. Der 4. Teil dieses Buches beschäftigt sich mit solchen Anwendungen.

Florian Modler studiert Mathematik in Hannover,
Johannes Hahn ist Dipl.-Math. und promoviert in Jena.

Teil II

Diskrete Mathematik

9 Über die Anzahl von Sitzordnungen am runden Tisch
(Eine Recherche)

Übersicht

9.1 Die Frage

> *Um einen Kreis sollen m Elemente der einen Art und f Elemente der anderen Art angeordnet werden. Kombinationen, die durch Drehung auf sich selbst abgebildet werden können, werden nur einmal gezählt. Wie viele Möglichkeiten gibt es?*

Für diese Frage mache ich mich auf die Suche nach einer Antwort. Ich möchte hier berichten, wie ich vorgegangen bin und die Lösung angeben und erklären.

9.2 Der Weg

George Polya (1887–1985) hat in seinem Buch „How to solve it" [22] einige Regeln aufgestellt, die beim plausiblen Schließen eine große Hilfe sein können.

Kurz gefasst lauten diese Regeln:

- Verstehe das Problem.
- Suche Zusammenhänge und ersinne einen Plan.
- Führe den Plan aus.
- Überprüfe die gefundene Lösung.

Das ist ein sehr allgemeiner Weg. Aber wie es so ist, ist der Weg das Ziel und ich begebe mich auf den Weg.

9.3 Verstehe das Problem

9.3.1 Beispiel

Für 3 Männer und 3 Frauen probiere ich einige mögliche Sitzordnungen aus. Einige Beispiele für Sitzordnungen zeigt Abbildung 9.1. Ich stelle schnell fest, dass ich leicht die eine oder andere Drehungsmöglichkeit übersehen kann, wenn ich nicht ein sicheres Unterscheidungsmerkmal für die Anordnungen finde.

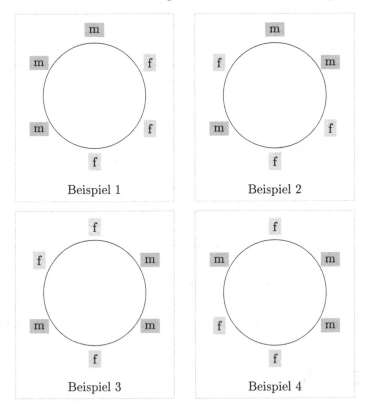

Abb. 9.1: Beispiele für Sitzordnungen mit 3 Männern und 3 Frauen

Wir sehen, die Anordnung aus Beispiel 2 kann durch eine Drehung um 60° (im Uhrzeigersinn) in die Anordnung des Beispiels 4 überführt werden. Für unsere

Aufgabenstellung dürfen also nicht alle Anordnungen gezählt werden. Wir dürfen nur die Anordnungen zählen, die nicht durch Drehungen deckungsgleich mit bereits gezählten Anordnungen gemacht werden können.

9.3.2 Erste, aber falsche Lösung

Folgender vielleicht naheliegender Gedankengang zur Zählung im vorigen Beispiel ist falsch:

Zähle alle Anordnungen von $3 + 3$ Elementen und teile diese Anzahl durch 6, denn 6 ist die Anzahl der Drehungen (nämlich: 60°, 120°, 180°, 240°, 300° und 360° oder 0° als identische Abbildung).

Im Falle $m = f = 3$ ergibt sich so:

$$\frac{6!}{3! \cdot 3!} \cdot \frac{1}{6} = \frac{20}{6}$$

Aber das ist keine ganze Zahl. Etwas stimmt nicht bzw. so einfach ist es nicht.

9.3.3 Systematisches Probieren

Die Gleichheit von Anordnungen bis auf Drehungen kann als Äquivalenzrelation beschrieben werden:

Zwei Anordnungen a und b sind *äquivalent*, wenn es eine Drehung gibt, die die eine in die andere überführt.

In dieser Äquivalenzrelation ist m m m f f f ein Repräsentant für die Äquivalenzklasse mit den folgenden 6 Anordnungen:

```
m m m f f f
m m f f f m
m f f f m m
f f f m m m
f f m m m f
f m m m f f
```

Diese 6 Anordnungen können durch Drehungen aufeinander abgebildet werden.

Der Repräsentant m f m f m f repräsentiert 2 Anordnungen (inkl. sich selbst), nämlich:

```
m f m f m f
f m f m f m
```

Tab. 9.1: Alle Möglichkeiten für $m = f = 3$

Äquivalenzklasse / Anordnung Nr.	Repräsentant	Anzahl verschiedener Repräsentanten
1	m m m f f f	6
2	m m f f m f	6
3	m m f m f f	6
4	m f m f m f	2

Durch systematisches Probieren finde ich für $m = f = 3$ die in der Tabelle 9.1 aufgeführten Äquivalenzklassen. Für jede Äquivalenzklasse nennt die Tabelle einen Repräsentanten und die Anzahl der Repräsentanten in der Klasse.

Das sind alle Anordnungen mit $m = f = 3$, denn entweder sitzen die drei Frauen zusammen (Anordnung 1) oder Männer und Frauen sitzen abwechselnd (Anordnung 4) oder es sitzen 2 Frauen nebeneinander und die dritte sitzt zwischen Männern. Im letzteren Fall muss man die Fälle unterscheiden, dass hinter zwei Frauen ein Mann (Anordnung 3) oder zwei Männer (Anordnung 2) sitzen. Insgesamt 4 Möglichkeiten.

Nun versteht man auch, warum die erste Lösungsidee (Abschnitt 9.3.2) nicht funktioniert: Die gesuchte Anzahl ist 4, aber nicht jede Klasse enthält genau 6 Anordnungen.

9.4 Suche Zusammenhänge, ersinne einen Plan und führe ihn aus

9.4.1 Suche im Internet

Bei der Suche im Internet stieß ich auf [19]. Dort war die gleiche Frage gestellt. Die Antwort entsprach genau meiner falschen Lösungsidee. Der Fragende hatte das auch bemerkt und einige Nachfragen gestellt.

Schließlich war nur so viel klar:

- Man kann nicht die Sitzordnungen an einem geraden Tisch zählen und durch die Anzahl der Personen teilen.

- Wenn man statt einer nicht ganzzahligen Lösung die nächst größere ganze Zahl als Lösung vermutet, dann stimmt das zwar für $m = f = 3$, aber nicht allgemein.

Auf manchen Seiten im Internet konnte ich die Frage noch als Rätsel finden, etwa mit den Zahlen $m = f = 3$. Prinzipielles über das Lösungsverfahren oder eine Formel zur Anzahlberechnung wurden da aber nicht gegeben.

9.4.2   Eine Wertetabelle

Die Anzahl der Anordnungen von m Männern und f Frauen um einen runden Tisch, bei der durch Drehungen aufeinander abbildbare Anordnungen als gleich angesehen werden, bezeichne ich im Folgenden mit $A(m, f)$.

Für verschiedene Werte von m und f habe ich eine Wertetabelle aufgestellt, vor allem, um mehr über das Problem zu lernen.

Das Problem ist offensichtlich symmetrisch, d.h. $A(m, f) = A(f, m)$. Darum kann man die Tabelle lesen, wie man möchte. Ich selbst halte es so, in den Zeilen die Anzahl der Männer zu suchen und in den Spalten die Anzahl der Frauen.

Tabelle 9.2 zeigt die Werte $A(m, f)$ für alle Gesellschaften aus bis zu 8 Personen.

Tab. 9.2: $A(m, f)$

$A(m, f)$	0	1	2	3	4	5	6	7	8
0	1	1	1	1	1	1	1	1	1
1	1	1	1	1	1	1	1	1	
2	1	1	2	2	3	3	4		
3	1	1	2	4	5	7			
4	1	1	3	5	10				
5	1	1	3	7					
6	1	1	4						
7	1	1							
8	1								

Es ist $A(5, 0) = 1$, denn es gibt nur eine Möglichkeit 5 Männer an einen runden Tisch zu setzen. Es ist $A(3, 3) = 4$, wie oben gezeigt. Die Anzahl $A(0, 0)$ dachte ich mir aus Gewohnheit als 1, weil es in der Mathematik i.d.R. eine Möglichkeit gibt, die leere Menge zu bilden. (Man denke an 0!.)

Die 10 Anordnungen für $A(4, 4)$ haben Repräsentanten:

```
m m m m f f f f
m m m f f f m f
m m f f m f m f
m m f f m f m f
m f m f m f m f
m m m f f m f f
m m m f m f f f
m m f m f m f f
m f m m f m f f
m m f f f m m f
```

Wer möchte, soll die Vollständigkeit und Richtigkeit dieser 10 Anordnungen überprüfen.

9.4.3 Ein Plan

Durch eigene Bemühungen fand ich keine schlüssige Zählweise. Da erinnerte ich mich an eine wunderbare Internetseite, nämlich *The On-Line Encyclopedia of Integer Sequences* [20]. Das ist eine Repository mit Suchmaschine für Integer-Folgen.

Ich habe nach der Folge gesucht. Quadratisch angeordnete Zahlenwerte sucht man dort durch Aneinanderreihung der Werte der Gegendiagonalen. Ich suchte also nach

$$1, 1, 1, 1, 1, 1, 1, 1, 1, 1, 1, 1, 2, 1, 1, 1, 1, 2, 2, 1, 1, 1, 1, 3, 4, 3, 1,$$
$$1, 1, 1, 3, 5, 5, 3, 1, 1, 1, 1, 4, 7, 10, 7, 4, 1, 1, 1, 1$$

und wurde fündig: Die dort als A047996 [21] verzeichnete Folge passte genau.

Der Name der Folge ist dort

„Triangle of circular binomial coefficients T(n,k), 0<=k<=n"

und die Beschreibung lautet:

„T(n,k)=number of necklaces with k black beads, n-k white beads".

Dazu war noch eine Formel angegeben:

T(n,k)=(1/n) * Sum_{d | (n,k)} phi(d)*binomial(n/d,k/d)}

Also geht es um Halsbänder (*necklaces*), die man aus Perlen (*beads*) von verschiedenen Farben macht.

Was sagt mir diese Formel. Wo ist die Theorie dazu? Ich vermutete, dass $T(n,k)$ meinem $A(m,f)$ entspricht, wenn man $n = m + f$ und $k = f$ setzt, also

$$T(m+f, f) = A(m, f).$$

Das hat sich dann später auch als richtig erwiesen.

Immerhin, was ich gefunden hatte, passte zur Aufgabe und ließ mich mit neuen Stichworten weitersuchen. Und ich habe an oben genanntem Dr. Math geschrieben. In der wirklich hilfreichen Antwort war dann vom Burnside-Lemma die Rede — und von „dihedral groups", also Dieder-Gruppen. Siehe auch [13, 14].

9.5 Überprüfe die Lösung

9.5.1 Das Burnside-Lemma

Mit neuen Suchworten versehen, fand ich einmal den mehrfachen Hinweis, dass das Burnside-Lemma besser „Polya-Burnside-Lemma" oder „Lemma von Cauchy-Frobenius" zu nennen sei; siehe dazu [18, 17].

Eine für meinen Fall gut geeignete Darstellung des Polya-Burnside-Lemmas — nennen wir es jetzt so — fand ich bei McGowan [12] und diese zitiere ich:

Satz 9.1 (Polya Burnside Lemma)
If you have a set, S, and a group, G, acting on the set. For each element s in S, consider G(s) the orbit of s as the set { g(s) : g in G }.

Say two elements, s_1 and s_2, in S are „equivalent" (under G) if there exists a g in G with $g(s_1) = s_2$. The equivalence classes under this relation are just the orbits. The number of equivalence classes is given by:

$$\frac{1}{|G|} \cdot \sum_{g \in G} \#(g)$$

where $\#(g)$ is the number of elements, s, in S satisfying $g(s) = s$ (the size of g's „fixed set") and $|G|$ is the order (size) of the group G.

Ein Beweis findet sich bei Betten et al. [16].

9.5.2 Anwendung des Polya-Burnside-Lemmas

Klassen und Repräsentanten hatte ich im Zusammenhang mit dem gestellten Problem schon eingeführt: Zwei Anordnungen sind äquivalent, wenn es eine Gruppenoperation gibt, die die eine auf die andere abbildet.

Das Polya-Burnside-Lemma besagt, dass die Anzahl der verschiedenen Äquivalenzklassen bzgl. dieser Relation gleich der Summe der Anzahlen der Anordnungen ist, die von einer Gruppenoperation auf sich selbst abgebildet werden — geteilt durch die Ordnung der Gruppe.

Die Menge der Anordnungen, die untersucht wird, ist die Menge der n-Tupel aus Männern und Frauen. Die Gruppenoperationen sind Drehungen.

In dem Artikel von McGowan [12] wird u. a. folgende Formel gegeben, die ich ebenfalls zitiere:

```
SUM[k^GCD(j,n):j=0,1,2...(n-1)]/n

(Polya Burnside Lemma using the rotation group)
```

Darin ist GCD der *Greatest Common Divisor*, also der größte gemeinsame Teiler (ggT). Das k ist die Anzahl der Farben, die zur Verfügung stehen.

Diese Formel berechnet aber nicht, was ich suche, sondern stattdessen die Anzahl der bis auf Drehungen verschiedenen Halsbänder aus n Perlen von k Farben.

Wenn das aber so ist, dann sollte die von dieser Formel berechnete Anzahl für ein bestimmtes n gleich der Summe der Anzahlen aus meiner $A(m, f)$-Tabelle für $n = m + f$ sein.

Ich rechne (mit $k = 2$ und $n = 8$):

```
SUM[2^GCD(j,8):j=0,1,2...7]/n = 288 / 8 = 36
```

Dabei verwende ich folgende Werte für $GCD(j, 8) = \text{ggT}(j, 8)$ (Tabelle 9.3):

Tab. 9.3: $\text{ggT}(j, 8)$

j	$\text{ggT}(j, 8)$
0	8
1	1
2	2
3	1
4	4
5	1
6	2
7	1

Die Summation ergibt $2^8 + 2^1 + 2^2 + 2^1 + 2^4 + 2^1 + 2^2 + 2^1 = 288$.

Für die Gegenprobe lese ich die Werte für $A(m, f)$ mit $m + f = 8$ aus der $A(m, f)$-Tabelle 9.4 ab (unterstrichene Felder).

Tatsächlich ist die Summe der $A(m, f)$ mit $m + f = 8$ genau 36. Sehr gut!

Tab. 9.4: $A(m, f)$ mit markierter Diagonale

$A(m, f)$	0	1	2	3	4	5	6	7	8
0	1	1	1	1	1	1	1	1	<u>1</u>
1	1	1	1	1	1	1	1	<u>1</u>	
2	1	1	2	2	3	3	<u>4</u>		
3	1	1	2	4	5	<u>7</u>			
4	1	1	3	5	<u>10</u>				
5	1	1	3	<u>7</u>					
6	1	1	<u>4</u>						
7	1	<u>1</u>							
8	<u>1</u>								

9.5.3 Die $T(n, k)$-Formel

Nachdem ich wusste, dass ich erstens auf der richtigen Spur war und zweitens, dass meine $A(m, f)$-Tabelle anscheinend richtig ist, wagte ich mich auch an die $T(n, k)$-Formel aus A047996 [21].

Satz 9.2 ($T(n, k)$-**Formel**)

$$T(n, k) = \frac{1}{n} \cdot \sum_{d \mid (n,k)} \varphi(d) \cdot \binom{n/d}{k/d}$$

Die Summe läuft über $d \mid (n, k)$, das meint alle gemeinsamen Teiler von n und k. Beispiel: Für $n = 6$ und $k = 3$ sind das die Zahlen 1 und 3.

$\varphi(n)$ bezeichnet die Eulersche *phi-Funktion*, also die Anzahl der positiven ganzen Zahlen 1, 2, 3, ... bis und einschließlich n, die zu n relativ teilerfremd sind. Zwei Zahlen heißen dabei *relativ teilerfremd*, wenn es keine Primzahl gibt, die Teiler von beiden ist. Einige Beispiele gibt Tabelle 9.5.

Tab. 9.5: Beispiele für $\varphi(n)$

n	$\varphi(n)$	Erläuterung
1	1	1 ist zu 1 relativ prim, weil 1 keine Primzahl ist.
2	1	nur die 1
3	2	relativ prim sind 1 und 2
4	2	relativ prim sind 1 und 3
5	4	relativ prim sind 1, 2, 3 und 4

Beispiel 9.3

Ich berechne zur Übung $T(6,3)$. Es sollte sich 4 ergeben.

$$T(6,3) = \frac{1}{6} \cdot \sum_{d \in \{1,3\}} \varphi(d) \cdot \binom{6/d}{3/d}$$

Somit:

$$T(6,3) = \frac{1}{6} \cdot \left(\varphi(1) \cdot \binom{6}{3} + \varphi(3) \cdot \binom{2}{1} \right)$$

$$= \frac{1}{6} \cdot (20 + 4) = \frac{24}{6} = 4$$

Und das stimmt überein mit dem erwarteten $A(3,3) = 4$. ∎

Beispiel 9.4

Die Berechnung für T(8, 4):

$$T(8,4) = \frac{1}{8} \cdot \sum_{d \in \{1,2,4\}} \varphi(d) \cdot \binom{8/d}{8/d}$$

$$= \frac{1}{8} \cdot (70 + 1 \cdot 6 + 2 \cdot 2) = \frac{80}{8} = 10$$

Auch diese Rechnung ergibt das erwünschte Ergebnis. ∎

Schön! Aber warum?

9.5.4   Verstehe die Formel

Für $m = f = 3$, also $n = 6$, möchte ich die verwendete Formel begründen.

Für $m = f = 3$ findet man 20 Permutationen (bei Zählung von Drehungen). Davon sind höchstens 6 in einer Klasse (d. h. sind bis auf Drehungen äquivalent).

Wie viele Klassen gibt es mit genau 6 Elementen?

Klassen mit 6 Elementen sind solche, deren Repräsentanten in sich keine Symmetrien durch Drehungen aufweisen.

Beispiel 9.5

Die Anordnung m f m f m f weist eine interne Drehsymmetrie auf, nämlich um 120°. Dagegen weist m m m f f f keine interne Drehsymmetrie auf. ∎

Die Länge einer internen Drehsymmetrie sei die minimale Länge des sich in der Anordnung wiederholenden Musters. Ich nenne einen minimalen internen drehsymmetrischen Abschnitt einer Anordnung ein *Muster*. Die Anzahl der Wiederholungen des Musters in der gesamten Anordnung nenne ich die *Periode* des Musters.

Beispiel 9.6

In m f m f m f ist das Muster m f, dessen Länge ist 2 und die Periode dieses Musters ist 3. ∎

Die Länge des Musters muss ein Teiler von 6 sein!

Folglich kann es nur interne Drehsymmetrien der Länge 2 oder 3 geben.

Es muss gelten:

$$\text{Länge} \cdot \text{Periode} = m + f = n$$

Die interne Drehsymmetrie einer Anordnung erfordert aber auch, dass die Summe der Anzahlen von Männern und Frauen in dem Muster mit Periode d jeweils genau m/d bzw. f/d ist. Für $m = f = 3$ muss die Anzahl der m und f in einem Muster mit Periode 2 gleich $m/2 = 3/2$ bzw. $f/2 = 3/2$ sein. Das ist nicht möglich, denn Anzahlen sind ganze Zahlen. Daran sieht man, dass es kein Muster der Länge 3 gibt.

Es gibt Muster der Länge 2. Deren Periode ist 3 und $m/3 = 1$ bzw. $f/3 = 1$.

Wie viele verschiedene Muster aus 2 Personen, einem Mann und einer Frau, gibt es? Es sind 2, nämlich m f und f m.

Die Anordnungen von 3 Männern und 3 Frauen, die keine Muster (also auch keine Periodizität) aufweisen, ergeben unter allen möglichen Drehungen jeweils 6 verschiedene Repräsentanten.

Die Anordnungen mit periodischen Mustern, haben weniger als 6 verschiedene Repräsentanten in ihrer Klasse.

Beispiel 9.7

Die Klasse mit m f m f m f hat nur 2 statt 6 Repräsentanten. Es fehlen 4 Repräsentanten, um erfolgreich durch 6 teilen zu können. ∎

Der Sinn der obigen Formel ist nun, die Anzahl der für die Division durch 6 fehlenden Repräsentanten zu ergänzen.

Für Klassen mit periodischen Repräsentanten kommen nur solche in Frage, deren Periode ein gemeinsamer Teiler von $n = m + f$ und $k = f$ ist.

Für $n = 6$ und $k = 3$ ist die Menge der gemeinsamen Teiler $\{1, 3\}$.

Es fehlt die 2 als Teiler. Durch Addition von $\varphi(3) \cdot \binom{2}{1}$ wird anscheinend die Anzahl der fehlenden Repräsentanten ergänzt.

Soweit meine Überlegung zur Plausibilisierung der Formel.

9.5.5 Gruppe der Rotationen

Das Polya-Burnside-Lemma sagt etwas über eine Gruppe aus. Im bisher betrachteten Fall ist es die Gruppe der Rotationen eines regelmäßigen n-Ecks. Die Ordnung dieser Gruppe ist n, denn die Gruppe hat das erzeugende Element $r = 360°/n$. Es ist r^2 die Drehung um $2 \cdot 360°/n$ usw., schließlich ist die identische Abbildung gegeben durch $0 \cdot 360°/n$ oder $n \cdot 360°/n$.

Nach dem Lemma von Polya-Burnside ist die Anzahl der Äquivalenzklassen gleich

$$\frac{1}{|G|} \cdot \sum_{g \in G} \#(g).$$

Zu bestimmen ist für jede Gruppenoperation die Anzahl der Anordnungen, die durch diese Operation auf sich selbst abgebildet werden.

Für $m = f = 3$, also m Männern und f Frauen, gibt es $\frac{6!}{3! \cdot 3!} = 20$ Anordnungen.

Durch die identische Abbildung werden alle Anordnungen auf sich selbst abgebildet. Durch eine Drehung um 60° wird keine Anordnung auf sich selbst abgebildet, denn dann müsste das Geschlecht aller Personen mit dem des Nachbarn, auf den gedreht wird, übereinstimmen. Damit wären aber alle Personen entweder Männer oder Frauen.

Durch eine Drehung um 120° können Anordnungen mit Mustern der Länge 2 aus jeweils einem Mann und einer Frau auf sich selbst abgebildet werden. Von dieser Art gibt es 2 Anordnungen, denn von den 2 Plätzen des Musters ist einer mit einem Mann oder einer Frau zu besetzen und der andere mit einer Person des anderen Geschlechts. Die übrigen 2 mal 2 Plätze müssen mit dem gleichen Muster aus m und f besetzt werden. Das ergibt 2! mögliche Anordnungen.

Durch eine Drehung um 180° können keine Muster auf sich selbst abgebildet werden, weil unter 3 Personen aus 3 Männern und 3 Frauen nicht die Hälfte Männer und die Hälfte Frauen sein können.

Für die Drehung um 240° gibt es wiederum 2! Möglichkeiten, denn die Drehung um 240° ist das inverse Element zur Drehung um 120°.

Die Summe der Elemente aller Äquivalenzklassen durch Drehungen ist

$$20 + 2 + 2.$$

Dies dividiert durch die Ordnung der Gruppe ergibt 4.

9.5.6 Unterscheidungen bei der Fragestellung

Die am Anfang gestellte und bisher untersuchte Frage (Abschnitt 9.1) betrifft Männer und Frauen an einem runden Tisch. Den Tisch betrachtet man von oben, niemals von unten. Nur durch Drehungen wird die Äquivalenz von Anordnungen definiert.

Betrachtet man dagegen ein Halsband mit farbigen Perlen, so hat man die Möglichkeit das Halsband „umzudrehen", geometrisch gesprochen: eine Spiegelung anzuwenden. Dann wären zwei Halsbänder `bbrbrr` und `brbbrr` aus 3 roten und 3 blauen Kugeln nicht zu unterscheiden und gehören folglich zu einer Äquivalenzklasse.

Wenn bei den Tischordnungen bisher nur Drehungen als Gruppenoperationen in Betracht kamen, dann erlaubt eine Halskette auch Spiegelungen.

Merke 1:

Wenn man Halsbänder zählt und neben Drehungen auch Spiegelungen als Operationen erlaubt sind, dann bilden alle diese Operationen eine Dieder-Gruppe (*dihedral group*) der Ordnung $2n$ (n die Anzahl der Perlen).

Die Dieder-Gruppe der Ordnung $2n$ ist die Gruppe der ebenen Symmetrieoperationen aus Drehungen und Spiegelungen, angewendet auf die n Ecken eines regelmäßigen n-Ecks.

Merke 2:

Wenn man Spiegelungen nicht erlaubt (wie bei Männern und Frauen am runden Tisch), hat man nur die Drehungen zu betrachten.

Mit dem Polya-Burnside-Lemmas können wir Sitzordnungen und Halsbänder zählen. Die Gruppe G ist eine andere, das Prinzip bleibt. Es folgen zwei Beispiele.

Beispiel 9.8

Für 4 Männer und 4 Frauen, insgesamt 8 Personen, bestimme man die Anzahl der möglichen Sitzordnungen an einem runden Tisch.

Zu bestimmen ist für jede Gruppenoperation die Anzahl der Anordnungen, die durch diese Operation auf sich selbst abgebildet werden. Für die Drehungen um Vielfache von $360°/8 = 45°$ zeigt Tabelle 9.6 die Möglichkeiten. (8 ist die Ordnung der Gruppe der Rotationen eines regelmäßigen 8-Ecks.)

Durch die identische Abbildung werden alle Anordnungen, auf denen die Gruppe operiert, auf sich selbst abgebildet.

Für $m = 4$ und $f = 4$ ist die Anzahl der Anordnungen gleich $\frac{8!}{4! \cdot 4!} = 70$.

Durch eine Drehung um 45° wird keine Anordnung auf sich selbst abgebildet, denn dann müsste das Geschlecht aller Personen mit dem des Nachbarn, auf den gedreht wird, übereinstimmen. Damit wären aber alle Personen entweder Männer oder Frauen.

Tab. 9.6: Mögliche Drehungen des Tisches bei 4 Männern und 4 Frauen

Drehung um ...	Anzahl der invarianten Anordnungen
$0°$ Identität	$\frac{8!}{4! \cdot 4!} = 70$
$r = 45°$	nicht möglich
$r^2 = 90°$	$2! = 2$
$r^3 = 135°$	nicht möglich
$r^4 = 180°$	$\frac{4!}{2! \cdot 2!} = 6$
$r^5 = 225°$	nicht möglich
$r^6 = 270°$ $= (r^2)^{-1}$	$2! = 2$
$r^7 = 315°$	nicht möglich

Durch eine Drehung um 90° können Anordnungen mit Mustern der Länge 2 aus jeweils einen Mann und einer Frau auf sich selbst abgebildet werden. Von dieser Art gibt es 2 Anordnungen, denn von den 2 Plätzen des Musters ist einer mit einem Mann oder einer Frau zu besetzen und der andere mit einer Person des anderen Geschlechts. Die übrigen 3 mal 2 Plätze müssen mit dem gleichen Muster aus m und f besetzt werden. Kombinatorisch: 2! Möglichkeiten.

Durch eine Drehung um 135° werden keine Muster auf sich selbst abgebildet.

Durch eine Drehung um 180° können Anordnungen mit Mustern der Länge 2 oder 4 auf sich selbst abgebildet werden. Die möglichen Muster der Länge 2 sind m f und f m. Ein Muster der Länge 2 ergibt aber auch ein Muster der Länge 4, nämlich m f m f und f m f m. Die weiteren möglichen Muster der Länge 4, ohne Untermuster der Länge 2, sind m m f f, f f m m, m f f m und f m m f. Diese 6 sind alle Möglichkeiten, denn es gibt $\binom{4}{2} = 6$ Möglichkeiten aus den 4 Plätzen eines Musters der Länge 4 zwei Plätze für Frauen auszusuchen; die anderen beiden Plätze werden dann mit Männern besetzt. Diese 6 Möglichkeiten haben wir gefunden.

Durch eine Drehung um 225° werden keine Muster auf sich selbst abgebildet.

Die Drehung um 270° ist das Inverse zur Drehung um 90°. Es gibt somit auch hier 2 Möglichkeiten.

Schließlich gibt es für die Drehung um 315° wiederum keine invarianten Anordnungen.

Die Summe der Elemente aller Äquivalenzklassen durch Drehungen dividiert durch die Gruppenordnung ergibt:

$$\frac{1}{8} \cdot \left(\frac{8!}{4! \cdot 4!} + 2! + \frac{4!}{2! \cdot 2!} + 2! \right) = 10$$

∎

Beispiel 9.9

Bestimme die Anzahl verschiedener Halsbänder mit 4 blauen und 4 roten Perlen.

Zu bestimmen ist für jede Gruppenoperation der Dieder-Gruppe für ein 8-Eck die Anzahl der Anordnungen, die durch diese Operation auf sich selbst abgebildet werden. Die Ordnung der Dieder-Gruppe für ein 8-Eck ist $2n = 16$.

Zu diesen Operationen gehören die Drehungen, die schon im vorigen Beispiel 9.8 betrachtet worden sind.

Außerdem sind Spiegelungen zu betrachten. Da die Anzahl der Perlen gerade ist, gibt es zwei verschiedene Arten, die Spiegelachse zu legen (siehe Abbildung 9.2), nämlich einmal durch zwei gegenüberliegende Perlen (Typ 1) und zum anderen durch zwei gegenüberliegende Zwischenräume (Typ 2). Für beide Typen gibt es jeweils 4 Möglichkeiten, die Spiegelachse zu legen.

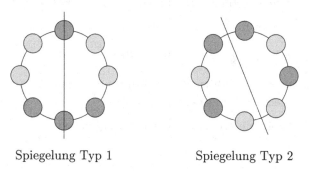

Spiegelung Typ 1   Spiegelung Typ 2

Abb. 9.2: Typen von Spiegelungen bei einer Halskette aus gerade vielen Perlen

Für eine Spiegelung vom Typ 1 gibt es 24 Anordnungen, die auf sich selbst abgebildet werden: Die beiden Perlen auf der Spiegelachse müssen von der gleichen Farbe sein (2 Möglichkeiten). Von den drei Plätzen auf einer Seite der Spiegelachse wird einer ausgewählt, der die gleiche Farbe erhält, wie die Perlen auf der Spiegelachse (3 Möglichkeiten). Insgesamt gibt es 4 Spiegelachsen. Somit lassen Spiegelungen vom Typ 1 insgesamt $2 \cdot 3 \cdot 4 = 24$ Anordnungen unverändert.

Betrachten wir nun Spiegelungen vom Typ 2. Auf jeder Seite der Spiegelachse müssen sich gleich viele rote und blaue Kugeln befinden, also jeweils 2. Es gibt 6 Möglichkeiten, solche Anordnungen aus 2 roten und 2 blauen Perlen zu bilden. Weil es 4 Spiegelachsen gibt, wird mit 4 multipliziert, das ergibt $6 \cdot 4 = 24$ Möglichkeiten.

Die Summe der je Gruppenoperation (Drehung oder Spiegelung) auf sich selbst abgebildeten Anordnungen ist:

$$\frac{8!}{4! \cdot 4!} + 2! + \frac{4!}{2! \cdot 2!} + 2! + 4 \cdot \frac{4!}{2! \cdot 2!} + 4 \cdot \frac{4!}{2! \cdot 2!} = 70 + 2 + 6 + 2 + 24 + 24$$

$$= 128$$

Die Ordnung der Gruppe ist 16.

Die Anzahl der Äquivalenzklassen bzgl. der Gruppenoperationen ist $128/16 = 8$.

Es gibt 8 verschiedene Perlenketten aus 4 roten und 4 blauen Kugeln.   ∎

9.6 Am Ziel

9.6.1 Zwei verschiedene Berechnungsweisen?

Oben hatte ich zunächst die $T(n, k)$-Formel zur Berechnung der Anzahl der Sitzordnungen benutzt. Anschließend hatte ich die gleiche Anzahl über die Auflistung der Gruppenoperationen und die Anzahl der jeweils auf sich selbst abgebildeten Anordnungen bestimmt. Die Ergebnisse stimmen überein.

Die $T(n, k)$-Formel ergibt für $m = f = 4$, also $n = 8$:

$$T(8, 4) = \frac{1}{8} \cdot (70 + 1 \cdot 6 + 2 \cdot 2) = \frac{80}{8} = 10$$

Bei der Zählung über die Auflistung der Gruppenoperationen hatte ich mit Teilbarkeiten und Nicht-Teilbarkeiten argumentiert.

Die $T(n, k)$-Formel formalisiert diese Teilbarkeitsargumente für den Fall der Rotationsgruppe.

9.6.2 Zusammenfassung und Lösung der Aufgabe

Satz 9.10 ($T(n, k)$-**Formel**)

Die Anzahl der Sitzordnungen von n Personen mit k Frauen und $n - k$ Männern am runden Tisch ist gleich

$$T(n, k) = \frac{1}{n} \cdot \sum_{d \,|\, (n, k)} \varphi(d) \cdot \binom{n/d}{k/d}.$$

Die Summe läuft über $d \mid (n, k)$, das meint alle gemeinsamen Teiler von n und k.

$\varphi(n)$ bezeichnet die Eulersche phi-Funktion, also die Anzahl der positiven ganzen Zahlen 1, 2, 3, ... bis und einschließlich n, die zu n relativ teilerfremd sind. Zwei Zahlen heißen dabei relativ teilerfremd, wenn es keine Primzahl gibt, die Teiler von beiden ist.

9.6.3 Konstruktiver Algorithmus?

Ich suchte noch einen Algorithmus, der alle möglichen Sitzordnungen bzw. alle möglichen Perlenketten erzeugt.

Schließlich habe ich einen gefunden (siehe COS [26]) und in PHP neu implementiert. Dieser kleine 'Halsband-Generator' ist auf dem Matheplaneten verfügbar (siehe [25]), man kann ihn dort gern ausprobieren und den Source-Code einsehen.

9.6.4 Nachbetrachtung

Die Aufgabe führte mich in die Algebraische Kombinatorik oder *Polya-Theorie*. Zitat aus einer Vorlesungsankündigung zu diesem Gebiet von P. Paule [23]:

> *Viele kombinatorische Situationen und Objekte können durch Operationen von Gruppen auf Mengen in natürlicher Weise beschrieben werden. Anwendungen dieses vereinheitlichenden algebraischen Konzeptes (sogenannte Polya-Theorie) ergeben sich sowohl für Abzählungs- und Klassifikationsprobleme (z. B. chemische Moleküle) als auch für die Konstruktion bzw. Auflistung kombinatorischer Objekte (z. B. Listingalgorithmen für Permutationen, Partitionen, Graphen u. s. w.).*

Ich habe die Theorie nur so weit angesprochen, wie es für diese Aufgabe erforderlich war. Die von mir herangezogenen Quellen sind im Literaturverzeichnis aufgeführt. Mehr über Gruppenoperationen findet der Leser hier im vorliegenden Buch in Kapitel 5.

Martin Wohlgemuth ist Dipl.-Math. und Betreiber der Matheplaneten.

10 Summenzerlegungen

Ein Ausflug in die Kombinatorik

Wir starten mit der Frage:

> *Auf wie viele Arten kann man eine Zahl als Summe von Zahlen schreiben?*

Diese Frage ist nicht eindeutig zu beantworten. Die Präzision in der Fragestellung muss verbessert werden.

> *Auf wie viele Arten kann man eine natürliche Zahl als Summe natürlicher Zahlen schreiben?*

Auch dies lässt Raum für Interpretationen. Nächster Versuch:

> *Auf wie viele Arten kann man eine natürliche Zahl als Summe beliebig vieler positiver natürlicher Zahlen darstellen, wobei zwei Darstellungen nur dann als verschieden gelten, wenn sie sich hinsichtlich der vorkommenden verschiedenen Summanden oder der Vielfachheit der verschiedenen Summanden unterscheiden?*

Eine Darstellung in diesem Sinne heißt *Summenzerlegung* oder auch *numerische Partition*.

Beispiel 10.1

Die Darstellungen von 17 als $5+5+3+4$ oder $4+3+5+5$ sind nicht verschieden, denn beide Darstellungen verwenden die gleichen Summanden (die 3, die 4 und die 5), die 5 kommt in beiden Darstellungen 2-mal vor, die 3 und die 4 kommen jeweils 1-mal vor.

Dagegen sind die Darstellungen $17 = 10+3+4$ und $17 = 3+5+5+4$ verschieden, denn ein Summand (etwa die 10) kommt nicht in beiden Darstellungen vor.

Auch die Darstellungen $17 = 5 + 4 + 4 + 2 + 2$ und $17 = 5 + 4 + 2 + 2 + 2 + 2$ sind verschieden. Zwar sind die verschiedenen Summanden in beiden Fällen die 2, 4 und 5, jedoch die Vielfachheiten der Summanden stimmen nicht überein — einmal kommt die 4 2-mal, das andere Mal nur 1-mal vor. ■

Zwei Summenzerlegungen sind also gleich, wenn die eine Darstellung zur anderen umsortiert werden kann.

Es ist gewollt, dass die Darstellung von $17 = 17$ eine Summenzerlegung ist. Die Ausdrucksweise 'beliebig viele positive Summanden' erlaubt die 1 für die Anzahl der Summanden. Die 1 ist mit Absicht eingeschlossen. Das muss man nicht so machen, aber es ist meine Entscheidung und ich begründe sie damit, dass es dadurch leichter (i. S. v. übersichtlicher, weniger Fallunterscheidungen) wird, die Summenzerlegungen zu zählen.

Nun denkt man sich bei einer Summe aber doch eher mindestens zwei Summanden. Ich muss die Aufgabenstellung noch genauer formulieren und komme nun nicht mehr umhin, die sprachliche Fassung des Problems durch eine formale zu ersetzen:

Definition 10.2 (Multimenge)

Eine *Multimenge* auf einer Menge A ist eine Menge geordneter Paare (v, a), wobei a aus A und v eine natürliche Zahl oder das Symbol ∞ mit der Bedeutung „unendlich" ist. ◆

Beispiel 10.3

Eine Multimenge soll man sich als Menge mit Vielfachheiten vorstellen. Folgendes ist ein Beispiel für eine Multimenge:

$$\{(4, \text{Glas Wein}), (3, \text{Cola}), (8, \text{Bier}), (2, \text{Wasser})\}$$

(Ja, Kellner müssen mit Multimengen umgehen können!) ■

Definition 10.4 (Summenzerlegung)

Eine *Summenzerlegung* einer natürlichen Zahl n ist eine Multimenge

$$M = \{(v_1, n_1), (v_2, n_2), \ldots, (v_r, n_r)\}$$

mit verschiedenen $n_i \in \mathbb{N}$, für die gilt:

$$\sum_{i=1}^{r} v_i \cdot n_i = n$$

für $r > 0$, $v_i > 0$, $n_i > 0$, $i = 1, \ldots, r$. ◆

Die *Menge aller Summenzerlegungen* einer natürlichen Zahl n ist eine Menge, deren Elemente Multimengen sind. Wir wollen die Anzahl der Elemente der Menge der Summenzerlegungen von n bestimmen.

Beispiel 10.5

Beispiel für eine Summenzerlegung der Zahl 9:

$$\{(1,5), (1,2), (2,1)\}$$

Zu lesen: „1-mal 5, 1-mal 2, 2-mal 1". Dies ist eine Summenzerlegung der natürlichen Zahl 9, weil $1 \cdot 5 + 1 \cdot 2 + 2 \cdot 1 = 9$ ist. Eine andere Summenzerlegung der 9 ist $\{(1,5), (2,2)\}$ ∎

Wenn man weiß, was man meint, dann kann man auch gerne wieder mit weniger formalem Aufwand schreiben. Die verschiedenen Summenzerlegungen der 9 sind:

$$9 = 9$$
$$9 = 8 + 1$$
$$9 = 7 + 2$$
$$9 = 7 + 1 + 1$$
$$9 = 6 + 3$$
$$9 = 6 + 2 + 1$$
$$9 = 6 + 1 + 1 + 1$$
$$9 = 5 + 4$$
$$9 = 5 + 3 + 1$$
$$\text{usw.}$$

Die Frage, die wir beantworten wollen, lautet also:

Frage 1: Wie viele verschiedene Summenzerlegungen gibt es für eine natürliche Zahl n?

10.1   Zählen kann doch jeder

Das sagt man so leicht! Es ist aber kein Kinderspiel, die Kombinatorik. Bei der ersten Bekanntschaft mit der Kombinatorik lernt man Permutationen, Kombinationen und Variationen. Dafür werden Formeln gelehrt, die Potenzen, Fakultäten und Binomialkoeffizienten enthalten. Das ist die elementare Kombinatorik. Das hier gestellte Problem kann man damit nicht lösen.

Was ist das Ziel der Kombinatorik? Nun, Formeln für Anzahlen zu geben, ist die falsche Antwort. Richtig ist: Ziel der Kombinatorik ist die Lösung von Abzählproblemen. Allerdings ist eine Lösung nicht notwendig eine Formel, sondern allgemeiner, eine Lösung ist eine Methode, mit der Abzählungen vorgenommen werden können. Das ist allgemein ein Algorithmus, denn auch eine Formel mit Fakultäten ist nichts anderes als die komprimierte Fassung eines Algorithmus. Die Kombinatorik ist die Wissenschaft von diesen Methoden, von den Denkweisen und Wegen, auf denen man zu einer Lösung gelangt.

Manche glauben, dass Kombinatorik kein wesentliches Feld der Mathematik sei. Meiner Meinung nach ist Kombinatorik eine Methode des mathematischen Denkens, die sich als unsagbar produktiv erwiesen hat und dabei häufig höchst intuitive und vom ästhetischen Standpunkt (des Mathematikers) schöne Ergebnisse hervorbringt — Ergebnisse, die außerdem für die Berechnung mit Computern unmittelbar einsetzbar sind.

Jede Beschäftigung mit einem Abzählproblem beginnt damit, die Aufgabenstellung zu verstehen, nötigenfalls zu präzisieren und präzise auszudrücken (siehe oben). Es macht schließlich einen wesentlichen Unterschied, ob man die Reihenfolge der Summanden in einer Summenzerlegung unterscheidet oder nicht.

10.2   Äquivalente und verwandte Fragen

Die Frage 1 ist äquivalent zur Frage 2 (d. h., wenn man das eine zählen kann, dann kann man auch das andere zählen):

Frage 2: Auf wie viele verschiedene Weisen lassen sich n nicht unterscheidbare Kugeln in nicht unterscheidbare Behälter verteilen, so dass kein Behälter leer bleibt?

Dieses Problem ist wiederum nahe verwandt mit dem Folgenden:

Frage 3: Auf wie viele verschiedene Weisen lassen sich n nicht unterscheidbare Kugeln in k nicht unterscheidbare Behälter verteilen, so dass kein Behälter leer bleibt?

Äquivalent zu Frage 3 ist:

Frage 4: Wie viele Summenzerlegungen mit genau k Elementen hat eine natürliche Zahl n?

Und eine naheliegende Variation von Frage 3 ist diese:

Frage 5: Auf wie viele verschiedene Weisen lassen sich n nicht unterscheidbare Kugeln in k nicht unterscheidbare Behälter verteilen? (Behälter dürfen also leer bleiben.)

10.3   Die Anzahl der Summenzerlegungen von n

Die Anzahl der Summenzerlegungen einer natürlichen Zahl n wird mit $p(n)$ bezeichnet. Man nennt die $p(n)$ die *Partitionszahlen*. Dieser Name geht zurück auf Euler [29]. Wir wollen nun unsere Frage 1 angehen.

Das Angenehme bei den kombinatorischen Problemen ist, dass man zum Warmwerden das Problem mit kleinen Zahlen für n oder k betrachten kann. Nach einigem Probieren und Nachdenken hat man schnell eine kleine Wertetabelle und bereits etwas von der Struktur des Problems begriffen.

Bei manchen Problemen findet man nun schnell eine Vermutung für eine Anzahlformel (als geschlossener Ausdruck unter Verwendung von elementaren Anzahlbegriffen). Bei den Summenzerlegungen bzw. numerischen Partitionen ist aber keine geschlossene Formel bekannt.

Hier ist eine Wertetabelle (Tabelle 10.1) für die Anzahl der Summenzerlegungen $p(n)$ bis $n = 29$:

Tab. 10.1: Wertetabelle für die Anzahl der Summenzerlegungen $p(n)$ für $n \leq 29$

n	$p(n)$	n	$p(n)$	n	$p(n)$
0	1	10	42	20	627
1	1	11	56	21	792
2	2	12	77	22	1002
3	3	13	101	23	1255
4	5	14	135	24	1575
5	7	15	176	25	1958
6	11	16	231	26	2436
7	15	17	297	27	3010
8	22	18	385	28	3718
9	30	19	490	29	4565

Um diese Tabelle so weit und auch noch weiter zu füllen, muss es eine genügend einfache Berechnungsmethode geben. Um unterschiedliche Berechnungsmethoden soll es im Folgenden gehen. Wir beginnen mit rekursiven Ansätzen.

10.4   Rekursive Ansätze

Der Grundgedanke für die Suche nach rekursiven Beziehungen ist:

Finde geeignete disjunkte Aufteilungen der zu zählenden Gesamtheit und versuche, die Mächtigkeit der Teilmengen zu bestimmen. (Zwei Mengen heißen *disjunkt*, wenn sie keine gemeinsamen Elemente haben.)

Für die Summenzerlegungen bieten sich zwei mögliche Ansätze an.

Gruppiere die Summenzerlegungen

I.   nach ihrem größten Summanden,
II. nach der Anzahl der Summanden.

Beide werden zum Ziel führen.

10.4.1   Summenzerlegungen nach Größe der Summanden

Ich bezeichne die Anzahl der Summenzerlegungen von n, in denen der größte vorkommende Summand gleich m ist, mit $b(n,m)$.

Die Aufteilung der Summenzerlegungen für n nach dem größten vorkommenden Summanden ist disjunkt.

In Tabelle 10.2 sind alle Summenzerlegungen der 7 und der jeweils größte Summand dargestellt.

Es ist

$$p(n) = b(n,1) + b(n,2) + \ldots + b(n,n). \tag{10.1}$$

Weiter muss man nicht gehen, denn $b(n, n + 1)$, $b(n, n + 2)$ usw. sind 0. Das führt auf die Frage nach der Berechnung der $b(n,m)$.

Wie man sich leicht überzeugt, gelten die Anfangsbedingungen:

$b(n,m) = 0$, wenn $m > n \geq 0$.

$b(n,0) = 0$ für alle $n > 0$.

$b(n,1) = 1$ für alle $n > 0$.

$b(0,0) = 1$, allein aus logischen Erwägungen.

Wenn eine Summenzerlegung einen maximalen Summanden m hat, dann ergibt sich daraus durch Weglassen dieses Summanden eine Summenzerlegung von $n - m$, in der der größte vorkommende Summand m' höchstens gleich m ist.

Hat man zwei verschiedene solche Summenzerlegungen von n, dann erhält man nach diesem Verfahren verschiedene Summenzerlegungen von $n - m$ (mit maximalem Element kleiner oder gleich m). Es ist somit

$$b(n,m) \leq b(n - m, 1) + \ldots + b(n - m, m - 1) + b(n - m, m). \tag{10.2}$$

Tab. 10.2: Summenzerlegungen der 7 und größter Summand

lfd. Nr.		Größter Summand
1	•••••••	7
2	•••••• •	6
3	••••• ••	5
4	••••• • •	5
5	•••• •••	4
6	•••• •• •	4
7	•••• • • •	4
8	••• ••• •	3
9	••• •• ••	3
10	••• •• • •	3
11	••• • • • •	3
12	•• •• •• •	2
13	•• •• • • •	2
14	•• • • • • •	2
15	• • • • • • •	1

Umgekehrt: Ausgehend von einer Summenzerlegung von $n - m$ mit maximalem Summanden kleiner oder gleich m bildet man eine Summenzerlegung von n mit maximalem Summanden m, indem man einen Summanden m hinzufügt.

Hat man zwei verschiedene solche Summenzerlegungen von $n - m$, dann erhält man nach diesem Verfahren verschiedene Summenzerlegungen von n (mit maximalem Element m). Es gilt:

$$b(n - m, 1) + \ldots + b(n - m, m - 1) + b(n - m, m) \leq b(n, m) \qquad (10.3)$$

Aus (10.2) und (10.3) folgt Gleichheit:

$$b(n, m) = b(n - m, 1) + \ldots + b(n - m, m - 1) + b(n - m, m) \qquad (10.4)$$

Dieses erste Ergebnis ermöglicht schon die Berechnung der $b(n, m)$ mit einem Computer. Unschön ist hierbei allerdings die variable Länge der Rekursion.

Wir betrachten das Problem nun von einer anderen Seite. Wesentlich ist folgende Überlegung:

Die Summenzerlegungen von n in Summanden kleiner m kann man disjunkt aufteilen nach der Häufigkeit des Summanden m. Wenn der Summand m genau einmal vorkommt, dann kann man eine Summenzerlegung von $n - 1$ mit größtem Summanden $m - 1$ konstruieren, indem man von dem Summanden m eins wegnimmt. Wenn der Summand m aber mehrfach vorkommt, dann ergibt das Streichen dieses Summanden eine Summenzerlegung von $n - m$, in der der größte vorkommende Summand immer noch m ist.

Somit gelangt man zu der Gleichung:

$$b(n, m) = b(n - 1, m - 1) + b(n - m, m) \tag{10.5}$$

Gleichung (10.5) ist das Erkennungsmerkmal vieler Varianten von Summenzerlegungen. Wir werden dieser Identität noch mehrmals begegnen.

Anmerkung: Gleichungen wie (10.5) werden als *Differenzengleichungen* bezeichnet. Für bestimmte Typen von Differenzengleichungen sind Verfahren bekannt, eine explizite Form der durch die Differenzengleichung und die Anfangswerte implizit gegebenen Funktion zu bestimmen. Diese Verfahren ähneln oft den Methoden zur Lösung von Differentialgleichungen. Was für stetige Funktionen die Differentialgleichungen, sind in der Kombinatorik die Differenzengleichungen! Und genau wie nicht jede Differentialgleichung eine explizit bekannte Lösung hat, ist es auch hier: Für die Differenzengleichung (10.5) ist keine explizite Form der Lösung bekannt.

10.4.2 Summenzerlegungen nach Anzahl der Summanden

Ich verwende weiter die Bezeichnung $p(n)$ für die Anzahl der Summenzerlegungen und bezeichne die Anzahl der Summenzerlegungen von n in genau k Summanden mit $a(n, k)$.

Tab. 10.3: Summenzerlegungen der 7 und Anzahl der Summanden

lfd. Nr.		Anzahl Summanden
1	•••••••	1
2	•••••• •	2
3	••••• ••	2
4	••••• • •	2
5	•••• •••	3
6	•••• •• •	3
7	•••• • • •	3
8	••• ••• •	3
9	••• •• ••	4
10	••• •• • •	4
11	••• • • • •	4
12	•• •• •• •	5
13	•• •• • • •	5
14	•• • • • • •	6
15	• • • • • • •	7

Die Aufteilung der Summenzerlegungen für n nach der Anzahl der Summanden ist disjunkt.

In Tabelle 10.3 sind alle Summenzerlegungen der 7 und jeweils die Anzahl der Summanden dargestellt.

Es gilt:

$$p(n) = a(n,1) + a(n,2) + \ldots + a(n,n) \tag{10.6}$$

Mit der Erfahrung aus dem vorigen Abschnitt wage ich sogleich folgenden Ansatz:

Die Summenzerlegungen von n in genau k Summanden kann man disjunkt aufteilen nach dem kleinsten Summanden. Der kleinste Summand ist entweder eine 1, oder er ist größer als 1.

Wenn der kleinste Summand größer als 1 ist, dann kann man von jedem Summanden eins wegnehmen und es ergibt sich eine Summenzerlegung von $n-k$ mit genau k Summanden. Wenn der kleinste Summand 1 ist, dann kann man einen Summanden 1 weglassen und es verbleibt eine Summenzerlegung von $n-1$ in $k-1$ Summanden. Das bedeutet:

$$a(n,k) = a(n-1,k-1) + a(n-k,k) \tag{10.7}$$

Für die Berechnung der $a(n,k)$ nach Beziehung (10.7) benötigen wir die Anfangswerte:

$$a(0,0) = 1.$$
$$a(n,0) = 0 \ \text{für } n > 0.$$
$$a(n,1) = 1 \ \text{für } n > 0.$$
$$a(n,k) = 0, \ \text{wenn } k > n \geq 0.$$

Es ist stets $a(n,k) = b(n,k)$, denn die Rekursionen (10.5) und (10.7) sind gleich und die Anfangswerte ebenfalls.

Eine Tabelle der $a(n,k)$ ist zugleich eine Tabelle der $b(n,m)$ (Tabelle 10.3):

Tab. 10.4: Tabelle der $a(n,k)$ bzw. $b(n,m)$

n	0	1	2	3	4	5	6	7	8	9	10	11	12	13	14	15	16	17	18	19	20
k 0	1																				
(m) 1		1	1	1	1	1	1	1	1	1	1	1	1	1	1	1	1	1	1	1	1
2			1	1	2	2	3	3	4	4	5	5	6	6	7	7	8	8	9	9	10
3				1	1	2	3	4	5	7	8	10	12	14	16	19	21	24	27	30	33
4					1	1	2	3	5	6	9	11	15	18	23	27	34	39	47	54	64
5						1	1	2	3	5	7	10	13	18	23	30	37	47	57	70	84
6							1	1	2	3	5	7	11	14	20	26	35	44	58	71	90
7								1	1	2	3	5	7	11	15	21	28	38	49	65	82
8									1	1	2	3	5	7	11	15	22	29	40	52	70
9										1	1	2	3	5	7	11	15	22	30	41	54
10											1	1	2	3	5	7	11	15	22	30	42

Mit (10.1) und (10.5) bzw. (10.7) lassen sich die $p(n)$ berechnen.

10.5   Dualität

Die Beziehung $a(n, k) = b(n, k)$ signalisiert eine Dualität der beiden Probleme. Es gibt einen einfachen und anschaulichen Weg, die zueinander dualen Summenzerlegungen gemäß I. oder II. (aus Abschnitt 10.4) zu bestimmen.

Abbildung 10.1 zeigt eine Summenzerlegung der 7 im sog. *Ferrers-Diagramm*. Die Zerlegung $7 = 4 + 2 + 1$ wurde in den Zeilen eingetragen. Dreht man das Diagramm um 90° oder liest die Anzahl der gefüllten Kästchen in den Spalten, dann erhält man $7 = 3 + 2 + 1 + 1$.

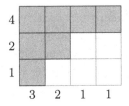

Abb. 10.1: Ferrers-Diagramm zur Verdeutlichung der Dualität der Probleme I und II

Die eine Zerlegung hat das maximale Element 4 und die andere hat 4 Summanden. Zwei Summenzerlegungen, die durch diese Operation auseinander hervorgehen, nennt man *konjugiert*. Summenzerlegungen sind *selbstkonjugiert*, wenn das Konjugierte einer Summenzerlegung mit der Summenzerlegung übereinstimmt.

Mit Hilfe der Dualität lässt sich die Anzahl der „Summenzerlegungen in lauter verschiedene ungerade Summanden" angeben. Sie ist nämlich gleich der Anzahl der selbstkonjugierten Summenzerlegungen.

Man kann nämlich eine Bijektion zwischen beiden herstellen, die auf der in Abbildung 10.2 gezeigten Idee beruht.

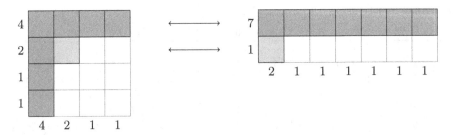

Abb. 10.2: Aus dem Ferrers-Diagramm einer selbstkonjugierten Summenzerlegung von $n = 8$ entsteht eine Summenzerlegung mit verschiedenen ungeraden Summanden.

Gezeigt werden Ferrers-Diagramme einer selbstkonjugierten Summenzerlegung von $n = 8$ und einer Summenzerlegung von 8 in verschiedene ungerade Summanden. Das rechte Diagramm entsteht aus dem linken, indem man die Kästchen aus Zeilen und Spalten mit einem gemeinsamen Diagonalfeld in Zeilen anordnet. Das linke Diagramm entsteht aus dem rechten, indem man die Zeilen 'zentriert' und dann entlang der Mittellinie zum rechten Winkel 'knickt'.

Erwähnen möchte ich auch asymptotische Formeln für die Anzahl der Summenzerlegungen $p(n)$ und die Anzahl $P(n)$ der Summenzerlegungen in lauter verschiedene Summanden:

$$p(n) \approx \frac{1}{4n\sqrt{3}} \cdot e^{\pi\sqrt{\frac{2n}{3}}}$$

$$P(n) \approx \frac{1}{4\sqrt[4]{3n^3}} \cdot e^{\pi\sqrt{\frac{n}{3}}}$$

Sie stammen von Hardy und Ramanujan [31] und sind Beispiele für viele beachtliche und zugleich ungeheure Ergebnisse, die der geniale indische Mathematiker Srinivasa Ramanujan (1887–1920) gefunden hat. In [30] findet sich der Beweis.

„*Asymptotische Formel*" bedeutet, dass für wachsende n die prozentuale Abweichung der Näherung vom tatsächlichen Wert gegen 0 geht. So ist z. B. $p(10) = 42$ und die Näherung ergibt 48,1. Es ist $p(100) = 190569292$ und die Näherung liefert 199280893.

10.6   Leere Behälter

Die bisherigen Überlegungen galten Summenzerlegungen mit positiven Summanden. Nun noch ein Blick auf Zerlegungen in nichtnegative Summanden. Zur genauen Unterscheidung nenne ich diese Summenzerlegungen[0].

Nun macht es keinen Sinn, nach der Anzahl der Summenzerlegungen[0] einer natürlichen Zahl n zu fragen, denn schließlich kann man durch Hinzufügen von weiteren Nullen beliebig viele andere Summenzerlegungen[0] erzeugen.

Ich will aber die Anzahl der Summenzerlegungen[0] betrachten, die eine natürliche Zahl n in genau k nichtnegative Summanden zerlegt. Diese Anzahl nenne ich $c(n,k)$.

Es ist

$$c(n,k) = a(n+k,k), \tag{10.8}$$

denn aus einer Summenzerlegung[0] von n mit k nichtnegativen Summanden wird eine Summenzerlegung von $n+k$ mit k positiven Summanden, wenn man zu jedem Summanden 1 addiert und vice versa.

Unmittelbar haben wir damit die Rekursion:

$$c(n,k) = c(n,k-1) + c(n-k,k) \tag{10.9}$$

Diese Beziehung lässt sich nach dem oben schon vorgeführten Muster auch direkt zeigen:

Eine Summenzerlegung[0] von n in k Summanden enthält eine Null oder enthält keine Null. Die Anzahl der Summenzerlegungen[0] von n ohne eine Null ist gleich der Anzahl der Summenzerlegungen[0] von $n - k$ in k Summanden. Die Anzahl der Summenzerlegungen[0] mit einer Null ist gleich der Anzahl der Summenzerlegungen[0] von n in $k - 1$ Summanden.

Die Anfangswerte für $c(n, k)$ sind:

$$c(0, k) = 1 \quad (k \geq 0)$$
$$c(n, 0) = 0 \quad (n > 0)$$
$$c(1, k) = 1 \quad (k > 0)$$
$$c(n, 1) = 1 \quad (n > 0)$$

Die ersten Werte für $c(n, k)$ zeigt Tabelle 10.5.

Tab. 10.5: Tabelle $c(n, k)$

	n	0	1	2	3	4	5	6	7	8
k	0	1	1	1	1	1	1	1	1	1
	1		1	1	1	1	1	1	1	1
	2		1	2	2	2	2	3	3	3
	3		1	2	3	3	3	3	3	3
	4		1	3	4	4	4	4	4	4
	5		1	3	5	6	7	7	7	7
	6		1	4	7	9	10	11	11	11
	7		1	4	8	11	13	14	15	15
	8		1	5	10	14	17	19	20	21

Aus jeder Summenzerlegung von n in weniger als k Summanden erhält man eine Summenzerlegung[0] von n in k Summanden, indem man die erforderliche Anzahl Nullen hinzufügt.

Darum gilt

$$c(n, k) = \sum_{i=1}^{k} a(n, i). \tag{10.10}$$

Mit (10.8) wird daraus

$$c(n, k) = \sum_{i=1}^{k} c(n - i, i). \tag{10.11}$$

Interessanter ist nun, dass man auch mit den $c(n, k)$ die $p(n)$ berechnen kann.

Es gilt:

$$p(m) = \sum_{n+k=m} c(n, k) \tag{10.12}$$

Beweis: Zur Übung überlassen.

Das bedeutet: Die Summe der m-ten Gegendiagonalen in der Tabelle der $c(n, k)$ (Tabelle 10.5) ist gleich der Anzahl der Summenzerlegungen von m. Die Beziehung (10.8) zwischen den $a(n, k)$ und den $c(n, k)$ ist aufschlussreich, denn sie zeigt, wie man etwa die Frage nach den Summenzerlegungen[2] angehen kann. Mit Summenzerlegung[2] meine ich Zerlegungen von n in Summanden, die alle mindestens 2 sind.

Im nächsten Abschnitt werde ich über die erzeugenden Funktionen für die Summenzerlegungen berichten und erklären, welche zusätzlichen Aufschlüsse man durch erzeugende Funktionen über die Struktur des Problems erhält.

Wer mag, kann sich vorab selbst mit folgender Frage beschäftigen:

Frage 6: Wie viele Möglichkeiten gibt es, einen Betrag von 1 Euro in Münzen zu zahlen?

10.7 Erzeugende Funktionen

Definition 10.6 (Erzeugende Funktion)
Als erzeugende Funktion einer reellen Zahlenfolge a_n bezeichnet man die formale Potenzreihe

$$\sum_{n=0}^{\infty} a_n x^n \qquad (10.13)$$

bzw. die durch diese Reihe in ihrem Konvergenzintervall dargestellte Funktion (falls Konvergenzradius $r > 0$). ◆

Wir wollen nun die erzeugende Funktion der $p(n)$ und einiger anderer Folgen bestimmen und sehen, was wir davon haben.

Satz 10.7
Die erzeugende Funktion der Anzahl der Summenzerlegungen $p(n)$ lautet:

$$\prod_{i=0}^{\infty} \frac{1}{1 - x^i} \qquad (10.14)$$

Der Herkunft, Relevanz und Nützlichkeit dieses Ergebnisses werden wir nun nachgehen. Beim Umgang mit Potenzreihen ist es zweckmäßig, die algebraischen Rechenregeln von Konvergenzfragen zu trennen.

Für zwei formale Potenzreihen

$$P := \sum_{n=0}^{\infty} a_n x^n \text{ und}$$

$$Q := \sum_{n=0}^{\infty} b_n x^n$$

definiert man eine Addition und eine Multiplikation:

$$P + Q := \sum_{n=0}^{\infty} (a_n + b_n) x^n \tag{10.15}$$

$$P \cdot Q := \sum_{n=0}^{\infty} c_n x^n \text{ mit } c_n = \sum_{i+j=n} a_i b_j \tag{10.16}$$

Die derart definierte Addition und die Multiplikation stimmen im Falle konvergenter Potenzreihen mit den dort beweisbaren Rechenregeln überein.

Eine formale Potenzreihe ist eine Schreibweise, die man ohne Rücksicht auf mögliche Konvergenz verwendet. Die formalen Potenzreihen sind nicht mehr als eine Wäscheleine, an der die Folgenglieder aufgehängt, platziert werden. In formalen Potenzreihen wird niemals ein x eingesetzt.

In der formalen Potenzreihe der Folge $p(n)$ ist der Koeffizient der n-ten Potenz der Unbestimmten x das Folgenglied $p(n)$, d. h., der Platz von $p(n)$ ist bei x^n.

10.7.1 Die Brücke

Um eine Brücke zum Verständnis der erzeugenden Funktionen zu bauen, betrachte ich für ein festes m die Folge

$$g(n,m) := \text{Anzahl der Summenzerlegungen von } n \text{ in Summanden gleich } m.$$

Für $m = 1$ ist für alle n $g(n,1) = 1$, denn ist nur der Summand 1 erlaubt, so gibt es nur eine Möglichkeit die Zahl n als Summe (von Einsen) darzustellen.

Die Potenzreihe

$$P := \sum_{n=0}^{\infty} g(n,1) x^n = \sum_{n=0}^{\infty} x^n$$

ist für $|x| < 1$ konvergent und stellt die Funktion $\frac{1}{1-x}$ dar. (Hinweis: $\sum_{n=0}^{\infty} x^n$ ist eine geometrische Reihe, deren Konvergenzverhalten und Grenzwert $\frac{1}{1-x}$ bekannt sind.)

$g(n,1)$ hat somit die erzeugende Funktion $\frac{1}{1-x}$.

Für $m = 2$ ist $g(n,2) = 0$ für ungerade n und $g(n,2) = 1$ für gerade n, denn es gibt keine Möglichkeit, eine ungerade Zahl als Summe von Zweien darzustellen, und es gibt genau eine Möglichkeit, eine gerade Zahl als Summe von Zweien zu schreiben.

Die Potenzreihe

$$P := \sum_{n=0}^{\infty} g(n,2)x^n = \sum_{n=0}^{\infty} x^{2n} = \sum_{n=0}^{\infty} (x^2)^n$$

ist für $|x| < 1$ konvergent und stellt die Funktion $\frac{1}{1-x^2}$ dar.

$g(n,2)$ hat also die erzeugende Funktion $\frac{1}{1-x^2}$.

Es ist schon zu raten, wie die erzeugende Funktion von $g(n,3)$ lautet, nämlich $\frac{1}{1-x^3}$, und dass $g(n,m)$ für $m > 0$ die erzeugende Funktion $\frac{1}{1-x^m}$ hat.

10.7.2 Über die Brücke gehen

Wir betrachten nun für festes m folgende Folge

$h(n,2) :=$ Anzahl der Summenzerlegungen von n in Summanden kleiner oder gleich 2.

Behauptung: Es ist:

$$\sum_{n=0}^{\infty} h(n,2)x^n = \sum_{n=0}^{\infty} g(n,1)x^n \cdot \sum_{n=0}^{\infty} g(n,2)x^n \qquad (10.17)$$

Plausibilisierung von (10.17): Berechne das Produkt

$$(1+x+x^2+x^3+x^4+x^5+x^6+x^7+x^8+x^9+x^{10}) \cdot (1+x^2+x^4+x^6+x^8+x^{10}).$$

Ergebnis:

$$1+x+2x^2+2x^3+3x^4+3x^5+4x^6+4x^7+5x^8+5x^9+6x^{10}+ \text{ (höhere Potenzen)}$$

Man liest ab, dass $h(7,2) = 4$ ist.

Tatsächlich gibt es 4 Summenzerlegungen mit Summanden 1 oder 2:

$$7 = 2 + 2 + 2 + 1$$
$$7 = 2 + 2 + 1 + 1 + 1$$
$$7 = 2 + 1 + 1 + 1 + 1 + 1$$
$$7 = 1 + 1 + 1 + 1 + 1 + 1 + 1$$

Beweis von 10.17. Das Produkt $\sum_{n=0}^{\infty} g(n,1)x^n \cdot \sum_{n=0}^{\infty} g(n,2)x^n$ ist eine formale Potenzreihe $\sum_{n=0}^{\infty} c(n)x^n$. Der Koeffizient $c(n)$ von x^n in diesem Produkt ist gleich der Anzahl der Möglichkeiten, das x^n als Produkt von verschiedenen x-Potenzen zu erhalten. Genau die Produkte $g(i,1)x^i \cdot g(j,2)x^j$ mit $i+j = n$ ergeben die Potenz x^n. Der Koeffizient von x^n ist gleich der Summe der $g(i,1) \cdot g(j,2)$ mit $i + j = n$. Folglich ist $c(n) = \sum_{i+j=n} g(i,1) \cdot g(j,2)$. Die $c(n)$ sind wohldefiniert, denn die rechte Summe hat nur endlich viele Summanden. $\square$

In der Anschauung der Kombinatorik bedeutet diese Formel: Man erhält alle Summenzerlegungen von n in Summanden aus $\{1,2\}$, indem man zu einer vorgegebenen Anzahl Einsen (nämlich i Einsen) die erforderliche Anzahl Zweien auffüllt. Es gibt $g(i,1) \cdot g(n-i,2)$ Summenzerlegungen mit genau i Einsen. Man beachte, dass $g(n-i,2)$ gleich 0 ist, wenn $n-i$ eine ungerade Zahl ist.

10.7.3 Der Bauplan ist klar

Nach diesem Bauplan ist es nun leicht, die erzeugende Funktion für die Folge

$d(n) :=$ Anzahl der Summenzerlegungen in Summanden $\{2,3\}$

anzugeben. Sie lautet:

$$\frac{1}{1-x^2} \cdot \frac{1}{1-x^3} \tag{10.18}$$

Auch die weiter oben gestellte Frage 6;

Wie viele Möglichkeiten gibt es, 1 Euro in Münzen zu zahlen?

kann ich nun beantworten.

Die einsetzbaren Münzwerte sind (in Cent): 1, 2, 5, 10, 20, 50, 100.

Sei $e(n)$ die Anzahl der Möglichkeiten, n Cent in Münzen zu zahlen.

Die erzeugende Funktion von $e(n)$ ist

$$\frac{1}{1-x} \cdot \frac{1}{1-x^2} \cdot \frac{1}{1-x^5} \cdot \frac{1}{1-x^{10}} \cdot \frac{1}{1-x^{20}} \cdot \frac{1}{1-x^{50}} \cdot \frac{1}{1-x^{100}}. \tag{10.19}$$

Gut und schön, was ist nun $e(100)$? Ist man nicht genauso schlau wie zuvor? Ich sage: „Schlauer!", denn:

1. Mit erzeugenden Funktionen können viele Probleme sehr schnell auf die Berechnung der Koeffizienten von Potenzreihen zurückgeführt werden. (Siehe das Problem des Geldwechsels.)

2. Ein einfaches Berechnungsverfahren für die Koeffizienten ist leicht anzugeben und zu programmieren.

Der Koeffizient von x^{100} in der erzeugenden Funktion von $e(n)$ gibt die Antwort auf die Frage:

1 Euro oder 100 Cent können auf 4563 verschiedene Weisen in Münzen bezahlt werden!

Die Berechnung habe ich mit einem Programm durchgeführt, das der Leser auch selbst ausprobieren kann, siehe [33]. Die Folgenglieder werden über die erzeugende Funktion (10.19) berechnet. Dabei müssen mehrere Polynome bis zu einem maximalen Grad, der durch den zu zerlegenden Betrag bestimmt ist, multipliziert werden.

10.7.4 Zurück zu Summenzerlegungen

Sei $p(n)$ die Anzahl der Summenzerlegungen der natürlichen Zahl n.

Die erzeugende Funktion der p(n) lautet:

$$\prod_{i=0}^{\infty} \frac{1}{1-x^i} \qquad (10.20)$$

Das sollte nun plausibel sein. Für jede gegebene Zahl n kann das unendliche Produkt auf das Produkt der Faktoren $\frac{1}{1-x^i}$ mit $i \le n$ eingeschränkt werden.

Mit dem Programm für Münzzerlegungen kann man die Anzahl der Summenzerlegungen einer natürlichen Zahl n berechnen: Setze bei den Münzwerten alle Zahlen kleiner oder gleich n ein, dann sind die vom Programm gelieferten Anzahlen bis einschließlich n genau die Anzahl der Summenzerlegungen für die jeweilige Zahl.

Einige andere, in meinen Augen effektivere Berechnungsmethoden waren schon weiter oben genannt worden, z. B. (10.12).

10.8 Ausblick und Schluss

Mit etwas Geschick holt man aus einer erzeugenden Funktion auch noch explizite Formeln für die Koeffizienten heraus. Für die Summenzerlegungen ist aber keine explizite Formel bekannt. Im folgenden Kapitel über Pentagonalzahlen wird noch eine weitere, ganz unglaubliche Rekursionsbeziehung für die Anzahl der Summenzerlegungen $p(n)$ hergeleitet werden.

Martin Wohlgemuth aka *Matroid*.

11 Pentagon, Kartenhaus und Summenzerlegung

Abb. 11.1: Kartenhaus, gebaut von meiner Tochter Antonia.

Was haben Pentagonalzahlen mit Kartenhäusern zu tun? Und in welcher Weise helfen beide bei der Frage nach den möglichen Summenzerlegungen einer natürlichen Zahl? Mathematik bringt oft unglaubliche Beziehungen zutage.

11.1   Pentagonalzahlen

Für die Pythagoräer war alles Zahl. Besondere Beachtung wurde den figurierten Zahlen gegeben (siehe Gärtner [36]). Man untersuchte Dreieckzahlen, Quadratzahlen, Fünfeckzahlen usw.

Aus Fünfeck- oder Pentagonalzahlen lassen sich in regelmäßiger Weise Figuren zu Fünfecken legen.

Die folgende Abbildung 11.2 zeigt die ersten 4 Pentagonalzahlen, nämlich 1, 5, 12 und 22. Mit 5 Punkten kann man ein regelmäßiges Fünfeck legen. Mit 12 Punkten kann man in der gezeigten Weise zwei Fünfecke legen.

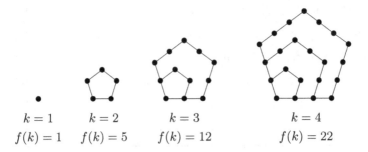

$$k = 1 \qquad k = 2 \qquad k = 3 \qquad\qquad k = 4$$
$$f(k) = 1 \quad f(k) = 5 \quad f(k) = 12 \qquad\quad f(k) = 22$$

Abb. 11.2: Visualisierung der ersten Pentagonalzahlen

Sei $f(k)$ die k-te Pentagonalzahl. Für die Pentagonalzahlen gilt die Berechnungsformel

$$f(k) = k \cdot \frac{3k - 1}{2} \tag{11.1}$$

und die Rekursion

$$f(k) = 3f(k - 1) - 3f(k - 2) + f(k - 3). \tag{11.2}$$

11.2   Kartenhaus-Zahlen

Kartenhaus-Zahlen haben keinen antiken Hintergrund. Die ersten 4 Kartenhaus-Zahlen zeigt Abbildung 11.3.

Es sei $g(m)$ die Anzahl der Karten (oder Bierdeckel), die man für ein Kartenhaus mit m Etagen benötigt - wenn man es in der gezeigten Weise errichtet. Für ein Kartenhaus mit 5 Stockwerken, wie es meine Tochter gebaut hat (siehe Abbildung (11.1)), benötigt man 40 Karten (oder Bierdeckel). (Richtig vermutet: während meine Tochter Kartenhäuser baute, habe ich mich der Frage gewidmet, wie viele Deckel sie für eine weitere Etage benötigt.) Sind die Pentagonalzahlen eine Spielerei für Zahlenmystiker? Sind die Kartenhauszahlen eine Spielerei für Wirtshaustische?

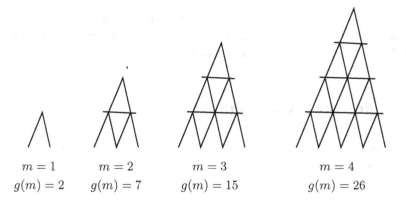

$$m = 1 \qquad m = 2 \qquad m = 3 \qquad m = 4$$
$$g(m) = 2 \qquad g(m) = 7 \qquad g(m) = 15 \qquad g(m) = 26$$

Abb. 11.3: Visualisierung der ersten Kartenhauszahlen

Für die Kartenhauszahlen gilt die Formel

$$g(m) = m \cdot \frac{3m + 1}{2} \tag{11.3}$$

und die Rekursion

$$g(m) = 3g(m - 1) - 3g(m - 2) + g(m - 3). \tag{11.4}$$

11.3   Erstes Wunder

Für Pentagonalzahlen und Kartenhaus-Zahlen gilt die gleiche Rekursion ((11.2) und (11.4))! Und nicht nur das, die eine Folge ist in bestimmter Weise die Fortsetzung der anderen. Setzt man nämlich in (11.1) $k = -m$, findet man:

$$f(-m) = (-m) \cdot \frac{3(-m) - 1}{2} = m \cdot \frac{3m + 1}{2} \tag{11.5}$$

Man erhält die Kartenhaus-Zahlen, wenn man in der Formel der Pentagonalzahlen (11.1) negative Zahlen einsetzt.

Dieser Zusammenhang war schon Euler bekannt. Die Zahlen $g(m)$ werden üblicherweise als „Pentagonalzahlen zweiter Art" oder auch als „negative Pentagonalzahlen" bezeichnet.

11.4   Verallgemeinerte Pentagonalzahlen

Die Folge

$$h(n) = n \cdot \frac{3n - 1}{2}, \text{ für } n = 0, \pm 1, \pm 2, \pm 3, \pm 4, \dots \tag{11.6}$$

beginnt: 1, 2, 5, 7, 12, 15, 22, 26, 35, 40. Man nennt sie die *verallgemeinerten Pentagonalzahlen*, engl.: *generalized pentagonal numbers*. Siehe dazu auch A001318 [37] in *the On-Line Encyclopedia of Integer Sequences*.

11.5 Euler und Kartenhäuser?

Die Deutung der Pentagonalzahlen zweiter Art als Kartenhaus-Zahlen ist meines Wissens nirgendwo erwähnt.

Ich weiß nicht, wie ich das anschaulich deuten soll. Den Formeln nach gehören die Zahlen $h(n)$ und $h(-n)$ zusammen. Es ist $h(3) = 12$ und $h(-3) = 15$. Dazu gehören die Bilder (siehe Abbildung 11.4):

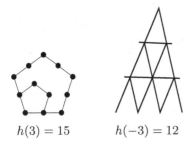

$h(3) = 15$ $h(-3) = 12$

Abb. 11.4: Visualisierung von $h(3)$ und $h(-3)$

Das eine hat so viel von einem Fünfeck, wie das andere mit Dreiecken zu tun hat. Vielleicht findet ein Leser eine „Dualität".

11.6 Zweites Wunder

Eulers Ergebnis bzgl. der Anzahl der Summenzerlegungen (siehe Kapitel 10) lautet:

$$\prod_{n=1}^{\infty}(1 - x^n) = \sum_{n=-\infty}^{\infty} (-1)^n \cdot x^{n(3n-1)/2} \qquad (11.7)$$

In der Summe rechts stehen die *verallgemeinerten Pentagonalzahlen* im Exponenten.

Um zu sehen, dass diese Formel vernünftig ist, multipliziere man einige Faktoren. Dann stellt man fest, dass die ersten Exponenten tatsächlich mit den verallgemeinerten Pentagonalzahlen übereinstimmen. Den Beweis findet man z. B. in Hitzler [35].

Die linke Seite in Eulers Pentagonalzahlensatz ist der Kehrwert der erzeugenden Funktion der Partitionszahlen bzw. der Summenzerlegungen (siehe (10.14).

Die direkte Folgerung daraus ist:

Für die Anzahl der Summenzerlegungen $p(n)$ der natürlichen Zahl n gilt

$$\sum_{n=1}^{\infty} p(n)\, x^n = \left(1 - x - x^2 + x^5 + x^7 - x^{12} - x^{15} + \ldots\right)^{-1} \qquad (11.8)$$

und somit gilt auch

$$\left(\sum_{n=1}^{\infty} p(n)\, x^n\right) \cdot \left(1 - x - x^2 + x^5 + x^7 - x^{12} - x^{15} + \ldots\right) = 1. \qquad (11.9)$$

Durch Vergleich der Koeffizienten der x-Potenzen in der Gleichung (11.9) findet man schließlich

$$1 = 1 + (p(1) - p(0)) \cdot x + (p(2) - p(1) - p(0)) \cdot x^2 \qquad (11.10)$$
$$+ (p(3) - p(2) - p(1)) \cdot x^3 + (p(4) - p(3) - p(2)) \cdot x^4$$
$$+ (p(5) - p(4) - p(3) + p(0)) \cdot x^5 + \ldots$$

und das bedeutet:

$$p(1) = p(0)$$
$$p(2) = p(1) + p(0)$$
$$p(3) = p(2) + p(1)$$
$$p(4) = p(3) + p(2)$$
$$p(5) = p(4) + p(3) - p(0)$$

In allgemeiner Formulierung:

Satz 11.1 (Allgemeine Rekursion für die Partitionszahlen $p(n)$)
Für die Partitionszahlen $p(n)$ gilt:

$$p(n) = \sum_{k=1}^{\infty} (-1)^{k+1} \left(p(n - h(k)) + p(n - h(-k))\right) \qquad (11.11)$$

Für $n < 0$ definiere $p(n) = 0$. $h(k)$ ist definiert als $h(k) = k \cdot \frac{3k-1}{2}$.

Anmerkung: Die hier notierte Reihe ist immer eine endliche Summe, denn ab einem k_0, das groß genug ist, sind alle weiteren Summanden null.

Nun stellt sich die Frage, ob diese Formel nützlich ist, und ob sie verglichen mit den anderen Formeln (10.6) oder (10.12) aus Kapitel 10 einen Vorteil hat?

Die Beziehungen (10.6) und (10.12) haben die gesuchte Anzahl $p(n)$ mit einen Umweg über andere Folgen berechnet. Die Rekursion (11.11) ist eine Rekursion der $p(n)$ untereinander! Was so unhandlich aussieht wie (11.11), ist dennoch einfach zu verwenden. Die ersten Summanden lauten:

$$p(n) = p(n-1) + p(n-2) - p(n-5) - p(n-7)$$
$$+ p(n-12) + p(n-15) - p(n-22) - p(n-26) + \ldots$$

Man berechnet also die Partitionszahl $p(n)$, indem man genau die $p(n-h(k))$ für $0 < h(k) \leq n$ addiert bzw. subtrahiert, jeweils 2 mal positives Vorzeichen, dann zweimal negativ usw. Aufhören kann man, sobald die nächste verallgemeinerte Pentagonalzahl $h(k)$ größer ist als n.

Beispiel 11.2
Man berechnet $p(100)$ wie folgt:

$$p(100) = p(99) + p(98) - p(95) - p(93)$$
$$+ p(88) + p(85) - p(78) - p(74)$$
$$+ p(65) + p(60) - p(49) - p(43)$$
$$+ p(30) + p(23) - p(8) - p(0)$$

In Hassen [34] ist der Algorithmus für diese Rekursion in Basic implementiert. Er hat nur wenige Zeilen.

11.7 Nachlese

Was bedeutet es, dass die Pentagonalzahlen bzw. Kartenhauszahlen die entscheidende Rolle in der allgemeinen Rekursion für die Partitionszahlen haben? Weil diese überraschende Beziehung wahr ist, kann es kein Zufall sein. Ein anschauliches Argument, warum es gerade die verallgemeinerten Pentagonalzahlen sein müssen, kenne ich nicht. Möglicherweise hatten die Pythagoräer doch recht: „Alles ist Zahl".

Martin Wohlgemuth aka *Matroid*.

12 Das Heiratsproblem

Übersicht

12.1 Kleine mathematische Hilfe für potentielle Schwiegermütter

Sehr geehrte potentielle Schwiegermütter,

dieser kleine Beitrag soll Ihnen helfen, die liebreizende Tochter bzw. den werten Sohn endlich zufriedenstellend unter die Haube zu bringen. Dabei wird nur erklärt werden, wie man solch ein zufriedenstellendes Schwiegerkind findet. Die Aufgabe, das eigene Kind von dieser Wahl anschließend zu überzeugen, obliegt Ihnen und den Früchten Ihrer Erziehung.

Die Frage lautet, wie finden Sie, werte potentielle Schwiegermutter, aus den Unverheirateten Ihres Dorfes den zufriedenstellendsten Partner für Ihr Kind? Aus einer subjektiven Sicht ist diese Frage oftmals leicht zu beantworten. Natürlich ist der ledige Dorfarzt dem Trinkerhannes vorzuziehen; die Müller-Edith mit ihrer hohen Aussteuer allen anderen Jungfern.

Leider bringt eine Ehe, die nach solch subjektiven Kriterien gestiftet wurde, oftmals Neid und Gerede im Dorf mit sich. Die positiven Eigenschaften des Schwiegerkindes werden dann mit jahrelan-

*gem Nachbarschaftsstreit aufgewogen. Das ist natürlich nicht wün-
schenswert.*

12.2   Ein Dorf will heiraten

Uns stellt sich also die Aufgabe:

Wie findet man das optimale Schwiegerkind und erhält gleichzeitig den
Dorffrieden?

Zur Lösung dieser heiklen Aufgabe schlagen wir vor, regelmäßig eine Konferenz
der potentiellen Schwiegermütter des Dorfes (kurz: *Koschwi*) abzuhalten. Die
Beratungen der *Koschwi* legen die Grundlage, um anschließend mit ein paar
mathematischen Tricks festlegen zu können, wer mit wem zu verheiraten ist,
um alle relativ glücklich zu machen und so den Dorffrieden zu wahren.

Die *Koschwi* hat die Aufgabe, alle denkbaren potentiellen Ehen zwischen einem
unverheirateten Mann und einer unverheirateten Frau des Dorfes zu bewerten.
Die Bewertung sollte objektiv erfolgen. Um dies zu gewährleisten, ist zu Sit-
zungsbeginn ein Punktekatalog zu verabschieden. Die Bewertung jedes Paares
erfolgt nach diesem Katalog. Pluspunkte werden beispielsweise für soziale Stellung, eingebrachtes Vermögen, erlernte Berufe, Ausbildung, Kochkünste etc. vergeben, Minuspunkte für zu großen Altersunterschied, zu nahen Verwandtschafts-
grad und anderes mehr. Die Dorfgemeinschaft könnte auch „Liebe", „Schönheit"
und „Charakter" bepunkten, wenn sie dafür einen anerkannten Bewertungsmaß-
stab finden kann. Schließlich, wie immer zustande gekommen, hat jedes Paar
eine Punktzahl.

Machen wir es an einem Beispiel fest. Nach der Bewertung der *Koschwi* kann
das Ergebnis beispielsweise so aussehen wie in Tabelle 12.1.

Tab. 12.1: Präferenzentabelle, Beispiel

	Bernd	Fred	Hans	Horst	Hugo	Karl	Otto	Peter
Anna	12	43	-32		13	2	45	-11
Brit		57	-10		39	59	60	3
Edith	60	62	9			65	71	21
Franzi	0	12	-50	19	20	-23	44	30
Moni	28	43		-22	13		34	
Uta	13	-2	-41	-11	15	5	8	4

Die leeren Felder in der Tabelle zeigen an, bei welchen Paaren sich unsere
Beispiel-*Koschwi* einfach keine Ehe vorstellen kann, z. B. weil die beiden potentiellen Eheleute Geschwister sind oder es aus irgendwelchen anderen Gründen
völlig undenkbar ist.

Wir möchten den Dorffrieden wahren, indem wir durch geschickte Eheschließungen alle möglichst zufriedenstellen. Die Schwiegermütter sind zufrieden, falls die Heirat ihres Sprösslings eine möglichst hohe Punktzahl laut Tabelle bringt. Das Dorf ist zufrieden, wenn die Summe der Punktzahlen aller Eheschließungen möglichst hoch ist. Das heißt aber, dass Paare mit einer negativen Punktzahl ebenfalls nicht in Betracht kommen. Eine negative Punktzahl macht weder eine Schwiegermutter glücklich, noch hilft eine zum Scheitern verurteilte Ehe dem Dorffrieden weiter. Es ergibt sich also sinnvollerweise eine neue modifizierte Tabelle (12.2).

Tab. 12.2: Modifizierte Präferenzentabelle

	Bernd	Fred	Hans	Horst	Hugo	Karl	Otto	Peter
Anna	12	43	-	-	13	2	45	-
Brit	-	57	-	-	39	59	60	3
Edith	60	62	9	-	-	65	71	21
Franzi	0	12	-	19	20	-	44	30
Moni	28	43	-	-	13	-	34	-
Uta	13	-	-	-	15	5	8	4

Nach Fertigstellung der Tabelle ist der wirklich schwierige Teil der Aufgabe der *Koschwi* schon beendet. Vielleicht trinkt man jetzt ein Tässchen Kaffee und tauscht die allerneuesten Neuigkeiten aus. Natürlich kann man auch ein wenig über die Planlosigkeit der Eheschließungen in Nachbardörfern herziehen. Klüger als die war man ja schon allemal!

Die Arbeit mit den Zahlen, daraus eine optimale Lösung zu bestimmen, die kann die *Koschwi* nun den Mathematikern überlassen.

12.3 Die graphentheoretische Darstellung

Das in der Einleitung spielerisch dargestellte *Heiratsproblem* ist ein spezielles Matchingproblem. „Match" kommt aus dem Englischen und bedeutet in diesem Fall „Paar". Philip Hall (engl. Mathematiker, 1904–1982) zeigte 1935 im sogenannten *Heiratstheorem*, dass für das Heiratsproblem für n Männer und n Frauen genau dann eine Lösung existiert, wenn es zu jeder beliebigen Teilmenge von Männern mindestens ebenso viele Frauen gibt, die einen der Männer dieser Teilmenge heiraten würden (siehe [41]). Dieses Ergebnis wird im Folgenden aber nicht verwendet, die darin enthaltene Bedingung „gleich viele Männer und Frauen" wird uns aber noch beschäftigen.

Für einen Graphen $G = (V, E)$ mit einer Knotenmenge V und einer Kantenmenge E definieren wir: Ein *Matching* (auf deutsch: *Paarung*) ist eine Auswahl

M der Kanten von G, so dass keine zwei Kanten aus M adjazent sind, d.h., keine zwei Kanten besitzen einen gemeinsamen Knoten.

Abbildung 12.1 zeigt einen Graphen mit einem Matching. Kanten im Matching sind fett eingezeichnet. Dieses Matching ist maximal, denn es deckt alle Knoten ab und durch Hinzunahme jeder weiteren Kante würde gegen die Matching-Eigenschaft verstoßen.

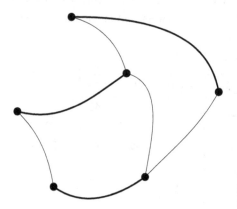

Abb. 12.1: Ein Graph. Die fett eingezeichneten Kanten bilden ein Matching.

Für die Modellierung als Matchingproblem abstrahieren wir nun die Unverheirateten unseres Dorfes zu Knoten eines Graphen. Eine Kante symbolisiert die Denkbarkeit der Eheschließung und jede Kante ist mit einem *Gewicht* versehen. Für unser Heiratsproblem sind die Gewichte die von der *Koschwi* zugesprochenen Punktzahlen für ein mögliches Paar.

Der so entstandene Graph gehört einer besonderen Sorte von Graphen an, denn unsere Knoten können wir in zwei Klassen aufteilen (Männlein und Weiblein). Jede Kante verbindet nur Knoten verschiedener Klassen. Einen Graphen mit dieser Eigenschaft nennt man *bipartiten Graphen.*

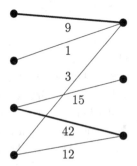

9
1
3
15
42
12

Abb. 12.2: Bipartiter Graph mit Kantengewichten und einem Matching

Für unser Beispiel mit der Präferenztabelle 12.2 ist die Darstellung auf Grund der nicht ganz geringen Knotenanzahl doch etwas unübersichtlich. Deswegen gibt Abbildung 12.2 ein etwas kleineres Beispiel eines bipartiten Graphen mit

Kantengewichten. Darin ist ein Matching eingezeichnet (fette Kanten). Dieses Matching ist nicht maximal, denn es besteht nur aus 2 Kanten und es gibt hier auch Matchings mit 3 Kanten. Obwohl das eingezeichnete Matching nicht maximal ist, kann es nicht einfach durch Hinzunahme einer anderen Kante zu einem maximalen Matching erweitert werden. Dennoch kann der Leser sicherlich recht schnell ein maximales Matching selbst finden. Das eingezeichnete Matching ist aber gewichtsmaximal. Die Summe der Gewichte der Kanten dieses Matchings ist 51. Die maximalen, aus 3 Kanten bestehenden Matchings haben kleineres Gesamtgewicht. Der Leser überzeuge sich auch davon selbst.

Auf einem solchen Graphen suchen wir nun ein gewichtsmaximales Matching. Die Bipartität garantiert uns Paare aus Mann und Frau. Die Eigenschaften eines Matchings garantieren uns, dass wir niemanden doppelt verheiraten. Jedes Matching beschreibt also einen zulässigen „Verheiratungsplan".

In der Literatur wird die Suche nach einem gewichtsmaximalen Matching auf einem bipartiten Graphen oft durch das Beispiel Arbeiter-Maschine illustriert. Jeder Arbeiter (=die erste Knotenklasse) hat gewisse Erfahrungen (=Kantengewichte) mit der Bedienung einer Maschine (=andere Knotenklasse). Welcher Arbeiter sollte jetzt welche Maschine bedienen?

Oftmals ist man nicht auf der Suche nach einem gewichtsmaximalen Matching, sondern einfach nach einem maximalen Matching: Man sucht die maximale Kantenanzahl, die ein Matching haben kann. Das ist aber kein gänzlich anderes Problem. Setzt man alle Kantengewichte auf 1, liefert das gewichtsmaximale Matching ein maximales Matching und der Wert des gewichtsmaximalen Matchings verrät, wie viele Kanten ein maximales Matching bilden.

Nicht garantiert ist, dass ein gewichtsmaximales Matching auch maximal ist. Das zeigt schon das Beispiel in Abbildung 12.2. Für unser Dorffriedensoptimum suchen wir ein gewichtsmaximales Matching.

Es werden nun zwei Lösungswege vorgestellt. Der erste Lösungsweg ist ein graphentheoretischer Algorithmus. Das ist naheliegend bei einer graphentheoretisch formulierten Aufgabenstellung.

Der zweite Lösungsweg ist der eigentliche Grund für diesen Beitrag. Die Lösung kann auch mit linearer Optimierung gefunden werden. Als der Autor erstmals damit in Berührung kam, war er ganz fasziniert davon — vielleicht kann der Leser das am Ende nachvollziehen.

12.4   Graphentheoretischer Algorithmus für das Problem des gewichtsmaximalen Matchings

Um besser arbeiten zu können, müssen wir jetzt ein wenig Notation einführen. Gegeben sind ein bipartiter Graph $G = (V_1 + V_2, E)$ mit den beiden (disjunkten) Knotenklassen V_1 und V_2 und der Kantenmenge $E \subseteq V_1 \times V_2$ sowie eine Gewichtsfunktion $w : E \to \mathbb{R}^+$. Gesucht wird ein gewichtsmaximales Matching M.

Wir erweitern unseren Graphen G nun, denn wir möchten erreichen, dass $|V_1| = |V_2| = n$ ist. Diese Bedingung kann durch Einführung neuer, künstlicher Knoten sichergestellt werden.

Des Weiteren fordern wir, dass ein vollständiger bipartiter Graph vorliegt, d. h., jeder Knoten aus V_1 ist mit allen Knoten aus V_2 verbunden (und damit auch jeder Knoten aus V_2 mit allen aus V_1). Um diese Bedingung zu erfüllen, werden gegebenenfalls neue künstliche Kanten eingeführt und mit einem Kantengewicht von 0 versehen. Den so entstandenen Graphen nennen wir G'.

Man muss sich überlegen, dass ein gewichtsmaximales Matching auf dem erweiterten Graphen G' und ein gesuchtes Matching auf dem Originalgraphen G einander entsprechen, da die neuen 0-Kantengewichte das Gesamtgewicht nicht verändern.

Dafür überlegt man sich einerseits, dass in G' jedes gewichtsmaximale Matching M_1 von G durch Hinzunahme von Kanten mit Gewicht 0 immer zu einem gewichtsmaximalen Matching M_2 von G' ergänzt werden kann. Das Gewicht beider Matchings ist gleich. Da in G' nur Kanten mit Gewicht 0 hinzugenommen worden sein können, ist M_2 gewichtsmaximal auch in G'. Das Matching M_1 kann in G' sogar immer zu einem maximalen Matching ergänzt werden, denn G' ist ein vollständiger bipartiter Graph.

Andererseits ergibt ein gewichtsmaximales Matching M_2 von G' auch ein gewichtsmaximales Matching M_1 von G, denn man lässt die Kanten weg, die ergänzt worden sind. Deren Gewicht ist 0. Für unser Heiratsproblem heißt das nichts anderes, als dass wir bei gleicher Anzahl n von Männern und Frauen im vollständigen Heiratsplan auch n Paare haben. War es notwendig, künstliche Knoten oder Kanten einzuführen, dann bedeutet die Paarung mit einem solchen Knoten oder über eine solche Kante leider die Ehelosigkeit.

Bevor wir zum eigentlichen Algorithmus kommen können, müssen wir noch etwas rumbasteln. Es ist notwendig, aus unserem Maximierungsproblem ein Minimierungsproblem zu machen. Das erreichen wir, indem wir die Gewichte manipulieren: Ist v das größte Gewicht einer Kante im Graphen G', so ersetzen wir für jede Kante k von G' ihr ursprüngliches Gewicht $w(k)$ durch $w'(k) := v - w(k)$.

Ein gewichtsminimales Matching im so modifizierten Graphen G' liefert uns das gesuchte gewichtsmaximale Matching in G, denn durch die Transformation der Gewichte erhält man neue nichtnegative Gewichte, wobei aus dem größten Gewicht das kleinste geworden ist usw.

So wie unser Graph G nun zum Graphen G' erweitert ist, ist er ein vollständiger bipartiter Graph mit gleich vielen Knoten in den beiden Knotenklassen. Zur Repräsentation des Graphen G' und seiner modifizierten Gewichte verwenden wir eine quadratische Matrix, deren Einträge die Kantengewichte $w'(k)$ sind. Wenn wir im Folgenden eine solche Matrix bezeichnen wollen, nennen wir sie W.

W ist die Knoten-Knoten-Inzidenzmatrix mit den Kantengewichten. W stellt unser Problem dar.

Die Lösung ist ein Matching. Ein Matching M, das für n konkrete Paare (Frau i mit Mann j) steht, lässt sich als eine Permutationsmatrix X darstellen:

$$X = (x_{ij})_{(i,j=1,\ldots,n)}, \text{ wobei } x_{ij} = \begin{cases} 1 & \text{für } (i,j) \in M \\ 0 & \text{sonst} \end{cases}$$

Am Besten ist es wohl, wir versuchen das an unserem Beispiel nachzuvollziehen.

12.4.1 Beispiel: Unser Dorf

In unserem Dorf leben acht unverheiratete Männer, allerdings nur sechs Frauen. Wir führen also zwei künstliche, „weibliche" Knoten ein. Den bipartiten Graphen machen wir nun noch vollständig, indem wir die von der *Koschwi* nicht vorgesehenen Paarungen mit 0 bewerten. Es ergibt sich analog zur Tabelle 12.2 die folgende Gewichtsmatrix.

$$\begin{pmatrix} 12 & 43 & 0 & 0 & 13 & 2 & 45 & 0 \\ 0 & 57 & 0 & 0 & 39 & 59 & 60 & 3 \\ 60 & 62 & 9 & 0 & 0 & 65 & 71 & 21 \\ 0 & 12 & 0 & 19 & 20 & 0 & 44 & 30 \\ 28 & 43 & 0 & 0 & 13 & 0 & 34 & 0 \\ 13 & 0 & 0 & 0 & 15 & 5 & 8 & 4 \\ 0 & 0 & 0 & 0 & 0 & 0 & 0 & 0 \\ 0 & 0 & 0 & 0 & 0 & 0 & 0 & 0 \end{pmatrix}$$

Die größte Punktzahl haben Edith und Otto mit 71 Punkten erreicht, also ist $v = 71$. Um auf unser Minimierungsproblem zu transformieren, werden nun alle Gewichte jeweils von 71 subtrahiert.

Wir erhalten die im vorigen Abschnitt beschriebene Matrix:

$$W = \begin{pmatrix} 59 & 28 & 71 & 71 & 58 & 69 & 26 & 71 \\ 71 & 14 & 71 & 71 & 32 & 12 & 11 & 68 \\ 11 & 9 & 62 & 71 & 71 & 6 & 0 & 50 \\ 71 & 59 & 71 & 52 & 51 & 71 & 27 & 41 \\ 43 & 28 & 71 & 71 & 58 & 71 & 37 & 71 \\ 58 & 71 & 71 & 71 & 56 & 66 & 63 & 67 \\ 71 & 71 & 71 & 71 & 71 & 71 & 71 & 71 \\ 71 & 71 & 71 & 71 & 71 & 71 & 71 & 71 \end{pmatrix}$$

Wir suchen ein optimales Matching, d. h., es sollen Zuordnungen getroffen werden für Paare, die vor den Traualtar treten sollen. Was können wir mit dieser Matrix nun anfangen?

12.4.2　Suche ein optimales Matching

In der zuletzt aufgestellten Matrix gehört jede Zeile zu einer Frau und jede Spalte steht für einen Mann. Wählt man ein Matrixelement aus, ist damit auch ein Brautpaar ausgewählt. Natürlich darf aus jeder Zeile und aus jeder Spalte nur je ein Element gewählt werden. Eine Auswahl, die diese Bedingung erfüllt, soll *Diagonale der Länge n* heißen. Es gibt $n!$ solche Diagonalen. Für $n = 8$ macht das 40320 Möglichkeiten. Unter all diesen Kombinationsmöglichkeiten suchen wir diejenige, bei der die Summe der ausgewählten Elemente minimal ist.

Ein gewichtsminimales Matching ist unser Ziel und optimal wäre es, wenn es eines gäbe, das nur Kanten mit Gewicht Null enthält. Und dies können wir auch tatsächlich erreichen, denn es gilt die praktische Eigenschaft, dass Addition einer Konstanten p zu jedem Element einer Zeile oder zu jedem einer Spalte das optimale Matching nicht verändert, sondern nur dessen Gewicht um p erhöht. Wird nämlich für eine beliebige Zahl p (für die wir $p \in \mathbb{R}$ voraussetzen können, obwohl wir diese Eigenschaft tatsächlich nur für $p \in \mathbb{Z}$ verwenden werden) zu jedem Element der h-ten Zeile der Matrix W der Wert p addiert, so ergibt sich eine neue Matrix W' mit Einträgen $w'_{ij} = w_{ij}$ für alle $i \neq h$ sowie $w'_{hj} = w_{hj} + p$, und für das Gesamtgewicht eines beliebigen Matchings M, welches von der Permutationsmatrix X repräsentiert werde, gilt

$$w'(M) = \sum_{i,j} w'_{ij} x_{ij} = \sum_{i,j} w_{ij} x_{ij} + p \sum_{j} x_{hj} = w(M) + p.$$

Die Hauptidee unseres Lösungsalgorithmus ist die Ausnutzung dieser Eigenschaft: Durch Subtraktion in einer Zeile bzw. Spalte werden Nullen erzeugt. Dabei ist darauf zu achten, dass keine Einträge negativ werden. Dies wird solange wiederholt, bis eine Diagonale der Länge n ausgewählt werden kann, für deren Elemente das Gewicht jeweils 0 ist. Die zugehörigen Paarungen bilden offensichtlich das gesuchte Matching minimalen Gewichtes.

Wenden wir das auf unsere Matrix W an. Zunächst ziehen wir von allen Elementen einer Zeile h das jeweilige Zeilenminimum p_h ab. Also konkret

$$p_1 = 26, \ p_2 = 11, \ p_3 = 0, \ p_4 = 27, \ p_5 = 28, \ p_6 = 56, \ p_7 = p_8 = 71.$$

Damit ergibt sich die neue Matrix:

$$\begin{pmatrix} 33 & 2 & 45 & 45 & 32 & 43 & 0 & 45 \\ 60 & 3 & 60 & 60 & 21 & 1 & 0 & 57 \\ 11 & 9 & 62 & 71 & 71 & 6 & 0 & 50 \\ 44 & 32 & 44 & 25 & 24 & 44 & 0 & 14 \\ 15 & 0 & 43 & 43 & 30 & 43 & 9 & 43 \\ 2 & 15 & 15 & 15 & 0 & 10 & 7 & 11 \\ 0 & 0 & 0 & 0 & 0 & 0 & 0 & 0 \\ 0 & 0 & 0 & 0 & 0 & 0 & 0 & 0 \end{pmatrix}$$

Nun könnte man ebenfalls von den Spalten einen entsprechenden Wert q_h abziehen. Da sich aber in jeder Spalte schon bereits eine 0 befindet, ist q_h stets 0. Damit kommen wir also nicht weiter.

Wir benötigen eine neue Idee. Halten wir zunächst einmal fest, dass man in unserer aktuellen Matrix eine 0-Diagonale höchstens der Länge 5 finden kann, z. B. durch $w_{17}, w_{52}, w_{65}, w_{71}, w_{83}$.

Es gilt: Falls eine Matrix eine 0-Diagonale der maximalen Länge m hat, existieren r Zeilen und s Spalten mit $r + s = m$, so dass alle (!) Nullen der Matrix durch diese Zeilen und Spalten abgedeckt werden.

Der Beweis dafür soll hier nur kurz skizziert werden. In der Graphentheorie lernt man, dass die Größe des minimalen Trägers gleich der Größe eines maximalen Matchings eines Graphen ist. (Anmerkung: Eine Menge $U \in V$ ist ein *Träger* des Graphen G, falls jede Kante aus G mit einem Knoten aus U inzident ist. In einem bipartiten Graphen ist z. B. jede Knotenklasse ein Träger.) Wir konstruieren einen Hilfsgraphen, der alle Knoten des ursprünglichen Graphen enthält und Kanten dort, wo der entsprechende Matrixeintrag 0 ist. Ein Matching in diesem Graphen entspricht einer 0-Diagonalen in der Matrix, ein Träger entspricht einer Auswahl von Zeilen und Spalten.

In unserem Beispiel decken beispielsweise Zeilen 5, 7 und 8 sowie die Spalten 5 und 7 alle Nullen der Matrix. Da wir noch keine vollständige 0-Diagonale haben, können durch die ausgewählten Zeilen und Spalten nicht alle Matrixelemente abgedeckt werden.

Sei $\bar{w}$ das kleinste nicht abgedeckte Matrixelement. Wir subtrahieren $\bar{w}$ von allen Elementen nicht abgedeckter Zeilen, anschließend addieren wir $\bar{w}$ zu allen abgedeckten Spalten. Dieses Subtrahieren und Addieren verändert ein optimales Matching wiederum nicht, nur sein Gewicht. Für die neuen Matrixelemente w'_{ij} gilt:

$$w'_{ij} := \begin{cases} w_{ij} - \bar{w} & w_{ij} \text{ ist unbedeckt} \\ w_{ij} + \bar{w} & w_{ij} \text{ von Zeile und Spalte bedeckt} \\ w_{ij} & \text{sonst} \end{cases}$$

Nach dieser Transformation liegt also wiederum eine Matrix mit nichtnegativen Einträgen vor.

Insgesamt gibt es $r \cdot s$ doppelt bedeckte und $n^2 - n \cdot (r + s) + r \cdot s$ gar nicht bedeckte Einträge. Sei $W_g := \sum_{i,j} w_{ij}$ das Gesamtgewicht der alten Matrix und W'_g analog das der neuen, dann gilt mit den Vorüberlegungen

$$W'_g - W_g = (ef)\bar{w} - (n^2 - n(e + f) + ef)\bar{w} = (n(e + f) - n^2)\bar{w} < 0,$$

da ja laut Annahme $r + s < n$ ist.

Das Gesamtgewicht hat also abgenommen, es bleibt aber stets nichtnegativ. Da alle Matrixeinträge ganzzahlig sind, folgt daraus, dass dieses Verfahren, endlich oft angewendet, schließlich zum Ziel führt und eine 0-Diagonale der Länge n erzeugt.

Was heißt das für unsere Beispielmatrix? Wir überdecken die Zeilen 5, 7, 8 und die Spalten 5 und 7. In der Restmatrix befinden sich keine Nullen.

$$\begin{pmatrix} 33 & 2 & 45 & 45 & \cancel{32} & 43 & \cancel{8} & 45 \\ 60 & 3 & 60 & 60 & \cancel{21} & \boxed{1} & \cancel{8} & 57 \\ 11 & 9 & 62 & 71 & \cancel{74} & 6 & \cancel{8} & 50 \\ 44 & 32 & 44 & 25 & \cancel{24} & 44 & \cancel{8} & 14 \\ \cancel{15} & \cancel{8} & \cancel{48} & \cancel{48} & \cancel{30} & \cancel{48} & \cancel{8} & \cancel{48} \\ 2 & 15 & 15 & 15 & \cancel{8} & 10 & \cancel{7} & 11 \\ \cancel{8} & \cancel{8} & \cancel{8} & \cancel{8} & \cancel{8} & \cancel{8} & \cancel{8} & \cancel{8} \\ \cancel{8} & \cancel{8} & \cancel{8} & \cancel{8} & \cancel{8} & \cancel{8} & \cancel{8} & \cancel{8} \end{pmatrix}$$

Das kleinste unbedeckte Element ist $\bar{w} = w_{26} = 1$.

Durch Subtraktion der 1 von allen unbedeckten Zeilen und Addition zu allen bedeckten Spalten erhält man eine neue Matrix:

$$\begin{pmatrix}
32 & 1 & 44 & 44 & 32 & 42 & 0 & 44 \\
59 & 2 & 59 & 59 & 21 & 0 & 0 & 56 \\
10 & 8 & 61 & 70 & 71 & 5 & 0 & 49 \\
43 & 31 & 43 & 24 & 24 & 43 & 0 & 13 \\
15 & 0 & 43 & 43 & 31 & 43 & 10 & 43 \\
1 & 14 & 14 & 14 & 0 & 9 & 7 & 10 \\
0 & 0 & 0 & 0 & 1 & 0 & 1 & 0 \\
0 & 0 & 0 & 0 & 1 & 0 & 1 & 0
\end{pmatrix}$$

Im nächsten Schritt kann man nun zusätzlich die zweite Zeile oder die sechste Spalte abdecken. Anders gesagt, man hat nun schon eine 0-Diagonale der Länge 6 innerhalb der Matrix.

Man kommt nach zwei weiteren Iterationen zum Ziel, falls man die Spalten 2, 5 und 6 und die Zeilen 6, 7 und 8 abdeckt und $\bar{w} = w_{31} = 10$ wählt. Im letzten Schritt lassen sich die Spalten 1, 2, 5, 6, 7 und die Zeilen 7 und 8 abdecken und $\bar{w} = w_{48} = 3$ wählen. Man erhält:

$$\begin{pmatrix}
22 & 1 & 31 & 31 & 22 & 42 & ⓪ & 31 \\
49 & 2 & 46 & 46 & 11 & ⓪ & 0 & 43 \\
⓪ & 8 & 48 & 57 & 61 & 5 & 0 & 36 \\
33 & 31 & 30 & 11 & 14 & 43 & 0 & ⓪ \\
5 & ⓪ & 30 & 30 & 21 & 43 & 10 & 30 \\
1 & 24 & 11 & 11 & ⓪ & 19 & 17 & 7 \\
3 & 13 & ⓪ & 0 & 4 & 13 & 14 & 0 \\
3 & 13 & 0 & ⓪ & 4 & 13 & 14 & 0
\end{pmatrix}$$

Das Problem ist gelöst, und wir geben hiermit folgende Vermählungen bekannt:

Edith und Bernd (60 Punkte)
Moni und Fred (43 Punkte)
Uta und Hugo (15 Punkte)
Brit und Karl (59 Punkte)
Anna und Otto (45 Punkte)
Franzi und Peter (30 Punkte)

Die Gesamtpunktzahl beträgt 252. Hans und Horst gehen leider leer aus. Sie werden Junggesellen bleiben.

12.4.3 Der graphentheoretische Algorithmus kurz und knapp

Gegeben sei eine $n \times n$-Matrix der Gewichte $w_{ij} \in \mathbb{N}_0$.

Erstens   Subtrahiere für $i = 1, \ldots, n$ von allen Elementen der i-ten Zeile das kleinste Element $p_i = \min(j, w_{ij})$ dieser Zeile.
Subtrahiere für $j = 1, \ldots, n$ von allen Elementen der j-ten Spalte das kleinste Element $q_j = \min(i, w_{ij})$ dieser Spalte.

Zweitens   Suche eine minimale Überdeckung der Nullen, das ist eine Auswahl der Zeilen und Spalten, so dass alle Nullen der Matrix darin enthalten sind. Hat die Überdeckung weniger als n Zeilen und Spalten, gehe zu Drittens, sonst zu Viertens.

Drittens   Sei $\bar{w}$ der kleinste unbedeckte Eintrag. Subtrahiere $\bar{w}$ von allen unbedeckten Einträgen, addiere $\bar{w}$ zu Einträgen, die von einer Zeile und einer Spalte bedeckt werden. Gehe zu Zweitens.

Viertens   Bestimme 0-Diagonale der Länge n.

12.5 Lösungsweg mit linearer Optimierung

12.5.1 Ein schönerer Lösungsweg?

Schönheit ist relativ. Vielleicht ist dieser Lösungsweg nicht schöner, aber es ist interessant und für den einen oder anderen sogar überraschend, dass es überhaupt so funktioniert.

Unser Heiratsproblem ist optimierungstechnisch gesehen ein Maximierungsproblem. Wir möchten schließlich das Glück des Dorfes maximieren. Vielleicht gelingt es uns ja, das Ganze als 0815-Optimierungsaufgabe darzustellen, d. h. eine schöne Zielfunktion, ein paar nette Nebenbedingungen, alles möglichst linear. Wenn uns das gelingt, haben wir die Hilfsmittel der linearen Optimierung zur Verfügung, um das Problem zu lösen.

Und es geht tatsächlich, ist sogar recht unkompliziert, wie wir im Folgenden sehen werden.

12.5.2 Ansatz mit linearer Optimierung

Die übliche Form einer linearen Optimierungsaufgabe (LP) lautet:

$$\max_{x} \ w^T x \qquad\qquad\qquad (\text{LP})$$
$$Ax \leq b, \quad x \geq 0$$

Wir werden unsere Aufgabenstellung nun als solches (LP) formulieren und erklären dafür, wie A, b und w sich aus dem Problem heraus ergeben. Das so formulierte (LP) können wir dann mit dem aus der Optimierung bekannten Simplexalgorithmus lösen.

Wir stellen uns vor, wir haben alle Kanten des bipartiten Graphen, der aus der *Koschwi* hervorgeht, von 1 bis m nummeriert. Das heißt, jede potentiell denkbare Eheschließung bekommt eine Nummer zwischen 1 und m. x ist nun ein m-dimensionaler Vektor, dessen Komponenten nur die Werte 0 oder 1 annehmen sollen, also $x \in \{0,1\}^m$. Der Wert 0 wird angenommen, wenn wir die entsprechende Kante nicht in unser Matching aufnehmen, der Wert 1, wenn dieses Paar den Segen der *Koschwi* erhält.

Moment, das geht doch nicht! Wir schränken unsere zulässigen Lösungen von vornherein nur auf ganzzahlige Werte ein. Das ist etwas, was der Simplexalgorithmus nicht verspricht. Wir können uns zwar wünschen, dass unsere Optimallösung ganzzahlig sein soll, aber der Simplexalgorithmus liefert uns i. A. irgendeine reelle, nicht notwendig ganzzahlige Lösung. Das Optimum unter den ganzzahligen zulässigen Lösungen zu finden, könnte darum schwieriger sein und nicht so billig, wie wir es uns erhofft haben.

Verschieben wir dieses Problem auf später. Ich verspreche (und das ist das Überraschende an diesem Weg), alles wird sich in Wohlgefallen auflösen.

Modellieren wir also weiter.

12.5.3 Formulierung der konkreten linearen Optimierungsaufgabe

Der Vektor $w \in \mathbb{R}^m$ versammelt die Kantengewichte, d. h. die Punktzahlen, die die *Koschwi* vergeben hat. Die oben geforderten Eigenschaften unseres Lösungsvektors x vorausgesetzt, beschreibt die Zielfunktion das Gewicht des Matchings — eben die Summe der Gewichte der Kanten, die das Matching bilden.

Angenommen unser bipartiter Graph besteht aus n Knoten, d. h., wir haben n Unverheiratete im Dorf. Die $n \times m$-Matrix

$$A := \{a_{ij}\}_{(i=1,\ldots,n,\, j=1,\ldots,m)} \text{ mit } a_{ij} := \begin{cases} 1 & \text{Knoten } i \text{ gehört zu Kante } j \\ 0 & \text{sonst} \end{cases}$$

heißt *Knoten-Kanten-Inzidenzmatrix* des Graphen. Dabei gehen wir davon aus, dass wiederum alle Knoten von 1 bis n durchnummeriert sind. Überlegen wir uns, was passiert, wenn wir nun A und x multiplizieren.

Es wird ein n-elementiger Spaltenvektor entstehen. Beispielsweise ist das erste Element dieses Vektors das Produkt aus erster Zeile der Matrix A und dem

Vektor x. Die erste Zeile von A „gehört" zum ersten Knoten, diese Zeile besteht aus Einsen und Nullen, je nachdem ob der erste Knoten zur entsprechenden Kante gehört oder nicht.

Machen wir ein einfaches Beispiel für das Produkt einer Matrixzeile mit dem Vektor x:

$$\begin{pmatrix} 1 & 0 & 1 & 0 \end{pmatrix} \cdot \begin{pmatrix} 1 \\ 1 \\ 0 \\ 0 \end{pmatrix} = 1 + 0 + 0 + 0 = 1$$

Wir erhalten einen Summanden 1, falls der Knoten zur aktuellen Kante gehört und die Kante ins Matching aufgenommen wird; eine Null erhält man in allen anderen Fällen, d. h., falls die Kante ausgewählt wird, aber der Knoten gar nicht zur aktuellen Kante gehört, oder falls zwar der Knoten zur Kante gehört, aber diese Kante kommt nicht ins Matching, oder falls die Kante nicht ausgewählt wird und der Knoten ihr auch nicht angehört.

Da wir ein Matching suchen, heißt das aber auch, dass unser Produkt aus Matrixzeile und x-Vektor nur 0 oder 1 ergeben darf. Ist das Ergebnis größer, befinden sich mehrere Kanten in der Auswahl, die von ein und demselben Knoten ausgehen, damit liegt aber kein Matching mehr vor. Folglich ist b ein Vektor, der komplett aus Einsen besteht.

Damit sind alle Komponenten des linearen Programms erklärt. Die Nebenbedingungen stellen sicher, dass ein Matching vorliegt, falls x außerdem ganzzahlig ist; die Zielfunktion beschreibt das zu maximierende Gewicht des Matchings.

Das lineare Optimierungsproblem (LPH) zur Bestimmung eines gewichtsmaximalen Matchings für das Heiratsproblem lautet:

$$\max_{x} w^T x \qquad \text{(LPH)}$$
$$Ax \leq e$$
$$x \geq 0$$

Es ist A die *Knoten-Kanten-Inzidenzmatrix* des bipartiten Graphen G, der n Knoten und m Kanten hat, welche jeweils von $1, \ldots, n$ bzw. $1, \ldots, m$ nummeriert sind. w ist der Vektor der m Kantengewichte. e ist ein Vektor der genau n Einsen enthält.

Es bleibt die Frage, warum die Simplexmethode nur ganzzahlige Lösungen für die Optimierungsaufgabe (LPH) erzeugt.

Das ist nicht sofort einzusehen, hängt aber damit zusammen, dass die Knoten-Kanten-Inzidenzmatrix eines bipartiten Graphen eine sehr spezielle Struktur hat. Wir müssen dazu etwas weiter ausholen.

12.5.4 Ganzzahlige Lösungen

Unimodularität

Definition 12.1 (unimodular)
Eine Matrix $A \in \mathbb{Z}^{m \times n}$ mit vollem Zeilenrang heißt *unimodular*, falls die Determinante jeder aus m linear unabhängigen Spalten bestehenden Submatrix betragsmäßig gleich 1 ist.   ◆

Anmerkung: Unimodular wird oft nur für quadratische Matrizen definiert, so z. B. in Schrijver [40]. Hier erfolgt die Definition für $m \times n$-Matrizen.

Satz 12.2
Sei $A \in \mathbb{Z}^{m \times m}$ regulär. Dann ist $A^{-1}b$ für alle $b \in \mathbb{Z}^m$ ganzzahlig genau dann, wenn A unimodular ist.

Beweis: „$\Rightarrow$": Zu zeigen ist, dass die Determinante von A betragsmäßig 1 ist.

Sei e_i ein m-dimensionaler Vektor, dessen i-te Komponente 1, alle anderen Komponenten 0 sind. $A^{-1}e_i$ liefert die i-te Spalte von A^{-1} und ist laut Voraussetzung ganzzahlig, somit ist A^{-1} eine ganzzahlige Matrix.

Des Weiteren gilt $1 = \det I = \det A \cdot \det A^{-1}$. Da die Determinanten ganzzahliger Matrizen ganzzahlig sind, muss die Determinante von A (und auch die von A^{-1}) betragsmäßig 1 sein.

„$\Leftarrow$": Die Cramersche Regel liefert sofort die Ganzzahligkeit.   □

Satz 12.3
$A \in \mathbb{Z}^{m \times n}$ habe vollen Zeilenrang und es sei $b \in \mathbb{Z}^m$.

Alle zulässigen Basislösungen von $\{x \geq 0 : Ax = b\}$ sind ganzzahlig genau dann, wenn A unimodular ist.

Beweis: „$\Rightarrow$": Wir müssen zeigen, dass A unimodular ist.

Sei B eine beliebige Basis von A, dann genügt es wegen Satz 12.2 zu zeigen, dass $A_B^{-1}b$ für alle ganzzahligen b ganzzahlig ist. Dabei ist A_B die quadratische Matrix, die aus den Spalten, die in B sind, besteht.

Sei also $b \in \mathbb{Z}^m$. Wir wählen $c \in \mathbb{Z}^m$ so, dass $c + (A_B)^{-1}b \geq 0$.

Dann ist $\bar{b} = A_B(c + (A_B)^{-1}b) = A_B c + b \in \mathbb{Z}^m$.

Setzen wir $\bar{x}_B := c + (A_B)^{-1}b$ und $\bar{x}_N = 0$, dann ist $\bar{x} = (\bar{x}_B, \bar{x}_N)$ zulässige Basislösung von $\{x \geq 0 : Ax = \bar{b}\}$.

Also ist $\bar{x}$ nach Voraussetzung ganzzahlig und damit auch $(A_B)^{-1}b = \bar{x}_B - c$.

„$\Leftarrow$": Ist A unimodular, $b \in \mathbb{Z}^m$ und $\bar{x}$ eine zulässige Basislösung von $\{x \geq 0 : Ax = b\}$, dann gibt es eine Basis B mit $\bar{x} = (\bar{x}_B, \bar{x}_N) = ((A_B)^{-1}b, 0)$.

Nach Satz 12.2 ist $\bar{x}_B$ ganzzahlig. Daraus folgt $\bar{x} \in \mathbb{Z}^n$. $\square$

Wir haben nachgewiesen, dass, falls A unimodular ist, die Basislösungen des Systems $Ax = b$ für ganzzahlige b ganzzahlig sind. Das ist ja schon etwas. Es gibt aber noch zwei kleine Haken. Zum einen wissen wir noch nicht, ob unsere Knoten-Kanten-Inzidenzmatrix irgendetwas mit Unimodularität zu tun hat, zum anderen treten in unserem Matching-Problem als Nebenbedingungen keine Gleichungen, sondern Ungleichungen auf.

Wenden wir uns dem zweiten Haken zuerst zu.

Schlupfvariablen

Der Simplexalgorithmus verlangt Gleichungsnebenbedingungen oder einfache Ungleichungsbedingungen in Form von Vorzeichenbeschränkungen der Variablen. Aus allgemeinen Ungleichungen werden Gleichungen durch Einführen von Schlupfvariablen s.

Aus $Ax \leq b$ entsteht also ein neues System

$$Ax + s = (A, I) \cdot \begin{pmatrix} x \\ s \end{pmatrix} = b$$

mit der Vorzeichenbeschränkung $s \geq 0$.

Totale Unimodularität

Nach Satz 12.3 muss (A, I) unimodular sein, damit dieses System nur ganzzahlige Basislösungen hat. Was bedeutet nun die Unimodularität der erweiterten Matrix (A, I)? Mit Hilfe des Laplaceschen Entwicklungssatzes kann man leicht zeigen, dass die Determinante jeder quadratischen Untermatrix von A, gleich welcher Dimension, den Wert 0, 1 oder -1 haben muss. Das ist offensichtlich eine stärkere Forderung und Anlass für eine weitere Definition.

Definition 12.4 (total unimodular)
Eine Matrix $A \in \mathbb{Z}^{m \times n}$ heißt *total unimodular*, wenn jede quadratische Untermatrix die Determinante 0, 1 oder -1 hat. ◆

Eine leicht einzusehende Folgerung ist, dass eine total unimodulare Matrix $A \in \{0, 1, -1\}^{m \times n}$ sein muss.

Des Weiteren gilt auch: A ist total unimodular genau dann, wenn (A, I) unimodular ist. Diese Folgerung unter Verwendung des Entwicklungssatzes und mit Induktion zu bewiesen, wird dem Leser überlassen.

Jetzt kommt der Knackpunkt Nummer 1:

Satz 12.5 (Satz von Hoffman und Kruskal)
Sei $A \in \mathbb{Z}^{m \times n}$ total unimodular und $b \in \mathbb{Z}^m$. Dann sind alle (optimalen) Basislösungen von $\max_{x} c^t x$ unter den Nebenbedingungen $Ax \leq b$, $x \geq 0$ ganzzahlig.

Beweis: Die Nebenbedingungen sind äquivalent zu $(A, I) \cdot \begin{pmatrix} x \\ s \end{pmatrix} = b$

mit $x, s \geq 0$. (A, I) ist aufgrund der vorangegangenen Bemerkungen unimodular.

Wegen Satz 12.3 sind die Basislösungen des neuen Optimierungsproblems mit den Variablen x und s ganzzahlig, und der x-Anteil ist optimal für das Ausgangsproblem. □

Wir sind fast fertig. Uns fehlt noch ein einfacher Weg, um herauszufinden, ob unsere Inzidenzmatrix total unimodular ist. Es ist nämlich unpraktisch, für eine Matrix die Determinanten aller quadratischen Submatrizen nachzuprüfen. Abhilfe schafft folgender Satz, der hier unbewiesen bleiben soll.

> **Satz 12.6 (Satz von Heller und Tompkins)**
>
> *Sei $A \in \{0,1,-1\}^{m \times n}$ mit höchstens zwei von Null verschiedenen Einträgen pro Spalte.*
>
> *A ist genau dann total unimodular, wenn sich die Zeilen von A in zwei Klassen einteilen lassen, so dass zwei Zeilen, die in einer Spalte beide eine $+1$ oder beide eine -1 haben, zur gleichen Klasse gehören und zwei Zeilen, von denen die eine in einer Spalte eine $+1$ und die andere in der gleichen Spalte eine -1 hat, zu verschiedenen Klassen gehören.*

Man überzeugt sich leicht, dass unsere Inzidenzmatrix diese Bedingung erfüllt. Die Spalten der Matrix symbolisieren jeweils eine Kante. An genau zwei Stellen jeder Spalte steht eine 1, sonst Nullen. Alle Zeilen lassen sich also in die erste Klasse einordnen.

12.6   Zurück ins Dorf

Wenden wir dieses Verfahren auf unser Beispieldorf an. Wir nummerieren zunächst die Knoten (=die Unverheirateten) von 1 bis 14 und die Kanten (=potentielle Paarungen) von 1 bis 30 (wie in Tabelle 12.3):

Tab. 12.3: Präferenzentabelle mit Nummerierung der 'Knoten' und 'Kanten'

| | Bernd | Fred | Hans | Horst | Hugo | Karl | Otto | Peter |
	7	*8*	*9*	*10*	*11*	*12*	*13*	*14*
Anna	12	43	-	-	13	2	45	-
1	*1*	*2*			*3*	*4*	*5*	
Brit	-	57	-	-	39	59	60	3
2		*6*			*7*	*8*	*9*	*10*
Edith	60	62	9	-	-	65	71	21
3	*11*	*12*	*13*			*14*	*15*	*16*
Franzi	-	12	-	19	20	-	44	30
4		*17*		*18*	*19*		*20*	*21*
Moni	28	43	-	-	13	-	34	-
5	*22*	*23*			*24*		*25*	
Uta	13	-	-	-	15	5	8	4
6	*26*				*27*	*28*	*29*	*30*

Damit ergibt sich die folgende ganz ausführlich aufgeschriebene Gestalt für das lineare Programm:

$$\max 12x_1 + 43x_2 + 13x_3 + 2x_4 + 45x_5 + 57x_6 + 39x_7 + 59x_8 + 60x_9 + 3x_{10}$$
$$+ 60x_{11} + 62x_{12} + 9x_{13} + 65x_{14} + 71x_{15} + 21x_{16} + 12x_{17} + 19x_{18}$$
$$+ 20x_{19} + 44x_{20} + 30x_{21} + 28x_{22} + 43x_{23} + 13x_{24} + 34x_{25} + 13x_{26}$$
$$+ 15x_{27} + 5x_{28} + 8x_{29} + 4x_{30}$$

```
⎛ 1 1 1 1 1 0 0 0 0 0 0 0 0 0 0 0 0 0 0 0 0 0 0 0 0 0 0 0 0 0 ⎞
⎜ 0 0 0 0 0 1 1 1 1 1 1 0 0 0 0 0 0 0 0 0 0 0 0 0 0 0 0 0 0 0 ⎟
⎜ 0 0 0 0 0 0 0 0 0 0 1 1 1 1 1 1 1 0 0 0 0 0 0 0 0 0 0 0 0 0 ⎟
⎜ 0 0 0 0 0 0 0 0 0 0 0 0 0 0 0 0 1 1 1 1 1 1 0 0 0 0 0 0 0 0 ⎟
⎜ 0 0 0 0 0 0 0 0 0 0 0 0 0 0 0 0 0 0 0 0 0 1 1 1 1 1 0 0 0 0 ⎟
⎜ 0 0 0 0 0 0 0 0 0 0 0 0 0 0 0 0 0 0 0 0 0 0 0 0 0 1 1 1 1 1 ⎟
⎜ 1 0 0 0 0 0 0 0 0 1 0 0 0 0 0 0 0 0 0 1 0 0 1 0 0 1 0 0 0 0 ⎟ · x ≤ e
⎜ 0 1 0 0 0 1 0 0 0 0 0 1 0 0 0 0 1 0 0 0 0 1 0 0 0 0 0 0 0 0 ⎟
⎜ 0 0 0 0 0 0 0 0 0 0 0 1 0 0 0 0 0 0 0 0 0 0 0 0 0 0 0 0 0 0 ⎟
⎜ 0 0 0 0 0 0 0 0 0 0 0 0 0 0 0 0 1 0 0 0 0 0 0 0 0 0 0 0 0 0 ⎟
⎜ 0 0 1 0 0 0 1 0 0 0 0 0 0 0 0 0 0 1 0 0 0 0 1 0 0 1 0 0 0 0 ⎟
⎜ 0 0 0 1 0 0 0 1 0 0 0 0 0 1 0 0 0 0 0 0 0 0 0 0 0 0 1 0 0 0 ⎟
⎜ 0 0 0 0 1 0 0 0 1 0 0 0 0 0 1 0 0 0 0 1 0 0 0 0 1 0 0 0 1 0 ⎟
⎝ 0 0 0 0 0 0 0 0 0 1 0 0 0 0 0 1 0 0 0 0 1 0 0 0 0 0 0 0 0 1 ⎠
```

$$x \geq 0$$

Dieses lineare Problem ist nun also mittels Simplexmethode zu lösen. Wer schon einmal die Simplexmethode von Hand gerechnet hat, wird zusammenzucken: Das sieht nach einer verdammt mühsamen und langwierigen Rechnung aus. Aber auch hier gibt es Entwarnung. Die Unimodularität der Systemmatrix bewirkt, dass alles immer schön ganzzahlig bleibt. Und die vielen Nullen in der Matrix sorgen außerdem dafür, dass in jeder Iteration nur ganz wenige Zeilen neu berechnet werden müssen.

Nichtsdestotrotz, die *Koschwi* wartet ungeduldig auf die Bestätigung der mit der ersten Methode gefundenen Lösung. Deshalb sollten vielleicht doch lieber ein Computer und geeignete Software zum Einsatz kommen.

Mit welchen Mitteln auch immer, der Simplexalgorithmus liefert die eindeutig bestimmte optimale Lösung:

$$x = \begin{pmatrix} 0 & 0 & 0 & 0 & 1 & 0 & 0 & 1 & 0 & 0 & 1 & 0 & 0 & 0 & 0 & 0 & 0 & 0 & 0 & 0 & 1 & 0 & 1 & 0 & 0 & 0 & 1 & 0 & 0 & 0 \end{pmatrix}$$

Die zur Erzeugung der Normalform eingefügten Schlupfvariablen haben im Optimum die Werte:

$$s = \begin{pmatrix} 0 & 0 & 0 & 0 & 0 & 0 & 0 & 0 & 1 & 1 & 0 & 0 & 0 & 0 \end{pmatrix}$$

Der optimale Wert der Zielfunktion ist 252.

Die beiden positiven Schlupfvariablen gehören zu den zu Hans und Horst gehörenden Zeilen im Ungleichungssystem $Ax \leq e$. Sie zeigen an, dass das Produkt Ax in diesen beiden Zeilen den Wert 0 hat. Diese beiden bleiben ohne Partner.

Die Einsen im x-Vektor geben die Kanten bzw. Paarungen an, die ins optimale Matching aufzunehmen sind. Schließlich kann die *Koschwi* also das Resultat ihrer Bemühungen verkünden.

Sehr geehrte potentielle Schwiegermütter!

Wissenschaftliche Untersuchungen haben ergeben, dass für eine bestmögliche Weiterentwicklung unserer Dorfgemeinschaft die Eheschließungen

Anna + Otto

Brit + Karl

Edith + Bernd

Franzi + Peter

Moni + Fred

Uta + Hugo

zu erfolgen haben. Wir danken allen Betroffenen für die unverzügliche Umsetzung dieses Beschlusses.

Und Sie, liebe potentielle Schwiegermütter aus allen anderen Dörfern, werden mit dem hier neu erworbenen Wissen für sich und Ihr Dorf hoffentlich ebenso zielstrebig die optimalen Paare zusammenstellen können. Viel Erfolg!

Manuel Naumann ist Dipl.-Mathematiker und arbeitet in Zürich.

13 Über die Anzahl surjektiver Abbildungen

Im Folgenden zeige ich mit dem *Prinzip von Inklusion-Exklusion*, dass für die Anzahl $T(n, k)$ surjektiver Abbildungen aus einer Menge mit n Elementen in eine Menge mit k Elementen gilt:

$$T(n, k) = \sum_{0 \leq i \leq k} (-1)^i \cdot \binom{k}{i} \cdot (k - i)^n \qquad (13.1)$$

Zu diesem Ergebnis gelangen wir in mehreren Schritten. Wir beginnen mit der Wiederholung der folgenden Definition.

Definition 13.1 (surjektiv)

Eine Abbildung f einer Menge M in eine Menge N heißt *surjektiv*, wenn jedes Element $n \in N$ in der Menge der Bilder von Elementen aus M unter dieser Abbildung vorkommt. Kurz geschrieben:

$f : M \Rightarrow N$ heißt surjektiv $:\Leftrightarrow \forall n \in N \, \exists \, m \in M : f(m) = n$ ◆

Wie viele verschiedene surjektive Abbildungen gibt es, wenn M und N endliche Mengen sind?

Was wir suchen, ist das Bildungsgesetz oder eine Rekursion für die Folge $T(n, k)$. Wer öfter nach Folgen sucht, kennt *Sloane's On-Line Encyclopedia of Integer Sequences* (www.research.att.com/~njas/sequences/).

Dort, in *Sloane's On-Line Encyclopedia of Integer Sequences* findet man die gesuchte Folge als A019538 (http://www.research.att.com/~njas/sequences/A019538).

Da heißt es u. a.:

```
A019538  Triangle of numbers T(n,k) = k!*Stirling2(n,k) read by rows
Number of onto functions from an n-element set
to a k-element set.

    T(n, k) = Sum_{j=0..k} (-1)^j* C(k, j)*(k-j)^n.
    T(n, k) = k*(T(n-1, k-1)+T(n-1, k))
       with T(0, 0) = 1  [or T(1, 1) = 1]
    - Henry Bottomley, Mar 02 2001
    ...
    See also the two closely related triangles
       A008277(n, k) = T(n, k)/k!
```

Anmerkung: $C(n, k)$ steht für den Binomialkoeffizienten „n über k".

Die im Zitat zuerst genannte Summenformel ist das Gleiche wie (13.1). Diese wollen wir zuerst erklären und beweisen. Der Beweis der als zweites angegebenen Rekursionsgleichung folgt danach.

Die erste, bereits in der Überschrift genannte Identität sagt, dass die gesuchte Anzahl surjektiver Abbildung von $M \to N$ eng verwandt ist mit den k-Partitionen.

Definition 13.2
Eine *Partition* ist eine Äquivalenzrelation auf einer Menge M.
Eine *k-Partition* ist eine Partition mit der Mächtigkeit k, also mit genau k Äquivalenzklassen.

◆

Die Anzahlen der k-Partitionen einer n-elementigen Menge werden *Stirling-Zahlen zweiter Art* genannt und üblicherweise mit $S(n, k)$ abgekürzt (und bei *Sloane's* mit Stirling2(n, k) bezeichnet). Das ist für das Folgende nicht wichtig, es sei aber erwähnt.

Für die Stirling-Zahlen zweiter Art gilt:

$$S(n, k) = \frac{1}{k!} \cdot \sum_{0 \leq i \leq k} (-1)^i \cdot \binom{k}{i} \cdot (k - i)^n \qquad (13.2)$$

Die Formeln (13.1) und (13.2) unterscheiden sich durch einen Faktor $1/k!$. Bei der Zählung von k-Partitionen kommt es nämlich nicht auf die Reihenfolge der k

Äquivalenzklassen an. Bei der Frage nach verschiedenen surjektiven Abbildungen macht es aber schon einen Unterschied, welche Äquivalenzklasse auf welches Element aus $1, \ldots, n$ abgebildet wird.

Das $(-1)^i$ deutet auf den Ursprung der Formel (13.1) hin. Sie wurde mit dem *Prinzip von Inklusion und Exklusion* gefunden. Dieses möchte ich nun erklären.

Das Prinzip von Inklusion und Exklusion

Mit dem *Prinzip von Inklusion und Exklusion* lassen sich diejenigen Elemente einer gegebenen Menge zählen, die mindestens eine von mehreren vorgegebenen Eigenschaften aufweisen.

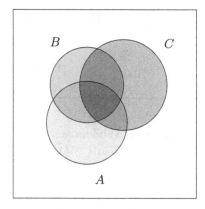

Abb. 13.1: Drei sich schneidende Mengen

Beispiel 13.3
Wie viele natürliche Zahlen zwischen 1 und 1000 werden von mindestens einer der Zahlen 2, 3 oder 5 geteilt?

Sei A die Menge der durch zwei teilbaren Zahlen, B die der durch 3 teilbaren und C die der durch 5 teilbaren Zahlen.

Es gilt (vgl. Abbildung 13.1):

$$|A \cup B \cup C| = |A| + |B| + |C| - |A \cap B| - |A \cap C| - |B \cap C| + |A \cap B \cap C|$$

Dieses elementare und dennoch starke Prinzip wird in der Kombinatorik oft angewendet, nämlich immer dann, wenn ein Abzählproblem unübersichtlich wird. Es beruht darauf, dass die Elemente des Durchschnitts von A und B bzw. A und C usw. zunächst doppelt gezählt werden und dann dieser Fehler wieder ausgeglichen wird, indem die doppelt addierten Elemente einfach subtrahiert werden. Man muss aber beachten, dass dadurch wiederum Elemente mehrfach subtrahiert werden, nämlich die Elemente des gemeinsamen Durchschnitts der Mengen A, B und C. Das muss durch entsprechende Addition ausgeglichen werden. ∎

Was für drei Mengen gilt, kann man allgemein auch für n Mengen formulieren:

Das Prinzip von Inklusion und Exklusion lautet:

$$\left| \bigcup_{1 \leq i \leq n} A_i \right| = \sum_{\emptyset \neq I \subseteq \{1,2,\ldots,n\}} (-1)^{|I|+1} \left| \bigcap_{i \in I} A_i \right| \qquad (13.3)$$

Mit diesem Prinzip zeigt man nun:

Satz 13.4

Die Anzahl der surjektiven Abbildungen von $\{1,\ldots,n\} \to \{1,\ldots,k\}$ ist gleich

$$T(n,k) = \sum_{0 \leq i \leq k} (-1)^i \cdot \binom{k}{i} (k-i)^n. \qquad (13.4)$$

Beweis: Für jedes $j \in \{1,\ldots,k\}$ sei A_j die Menge aller Abbildungen f von $\{1,2,\ldots,n\}$ nach $\{1,2,\ldots,k\}$, die j nicht treffen, d. h. für kein $i \in \{1,\ldots,n\}$ ist $f(i) = j$.

A_j hat so viele Elemente, wie es Abbildungen von

$$\{1,2,\ldots,n\} \text{ nach } \{1,2,\ldots,j-1,j+1,\ldots,k\} \text{ gibt, also } (k-1)^n.$$

Für den Durchschnitt zweier Mengen A_{j_1} und A_{j_2} gilt, dass dies die Anzahl aller Abbildungen ist, die j_1 und j_2 nicht treffen. Das sind $(k-2)^n$ Stück.

Man erkennt, dass der Durchschnitt von r dieser Mengen genau $(k-r)^n$ verschiedene Abbildungen enthält, die bestimmte r Elemente nicht als Bild haben.

Diese Formel zählt also erstaunlicherweise das *Gegenteil* von dem, was wir wollten, nämlich sie zählt die *nicht surjektiven* Abbildungen. Aber das hat Methode, denn zum Schluss bilden wir das Komplement!

Die Menge der surjektiven Abbildungen ist gleich der Menge *aller* Abbildungen *abzüglich* der nicht surjektiven Abbildungen.

Wie groß ist die Anzahl aller Abbildungen von $\{1,\ldots,n\} \to \{1,\ldots,k\}$?

Es sind k^n, oder — um in der Systematik zu bleiben — es sind $(k-0)^n$. Anmerkung: Den Summanden $(k-0)^n$ enthält die zu beweisende Summenformel für $i = 0$.

Bleibt zu zeigen, dass die übrigen Terme (für $i > 0$) gerade die Anzahl der nicht surjektiven Abbildungen ergeben.

Somit zurück zur Inklusion-Exklusion: In der Summe der Mächtigkeiten der A_j sind alle die Abbildungen doppelt gezählt, die mehr als 1 Element aus $\{1, \ldots, m\}$ nicht als Bild (irgend) eines Elements aus $\{1, \ldots, n\}$ haben. Dieser Fehler muss durch Addition der Mächtigkeiten der Schnittmengen von jeweils zweien der A_j wieder wettgemacht werden. Allerdings haben wir damit zuviel des Guten getan. Die Abbildungen, die mindestens 3 Elemente aus $\{1, \ldots, n\}$ nicht zum Bild haben, sind nun mehrfach subtrahiert worden. Dieser Fehler wird ausgeglichen durch Addition der Mächtigkeiten der Durchschnitte von jeweils dreien der A_j. Nun darf ich „usw." sagen, einverstanden?

Was fehlt denn noch? Ach ja, „k über i", was hat es denn damit auf sich?

Wir lesen noch einmal einige Zeilen zurück: Ich sagte: „von jeweils zweien der A_j" und „von jeweils dreien der A_j". Es kommt darauf an, von welchen 2 oder 3 oder r Mengen man die gemeinsame Schnittmenge bildet bzw. auf wie viele verschiedene Weisen man solche Durchschnitte von jeweils r Mengen bilden kann.

Man kann auf „n über 2" Weisen zwei verschiedene der A_j aussuchen, um sie zu schneiden. Man kann auf „n über 3" Weisen drei verschiedene der A_j aussuchen, um sie zu schneiden. Ich erlaube mir ein letztes „usw." und bitte den Leser, zur Kontrolle noch einmal auf die Formel zu blicken.

Nun, ist alles klar? $\qquad\qquad\qquad\qquad\qquad\qquad\qquad\qquad\qquad\qquad\qquad$ □

Wie angekündigt werde ich jetzt auch die zweite bei *Sloane's* angegebene Formel, die Rekursion, näher erklären und beweisen.

Satz 13.5

Für die Anzahl $T(n,k)$ der surjektiven Abbildungen einer n-elementigen Menge auf eine k-elementige Menge gilt:

$$T(n,k) = k \cdot T(n-1, k-1) + k \cdot T(n-1, k) \qquad (13.5)$$

$$\text{mit } T(0,0) = 1 \quad [\text{oder } T(1,1) = 1]$$

$$\text{und } T(n,k) = 0 \text{ für } n < k.$$

Beweis: Zunächst sei festgestellt, dass $T(n,k) = 0$ für $n < k$ richtig ist. Es gibt keine surjektiven Abbildungen aus einer endlichen Menge auf eine andere endliche Menge, die mehr Elemente hat.

Ist $k = n$, haben also beide Mengen gleich viele Elemente, so ist die Anzahl der surjektiven Abbildungen gleich $k!$, denn dem ersten Element aus M wird eines von k Elementen aus N zugeordnet, dem nächsten Element aus M wird eines der verbliebenen $k - 1$ Elemente zugeordnet. Dies wird fortgesetzt, bis schließlich dem letzten Element aus M das einzig noch verbliebene Element aus N zugeordnet werden muss.

Für $k! =:$ fak(k) gilt die Rekursion fak$(k) = k \cdot$ fak$(k - 1)$ und da $n - 1 < k$, so ist $T(n - 1, k) = 0$. Die Rekursionsformel

$$T(n, k) = k \cdot T(n - 1, k - 1) + k \cdot T(n - 1, k) \tag{13.6}$$

erweist sich im Fall $n = k$ als richtig.

Es sei nun $n > k$. Betrachte nun die Menge F aller surjektiven Abbildungen von M nach N. Diese Menge kann man in 2 Teilmengen U und V disjunkt aufteilen. Dazu wähle ich ein beliebiges $x \in M$ aus, halte es fest, und unterscheide danach, ob dieses x für die Surjektivität der Abbildungen wirklich notwendig ist oder nicht.

Nämlich:

$$U := \{\, f \in F \mid f(M \backslash \{x\}) = N \,\} \tag{13.7}$$

$$V := \{\, f \in F \mid f(M \backslash \{x\}) \subsetneq N \,\} \tag{13.8}$$

Also — entweder hat das eine beliebig aber fest ausgewählte x ein Bild in N, auf das auch mindestens ein anderes Element aus M abgebildet wird — oder nicht.

Die Menge U enthält genau die surjektiven Abbildungen f von M auf N, die eingeschränkt auf die Menge $M \backslash \{x\}$ auch eine surjektive Abbildung von $M \backslash \{x\}$ auf N ergeben. Die Anzahl der surjektiven Abbildungen von $M \backslash \{x\} \to N$ ist $T(n - 1, k)$. Aus jeder dieser surjektiven Abbildungen kann man eine surjektive Abbildung von $M \to N$ machen, indem man für das zuvor ausgewählte $x \in M$ ein beliebiges von k möglichen Elementen aus N als Bild festlegt. Darum ist $|U| = k \cdot T(n - 1, k)$.

Die Menge V enthält genau die surjektiven Abbildungen f von M auf N, die eingeschränkt auf die Menge $M \backslash \{x\}$ nicht mehr surjektiv sind. Da F aber nur surjektive Abbildungen enthält und wir nur das eine Element x aus M entfernt haben, kann auch nur genau ein Element y aus N nun ohne Urbild sein. Insofern ist f als Abbildung von $M \backslash \{x\} \to N \backslash \{y\}$ wieder surjektiv. Die Anzahl der surjektiven Abbildungen von $M \backslash \{x\}$ auf $N \backslash \{y\}$ ist $T(n - 1, k - 1)$.

Jede surjektive Abbildung von $M \backslash \{x\}$ auf $N \backslash \{y\}$ kann zu einer surjektiven Abbildung von M auf N ergänzt werden, indem man dem fest gewählten x ein weiteres Element $y \in N$ zuordnet.

Sofern dieses $y \in N$ feststünde, machte man also aus $T(n-1, k-1)$ surjektiven Abbildungen von $M\backslash\{x\}$ auf $N\backslash\{y\}$ genau $T(n-1, k-1)$ surjektive Abbildungen von M auf N.

Aber das $y \in N$ steht nicht fest, es ist beliebig aus N, denn V enthält die Abbildungen $f \in F$, für die $f(M\backslash\{x\}) \subsetneq N$ ist, also irgend eines der Elemente aus N im Bild von $M\backslash\{x\}$ fehlt.

Für die Wahl des 'fehlenden' Elements aus N gibt es k Möglichkeiten. Darum ist $|V| = k \cdot T(n-1, k-1)$.

Wem das zu schnell war, der überlege es sich so:

Es ist V gleich der disjunkten Vereinigung der Mengen

$$V_y := \{\, f \in F \mid f(M\backslash\{x\}) = N\backslash\{y\} \,\} \quad \text{für } y \in N. \tag{13.9}$$

Jedes V_y hat $T(n-1, k-1)$ Elemente. Es gibt k verschiedene Mengen V_y. □

Zusammenfassung:

Es wurde die Menge F aller surjektiven Abbildungen disjunkt zerlegt.

$$F = U \cup \bigcup_{y \in N} V_y \tag{13.10}$$

Weil die Zerlegung disjunkt ist, erhält man:

$$|F| = |U| + \sum_{y \in N} |V_y|. \tag{13.11}$$

Mit $|U| = k \cdot T(n-1, k)$ und $|V_y| = T(n-1, k-1)$ sowie $|N| = k$ erhalten wir schließlich:

$$T(n, k) = |F| = k \cdot T(n-1, k) + k \cdot T(n-1, k-1).$$

Für diesen Beitrag habe ich Internet-Quellen [44, 45] zu Rate gezogen.

Martin Wohlgemuth (Matroid)

14 Potenzsummen

Die Geschichte des neunjährigen Gauß und seiner cleveren Addition der natürlichen Zahlen von 1 bis 100 hat, glaube ich, jeden jungen Mathematik-Interessierten animiert, auf diesem Feld ebenfalls nach Tricks und Lösungsformeln zu suchen.

Lange vor Gauß, zu Beginn des 17. Jahrhunderts, hatte es die aufkommende Infinitesimalrechnung erforderlich gemacht, Summen von Potenzen aufeinander folgender natürlicher Zahlen zu berechnen. Solche Summen treten z. B. bei der näherungsweisen Berechnung der Fläche unter Polynomfunktionen durch Ober- und Untersummen auf.

Man kannte bald Formeln für kleine Exponenten, z. B.:

$$\sum_{k=1}^{n} k^1 = \frac{1}{2}n^2 + \frac{1}{2}n$$

$$\sum_{k=1}^{n} k^2 = \frac{1}{3}n^3 + \frac{1}{2}n^2 + \frac{1}{6}n$$

$$\sum_{k=1}^{n} k^3 = \frac{1}{4}n^4 + \frac{1}{2}n^3 + \frac{1}{4}n^2$$

$$\sum_{k=1}^{n} k^4 = \frac{1}{5}n^5 + \frac{1}{2}n^4 + \frac{1}{3}n^3 - \frac{1}{30}n$$

$$\sum_{k=1}^{n} k^5 = \frac{1}{6}n^6 + \frac{1}{2}n^5 + \frac{5}{12}n^4 - \frac{1}{12}n^2$$

Jede dieser Formeln kann man mit vollständiger Induktion beweisen. Aber wie findet man eine solche Formel, wenn man sie noch nicht kennt? Anscheinend ist die Summe der i-ten Potenzen der Zahlen 1 bis n ein Polynom in n vom Grad $i+1$, dessen Leitkoeffizient $\frac{1}{i+1}$ lautet. Der nächste Koeffizient ist $\frac{1}{2}$, der darauf folgende ist $\frac{i}{12}$, der dann folgende ist 0. Das sind alles Vermutungen, die durch genaues Hinsehen gefunden werden.

Es war *Jakob Bernoulli* (1654–1705), der das allgemeine „Bildungsgesetz" solcher Summenformeln erkannte und damit eine Methode fand, durch die zu jedem gegebenen Exponenten i eine Berechnungsformel für die Potenzsumme

$$\sum_{k=1}^{n} k^i$$

angegeben werden kann. Die von ihm zu diesem Zwecke eingeführten Größen tragen heute seinen Namen: Die *Bernoulli-Zahlen*.

Zur Definition und für den Umgang mit diesen Zahlen ist es zweckmäßig, sich des Konzepts der *erzeugenden Funktionen* zu bedienen: Wir betrachten die Funktion

$$f(x) = \frac{x}{e^x - 1}, \quad x \in \mathbb{R},$$

wobei sich der Funktionswert im Punkt $x = 0$ durch stetige Fortsetzung ergibt. Die Funktion f lässt sich um den Punkt $x = 0$ in eine Potenzreihe mit Konvergenzradius 2π entwickeln (zur bequemen Begründung benötigt man etwas Funktionentheorie). Die Koeffizienten dieser Potenzreihe dienen uns nun zur Definition:

Definition 14.1 (Bernoulli-Zahlen)
Die Folge der *Bernoulli-Zahlen* B_n, $n \geq 0$, sei definiert durch die Gleichung

$$\frac{x}{e^x - 1} = \sum_{n=0}^{\infty} \frac{B_n}{n!} x^n, \quad |x| < 2\pi.$$

◆

Es gilt demnach:

$$B_n = \left(\frac{d}{dx} \right)^n \frac{x}{e^x - 1} \Big|_{x=0}$$

Durch Differenzieren erhalten wir leicht die Werte der ersten beiden Bernoulli-Zahlen

$$B_0 = 1, \quad B_1 = -\frac{1}{2}.$$

Betrachten wir nun die Funktion

$$g(x) = \frac{x}{e^x - 1} - B_1 x = \frac{x}{e^x - 1} + \frac{x}{2},$$

so ergibt eine einfache Rechnung

$$g(x) = g(-x),$$

d. h., die Funktion g ist gerade. Damit wissen wir, dass alle Koeffizienten mit ungeradem Index in der Potenzreihenentwicklung von g um den Ursprung verschwinden. Das bedeutet für die Bernoulli-Zahlen

$$B_{2n+1} = 0 \quad \text{für } n \geq 1.$$

Bevor wir die Bernoulli-Zahlen mit Potenzsummen in Verbindung bringen, beweisen wir eine nützliche Formel:

Satz 14.2

Es gilt für $n \geq 1$:

$$\sum_{k=0}^{n} \binom{n+1}{k} B_k = 0$$

Beweis: Für $|x| < 2\pi$ gilt:

$$\sum_{n=0}^{\infty} \frac{B_n}{n!} x^n = \frac{x}{e^x - 1} = e^{-x} \frac{-x}{e^{-x} - 1}$$

$$= \left(\sum_{n=0}^{\infty} \frac{(-1)^n}{n!} x^n \right) \left(\sum_{n=0}^{\infty} \frac{(-1)^n}{n!} B_n x^n \right)$$

$$= \sum_{n=0}^{\infty} \frac{(-1)^n}{n!} \left(\sum_{k=0}^{n} \binom{n}{k} B_k \right) x^n$$

Damit folgt durch Koeffizientenvergleich für $n \geq 0$

$$B_n = (-1)^n \sum_{k=0}^{n} \binom{n}{k} B_k, \qquad (14.1)$$

was sich umstellen lässt zu

$$(1 - (-1)^n) B_n = (-1)^n \sum_{k=0}^{n-1} \binom{n}{k} B_k.$$

Wegen $B_{2n+1} = 0$ für $n \geq 1$ verschwindet die linke Seite der letzten Gleichung für alle $n \geq 2$, woraus sich die Behauptung ergibt. □

Beispiel 14.3

Berechne B_2 mittels Satz (14.2):

$$B_0 + 3B_1 + 3B_2 = 0 \Rightarrow B_2 = -\frac{1}{3} \cdot (B_0 + 3B_1) \qquad \blacksquare$$

Damit lassen sich die Bernoulli-Zahlen leicht rekursiv berechnen:

$$
\begin{array}{llll}
B_0 & = & 1 & \quad B_1 & = & -\frac{1}{2} \\
B_2 & = & \frac{1}{6} & \quad B_3 & = & 0 \\
B_4 & = & -\frac{1}{30} & \quad B_5 & = & 0 \\
B_6 & = & \frac{1}{42} & \quad B_7 & = & 0 \quad \text{usw.}
\end{array}
$$

Nun kommen wir zu der gesuchten allgemeinen Formel für Potenzsummen:

Satz 14.4

Für jeden Exponenten $i \in \mathbb{N}$ gilt

$$\sum_{k=1}^{n} k^i = \frac{1}{i+1} \sum_{k=0}^{i} \binom{i+1}{k} B_k (n+1)^{i+1-k}, \quad n \geq 1.$$

Beweis: Es gilt für $x > 0$:

$$\sum_{i=0}^{\infty} \frac{1}{i!} \left(\sum_{k=0}^{n} k^i \right) x^i = \sum_{k=0}^{n} \sum_{i=0}^{\infty} \frac{(kx)^i}{i!} = \sum_{k=0}^{n} e^{kx}$$

$$= \frac{e^{(n+1)x} - 1}{e^x - 1}$$

$$= \frac{e^{(n+1)x} - 1}{x} \frac{x}{e^x - 1}$$

$$= \left(\sum_{k=0}^{\infty} \frac{(n+1)^k}{(k+1)!} x^k \right) \left(\sum_{k=0}^{\infty} \frac{B_k}{k!} x^k \right)$$

$$= \sum_{i=0}^{\infty} \frac{1}{(i+1)!} \left(\sum_{k=0}^{i} \binom{i+1}{k} B_k (n+1)^{i+1-k} \right) x^i$$

Es folgt für $i \geq 1$ durch Koeffizientenvergleich

$$\sum_{k=1}^{n} k^i = \sum_{k=0}^{n} k^i = \frac{1}{i+1} \sum_{k=0}^{i} \binom{i+1}{k} B_k (n+1)^{i+1-k}, \ n \geq 1.$$

□

Damit haben wir einen übersichtlichen Weg kennengelernt, um weitere Formeln zur Berechnung von Potenzsummen zu finden.

Zum Abschluss sei erwähnt, dass die Berechnung solcher Potenzsummen ein Spezialfall der Fragestellung nach der Auswertung von Summen der allgemeinen Gestalt $\sum_{k=0}^{n} f(k)$ ist, wobei f eine geeignete Funktion darstellt. Die Untersuchung dieser Frage führt auf die sogenannte *Eulersche Summenformel*.

Jens Koch, Physiker, Berlin

15 Berechnung großer Binomialkoeffizienten

Wie berechnet man $\binom{n}{k}$, sprich „n über k"? Das ist doch einfach, könnte man sagen.

15.1 Rechnen gemäß Definition

Die bekannte Definition lautet:

Definition 15.1 (Binomialkoeffizient)
Für n, $k \in \mathbb{N}_0$, $n >= k$, definiert man den *Binomialkoeffizienten* als:

$$\binom{n}{k} := \frac{n!}{k! \cdot (n-k)!}$$

Dabei ist $n! = n \cdot (n-1) \cdot (n-2) \cdot \ldots \cdot 2 \cdot 1$ für $n \in \mathbb{N}$ und $0! = 1$. ◆

Also muss man *nur* diese Formel ausrechnen.

Für $\binom{10}{3}$ ergibt sich:

$$\frac{10 \cdot 9 \cdot 8 \cdot 7 \cdot 6 \cdot 5 \cdot 4 \cdot 3 \cdot 2 \cdot 1}{3 \cdot 2 \cdot 1 \cdot 7 \cdot 6 \cdot 5 \cdot 4 \cdot 3 \cdot 2 \cdot 1} \underset{\text{(Taschenrechner)}}{=} 120$$

Man hätte vorher auch kürzen können:

$$\frac{10 \cdot 9 \cdot 8 \cdot 7 \cdot 6 \cdot 5 \cdot 4 \cdot 3 \cdot 2 \cdot 1}{3 \cdot 2 \cdot 1 \cdot 7 \cdot 6 \cdot 5 \cdot 4 \cdot 3 \cdot 2 \cdot 1} = \frac{10 \cdot 9 \cdot 8}{3 \cdot 2} = 5 \cdot 3 \cdot 8 = 120$$

Diese Rechung ist kein Problem. Aber wie ist es mit $\binom{2010}{891}$? Wie riesig ist 2010!? Mein Taschenrechner kann das nicht mehr.

15.2 Rekursive Berechnung

Binomialkoeffizienten kann man rekursiv berechnen. Es gilt

$$\binom{n}{k} = \binom{n-1}{k-1} + \binom{n-1}{k}. \tag{15.1}$$

Also beispielsweise

$$\binom{2010}{891} = \binom{2009}{890} + \binom{2009}{891}.$$

Diese Rekursionsformel ist für viele formale Rechnungen der Schlüssel, für unsere Berechnung taugt sie aber nicht, denn der Speicherbedarf eines Programms nach diesem Rekursionsverfahren ist groß und außerdem gibt es bessere Möglichkeiten.

15.3 Multipliziere in günstiger Reihenfolge

Zwar ist 2010! sehr groß, zu groß für den Taschenrechner, aber diese Zahl müssen wir auch gar nicht berechnen. Viel günstiger und schon um einiges genauer rechnen wir in folgender Weise:

$$\binom{2010}{891} = \frac{2010}{891} \cdot \frac{2009}{890} \cdot \ldots \cdot \frac{2010 - 891 + 1}{1}$$

Man fasst jeweils einen Faktor im Zähler und einen im Nenner zu einem Bruch zusammen und multipliziert die Quotienten. Damit erreicht man, dass die Zahlen, mit denen man rechnet (hier sind das die Quotienten) alle eine ähnliche Größenordnung haben.

Für manche Zahlen ist das noch ein beherrschbarer Ausdruck. Führen wir diese Rechnung nun für große n wie 2010 durch, so ist auch diese Rechnung zwecklos. Das Ergebnis liegt ganz grob in der Größenordnung von Unendlich (sagt mein Taschenrechner).

Ein prinzipieller Nachteil dieses Verfahrens ist zudem, dass die Zwischenergebnisse Dezimalbrüche sind, obwohl wir eine ganze natürliche Zahl als Gesamtergebnis erwarten. Wir handeln uns somit unnötig Abbruch- und Rundungsfehler ein.

15.4 Teile und (be-)herrsche

Es gibt ein anderes, exaktes und von der Rechenzeit schnelles Verfahren. Dabei berechnet man die Primfaktorzerlegung von $n!$, $k!$ und $(n - k)!$ und kürzt die Exponenten.

Beispiel 15.2

$$\binom{27}{15} = \frac{27!}{15! \cdot 12!} = 2^2 \cdot 3^2 \cdot 5 \cdot 13 \cdot 17 \cdot 19 \cdot 23$$

denn
$$27! = 2^{23} \cdot 3^{13} \cdot 5^6 \cdot 7^3 \cdot 11^2 \cdot 13^2 \cdot 17 \cdot 19 \cdot 23$$
$$15! = 2^{11} \cdot 3^6 \cdot 5^3 \cdot 7^2 \cdot 11 \cdot 13$$
$$12! = 2^{10} \cdot 3^5 \cdot 5^2 \cdot 7 \cdot 11$$

∎

Es bleibt die Frage, wie man zu den Primzahlexponenten in der Zerlegung der Fakultäten kommt. Zum Glück gibt es dafür eine Formel aus der Zahlentheorie, die auf *Legendre* zurückgeht.

Wir wissen, dass jede positive ganze Zahl eine eindeutige Primfaktorzerlegung hat. Das bedeutet: Es gibt zu einer positiven ganzen Zahl m Primzahlen p_1, p_2, ..., p_k und Exponenten $e(p_i)$, $i = 1, \ldots, k$, für eine (bis auf die Reihenfolge der p_i) eindeutige Darstellung der Form

$$m = \prod_{i=1}^{k} p_i{}^{e(p_i)}.$$

Die Faktorisierung großer Zahlen ist im Allgemeinen nicht leicht zu finden. Aber die Primfaktoren von $n!$ sind leicht zu berechnen.

15.5   Der Satz von Legendre

Satz 15.3 (Legendre)

In der Primfaktorzerlegung von $m = n!$ ($n \in \mathbb{N}$) gilt für alle Primzahlen p:

$$e(p) = \left[\frac{n}{p}\right] + \left[\frac{n}{p^2}\right] + \left[\frac{n}{p^3}\right] + \left[\frac{n}{p^4}\right] + \dots$$

Hier ist [...] die Gaußklammer; diese steht für „die größte ganze Zahl kleiner gleich ...".

Anmerkung: Von den Summanden $\left[\frac{n}{p^i}\right]$ sind nur endlich viele ungleich 0, nämlich die für $i \in \mathbb{N}_0$ mit $p^i \leq n$.

Wir probieren diese Formel an Beispielen mit kleinen n und p aus:

Beispiel 15.4
Die 2 hat in der Primfaktorzerlegung von 27! den Exponenten:

$$e(2) = \left[\frac{27}{2}\right] + \left[\frac{27}{4}\right] + \left[\frac{27}{8}\right] + \left[\frac{27}{16}\right]$$

$$= 13 + 6 + 3 + 1 = 23$$

Die 3 hat in der Primfaktorzerlegung von 27! den Exponenten:

$$e(3) = \left[\frac{27}{3}\right] + \left[\frac{27}{9}\right] + \left[\frac{27}{27}\right]$$

$$= 9 + 3 + 1 = 13 \qquad\blacksquare$$

Beweis: **(Legendre)** Kein Primteiler von $n!$ ist größer als n. Von den n Faktoren in $n!$ sind $\left[\frac{n}{p}\right]$ Faktoren einmal durch p teilbar. Durch p^2 sind $\left[\frac{n}{p^2}\right]$ Faktoren teilbar, durch p^3 sind $\left[\frac{n}{p^3}\right]$ Faktoren teilbar usw. Die Anzahl der Faktoren p in der Primfaktorzerlegung ist also gleich der (endlichen) Summe dieser Anzahlen.

$\square$

15.6   Algorithmische Berechnung

Für ein Verfahren, das den Satz von Legendre benutzt, ist es erforderlich, die Primzahlen bis n zu kennen.

Ein Programm zur Faktorisierung von $n!$ muss darum zuerst eine Primzahltabelle erstellen, etwa mit dem (bekannten) *Sieb des Eratosthenes*.

Dann durchläuft man die Liste der Primzahlen und berechnet die $e(p)$ für alle p kleiner oder gleich n. Berechne weiter die Primzahlpotenzen p^k und die Quotienten $\left[\frac{n}{p^k}\right]$ solange, bis $p^k > n$ wird. Die Summe der Quotienten ist der Exponent der Primzahl p in der Faktorisierung von $n!$.

Gleichwertig dazu, jedoch mit weniger Rechenoperationen, teilt man n zunächst durch p und dann den jeweils ganzzahlig abgerundeten Quotienten wiederum durch p und bricht ab, wenn der Quotient kleiner 1 ist. Die Summe der ganzzahlig abgerundeten Quotienten ist $e(p)$. Man vermeidet auf diese Weise die explizite Berechnung der Potenzen p^k, denn hat man bis zum Abbruch k-fach durch p dividieren können, dann ist $p^k \leq n$ und $p^{k+1} > n$.

Diese zuletzt beschriebene, optimierte Variante des Algorithmus lautet also:

Algorithmus zur Faktorisierung von $n!$

1: Eingabe: n
2: Bestimme die Menge P(n) aller Primzahlen $\leq$ n.
3: **for all** p $\in$ P(n) **do**
4:     quotient := Abrunden(n/p)
5:     sum := quotient
6:     **while do**
7:         quotient := Abrunden(quotient/p)
8:         **if** quotient<1 **then**
9:             Abbruch
10:        **end if**
11:        sum := sum + quotient
12:    **end while**
13:    Ausgabe: p "^" sum
14: **end for**

Den beschriebenen Algorithmus kann der Leser im Internet ausprobieren, siehe [51]. Die Funktion „Abrunden" realisiert für positive Argumente die Gaußklammer.

15.7 Weiteres Anwendungsbeispiel

Gelegentlich werden Aufgaben wie diese gestellt:

Auf wie viele Nullen endet $2010!$?

Antwort: Eine Null am Ende bedeutet, dass die Zahl durch 10 teilbar ist. Wie oft ist 2010! durch 10 teilbar? Sie ist so oft durch 10 teilbar, wie in der Primfaktorzerlegung genügend Zweien und Fünfen vorkommen, um den Faktor 10 zu bilden. Weil es häufiger den Primfaktor 2 als den Faktor 5 gibt, ist diese Anzahl allein durch die Anzahl der Fünfen bestimmt.

Wie viele Fünfen sind in der Primfaktorzerlegung von 2010! ? Es sind

$$\left\lfloor \frac{2010}{5} \right\rfloor + \left\lfloor \frac{2010}{25} \right\rfloor + \left\lfloor \frac{2010}{125} \right\rfloor + \left\lfloor \frac{2010}{625} \right\rfloor = 501$$

Fünfen. Also endet 2010! auf 501 Nullen.

Martin Wohlgemuth aka *Matroid*.

16 Über Permanenten, Permutationen und Fixpunkte

16.1 Einführung

In diesem Kapitel wollen wir den Begriff der Permanente und eine Verbindung zu einer speziellen kombinatorischen Fragestellung namens „Rencontre-Problem" vorstellen. Unter dem Rencontre-Problem versteht man die folgende klassische Frage:

> *n Ehepaare veranstalten einen gemeinsamen Tanzabend. Wie viele Tanzpaarungen aller 2n Personen sind möglich, bei denen keine Frau mit ihrem Mann tanzt? (Frauen tanzen nur mit Männern!)*

Zur Untersuchung dieser Frage stellen wir vorbereitend das sogenannte Prinzip der Inklusion und Exklusion vor, welches sich hier und auch im Allgemeinen oft als nützliches Hilfsmittel erweist. Anschließend führen wir den Begriff der Permanente einer Matrix ein und beleuchten einige allgemeine Eigenschaften, um schließlich auf die Verbindung zum Rencontre-Problem einzugehen.

16.2 Das Prinzip der Inklusion und Exklusion

Sind A und B endliche Mengen, so gilt bekanntlich die Anzahlformel:

$$|A \cup B| = |A| + |B| - |A \cap B|$$

Diese Formel findet im *Prinzip der Inklusion und Exklusion* eine wesentliche Verallgemeinerung. Zur Formulierung benötigen wir einige Definitionen:

Sei N eine endliche nichtleere Menge. Eine Funktion $w : N \to \mathbb{C}$ nennen wir *Gewichtsfunktion* und $w(x)$ heißt *Gewicht* von $x \in N$. Sind $N_1, \ldots, N_r$ Teilmengen von N, so setzen wir

$$N_{v_1, \ldots, v_k} := \bigcap_{i=1}^{k} N_{v_i}$$

und

$$w_{v_1, \ldots, v_k} := \sum_{x \in N_{v_1, \ldots, v_k}} w(x)$$

für Indizes $1 \le v_1 < v_2 < \ldots < v_k \le r$ (mit $k \le r$). Weiter setzen wir

$$W(0) := \sum_{x \in N} w(x)$$

und

$$W(k) := \sum_{1 \le v_1 < \ldots < v_k \le r} w_{v_1, \ldots, v_k}$$

für $1 \le k \le r$. Ist $1 \le k \le r$, so definieren wir

$$M_k := \{x \in N \mid x \text{ ist in genau } k \text{ der Mengen } N_1, \ldots, N_r \text{ enthalten}\}$$

und schließlich sei

$$V(0) := \sum_{x \in N \setminus \bigcup_{i=1}^{r} N_i} w(x)$$

und

$$V(k) := \sum_{x \in M_k} w(x)$$

für $1 \le k \le r$.

Damit können wir das Prinzip formulieren:

Satz 16.1 (Prinzip der Inklusion und Exklusion)

Unter den obigen Voraussetzungen gilt

$$V(s) = \sum_{k=s}^{r} (-1)^{k-s} \binom{k}{s} W(k)$$

für $0 \le s \le r$.

Der Beweis, auf dessen Darstellung wir hier verzichten, kann geführt werden, indem für alle $x \in N$ das Gewicht $w(x)$ auf beiden Seiten gezählt wird.

In den nächsten Abschnitten wird dieses wichtige Prinzip Anwendung finden.

16.3 Permanenten

Im Folgenden führen wir den Begriff der Permanente einer Matrix ein. Man könnte die Permanente als die kleine kombinatorische Schwester der Determinante bezeichnen, wobei beide Begriffe ihrerseits einen Spezialfall der sogenannten Immanente darstellen. Obwohl Permanenten nicht den Stellenwert von Determinanten besitzen, spielen sie zum Beispiel eine wichtige Rolle in der kombinatorischen Theorie der Repräsentantensysteme (dazu sei zum Beispiel das Buch „Combinatorial Mathematics" von H. J. Ryser empfohlen [52]), und sie treten sogar in der Quantenmechanik zur Beschreibung bosonischer Teilchenzustände auf [53].

Definition 16.2 (Permanente)
Es sei n eine natürliche Zahl und $M(n, \mathbb{R})$ bezeichne die Menge aller (n, n)-Matrizen mit Einträgen aus den reellen Zahlen. Für eine Matrix $A = (a_{i,k})$ aus $M(n, \mathbb{R})$ heißt die Zahl

$$\mathrm{per}(A) := \sum_{\sigma \in S_n} \prod_{i=1}^{n} a_{i,\sigma(i)} = \sum_{\sigma \in S_n} a_{1,\sigma(1)} a_{2,\sigma(2)} \cdots a_{n,\sigma(n)}$$

die *Permanente* von A, wobei S_n wie üblich die Menge aller Permutationen der Menge $\{1, \ldots, n\}$ bezeichnet. ◆

Zunächst betrachten wir einige elementare Eigenschaften:

Satz 16.3
Es sei $A = (a_{i,k})$ eine Matrix aus $M(n, \mathbb{R})$. Dann gilt:

1. *Die Abbildung* per : $M(n, \mathbb{R}) \to \mathbb{R}$, $A \mapsto \mathrm{per}(A)$ *ist linear in jeder Spalte.*
2. *Es gilt* $\mathrm{per}(A) = \mathrm{per}(A^T)$.
3. *Für $1 \leq j \leq n$ lässt die Permanente eine Entwicklung nach der j-ten Spalte zu:*
$$\mathrm{per}(A) = \sum_{i=1}^{n} a_{i,j}\, \mathrm{per}(A_{i,j}),$$
wobei die Matrix $A_{i,j} \in M(n-1, \mathbb{R})$ aus der Matrix A entsteht, indem die i-te Zeile und die j-te Spalte weggelassen werden.

Beweis: Der Nachweis der ersten beiden Eigenschaften verläuft ganz analog zu den Beweisen der entsprechenden Eigenschaften bei Determinanten. Für den Nachweis der dritten Eigenschaft definieren wir zunächst für $i, j \in \{1, \ldots, n\}$ die Mengen

$$M_{i,j} := \{f : \{1, \ldots, n\} \setminus \{j\} \to \{1, \ldots, n\} \setminus \{i\} \mid f \text{ ist bijektive Abbildung}\}.$$

Für $j \in \{1, \ldots, n\}$ gilt dann:

$$\text{per}(A) = \sum_{\sigma \in S_n} a_{1,\sigma(1)} a_{2,\sigma(2)} \cdots a_{n,\sigma(n)}$$

$$= \sum_{\sigma \in S_n} a_{\sigma(1),1} a_{\sigma(2),2} \cdots a_{\sigma(n),n}$$

$$= \sum_{i=1}^{n} \sum_{\substack{\sigma \in S_n \\ \sigma(j)=i}} \prod_{\nu=1}^{n} a_{\sigma(\nu),\nu}$$

$$= \sum_{i=1}^{n} a_{i,j} \sum_{\sigma \in M_{i,j}} \prod_{\substack{\nu=1 \\ \nu \neq j}}^{n} a_{\sigma(\nu),\nu}$$

$$= \sum_{i=1}^{n} a_{i,j} \, \text{per}(A_{i,j})$$

Damit ist die dritte Eigenschaft gezeigt.   □

Definition 16.2 und die Aussagen von Satz 16.3 zeigen eine enge Verwandtschaft zwischen Permanente und Determinante auf. Die Abbildung $\det : M(n, \mathbb{R}) \to \mathbb{R}$, $A \mapsto \det(A)$ ist bekanntlich durch die folgenden drei Eigenschaften vollständig bestimmt:

1. $\det(E_n) = 1$, wobei $E_n \in M(n, \mathbb{R})$ die Einheitsmatrix bezeichnet,
2. Die Abbildung $\det : M(n, \mathbb{R}) \to \mathbb{R}$, $A \mapsto \det(A)$ ist linear in jeder Spalte,
3. $\det$ ist alternierend.

Da die Permanente die ersten beiden Eigenschaften besitzt, kann die dritte Eigenschaft folglich nicht für Permanenten gelten. Ferner gibt es auch kein Analogon zum Determinantenmultiplikationssatz, was sich am Beispiel der Matrizen

$$A = \begin{pmatrix} 1 & 2 \\ 2 & 1 \end{pmatrix}$$

und

$$B = \begin{pmatrix} 1 & 1 \\ 1 & 1 \end{pmatrix}$$

schnell einsehen lässt:

$$\text{per}(A) \, \text{per}(B) = 10 \neq 18 = \text{per}(AB)$$

Es gibt jedoch eine weitere Formel zur Berechnung von Permanenten, welche wir mit Hilfe des Prinzips der In- und Exklusion beweisen werden. Zur Formulierung benötigen wir einige Bezeichnungen:

Sind eine Matrix $A = (a_{i,k})$ aus $M(n, \mathbb{R})$ und Spaltenindizes $1 \leq k_1 < \ldots < k_v \leq n$ vorgegeben, so verstehen wir unter $A(k_1, \ldots, k_v)$ diejenige Matrix, welche aus A entsteht, indem die Spalten mit den Indizes $k_1, \ldots, k_v$ durch Nullspalten ersetzt werden. Ferner definieren wir

$$T(A) := \prod_{i=1}^{n} \left(\sum_{k=1}^{n} a_{i,k} \right),$$

sowie

$$T_0 := T(A)$$

und für $1 \leq \nu \leq n$

$$T_\nu := \sum_{1 \leq k_1 < \ldots < k_\nu \leq n} T(A(k_1, \ldots, k_v)).$$

Mit diesen Bezeichnungen gilt der folgende Satz:

Satz 16.4
Für $A = (a_{i,k}) \in M(n, \mathbb{R})$ gilt:

$$\mathrm{per}(A) = \sum_{\nu=0}^{n} (-1)^\nu T_\nu$$

Beweis: Wir wollen Satz 16.1 anwenden. Dafür setzen wir $N := \{1, \ldots, n\}^n$, $w(j_1, \ldots, j_n) := a_{1,j_1} \cdots a_{n,j_n}$ für $(j_1, \ldots, j_n) \in N$, und für $1 \leq \nu \leq n$ sei

$$N_\nu := \{(j_1, \ldots, j_n) \in N \mid j_\mu \neq \nu \text{ für } 1 \leq \mu \leq n\}.$$

Dann gilt $S_n = N \setminus \cup_{\nu=1}^{n} N_\nu$, und es folgt aus Satz 16.1

$$\mathrm{per}(A) = V(0) = \sum_{\nu=0}^{n} (-1)^\nu W(\nu)$$

mit

$$W(0) = \sum_{(j_1, \ldots, j_n) \in N} w(j_1, \ldots, j_n)$$

$$= \left(\sum_{j_1=1}^{n} a_{1,j_1} \right) \cdots \left(\sum_{j_n=1}^{n} a_{n,j_n} \right)$$

$$= \prod_{i=1}^{n} \left(\sum_{k=1}^{n} a_{i,k} \right)$$

$$= T_0,$$

und für $1 \leq \nu \leq n$

$$W(\nu) = \sum_{1 \leq k_1 < \ldots < k_\nu \leq n} \left(\sum_{(j_1,\ldots,j_n) \in N_{k_1,\ldots,k_\nu}} w(j_1,\ldots,j_n) \right) = T_\nu.$$

Damit ist die Formel bewiesen. □

16.4   Das Rencontre-Problem

Das in der Einleitung beschriebene Problem lässt sich folgendermaßen mathematisch formulieren:

> *Wie viele Permutationen der Menge $\{1,\ldots,n\}$ gibt es, welche keine Fixpunkte besitzen?*

Ein $i \in \{1,\ldots,n\}$ heißt *Fixpunkt* der Permutation $\sigma \in S_n$, falls $\sigma(i) = i$ gilt.

Wir fragen gleich etwas Allgemeiner:

> *Wie viele Permutationen der Menge $\{1,\ldots,n\}$ gibt es, welche genau k Fixpunkte besitzen?*

Definition 16.5 (Rencontre-Zahlen)
Seien $n \in \mathbb{N}$, $k \in \mathbb{N}_0$ mit $k \leq n$. Wir setzen

$$D(n,k) := |\{\sigma \in S_n \mid \sigma \text{ besitzt genau } k \text{ Fixpunkte}\}|.$$

Die Zahlen $D(n) := D(n,0)$ heißen *Rencontre-Zahlen*, sie werden jedoch auch oft *Derangement-Zahlen* genannt.   ◆

Um eine Verbindung zwischen diesen Zahlen und den Permanenten zu formulieren, betrachten wir die folgenden speziellen Matrizen:

Für $n \in \mathbb{N}$, $k \in \mathbb{N}_0$ mit $k \leq n$ sei $E_{n,k}$ diejenige Matrix, welche aus der Einheitsmatrix $E_n \in M(n, \mathbb{R})$ entsteht, indem die letzten $n - k$ Spalten durch Nullspalten ersetzt werden. Ferner sei $M_n = (m_{i,k}) \in M(n, \mathbb{R})$ definiert durch

$$m_{i,k} = \begin{cases} 0 & \text{falls } i = k \\ 1 & \text{falls } i \neq k \end{cases}$$

und $M_{n,k}$ bezeichne diejenige Matrix, welche aus M_n entsteht, indem die ersten k Spalten durch Nullspalten ersetzt werden. Damit gilt:

Satz 16.6

Für $n \in \mathbb{N}$, $k \in \mathbb{N}_0$ mit $k \leq n$ gilt:

$$D(n,k) = \binom{n}{k} \operatorname{per}(E_{n,k} + M_{n,k}) = \binom{n}{k} \operatorname{per}(M_{n-k}) = \binom{n}{k} D(n-k)$$

Beweis: Zunächst beobachten wir, dass die Zahl $\operatorname{per}(E_{n,k} + M_{n,k})$ nach Definition der Permanente genau der Anzahl der Permutationen $\sigma \in S_n$ entspricht, für welche die Bedingung

$$\sigma(i) = i$$

für $i \in \{1, \dots, k\}$ und

$$\sigma(i) \neq i$$

für $i \in \{k+1, \dots, n\}$ gilt. Es folgt demnach:

$$D(n-k) = \operatorname{per}(E_{n,k} + M_{n,k})$$

Betrachten wir allgemeiner für beliebige Indizes $1 \leq v_1 < \dots < v_k \leq n$ die Menge aller Permutationen $\sigma \in S_n$, welche genau an den Stellen $v_1, \dots, v_k$ Fixpunkte besitzen, so entspricht deren Anzahl gerade der Anzahl $D(n-k)$ der fixpunktfreien Permutationen der verbleibenden $n-k$ Zahlen $\{1, \dots, n\} \setminus \{v_1, \dots, v_k\}$. Damit folgt:

$$
\begin{aligned}
D(n,k) &= \sum_{1 \leq \nu_1 < \dots < \nu_k \leq n} |\{\sigma \in S_n \mid \sigma \text{ besitzt genau an } v_1, \dots, v_k \text{ Fixpunkte}\}| \\
&= \sum_{1 \leq \nu_1 < \dots < \nu_k \leq n} D(n-k) \\
&= \binom{n}{k} D(n-k) \\
&= \binom{n}{k} \operatorname{per}(E_{n,k} + M_{n,k}).
\end{aligned}
$$

Die Gleichheit $\operatorname{per}(E_{n,k} + M_{n,k}) = \operatorname{per}(M_{n-k})$ folgt dann leicht durch eine schrittweise Anwendung von Satz 16.3, Teil 3. □

Der letzte Satz besagt, dass das Auffinden einer expliziten Formel für die Rencontre-Zahlen gleichwertig zur Frage nach einem expliziten Ausdruck für die Permanenten oben genannter Matrizen ist. Zunächst finden wir eine Darstellung der Rencontre-Zahlen durch Anwendung des Prinzips der In- und Exklusion.

Satz 16.7

Für $n \in \mathbb{N}$, $k \in \mathbb{N}_0$ mit $k \leq n$ gilt:

$$D(n,k) = \frac{n!}{k!} \sum_{\nu=0}^{n-k} \frac{(-1)^\nu}{\nu!}$$

Beweis: Wir zeigen die Behauptung zunächst für den Fall $k = 0$. Sei dazu $N := S_n$, $w(\sigma) := 1$ für alle $\sigma \in S_n$ und für $1 \leq \nu \leq n$ sei

$$N_v := \{\sigma \in S_n \mid \sigma(\nu) = \nu\}.$$

Nach Satz 16.1 gilt dann:

$$D(n) = V(0) = \sum_{k=0}^{n} (-1)^k W(k)$$

mit

$$W(0) = \sum_{\sigma \in S_n} 1 = n!$$

und für $1 \leq k \leq n$

$$\begin{aligned}
W(k) &= \sum_{1 \leq \nu_1 < \ldots < \nu_k \leq n} |N_{\nu_1,\ldots,\nu_k}| \\
&= \sum_{1 \leq \nu_1 < \ldots < \nu_k \leq n} (n-k)! \\
&= \binom{n}{k} (n-k)! \\
&= \frac{n!}{k!}.
\end{aligned}$$

Daraus folgt:

$$D(n) = n! \sum_{k=0}^{n} \frac{(-1)^k}{k!}$$

Die allgemeine Formel folgt damit aus Satz 16.6:

$$\begin{aligned}
D(n,k) &= \binom{n}{k} D(n-k) \\
&= \binom{n}{k} (n-k)! \sum_{\nu=0}^{n-k} \frac{(-1)^\nu}{\nu!} \\
&= \frac{n!}{k!} \sum_{\nu=0}^{n-k} \frac{(-1)^\nu}{\nu!}
\end{aligned}$$

$\square$

Eine weitere Darstellung der Rencontre-Zahlen erhalten wir durch eine Anwendung des Satzes 16.4. Dabei ist zu beachten, dass Potenzen mit Exponent Null hier stets der Wert 1 zugeordnet wird.

Satz 16.8

Für $n \in \mathbb{N}$, $k \in \mathbb{N}_0$ mit $k \leq n$ gilt:

$$D(n,k) = \binom{n}{k} \sum_{\nu=0}^{n-k} (-1)^\nu \binom{n-k}{\nu} (n-k-\nu)^\nu (n-k-\nu-1)^{n-k-\nu}$$

Beweis: Wie im Beweis zu Satz 16.7 genügt es, die Behauptung für den Fall $k = 0$ zu zeigen, denn der allgemeine Fall folgt dann aus

$$D(n,k) = \binom{n}{k} D(n-k).$$

Aus Satz 16.6 wissen wir, dass gilt: $D(n) = \mathrm{per}(M_n)$. Berechnen wir diese Permanente mit Hilfe von Satz 16.4, so ergibt sich

$$D(n) = \sum_{\nu=0}^{n} (-1)^\nu T_\nu$$

mit

$$T_\nu = \sum_{1 \leq k_1 < \ldots < k_\nu \leq n} T\left(M_n\left(k_1, \ldots, k_v\right)\right),$$

wobei man leicht nachrechnet, dass gilt:

$$T\left(M_n\left(k_1, \ldots, k_v\right)\right) = (n-\nu)^\nu (n-\nu-1)^{n-\nu}$$

Damit folgt dann

$$\begin{aligned}
D(n) &= \sum_{\nu=0}^{n} (-1)^\nu \sum_{1 \leq k_1 < \ldots < k_\nu \leq n} (n-\nu)^\nu (n-\nu-1)^{n-\nu} \\
&= \sum_{\nu=0}^{n} (-1)^\nu \binom{n}{\nu} (n-\nu)^\nu (n-\nu-1)^{n-\nu}.
\end{aligned}$$

$\square$

Die Sätze 16.7 und 16.8 liefern einen kombinatorischen Nachweis für die Gleichheit

$$n! \sum_{\nu=0}^{n} \frac{(-1)^\nu}{\nu!} = \sum_{\nu=0}^{n} (-1)^\nu \binom{n}{\nu} (n-\nu)^\nu (n-\nu-1)^{n-\nu}.$$

Zum Abschluss wollen wir erwähnen, dass diese Identität ein Spezialfall des folgenden interessanten Zusammenhangs ist (siehe auch H. W. Gould, Combinatorial Identities [54]):

Für $x, y, z \in \mathbb{C}$ und $n \in \mathbb{N}$ gilt:

$$n! \sum_{\nu=0}^{n} \frac{(x+y)^{\nu}}{\nu!} \, z^{n-\nu} = \sum_{\nu=0}^{n} \binom{n}{\nu} (x + z\,\nu)^{\nu} \, (y - z\,\nu)^{n-\nu}.$$

Thorsten Neuschel, Dipl.-Math., promoviert an der Uni Trier.

17 Zählen mit Permanenten

Einige Beiträge im Internet-Forum von Matroids Matheplanet (Anmerkung: geschrieben 2003) haben mich dazu angeregt, eine Verbindung von Kombinatorik, Permutationen, Matrizen, Determinanten und Permanenten zu erkennen und darüber zu schreiben. Nach den notwendigen Vorbereitungen beweise ich das Hauptergebnis:

> *Die Anzahl der ungeraden Permutationen ohne Fixpunkt ist gleich der Anzahl der Permutationen mit genau zwei Fixpunkten.*

17.1 Definitionen und Vorbereitungen

Definition 17.1

Ein *Derangement* ist eine Permutation von n Elementen, in der kein Element auf sich selbst abgebildet wird.

Die Anzahl solcher Permutationen, also der Derangements von $1, \ldots, n$, bezeichnet man mit D_n. Die D_n heißen *Derangement-Zahlen* oder auch *Rencontre-Zahlen*. ♦

Es gilt (bekanntlich):

$$D_n = (n - 1) \cdot (D_{n-1} + D_{n-2}) \tag{17.1}$$

$$D_n = n \cdot D_{n-1} + (-1)^n \tag{17.2}$$

Ich werde diese beiden Aussagen weiter unten beweisen.

Die Folge der Derangement-Zahlen ist katalogisiert in „The On-Line Encyclopedia of Integer Sequences" (kurz: Sloane's) als A000166, siehe [55].

Definition 17.2 (Fixpunkt)

Ein i aus $1, \ldots, n$ heißt **Fixpunkt** der Permutation π, wenn $\pi(i) = i$.

♦

Anmerkungen: Ein Derangement ist eine fixpunktlose Permutation. 'Derangement' kann man mit 'Unordnung' übersetzen.

Sei $f(n, k)$ die Anzahl der Permutationen von n Elementen mit genau k Fixpunkten. Es gilt (nach Definition):

$$D_n = f(n, 0) \tag{17.3}$$

Gerade und ungerade Permutationen

Man unterscheidet *gerade* und *ungerade* Permutationen. Eine Permutation ist **gerade**, wenn sie das Produkt von gerade vielen Transpositionen (Vertauschungen zweier Elemente) ist. Ansonsten ist sie **ungerade**. Man weiß, dass sich jede Permutation in ein Produkt von Transpositionen zerlegen lässt, und hat man zwei Zerlegungen, dann ist die Länge bei beiden entweder gerade oder ungerade.

Die Permutationen mit genau k Fixpunkten kann man sortieren (d. h. disjunkt aufteilen) in gerade und ungerade Permutationen mit genau k Fixpunkten.

Ich führe Bezeichnungen ein: Eine n-Permutation ist eine Permutation von n Elementen. $f^+(n, k)$ bezeichne die Anzahl der geraden n-Permutationen mit genau k Fixpunkten. $f^-(n, k)$ bezeichne die Anzahl der ungeraden n-Permutationen mit genau k Fixpunkten.

Offensichtlich ist:

$$f(n, k) = f^+(n, k) + f^-(n, k) \tag{17.4}$$

Zur weiteren Motivation

Die Folge $f^-(n, 0)$ ist bei Sloane's registriert als A000387. Die Folge $f^+(n, 0)$ ist bei Sloane's registriert als A003221.

Zu A000387 sagt die dortige Beschreibung, dass es sich um die Anzahl der Permutationen mit genau zwei Fixpunkten handelt. Nicht erwähnt ist, dass A000387 zugleich die Anzahl der ungeraden Permutationen ohne Fixpunkte ist. Diese Lücke möchte ich nun schließen, indem ich den Beweis gebe.

Die Summe $A000387(n) + A003221(n)$ ist also gleich D_n.

Wiederholung bekannter Definitionen

Ich beginne mit einigen weitere Definitionen und Schreibweisen, die ich verwenden werde:

i. Das **Signum** einer Permutation π ist 1, wenn π gerade ist, sonst -1; abgekürzt:

$$\text{sign}(\pi) = \begin{cases} 1 & \pi \text{ gerade} \\ -1 & \pi \text{ ungerade} \end{cases}$$

ii. Die **Determinante** einer Matrix $A = (a_{i,j})_{n \times n}$ ist gleich:

$$|A| := \det(A) := \sum_{\pi \in S_n} \text{sign}(\pi)\, a_{1,\pi(1)} a_{2,\pi(2)} \cdots a_{n,\pi(n)}$$

S_n ist die Symmetrische Gruppe vom Grad n; das ist nichts Anderes als die Menge der n-Permutationen.

iii. Die **Permanente** einer Matrix $A = (a_{i,j})_{n \times n}$ ist gleich:

$$\text{per}(A) := \sum_{\pi \in S_n} a_{1,\pi(1)} a_{2,\pi(2)} \cdots a_{n,\pi(n)}$$

17.2 Zählen mit Permanenten und Determinanten

Ich werde Permutationen und Derangements mit Hilfe von Matrizen darstellen und zählen. Die Anzahlberechnung benutzt Determinanten und Permanenten dieser Matrizen.

Aussagen über Permutationen und Matrizen

Sei A_n die Matrix $(a_{i,j})_{n \times n} = \begin{cases} 0 & i = j \\ 1 & i \neq j \end{cases}$;

ausgeschrieben: $A_n = \begin{pmatrix} 0 & 1 & 1 & \cdots & 1 \\ 1 & 0 & 1 & \cdots & 1 \\ 1 & 1 & 0 & \cdots & 1 \\ \vdots & \vdots & \vdots & \ddots & \vdots \\ 1 & 1 & 1 & \cdots & 0 \end{pmatrix}$

Dann ist:

$$D_n = \text{per}(A_n) \tag{17.5}$$

$$f^+(n, 0) - f^-(n, 0) = (-1)^{n-1} \cdot (n-1) = \det(A_n) \tag{17.6}$$

$$f^+(n, k) - f^-(n, k) = \binom{n}{k} \cdot \det(A_{n-k}) \tag{17.7}$$

Beweis (17.5): Eine Permutation π zählt in $\text{per}(A_n)$ genau dann, wenn alle $a_{i,\pi(i)}$ gleich 1 sind. Da die Diagonaleinträge $a_{i,i}$ gleich 0 sind, zählt keine Permutation, die ein Element auf sich selbst abbildet, aber es zählen alle Permutationen, die kein Element auf sich selbst abbilden.   □

Beweis (17.6): In der Determinante zählen die geraden Permutationen ohne Fixpunkt mit $+1$ und die ungeraden Permutationen mit -1. Für $k = 0$ gilt somit

$$f^+(n, 0) - f^-(n, 0) = \det(A_n).$$

Nun ist noch der Wert der Determinante zu berechnen.

Bekanntlich ist die Determinante eine in jeder Zeile lineare Abbildung, und ihr Wert ändert sich nicht, wenn man das Vielfache einer Zeile zu einer anderen Zeile addiert. Addiert man in A_n (für $n \geq 3$) das $-\frac{1}{n-2}$-fache der Zeilen 2 bis n zur ersten Zeile, dann wird (exemplarisch für $n = 5$)

$$\begin{pmatrix} 0 & 1 & 1 & 1 & 1 \\ 1 & 0 & 1 & 1 & 1 \\ 1 & 1 & 0 & 1 & 1 \\ 1 & 1 & 1 & 0 & 1 \\ 1 & 1 & 1 & 1 & 0 \end{pmatrix}$$

zu

$$\begin{pmatrix} -\frac{4}{3} & 0 & 0 & 0 & 0 \\ 1 & 0 & 1 & 1 & 1 \\ 1 & 1 & 0 & 1 & 1 \\ 1 & 1 & 1 & 0 & 1 \\ 1 & 1 & 1 & 1 & 0 \end{pmatrix}.$$

Es ist somit

$$\det(A_n) = -\frac{n-1}{n-2} \cdot \det(A_{n-1}).$$

Die Anfangswerte der Folge der Determinantenwerte sind

$$\det(A_1) = 0 \quad \text{und} \quad \det(A_2) = -1,$$

woraus sich die Behauptung ergibt.   □

Beweis (17.7): Für $k > 0$ betrachte man Permutationen mit genau k Fixpunkten. Unter den n Elementen der Grundmenge kann man auf $\binom{n}{k}$ Weisen genau k Elemente aussuchen, die auf sich selbst abgebildet werden.

Die übrigen $n - k$ Elemente dürfen nicht auf sich selbst abgebildet werden, d. h., eingeschränkt auf diese $n - k$ Elemente liegt ein Derangement vor. Die folgende Matrix beschreibt die Permutationen mit genau k (ausgewählten) Fixpunkten (o. B. d. A. seien die Elemente $1,2,\ldots,k$ fix):

$$A_{(n,k)} = \begin{pmatrix} 1 & 0 & 0 & \cdots & 0 & & & & & \\ 0 & 1 & 0 & \cdots & 0 & & & & & \\ 0 & 0 & 1 & \cdots & 0 & & & 0 & & \\ \vdots & \vdots & \vdots & \ddots & \vdots & & & & & \\ 0 & 0 & 0 & \cdots & 1 & & & & & \\ & & & & & 0 & 1 & 1 & \cdots & 1 \\ & & & & & 1 & 0 & 1 & \cdots & 1 \\ & & 0 & & & 1 & 1 & 0 & \cdots & 1 \\ & & & & & \vdots & \vdots & \vdots & \ddots & \vdots \\ & & & & & 1 & 1 & 1 & \cdots & 0 \end{pmatrix}$$

Die Determinante dieser Matrix ist gleich $\det(A_{n-k})$, und wenn man in die zuvor schon bewiesenen Gleichung (17.6) nun $n - k$ für n einsetzt, findet man:

$$f^{+}(n - k, 0) - f^{-}(n - k, 0) = (-1)^{n-k-1} \cdot (n - k - 1) = \det(A_{n-k}).$$

Mit dem Faktor $\binom{n}{k}$, der die verschiedenen Möglichkeiten angibt, genau k Elemente fix zu halten, folgt die Behauptung. $\square$

17.3 Der Satz

Die bisherigen Vorbereitungen dienen dem Ziel, folgenden Satz — das angekündigte Hauptergebnis — zu beweisen:

Satz 17.3

Für $n \in \mathbb{N}$ gilt

$$f^{-}(n, 0) = f(n, 2),$$

d. h., die Anzahl der Permutationen mit genau zwei Fixpunkten ist gleich der Anzahl der ungeraden Permutationen ohne Fixpunkt.

17.4   Beweis der Aussagen (17.1) und (17.2)

Als Hilfsmittel für den Beweis des Satzes 17.3 zeige ich nun (17.1) und (17.2).

Beweis (17.1): Behauptung: $D_n = (n-1) \cdot (D_{n-1} + D_{n-2})$

Nach (17.5) ist $D_n = \mathrm{per}(A_n)$. Die Permanente kann man — ähnlich wie von der Determinante bekannt — nach einer Zeile oder Spalte entwickeln. Aber die Determinante 'alterniert', das tut die Permanente nicht: Alle Vorzeichen bei der Entwicklung sind positiv.

Bei Entwicklung nach der ersten Zeile ergibt sich:

$$D_n = (n-1) \cdot \mathrm{per} \begin{pmatrix} 1 & 1 & 1 & \cdots & 1 \\ 1 & 0 & 1 & \cdots & 1 \\ 1 & 1 & 0 & \cdots & 1 \\ \vdots & \vdots & \vdots & \ddots & \vdots \\ 1 & 1 & 1 & \cdots & 0 \end{pmatrix}_{(n-1)\times(n-1)}$$

Nun steckt hinter dieser Permanente ein kombinatorisches Problem. Es geht um Permutationen, und in der ersten Spalte stehen nur Einsen, d.h., diese Permanente zählt die Möglichkeiten, das Element 1 beliebig und keines der Elemente 2 bis n auf sich selbst abzubilden. Die hier auftretenden Permutationen kann man disjunkt aufteilen auf die Fälle

a.   Permutationen, die 1 auf 1 abzubilden, und
b.   Permutationen, die 1 nicht auf 1 abzubilden.

Ausgedrückt in Permanenten bedeutet das:

$$\mathrm{per} \begin{pmatrix} 1 & 1 & 1 & \cdots & 1 \\ 1 & 0 & 1 & \cdots & 1 \\ 1 & 1 & 0 & \cdots & 1 \\ \vdots & \vdots & \vdots & \ddots & \vdots \\ 1 & 1 & 1 & \cdots & 0 \end{pmatrix} = \mathrm{per} \begin{pmatrix} 1 & 0 & 0 & \cdots & 0 \\ 0 & 0 & 1 & \cdots & 1 \\ 0 & 1 & 0 & \cdots & 1 \\ \vdots & \vdots & \vdots & \ddots & \vdots \\ 0 & 1 & 1 & \cdots & 0 \end{pmatrix} + \mathrm{per} \begin{pmatrix} 0 & 1 & 1 & \cdots & 1 \\ 1 & 0 & 1 & \cdots & 1 \\ 1 & 1 & 0 & \cdots & 1 \\ \vdots & \vdots & \vdots & \ddots & \vdots \\ 1 & 1 & 1 & \cdots & 0 \end{pmatrix}$$

Die erste Permanente hat den Wert D_{n-2}. Die zweite Permanente hat den Wert D_{n-1}.

Eingesetzt in (17.4) ist das die Behauptung: $D_n = (n-1) \cdot (D_{n-2} + D_{n-1})$ $\square$

Beweis (17.2): Aus (17.1) folgt durch Umordnen

$$D_n = n \cdot D_{n-1} + n \cdot D_{n-2} - D_{n-1} - D_{n-2},$$

und weiter

$$D_n - n \cdot D_{n-1} = -D_{n-1} + (n-1) \cdot D_{n-2}. \tag{17.8}$$

Setzt man

$$b_n := D_n - n \cdot D_{n-1}, \tag{17.9}$$

dann lautet (17.8) nun

$$b_n = -b_{n-1}. \tag{17.10}$$

Es ist

$$b_1 = D_1 - 1 \cdot D_0 = 0 - 1 = -1, \tag{17.11}$$

und somit

$$b_n = (-1)^n. \tag{17.12}$$

Aus (17.9) und (17.12) folgt die Behauptung. $\qquad\square$

17.5 Beweis des Satzes

Wir kommen nun zum Beweis des Satzes 17.3:

$$f^-(n, 0) = f(n, 2)$$

Es gehen alle zuvor bewiesenen Aussagen in den Beweis ein.

Beweis: Wir schreiben gemäß (17.4) unter Verwendung von (17.3) sowie (17.6) untereinander:

$$f^+(n, 0) + f^-(n, 0) = D_n \tag{17.13}$$

$$f^+(n, 0) - f^-(n, 0) = (-1)^{n-1} \cdot (n-1) \tag{17.14}$$

Subtrahiert man (17.14) von (17.13), erhält man:

$$2 \cdot f^-(n, 0) = D_n - (-1)^{n-1} \cdot (n-1) \tag{17.15}$$

$$= D_n - (-1)^n - n \cdot (-1)^{n-1} \tag{17.16}$$

Einsetzen von (17.2) in (17.16) ergibt:

$$= n \cdot (D_{n-1} - (-1)^{n-1}) \tag{17.17}$$

Nochmaliges Einsetzen von (17.2) ergibt:

$$= n \cdot (n-1) \cdot D_{n-2} \tag{17.18}$$

Zusammenfassend:

$$f^-(n, 0) = \binom{n}{2} \cdot D_{n-2}$$

Argumentiert man wie im Beweis von (17.7), findet man:

$\binom{n}{2} \cdot D_{n-2}$ ist gleich der Anzahl der Permutationen mit genau zwei Fixpunkten.

□

Der Beweis ist streckenweise technisch, hat aber auch ausgeprägte kombinatorischen Argumente. Es mag andere Beweise geben, aber ich wollte das verwenden, was zuletzt im Forum von Matroids Matheplanet eine Rolle gespielt hat. Falls sich jemand fragt, wozu Permanenten gut sind, hier hat er ein Beispiel.

Martin Wohlgemuth, Dipl.-Math. aus Witten an der Ruhr.

18 Binomialmatrizen und das Lemma von Gessel-Viennot

Was haben Determinanten und gerichtete Graphen gemeinsam? Auf den ersten Blick scheinen beide Objekte nur wenig miteinander zu tun zu haben. Das Lemma von Gessel-Viennot stellt jedoch eine interessante Verbindung her, die auf der Interpretation einer Matrix als gewichtete Inzidenzmatrix beruht. Es wird sich herausstellen, dass die Determinante einer Matrix durch Auszählen bestimmter gewichteter Pfade berechnet werden kann.

18.1 Die Binomialmatrix

Mit Hilfe des Lemmas wird gezeigt, dass für beliebiges $n \in \mathbb{N}$ die sogenannte *Binomialmatrix* (oder *Pascal-Matrix*) $P_n = (p_{ij})_{ij}$ mit $n \times n$ Einträgen

$$p_{ij} = \binom{i + j - 2}{j - 1}$$

die Eigenschaft

$$\det(P_n) = 1$$

hat.

Anmerkung: Wir verwenden es hier nicht, aber es sei erwähnt: Die Binomialmatrix ist *unimodular*.

Die Matrix P_n enthält die Zeilen des Pascalschen Dreiecks in den Gegendiagonalen.

Zum Beispiel ist $P_4 = \begin{pmatrix} 1 & 1 & 1 & \boxed{1} \\ 1 & 2 & \boxed{3} & 4 \\ 1 & \boxed{3} & 6 & 10 \\ \boxed{1} & 4 & 10 & 10 \end{pmatrix}$.

Die eingekreisten Zahlen stehen im Pascalschen Dreieck in der vierten Zeile.

Die Determinante einer Binomialmatrix auf naive Weise zu berechnen ist für große n recht aufwändig. Für $n = 3$ ist es dank der Regel von Sarrus noch einfach:

$$\det P_3 = \det \begin{pmatrix} \binom{0}{0} & \binom{1}{0} & \binom{2}{0} \\ \binom{1}{1} & \binom{2}{1} & \binom{3}{1} \\ \binom{2}{2} & \binom{3}{2} & \binom{4}{2} \end{pmatrix} = \det \begin{pmatrix} 1 & 1 & 1 \\ 1 & 2 & 3 \\ 1 & 3 & 6 \end{pmatrix}$$

$$= 1 \cdot 2 \cdot 6 + 1 \cdot 3 \cdot 1 + 1 \cdot 1 \cdot 3 - 1 \cdot 3 \cdot 3 - 1 \cdot 1 \cdot 6 - 1 \cdot 2 \cdot 1$$

$$= 12 + 3 + 3 - 9 - 6 = 1$$

Den Beweis, dass $\det P_n = 1$ für alle $n \in \mathbb{N}$, kann man mit einigem Aufwand mit dem Gaußschen Algorithmus schaffen. Das ist aber hier nicht unser Ziel.

Das Lemma von Gessel-Viennot bietet einen ganz unerwarteten und viel einfacheren Weg zu diesem Ergebnis. Man kann nämlich Eintrag p_{ij} der Binomialmatrix als die Anzahl gerichteter Pfade von A_i nach B_i in einem gerichteten Graphen identifizieren. Wir erklären das anhand von P_3 und dem folgenden Graphen 18.1.

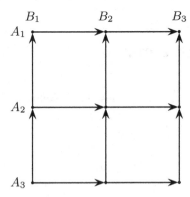

Abb. 18.1: Gerichteter Graph $\mathcal{G}_3$ zum P_3

Von A_1 nach B_j gibt es stets nur einen Pfad. Auch von A_i nach B_1 gibt es stets nur einen Pfad. Die Anzahl der möglichen Pfade von A_i nach B_j kann man rekursiv zählen. Nennen wir die Anzahl der Wege von A_i nach B_j für den Moment $c(i,j)$. Von A_i kann man zunächst einen Schritt nach oben, also nach A_{i-1}, gehen oder man geht einen Schritt nach rechts. Die Anzahl der Wege von A_{i-1} nach B_j ist $c(i-1,j)$. Ist man aber einen Schritt nach rechts gegangen, so hat man von dort $c(i,j-1)$ Möglichkeiten, denn es gibt von dem erreichten Knoten nach B_j ebenso viele Möglichkeiten wie von A_i nach B_{j-1}; das Problem wird also einfach ein Kästchen nach links verschoben.

Somit ist:

$$c(i,j) = c(i-1,j) + c(i,j-1) \tag{18.1}$$
$$c(1,j) = c(i,1) = 1$$

Diese Rekursion gilt auch für die Matrixelemente, denn dort stehen die Binomialkoeffizienten des Pascalschen Dreiecks in den Gegendiagonalen. Bezogen auf diese Indizierung ist die gefundene Rekursion identisch mit der des Pascalschen Dreiecks. Da auch die Anfangswerte, nämlich Einsen an den Außenseiten des Dreiecks bzw. der Matrix, übereinstimmen, ist klar, dass die Matrixelemente p_{ij} und die Wegezahl von A_i nach B_j in einem solchen Graphen gleich sind.

Jetzt wollen wir aber erfahren, auf welche Weise das Lemma von Gessel-Viennot aussagt, dass die Determinante der Matrix P_n gleich eins ist. Auf dem Weg zu diesem Ergebnis brauchen wir einige Definitionen, die im folgenden Abschnitt gegeben werden.

18.2 Pfade und Pfadsysteme

Wir betrachten von jetzt an einen endlichen, gerichteten, azyklischen, gewichteten Graphen $\mathcal{G} = (V, E)$ mit der Eckenmenge V (engl: *vertices*) und der Kantenmenge E (engl: *edges*).

Außerdem seien noch zwei Mengen $\mathcal{A}, \mathcal{B} \subseteq V$ mit jeweils genau n Elementen festgelegt, wobei die beiden Mengen nicht notwendigerweise disjunkt sein müssen.

Definition 18.1 (Pfad)
Sei $A_i \in \mathcal{A}$ und $B_j \in \mathcal{B}$. Ein gerichteter Kantenzug von A_i nach B_j in $\mathcal{G}$ heiße *Pfad*. Einen konkret festgelegten Pfad von A_i nach B_j notieren wir kurz als $A_i \to B_j$. ♦

Definition 18.2 (Pfadsystem zu S_n)
Es sei σ eine Permutation aus S_n. Ein *Pfadsystem* $\mathcal{P}_\sigma$ ist eine Sammlung von n Pfaden $A_1 \to B_{\sigma(1)}, \ldots, A_n \to B_{\sigma(n)}$. ♦

Natürlich wird es im Allgemeinen zu jeder Permutation σ mehrere oder auch einmal keine verschiedenen Pfadsysteme geben. Abbildung 18.2 gibt zwei verschiedene Pfadsysteme zur identischen Permutation id an (d. h., es müssen drei Pfade $A_1 \to B_1$, $A_2 \to B_2$ und $A_3 \to B_3$ existieren, dafür gibt es mehrere Möglichkeiten).

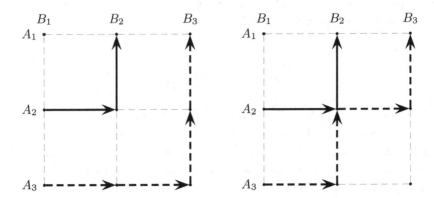

Abb. 18.2: Zwei verschiedene Pfadsysteme zu P_3: Im ersten berühren sich die einzelnen Pfade nicht, im zweiten gibt es eine gemeinsame Ecke, solche Pfade werden später durch das Lemma aussortiert.

Wir wollen jedem solchen Pfadsystem ein Gewicht zuordnen:

Definition 18.3 (Pfadgewicht)
Das *Pfadgewicht* des Pfades $A_i \to B_j$ ist definiert als Produkt der Kantengewichte in diesem Pfad. Wir schreiben dafür $w(A_i \to B_j)$.

Ist $A_i \to B_j$ der triviale Pfad, d. h. $A_i = B_j$, so sei das Pfadgewicht 1. ◆

Diese Definition weiten wir auf Pfadsysteme aus:

Definition 18.4 (Gewicht eines Pfadsystems)
Das *Gewicht $w(\mathcal{P}_\sigma)$ des Pfadsystems* $\mathcal{P}_\sigma$ ist definiert als

$$w(\mathcal{P}_\sigma) := \prod_{A_i \to B_{\sigma(i)} \in \mathcal{P}_\sigma} w(A_i \to B_{\sigma(i)}),$$

das ist das Produkt der Pfadgewichte der enthaltenen Pfade. ◆

Definition 18.5 (Signum eines Pfadsystems)
Für ein Pfadsystem $\mathcal{P}_\sigma$ zu einer Permutation $\sigma \in S_n$ ist das *Signum des Pfadsystems* definiert als

$$\text{sign}(\mathcal{P}_\sigma) := \text{sign}(\sigma),$$

d. h., das Signum des Pfadsystems ist das Signum der Permutation. ◆

Schließlich definieren wir:

Definition 18.6 (Pfadmatrix)
Für den Graphen $\mathcal{G}$ und die Eckenmengen $\mathcal{A}$ und $\mathcal{B}$ mit jeweils n Ecken A_i und B_j definieren wir die *Pfadmatrix* $M = (m_{ij})$ durch

$$m_{ij} := \sum_{A_i \to B_j} w(A_i \to B_j)$$

für $i, j \in \{1, \ldots, n\}$. m_{ij} ist also die Summe der Pfadgewichte aller Pfade von A_i nach B_j. Sind alle Kantengewichte gleich 1, so ist m_{ij} gerade die Anzahl der Pfade von A_i nach B_j.   ◆

Nun kann die Leibniz-Formel für die Berechnung der Determinante einer quadratischen Matrix M

$$\det(M) = \sum_{\sigma \in S_n} \text{sign}(\sigma) \cdot m_{1\sigma(1)} \cdot \ldots \cdot m_{n\sigma(n)} \tag{18.2}$$

umformuliert werden, denn wir können die in der Summe auftauchenden Matrixeinträge nun als Pfadgewichte von Pfadsystemen zur Permutation σ interpretieren.

Mit den obigen Bezeichnungen gilt demnach

$$\det(M) = \sum_{\text{Pfadsysteme } \mathcal{P}_\sigma} \text{sign}(\sigma) \cdot w(\mathcal{P}_\sigma). \tag{18.3}$$

Definition 18.7 (eckendisjunkt)
Ein Pfadsystem, in dem die Pfade keine gemeinsamen Ecken haben, heißt *eckendisjunkt*.   ◆

18.3   Das Lemma von Gessel-Viennot

Das Lemma lautet:

Satz 18.8 (Lemma von Gessel-Viennot)
Sei $\mathcal{G} = (V, E)$ ein endlicher gerichteter azyklischer gewichteter Graph. Seien $\mathcal{A} = \{A_1, \ldots, A_n\}$ und $\mathcal{B} = \{B_1, \ldots, B_n\}$ zwei n-elementige Mengen mit $\mathcal{A}, \mathcal{B} \subseteq V$ gegeben und sei M die zugehörige Pfadmatrix.

Dann gilt:

$$\det M = \sum_{\mathcal{P} \text{ eckendisjunkt}} \text{sign}(\mathcal{P}) \cdot w(\mathcal{P}) \tag{18.4}$$

Den vollen Beweis dieses Lemmas findet man in THE BOOK [56].

Im Beweis zeigt man, dass nur die eckendisjunkten Pfadsysteme etwas zur Summe beitragen.

Betrachten wir nämlich ein Pfadsystem mit zwei Pfaden, die nicht eckendisjunkt sind, so gibt es eine erste Ecke, an der die beiden Pfade sich berühren. Dann kann man aber bei diesen beiden Pfaden den „Schwanz" tauschen (engl. *tailswap*, d. h., ab dieser Ecke setzt man Pfad 1 fort mit Pfad 2 und umgekehrt (siehe Abbildung 18.3). Zu den beiden nicht eckendisjunkten Pfaden gibt es damit zwei andere ebenfalls nicht eckendisjunkte Pfade, die insgesamt über dieselben Kanten führen, aber sie haben ein anderes Signum. Folglich wird der Beitrag eines nicht eckendisjunkten Pfadsystems durch ein anderes ebenfalls nicht eckendisjunktes Pfadsystem gleichen Pfadgewichts, das mit anderem Vorzeichen bewertet wird, ausgeglichen.

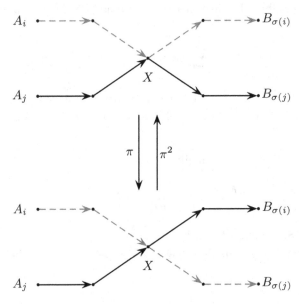

Abb. 18.3: Beispielhafter *tailswap*. Die Ecke X sei die erste, an der sich die Pfade $A_i \to B_{\sigma(i)}$ und $A_j \to B_{\sigma(j)}$ berühren. Durch die Operation π wird der „Schwanz" getauscht".

18.4   Die Determinante der Binomialmatrix

Um nun $\det(P_3)$ zu berechnen, benutzen wir das Lemma von Gessel-Viennot und summieren über die signierten Gewichte aller eckendisjunkten Pfadsysteme.

Wie viele eckendisjunkte Pfadsysteme gibt es für den Graphen aus Abbildung 18.1? Nur eines, nämlich $A_1 \to B_1, A_2 \to B_2, A_3 \to B_3$; dieses ist in Abbildung 18.4 mit fetten Kanten eingezeichnet.

Würde nämlich ein Pfad von A_1 nach B_2 oder B_3 führen, so müsste ein Pfad zu B_1 diesen Pfad berühren. Somit muss in einem eckendisjunkten Pfadsystem

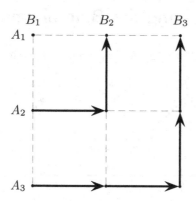

Abb. 18.4: Der Graph zu P_3 mit dem einzigen eckendisjunkten Pfadsystem

der Pfad $A_1 \to B_1$ enthalten sein. Würde dann ein Pfad von A_2 nach B_3 führen, so müsste ein Pfad zu B_2 diesen Pfad berühren. Somit muss in einem eckendisjunkten Pfadsystem der Pfad $A_2 \to B_2$ enthalten sein. Dann bleibt noch der Pfad $A_3 \to B_3$ zur Vervollständigung des Pfadsystems.

Zu dem Pfadsystem $A_1 \to B_1, A_2 \to B_2, A_3 \to B_3$ gehört die identische Permutation id. Deren Signum ist 1. Wenn wir außerdem alle Kantengewichte als 1 festlegen, dann ist bei allen drei Pfaden in diesem Pfadsystem das Pfadgewicht gleich 1.

Es ergibt sich demnach:

$$
\begin{aligned}
\det(P_3) &= \sum_{\mathcal{P} \text{ eckendisjunkt}} \text{sign}(\mathcal{P})\, w(\mathcal{P}) \\
&= \text{sign}(\text{id}) \cdot w(A_1 \to B_1) \cdot w(A_2 \to B_2) \cdot w(A_3 \to B_3) \\
&= 1 \cdot 1 \cdot 1^2 \cdot 1^4 \\
&= 1
\end{aligned}
$$

Die Verallgemeinerung auf beliebiges n ist völlig analog, indem man den Graphen um weitere Ecken und Kanten erweitert. Wieder kann es nur ein eckendisjunktes Pfadsystem geben, woraus sofort die Behauptung folgt:

$$
\det(P_n) = 1
$$

Die Wahl des Graphen in diesem Beispiel ist entscheidend für die Komplexität der durchzuführenden Berechnungen. Der hier gewählte Graph stellt sich als sehr günstig heraus, da es nur ein eckendisjunktes Pfadsystem gibt. Im Allgemeinen ist die Suche nach geeigneten Graphen keine einfache Aufgabe.

18.5 LU-Zerlegung der Binomialmatrix

Teilen wir den Graphen entlang der Diagonalen, so wie in Abbildung 18.5.

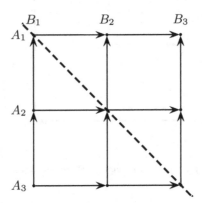

Abb. 18.5: Geteilter gerichteter Graph zum P_3

Den linken, unteren Teil des Graphen nennen wir $\mathcal{L}_n$. Den rechten, oberen Teil nennen wir $\mathcal{U}_n$. Für beide Graphen stellen wir die Pfadmatrizen auf. $L_n = (l_{ij})$ sei die Pfadmatrix zu $\mathcal{L}_n$ (L für „Lower") und $U_n = (u_{ij})$ die zu $\mathcal{U}_n$ (für „Upper"). Die Knoten auf der Diagonalen nennen wir für den Moment D_1 (links oben), D_2 (Mitte) und D_3 (rechts unten).

Wir zählen nun in $\mathcal{L}_n$ die Pfade von A_i zu den Ecken auf der eingezeichneten Diagonalen: Von A_1 gibt es nur einen Pfad, nämlich zu D_1. Von A_2 gibt es genau einen Pfad nach D_1 und genau einen Weg nach D_1. Von A_3 gibt es genau einen Pfad nach D_1, zwei Pfade nach D_2 und einen Pfad nach D_3. Es ist

$$L_n = \begin{pmatrix} 1 & 0 & 0 \\ 1 & 1 & 0 \\ 1 & 2 & 1 \end{pmatrix},$$

Dann zählen wir in $\mathcal{U}_n$ die Pfade von den Diagonalknoten zu den B_i: Von D_1 gibt es nur einen Pfad, nämlich zu B_1. Zu B_2 gibt es genau einen Pfad von D_1 und genau einen Weg von D_2. Zu B_3 gibt es genau einen Pfad von D_1, zwei Pfade von D_2 und einen Pfad von D_3. Somit ist

$$U_n = \begin{pmatrix} 1 & 1 & 1 \\ 0 & 1 & 2 \\ 0 & 0 & 1 \end{pmatrix}.$$

Jeder Pfad von A_i nach B_i führt über die Diagonale. Die Anzahl der Pfade, die von A_i nach B_j führen, ist gleich der Anzahl der Pfade, die von A_i zu einem

Diagonalknoten D_k führen, multipliziert mit der Anzahl der Pfade, die von dem erreichten Diagonalknoten D_k zu B_i führen. Diese Anzahl ist also gleich $l_{i1} \cdot u_{1j} + l_{i2} \cdot u_{2j} + l_{i3} \cdot u_{3j} + \dots$, für alle $i, j \in \{1, \dots, n\}$.

Das bedeutet:

$$P_n = L_n \cdot U_n \tag{18.5}$$

Nun ist L_n eine untere Dreiecksmatrix und U_n eine obere, somit ist $\det L_n = \det U_n = 1$, denn in beiden Matrizen sind alle Diagonalelemente gleich 1. Weil nach den Rechenregeln für die Determinante $\det P_n = \det L_n \cdot \det U_n$ gilt, haben wir, ganz unerwartet, einen zweiten Beweis für die Behauptung $\det P_n = 1$.

Zudem haben wir eine sogenannte *LU*-Zerlegung für die Matrix P_n gefunden. Es ist immer ein wichtiges Ziel bei der numerischen Lösung von Gleichungssystemen oder für die Invertierung von Matrizen, dass man Probleme so aufbereitet, dass sie numerisch stabil lösbar sind. Eine gefundene *LU*-Zerlegung vereinfacht die Rechnung wesentlich. In numerischen Berechnungen treten Binomialmatrizen in allerlei Zusammenhängen auf, u. a. im Zusammenhang mit Berechnungen von Fouriertransformation und bei der *„fast multipole method (FFM)"*, einem Verfahren zur Beschleunigung gewisser Berechnungen, die im Zusammenhang mit dem N-Körper-Problem auftauchen.

Betrachten wir noch einmal die Matrix L_n. Welche Eigenwerte hat sie? Da es sich um eine untere Dreiecksmatrix handelt, stehen die Eigenwerte auf der Diagonalen, es ist somit 1 der einzige Eigenwert.

Unter den Eigenvektoren zum Eigenwert 1 findet sich ein ganz besonderer, nämlich der, in dem die Bernoulli-Zahlen (siehe Kapitel 14) stehen.

Für die Bernoulli-Zahlen gilt (siehe (14.1) im Beweis von Satz 14.2):

$$B_n = (-1)^n \sum_{k=0}^{n} \binom{n}{k} B_k \tag{18.6}$$

Schreiben wir (18.6) als Matrixgleichung (am Beispiel $n = 4$):

$$\begin{pmatrix} 1 & 0 & 0 & 0 \\ -1 & -1 & 0 & 0 \\ 1 & 2 & 1 & 0 \\ -1 & -3 & -3 & -1 \end{pmatrix} \cdot \begin{pmatrix} B_1 \\ B_2 \\ B_3 \\ B_4 \end{pmatrix} = \begin{pmatrix} B_1 \\ B_2 \\ B_3 \\ B_4 \end{pmatrix},$$

so hat das bis auf die Vorzeichen die gleiche Gestalt wie das Eigenvektorproblem für L_n. Für einen Eigenvektor $\mathbf{v}$ zum Eigenwert 1 muss nämlich $L_4 \cdot \mathbf{v} = \mathbf{v}$ gelten.

Am Beispiel $n = 4$:

$$L_4 \cdot \mathbf{v} = \begin{pmatrix} 1 & 0 & 0 & 0 \\ 1 & 1 & 0 & 0 \\ 1 & 2 & 1 & 0 \\ 1 & 3 & 3 & 1 \end{pmatrix} \cdot \begin{pmatrix} v_1 \\ v_2 \\ v_3 \\ v_4 \end{pmatrix} = \begin{pmatrix} v_1 \\ v_2 \\ v_3 \\ v_4 \end{pmatrix} = \mathbf{v}$$

Mit Hilfe einer $n \times n$ Matrix $J_n = (j_{kl})_{kl}$, $j_{kl} = (-1)^{k-1}$ für $k = l$ und 0 sonst, können wir schreiben:

$$J_n \cdot L_4 \cdot \mathbf{v} = \begin{pmatrix} 1 & 0 & 0 & 0 \\ 0 & -1 & 0 & 0 \\ 0 & 0 & 1 & 0 \\ 0 & 0 & 0 & -1 \end{pmatrix} \cdot \begin{pmatrix} 1 & 0 & 0 & 0 \\ 1 & 1 & 0 & 0 \\ 1 & 2 & 1 & 0 \\ 1 & 3 & 3 & 1 \end{pmatrix} \cdot \begin{pmatrix} v_1 \\ v_2 \\ v_3 \\ v_4 \end{pmatrix} = \begin{pmatrix} v_1 \\ v_2 \\ v_3 \\ v_4 \end{pmatrix} = \mathbf{v}$$

Die Zeilen der Matrix $J_n \cdot L_n$ enthalten genau diese Bedingungen.

Die Bernoulli-Zahlen als Eigenvektor, das ist ein interessanter Gedanke, denn mit Hilfe von Eigenvektoren lassen sich Lösungen für Gleichungen leichter errechnen. Die Matrix J_n muss dabei nicht stören, denn sie hat nur gute Eigenschaften, wie etwa $\det J_n = 1$, $J_n^{-1} = J_n$ und $J_n^2 = E_n$ (die $n \times n$-Einheitsmatrix).

Die Matrizen L_n und U_n werden für gewöhnlich ebenfalls *Binomialmatrizen* genannt, denn auch darin stehen die Zahlen des Pascalschen Dreiecks, lediglich in anderer Richtung.

Die Binomialmatrix hat noch weitere interessante Eigenschaften, siehe [57] und [58]. Gerade in der angewandten Mathematik findet die Binomialmatrix erneute Aufmerksamkeit. Ich bin kein Spezialist für diese Themen, darum zitiere ich Aburdene und Dorband [59]:

> *Pascal's matrix plays an important role in the computation of the discrete Legendre, Laguerre, Hermite, and binomial transforms. In particular, Pascal's matrix helps to unify the formulation of these orthogonal transforms and demonstrate the similarity of the computation of the transform matrices. It also allows the identification of the identical computations needed for these transforms. The fundamental finding is based on the discovery of the relationship between Pascal's matrix and the binomial coefficient.*

18.6 Ein weiteres Beispiel — Spinne und Feind

Zum Abschluss dieses Kapitels geben wir ein weiteres Beispiel für eine Anwendung des Lemmas von Gessel-Viennot.

Angenommen, zwei Wanderer, nennen wir sie *Spinne* und *Feind*, starten gemeinsam an einem Ort. Beide haben das gleiche Ziel und gehen gleich schnell. Sie hassen sich aber so sehr, dass sie weder den gleichen Weg gehen noch es ertragen, des anderen Weg auch nur zu berühren. Dass die beiden am Start und am Ziel zusammentreffen, ist nicht zu verhindern, es ist aber auch akzeptabel, denn dort, am Start und am Ziel, ist durch die Anwesenheit anderer Menschen ein spontanes Ausbrechen des Streits ausgeschlossen.

Die beiden Wanderer sollen sich auf einem rechteckigen Gitter bewegen, dessen Kanten gerichtet sind und stets nur nach Norden oder Osten führen. Sie starten in der linken unteren Ecke.

In Abbildung 18.6 sind in einem 8×5 Schritte großen Gebiet zwei einander nicht kreuzende und (mit Ausnahme von Start und Ziel) einander nicht berührende Wege eingezeichnet.

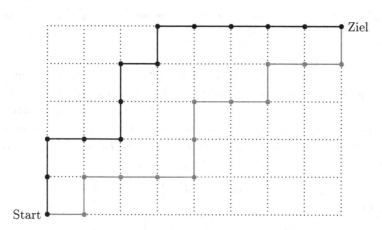

Abb. 18.6: Ein möglicher Wegverlauf für die beiden Wanderer

Wir wollen der Frage nachgehen, wie viele verschiedene einander außer an Start und Ziel nicht berührende oder überkreuzende Wege es für die Wanderer in einem gegebenen rechteckigen Gebiet gibt.

Um so ein Problem zu lösen, bietet sich das Lemma von Gessel-Viennot an. Es besagt, dass die Anzahl eckendisjunkter (also einander nicht berührender) Pfade gerade die Determinante einer bestimmten Matrix ist.

Bezeichnet man mit $\mathcal{N}$ die Anzahl streitfreier Wege für ein $n \times m$ großes Gebiet, dann wird sich herausstellen, dass

$$\mathcal{N} = \frac{2}{n}\binom{n+m-1}{n-1}\binom{n+m-2}{n-1}.$$

Gegeben sei also ein festes Gebiet der Größe $n \times m$, n und m beliebige natürliche Zahlen. Wir konstruieren einen endlichen gerichteten azyklischen, gewichteten Graphen, so wie in Abbildung 18.7 beispielhaft gegeben. Die Kantengewichte setzen wir alle auf 1.

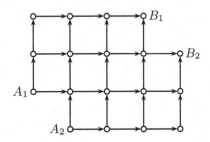

Abb. 18.7: Ein Beispiel für einen Graphen, wie er zur Verwendung des Lemmas von Gessel-Viennot für das Wandererproblem in einem 4×3 Gebiet notwendig ist.

Die beiden Ecken für Start und Ziel sind in Abbildung 18.7 entfernt. Den Start müssen Spinne und Feind über verschiedene Kanten verlassen, da sie sich sonst schon nach dem ersten Schritt wiederträfen. Der eine geht nach Osten, der andere nach Norden (oder umgekehrt). Ab der nächsten Ecke, die sie erreichen (A_1 bzw. A_2) werden zwei eckendisjunkte Pfade nach B_1 bzw. B_2 gesucht. Von B_1 oder B_2 führt der letzte Schritt zwangsläufig ins Ziel.

Für den oben eingeführten Graphen mit $\mathcal{A} = \{A_1, A_2\}$ und $\mathcal{B} = \{B_1, B_2\}$ stellen wir die Pfadmatrix

$$M = \begin{pmatrix} m_{11} & m_{12} \\ m_{21} & m_{22} \end{pmatrix}$$

auf und bestimmen die Anzahlen m_{ij} (anhand von Abbildung 18.7) wie folgt:

Alle Wege von A_i nach B_j haben die Länge $n + m - 2$.

Für jeden Weg von A_1 nach B_1 sind $n - 1$ Schritte in Ostrichtung und $m - 1$ Schritte in Nordrichtung zu absolvieren. Man bestimmt alle möglichen Wege, indem man von den $n + m - 2$ Schritten, die man machen muss, diejenigen $n - 1$ auswählt, die nach Norden führen sollen. Das geht auf $m_{11} = \binom{n+m-2}{n-1}$ Weisen. Analog für die Wege von A_2 nach B_2.

Hingegen enthalten die Wege von A_1 nach B_2 genau $m - 2$ Schritte in Nordrichtung und n Schritte in Ostrichtung. Die Anzahl dieser Wege ist gleich der Anzahl Möglichkeiten $m - 2$ Schritte aus $n + m - 2$ Schritten auszuwählen, die nach Norden führen sollen. Alternativ kann man auch die n Schritte nach Osten auswählen.

Für die Wege von A_2 nach B_1 sind m Schritte nach Norden und $n - 2$ Schritte nach Osten notwendig.

Wir haben also:

$$m_{11} = m_{22} = \binom{n+m-2}{n-1}$$

$$m_{12} = \binom{n+m-2}{n} = \binom{n+m-2}{m-2}$$

$$m_{21} = \binom{n+m-2}{m}$$

Daraus folgt mit Hilfe der Regel von Sarrus:

$$
\begin{aligned}
\det(M) &= \binom{n+m-2}{n-1}^2 - \binom{n+m-2}{m}\binom{n+m-2}{n} \\
&= \frac{(n+m-2)!}{(n-1)!\,(m-1)!} \cdot \frac{(n+m-2)!}{(n-1)!\,(m-1)!} - \frac{(n+m-2)!}{(n-2)!\,m!} \cdot \frac{(n+m-2)!}{n!\,(m-2)!} \\
&= \left(\frac{(n+m-2)!}{(n-1)!(m-1)!} \right)^2 \cdot \frac{n+m-1}{mn} \\
&= \frac{1}{n} \binom{n+m-1}{n-1}\binom{n+m-2}{n-1}
\end{aligned}
$$

Damit ist die Anzahl $\mathcal{N}$ der Wege mit gemeinsamem Start- und Endpunkt ohne Streit (d. h., ohne dass sich Spinne und Feind unterwegs treffen) gegeben durch

$$\mathcal{N} = 2 \cdot \det M = \frac{2}{n}\binom{n+m-1}{n-1}\binom{n+m-2}{n-1}. \tag{18.7}$$

Der Faktor 2 trägt dem Umstand Rechnung, dass Spinne und Feind auf 2 Weisen auf die beiden Knoten A_1 und A_2 verteilt werden können.

Im Beispiel aus Abbildung 18.7 ist $n = 4$ und $m = 3$. Es ist

$$M = \begin{pmatrix} 10 & 5 \\ 10 & 10 \end{pmatrix}$$

und somit ist $\mathcal{N} = 2 \cdot \det(M) = 2 \cdot (100 - 50) = 100$.

Peter Keller ist Dipl.-Math. und lebt in Berlin.

Teil III

Geometrie und Konstruierbarkeit

19 Mathematik des Faltens — Winkeldreiteilung und der Satz von Haga

Übersicht

Bei Falten denkt sicherlich der eine oder andere sofort an Alterserscheinungen, doch soll es hier um *Origami* gehen, die japanische Kunst des Papierfaltens.

Das Wort Origami setzt sich aus den Teilen „ori" und „kami" zusammen (das *k* des zweiten Wortteils wird in der Zusammensetzung wie ein *g* ausgesprochen) und bedeutet schlicht *Papierfalten*.

Mit den Mitteln, die Origami bietet, wollen wir im Weiteren zeigen, wie man einen beliebigen Winkel in drei gleich große Stücke teilt. Anschließend werden wir mit Hilfe des noch zu formulierenden Satzes von Haga ein Silbernes Rechteck in ein Quadrat einbeschreiben.

Die Arbeiten von Kazuo Haga umfassen noch weitere Sätze, insbesondere Alternativen zu der hier vorgestellten Konstruktion, siehe z. B. [62] oder den Artikel *Fold Paper and enjoy Math: Origamics* [61].

19.1 Winkeldreiteilung

Das klassische Problem der Winkeldreiteilung mit Zirkel und Lineal beschäftigt auch heute noch viele Schüler (und auch so manchen Erwachsenen), denn es klingt auf den ersten Blick unglaublich, dass man den dritten Teil eines beliebigen gegebenen Winkels so nicht konstruieren kann.

Die Unmöglichkeit liegt aber in der Natur der erlaubten Hilfsmittel und wurde schon in der Antike vermutet, konnte aber erst im 19. Jahrhundert von Pierre Laurent Wenzel bewiesen werden. Der Beweis verlangt etwas tiefere Kenntnisse der Algebra, er soll deswegen hier ausgelassen werden. Einen vollständigen Beweis findet man z. B. in [60].

Die Beschränkung der Hilfsmittel für die Konstruktion ist sogar notwendig, um die Unmöglichkeit der Konstruktion sicher zu stellen. Lässt man zu, dass das Lineal mit Markierungen versehen werden darf, so gibt es eine Konstruktion. Diese hat Archimedes vor etwa 2200 Jahren gefunden. Die Markierungen dienen dabei aber nicht zum Abmessen, vielmehr muss das Lineal entlang eines festen Punktes so gedreht und verschoben werden, dass zwei Markierungen auf bestimmten Linien zu liegen kommen.

Es wird nun eine Möglichkeit vorgestellt, eine Winkeldreiteilung allein mit einem Blatt Papier und ein paar Falten (sprich: Faltvorgängen) zu bewerkstelligen. Alles, was man zum Nachfalten benötigt, ist ein rechteckiges Blatt Papier (handelsübliches DIN A4 Kopierpapier); es geht natürlich auch quadratisches Origamipapier.

Die genaue Anleitung gibt Abbildung 19.1.

Schritt 1: Wir falten zunächst zwei zur Papierkante parallele Hilfslinien ins Papier, wobei die entstehenden Rechtecke gleich groß sein müssen, d. h., die Strecken AB und BC müssen gleich lang sein, die tatsächliche Länge spielt keine Rolle.

Schritt 2: In diese Konstruktion hinein falten wir einen beliebigen Winkel α.

Schritt 3: Als nächstes falten wir den linken Rand des Papiers so um, dass Punkt D auf der Strecke EB und Punkt F auf der Strecke DG zu liegen kommt.

Schritt 4: Die Punkte F, E und D bestimmen nun neue Punkte F', E' und D'. Wir markieren die Gerade durch diese Punkte durch einen weiteren Knick.

Schritt 5: Falte Knicke durch D und D' sowie D und E'. Dann drittelt der „Knick" durch DD' und der durch DE' den Winkel α.

Das sechste Bild zeigt alle Falten und die Benennungen der Punkte.

Wir wollen nun beweisen, dass die Konstruktion tatsächlich den Winkel α drittelt.

Satz 19.1
Der in Abbildung 19.1 gegebene Winkel zwischen den Strecken DG und DC wird durch die Strecken DE' und DD' in drei gleich große Winkel zerlegt.

Beweis: Bezeichne I den Punkt, der durch das von D' auf die Strecke DC gefällte Lot entsteht. Dann sind nach Konstruktion die Dreiecke $DF'E'$, $DE'D'$ und $DD'I$ kongruent und der Winkel ist damit exakt gedrittelt. □

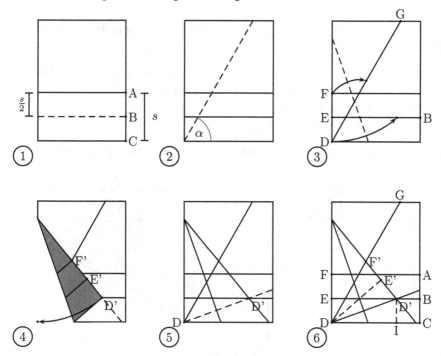

Abb. 19.1: Die Anleitung zum Falten der Dreiteilung eines beliebigen Winkels α. Man wähle s beliebig, die genaue Länge der Strecke spielt keine Rolle, der Winkel wird unabhängig von der Wahl von s stets korrekt gedrittelt.

Bemerkung: Der wesentliche Punkt der Konstruktion ist Schritt 3, in dem eine Falte so gelegt wird, dass zwei Punkte geeignet zu liegen kommen. Dieser Schritt ist mit klassischen Mitteln (also mit Zirkel und Lineal) nicht konstruierbar, auch nicht mit einem markierten Lineal. Es stellt sich also insbesondere heraus, dass mit Origami Konstruktionen möglich sind, die in der klassischen Geometrie so nicht ausführbar sind.

Anders herum kann man aber mit Origami alle Konstruktionen der klassischen Geometrie durchführen. Origami ist damit ein wenig „mächtiger" als die klassische Geometrie.

19.2 Satz von Haga und Verallgemeinerung

Der Satz von Haga trifft in seiner klassischen Form zunächst eine Aussage über die Ähnlichkeit von Dreiecken, die nach einer noch vorzustellenden Faltsequenz entstehen. Er erlaubt insbesondere eine gegebene Quadratseite in drei gleich große Streckenabschnitte zu teilen. Zum Nach- und Mitfalten ist nun ein quadratisches Blatt Papier notwendig. Die genaue Faltanleitung findet sich in Abbildung 19.2.

Schritt 1: Man faltet ein quadratisches Blatt Papier zunächst in der Mitte, so dass zwei kongruente Rechtecke entstehen.

Schritt 2: Falte A auf B.

Schritt 3: Markiere die Punkte D, F, G und I.

Das letzte Bild in der Sequenz zeigt alle Falten und die Benennungen der Punkte.

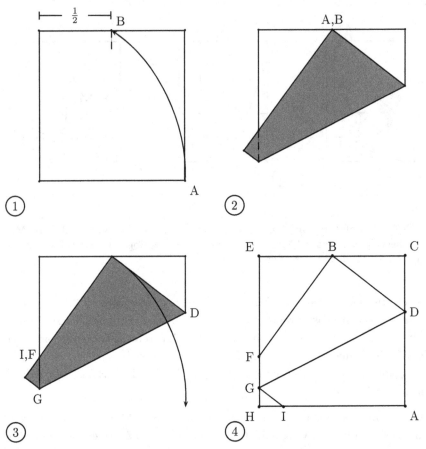

Abb. 19.2: Die Anleitung zum Nachfalten des Satzes von Haga

Im Folgenden sei die Seitenlänge des Quadrates stets eins. Der Satz von Haga lautet:

Satz 19.2 (Haga)
Die Dreiecke IHG, BDC und BEF in Abbildung 19.2 sind ähnlich zueinander und es gilt das Seitenverhältnis

$$|BD| : |BC| : |CD| = 5 : 4 : 3.$$

Beweis: Aus Schritt 2 der Konstruktion ergibt sich sofort die Ähnlichkeit der Dreiecke. Man benutze die Winkelsätze, um das einzusehen. Am besten sieht man es, wenn man das Quadrat wie in Schritt 2 der Anleitung gefaltet lässt.

Nach Konstruktion ist nun $|BD| = |DA|$, $|CD| + |DA| = 1$ und die Länge der Strecke BC ist $\frac{1}{2}$.

Da das Dreieck BDC rechtwinklig ist, kann der Satz von Pythagoras angewendet werden. Sei hierzu zunächst x die Länge der Strecke CD und y die Länge der Strecke BD.

Daraus folgt $x + y = 1$ und $y^2 - x^2 = \frac{1}{4}$.

Nun folgt aus $x + y = 1$ auch

$$x = 1 - y,$$

dies eingesetzt in die Gleichung $y^2 - x^2 = \frac{1}{4}$ ergibt

$$\frac{1}{4} = y^2 - (1-y)^2 = y^2 - 1 + 2y - y^2 = 2y - 1,$$

woraus $y = \frac{5}{8}$ folgt und damit $x = \frac{3}{8}$.

Somit ist weiter

$$y : \frac{1}{2} : x = \frac{5}{8} : \frac{1}{2} : \frac{3}{8} = 5 : 4 : 3$$

und damit das behauptete Verhältnis gezeigt. □

Bemerkung: Aufgrund der Ähnlichkeit der Dreiecke folgt auch

$$|BD| : |BC| : |CD| = |FB| : |EF| : |EB| = |GI| : |HI| : |GH| = 5 : 4 : 3.$$

Aus diesem Satz kann man noch weitere Schlussfolgerungen ziehen:

Korollar 19.3
Die Strecke FE hat eine Länge von $\frac{2}{3}$.

Beweis: Aus dem Satz von Haga folgt zunächst, dass $FE : EB = 4 : 3$ gilt. Nun ist aber nach Konstruktion schon $|EB| = \frac{1}{2}$.

Daraus folgt

$$|FE| = \frac{\frac{1}{2} \cdot 4}{3} = \frac{2}{3}.$$ □

Insbesondere ist es dank des Korollars 19.3 möglich, die oben erwähnte Dreiteilung der Quadratseite vorzunehmen. Man konstruiert also zunächst den Punkt F und erhält $|FE| = \frac{2}{3}$ und $|FH| = 1 - \frac{2}{3} = \frac{1}{3}$. Daher ist nur noch die Strecke EF zu halbieren. Das geht, indem der Punkt E mit dem Punkt F zur Deckung gebracht und das Papier entsprechend gefaltet wird. Die entstandene Gerade teilt die Strecke EF nach Konstruktion genau in zwei gleich lange Strecken zu je einem Drittel der Länge der Quadratseite.

Die entstandene Einteilung kann beispielsweise als Ausgangspunkt für die Faltung eines 3×3 Gitternetzes verwendet werden.

Die Seitenverhältnisse in den Dreiecken ergeben noch mehr konkrete Werte für die Seitenlängen, insbesondere auch für das kleine Dreieck GHI:

Korollar 19.4
Die Strecke GH hat eine Länge von $\frac{1}{8}$.

Beweis: Aus Lemma 19.3 ergibt sich die Länge von FB zu $\frac{5}{6}$. Nun gilt nach Konstruktion

$$|HI| = 1 - |FB| = \frac{1}{6}.$$

Damit folgt aus den im Satz von Haga bewiesenen Seitenverhältnissen

$$|GH| = \frac{1}{8}. \qquad \qquad \square$$

Eben haben wir nur betrachtet, was der Satz von Haga liefert, wenn man von einer initialen Teilung der Quadratseite in zwei Hälften ausgeht. (Zur Erinnerung: Die Strecke EB entsprach in der Länge der halben Quadratseite).

Man kann dies jedoch auf beliebige Längen der Strecke EB verallgemeinern. Das Faltmuster, das dabei entsteht, unterscheidet sich im Wesentlichen nicht von dem zuvor vorgestellten, es werden nur die einzelnen Punkte etwas verschoben. Das macht man sich am Besten durch einfaches Nachfalten klar.

Satz 19.5
Sei die Länge der Strecke BC gleich $\frac{1}{z}$ für $z \in \mathbb{R}^+$. Dann folgt mit den Bezeichnungen aus dem Satz von Haga:

(i) Die Dreiecke FEB, BCD und HGI sind ähnlich zueinander.

(ii) Es gilt das Teilungsverhältnis der Seiten

$$BD : BC : CD = z^2 + 1 : 2z : z^2 - 1.$$

Bemerkung: Der Parameter z aus dem Satz kann nun eine beliebige reelle Zahl größer 1 sein. Der Grenzfall, wenn z gegen unendlich strebt, ist mit einer Teilung der Quadratseite in unendlich viele Teilstücke äquivalent. Es passiert aber nichts Aufregendes, es wird dabei lediglich A auf C gefaltet und damit das Quadrat in zwei gleich große Hälften geteilt. Alle im Satz betrachteten Dreiecke sind dann verschwunden, denn die Dreieckspunkte liegen dann auf einer Geraden.

Beweis: Es gilt analog zum Satz von Haga $x + y = 1$, $|EF| = \frac{1}{z}$ und $1/z^2 = y^2 - x^2$, dabei ist wie vorhin wieder $x := |CD|$ und $y := |BD|$. Mit einer einfachen Rechnung analog zum Satz ergibt sich das allgemeine Teilungsverhältnis. $\quad \square$

Mit $z = 2$ erhält man dann wieder den ursprünglichen Satz von Haga.

Analog lassen sich auch die Folgerungen für beliebiges z formulieren. Tabelle 19.1 listet, ohne ausführliche Rechnung, die exakten Längen aller Strecken in Abhängigkeit von z auf. Zusätzlich sind noch einmal alle Längen für $z = 2$ angegeben.

Tab. 19.1: Die Seitenlängen der einzelnen Strecken in Abhängigkeit von z

Strecke(n)	Länge allg.	$z = 2$
BC	$\frac{1}{z}$	$\frac{1}{2}$
CD	$\frac{z^2-1}{2z^2}$	$\frac{3}{8}$
AD, DB	$\frac{z^2+1}{2z^2}$	$\frac{5}{8}$
EB	$\frac{z-1}{z}$	$\frac{1}{2}$
FE	$\frac{2(z-1)}{z^2-1}$	$\frac{2}{3}$
AI, BF	$\frac{z^2+1}{z(z+1)}$	$\frac{5}{6}$
GH	$\frac{(z-1)^2}{2z^2}$	$\frac{1}{8}$
HI	$\frac{z-1}{z(z+1)}$	$\frac{1}{6}$
FG, IG	$\frac{(z^2+1)(z-1)}{2z^2(z+1)}$	$\frac{5}{24}$
GD	$\frac{1}{z}\sqrt{z^2+1}$	$\frac{1}{2}\sqrt{5}$

19.3 Konstruktion eines Silbernen Rechtecks

Wir werden jetzt den Satz von Haga benutzen, um ein Silbernes Rechteck zu konstruieren. Während der bekanntere *Goldene Schnitt* das Verhältnis zweier Strecken durch

$$\frac{1+\sqrt{5}}{2} \approx 1{,}618$$

beschreibt, ist es beim *Silbernen Schnitt* das Verhältnis

$$\frac{1}{\sqrt{2}} \approx 0{,}707.$$

Ein Rechteck mit solchem Seitenverhältnis nennt man *Silbernes Rechteck*.

Ein solches Seitenverhältnis ist die Grundlage des DIN A4 Formats (ein DIN A4 Blatt ist 210 × 297mm groß), Nachrechnen ergibt

$$\frac{210}{297} \approx 0{,}707.$$

Die Konstruktion eines solchen Rechtecks nur mit Hilfe von Papier erfordert ein bisschen mehr Vorleistung, daher verfolgen wir zunächst allgemeinere Fragen, die später wieder auf das gewünschte Resultat zurückführen werden.

Für den Satz von Haga ist es nun eine interessante Frage, was passiert, wenn die Strecken BC und CD gleich lang sind, das Dreieck BCD also gleichschenklig ist.

Zunächst sind dann auch die anderen beiden Dreiecke wegen der Ähnlichkeitsbeziehung ebenfalls gleichschenklig und die Forderung ist äquivalent zu der Bedingung (siehe den Satz von Haga in der allgemeinen Form)

$$2z = z^2 - 1$$

oder umgeformt

$$0 = z^2 - 2z - 1.$$

Diese quadratische Gleichung hat nur eine positive Lösung, nämlich

$$z = 1 + \sqrt{2}.$$

Mit Hilfe der Tabelle 19.1 und des berechneten $z = 1 + \sqrt{2}$ folgt nun

$$\frac{|BD|}{|FB|} = \frac{1}{\sqrt{2}}.$$

Das heißt, die beiden Strecken BD und FB stehen im Verhältnis des Silbernen Schnittes zueinander, wenn das Dreieck BCD gleichschenklig ist.

Es bleibt nun nur noch die Frage, wie man $\frac{1}{z} = \frac{1}{1+\sqrt{2}} = \sqrt{2} - 1$ konstruiert. Eine Möglichkeit ist in Abbildung 19.3 gegeben. Dort wird zunächst die Länge der Quadratseite auf eine der Diagonalen übertragen. Der entstehende Punkt teilt die Diagonale in zwei Teilstrecken. Die längere hat eine Gesamtlänge von 1 und die kürzere eine Länge von $\sqrt{2} - 1$. Durch eine weitere Faltung wird diese Länge auf eine der Quadratseiten übertragen.

Mit klassischen Hilfsmitteln könnte man das mit einem Zirkel schnell bewerkstelligen, hier ist es die in Abbildung 19.3 gegebene Origami-Konstruktion, die das bewerkstelligt. Zum Vergleich sind auch die nötigen Zirkelkreisbögen eingetragen (gestrichelt). Der in der Abbildung konstruierte Punkt B' ist dann als Ausgangspunkt für die zum Satz von Haga gehörende Konstruktion zu sehen.

Die Faltung liefert aber nur zwei der Rechteckseiten. Es sollte dem aufmerksamen Leser aber leicht fallen, die letzten beiden Seiten zu ergänzen. Ein kleiner Tipp: Keinesfalls sollte man die eben vorgestellte Konstruktion von $\sqrt{2} - 1$ ein zweites Mal anwenden. Abbildung 19.4 liefert dann (nach Entfernen der Linien aus der Hilfskonstruktion) das Ergebnis der Konstruktion.

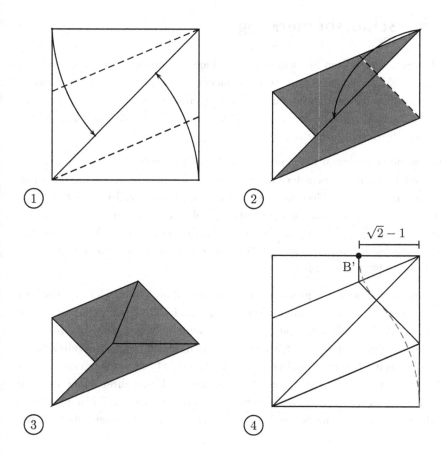

Abb. 19.3: Faltanleitung zur Konstruktion von $\sqrt{2}-1$ an einer der Quadratseiten

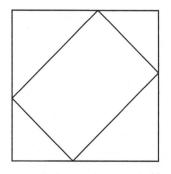

Abb. 19.4: Nach Ergänzung sollte das Faltmuster zur Konstruktion eines Silbernen Rechtecks in etwa so aussehen (plus einiger Extra-Falten aus der Hilfskonstruktion, die hier aber weggelassen wurden).

19.4   Schlussbemerkung

Die beiden vorgestellten Sätze sind nur ein kleiner Ausschnitt aus dem Katalog möglicher Konstruktionen mit Hilfe einfacher Faltungen. Faszinierenderweise sind unter diesen Konstruktionen auch Lösungen anderer klassischer Probleme, wie etwa die Konstruktion der dritten Wurzel aus 2, die ebenfalls mit klassischen Mitteln nicht durchführbar ist.

Mittlerweile ist Origami nicht nur ein probates Mittel für den Schulunterricht zum spielerischen Erlernen der Grundlagen der Geometrie, es gibt sogar schon Mathematiker, die die Geometrie der Origamifaltungen vollständig axiomatisiert und zu einem, wenn auch noch kleinen, Teilgebiet der Mathematik gemacht haben. Wer sich für eine axiomatische Beschreibung des Origami als eigenständige Geometrie interessiert, sei auf *Origami and Geometric Constructions* von Robert Lang [62] verwiesen.

Wer nun noch denkt, Origami sei trotz allem nur Spielerei oder bestehe nur daraus, tausende von Kranichen (Senbazuru)[1] zu falten, frage sich einmal, wie man einen Airbag möglichst platzsparend zusammenfalten kann, wie Insekten ihre Flügel unter ihren Panzer legen oder wie man dünnwandige Spiegelteleskope platzsparend ins All transportieren kann. Für all dies (und natürlich noch vieles mehr) sind ernsthafte Anwendungen entstanden, die längst ihren Platz und ihre Berechtigung in der „richtigen" Wissenschaft gefunden haben. Ich hoffe, dieses Kapitel ist für den einen oder anderen ein Einstieg in die faszinierende Welt des Origami.

Weitere Referenzen und eine Reihe von Anwendungen des Origami findet man z. B. auf Robert Langs Webseite `www.langorigami.com` unter dem Stichwort „Science".

Peter Keller ist Dipl.-Math. und lebt in Berlin.

---

[1] Senbazuru – tausend Kraniche. Der japanischen Mythologie nach wird ein Wunsch gewährt, wenn man tausend Kraniche faltet. Die ohne Unterbrechung zu faltenden Orizurus (Papierkraniche) stellen eine Opfergabe an die Kranich-Gottheit dar.

20 Das regelmäßige Siebzehneck

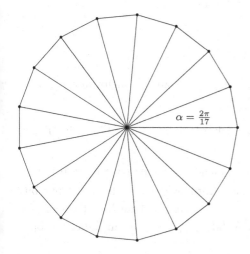

$$\alpha = \tfrac{2\pi}{17}$$

20.1 Das Problem und die Rechnung

Carl Friedrich hat seinen 17. Geburtstag. Zur Feier hat er 16 Gäste eingeladen, und es soll einen runden Kuchen geben. Nun sind die Gäste eifersüchtig darauf bedacht, alle ein Kuchenstück in exakt der gleichen Form wie das von Carl Friedrich zu bekommen, denn keiner möchte sich ungerecht behandelt fühlen. Und da die Gäste alle glühende Verehrer der Euklidischen Geometrie sind, sollen bei der Kuchenverteilung nur Zirkel und Lineal zum Einsatz kommen.

Carl Friedrich hat diese Aufgabe gelöst. Wie und mit welchen Bausteinen er das wohl geschafft hat, das werden wir nun Schritt für Schritt vorstellen. Die Überlegungen des jungen Carl Friedrich sollten später in dessen erstem großen Werk veröffentlicht werden: den berühmten *Disquisitiones Arithmeticae*.

Erste Vorbereitung: Gerade in der vorigen Woche war es Carl Friedrich gelungen zu zeigen, dass die komplexen Lösungen der Gleichung

$$x^{2^n+1} - 1 = 0$$

eine zyklische multiplikative Gruppe der Ordnung $2^n + 1$ bilden. Er wusste überdies, dass man die Elemente einer solchen Gruppe nur dann mit Zirkel und Lineal würde konstruieren können, wenn $2^n + 1$ eine Primzahl wäre, was mit der Struktur ihrer Automorphismengruppe zusammenhing — deren Ordnung $\varphi(2^n+1)$ musste eine Zweierpotenz sein. Und als er noch ein Kind war, hatte er schon herausgefunden, dass $2^n + 1$ nur dann prim sein konnte, wenn n selbst eine Zweierpotenz war, die Zahl also zu den bekannten Fermatprimzahlen gehörte.

Dagegen sind Zahlen der Form $2^n + 1$ nicht prim, falls n einen ungeraden Faktor u enthält, denn in diesem Fall zerfällt das Polynom

$$x^n + 1 = x^{2^k \cdot u} + 1 = (x^{2^k})^u + 1$$

in die Faktoren

$$x^{2^k} + 1 \text{ und } (x^{2^k})^{u-1} - (x^{2^k})^{u-2} + - \ldots - x^{2^k} + 1,$$

und folglich muss auch $2^{2^k \cdot u} + 1$ zusammengesetzt sein. Es bleibt nur die Möglichkeit $p = 2^{2^k} + 1$.

Zweite Vorbereitung: Für $k = 2$ ergibt sich gerade $2^{2^2} + 1 = 17$ — eine Primzahl.

Daher bilden die Lösungen ζ_j der Gleichung $x^{17} - 1 = 0$, $j \in \{0, \ldots, 16\}$, eine Gruppe G, die isomorph zu $\mathbb{Z}_{17}$ ist, und die Automorphismen dieser Gruppe bilden ihrerseits eine Gruppe der Ordnung 16. Der Schlüssel zur Konstruktion des regelmäßigen Siebzehnecks liegt in der Aufklärung der Struktur dieser Gruppe.

Die Automorphismen

$$\{\varphi_p : G \to G, \, \zeta_j \mapsto \zeta_j^p \,|\, p \in \{1, \ldots, 16\}\}$$

der Gruppe der Lösungen von $x^{17} - 1 = 0$, die durch das Bild ζ_p von ζ_1 unter φ_p zu charakterisieren sind (und von denen ein einziges zu konstruieren das ganze Konstruktionsproblem darstellt), bilden eine gleichfalls kommutative Gruppe, genannt $\mathcal{G}$, die zu $\mathbb{Z}_{17}^* \cong \mathbb{Z}_{16}$ isomorph ist. Diese Isomorphie erkennt man daran, dass jedes $\varphi \in \mathcal{G}$ durch iteriertes Erheben der Erzeuger zur dritten Potenz darstellbar ist; der durch $\varphi_3 : \zeta_j \mapsto \zeta_j^3 = \zeta_1^{3 \cdot j}$ definierte Automorphismus ist von der Ordnung 16 und erzeugt $\mathcal{G}$.

Durch die Abbildung eines festen Erzeugers von G (o. B. d. A. ζ_1) auf irgendeinen der 16 Erzeuger kann eine Permutation auf der Menge der Nullstellen von $x^{17} - 1$ induziert werden, die mit der multiplikativen Struktur von dessen Zerfällungskörper L verträglich wäre, die also zu einem Körperautomorphismus fortgesetzt werden kann.

Dritte Vorbereitung: Von dem berühmten, leider tragisch jung verstorbenen französischen Mathematiker Évariste Galois hatte Carl Friedrich gehört, dass den normalen Untergruppen

$$\{\mathrm{id}\} = G_0 \lhd G_1 \lhd \ldots \lhd G_n = \mathcal{G}$$

dieser Automorphismengruppe gewisse Zwischenkörper

$$L = K_n \supset K_{n-1} \supset \ldots \supset K_0 = \mathbb{Q}$$

zwischen $\mathbb{Q} = K_0$ und $L = K_n$, in dem alle Nullstellen einer algebraischen Gleichung liegen, entsprächen, und die Grade $[K_{i+1} : K_i]$ der Körpererweiterungen entsprächen genau den Indizes $|G_{n-i}/G_{n-(i+1)}|$ der Untergruppen.

Da diese Indizes in $\mathcal{G}$, wie Carl Friedrich wusste, alle 2 sein müssen, kann L als Körperturm über $\mathbb{Q}$ beschrieben werden, dessen „Stockwerke" sämtlich quadratische Erweiterungen des jeweils darunter liegenden „Stockwerks" darstellen.

„So viel Glück kann man auch nur an seinem Geburtstag haben",
denkt Carl Friedrich. Das vertrackte Kuchenproblem kann also angegangen werden.

Vierte Vorbereitung: Rein rechnerisch scheint die Sache ja einfach: Die komplexen siebzehnten Einheitswurzeln haben die Form

$$\zeta_k = \mathrm{e}^{\mathrm{i} \cdot \frac{2 \cdot k \cdot \pi}{17}} = \cos\left(\frac{2 \cdot k \cdot \pi}{17}\right) + \mathrm{i} \cdot \sin\left(\frac{2 \cdot k \cdot \pi}{17}\right),$$

denn sie alle genügen der Gleichung $x^{17} - 1 = 0$. In der Gaußschen Ebene bilden sie gerade die gesuchte Zerlegung des Einheitskreises.

Praktischerweise gelten für diese Einheitswurzeln die Rechenregeln

$$\zeta_0 = 1, \quad \zeta_0 + \zeta_1 + \zeta_2 + \ldots + \zeta_{16} = 0 \text{ und}$$

$$\zeta_m \cdot \zeta_n = \zeta_{m+n \bmod 17} \ \forall \ m, n \in \{0, \ldots, 16\}.$$

Damit bilden die siebzehnten Einheitswurzeln eine zyklische multiplikative Gruppe der Ordnung 17, und jede außer $\zeta_0 = 1$ ist ein Erzeuger dieser Gruppe. Jedem Erzeuger ζ_p dieser Gruppe wiederum entspricht ein Körperautomorphismus φ_p, der durch $\zeta_j \mapsto \zeta_j^p$ für alle $j \in \{1, \ldots, 16\}$ induziert wird. Die Menge der Erzeuger werde im Folgenden mit E_{16} bezeichnet.

Fünfte Vorbereitung: Doch es gibt einen kleinen Unterschied zwischen den Elementen von $\mathcal{G}$, der mit der Untergruppenstruktur von $\mathcal{G} \cong \mathbb{Z}_{16}$ zusammenhängt: Wenn man die von φ_2 erzeugte Untergruppe $\langle \varphi_2 \rangle$ untersucht, d.h. die ζ_j iteriert quadriert, so stellt sich heraus, dass $\langle \varphi_2 \rangle$ von der Ordnung 8 ist, $\mathcal{G}$ also in eine Untergruppe $\mathcal{U}$ und eine gleich mächtige Nebenklasse $\mathcal{N}$ zerfällt. Folglich zerfällt auch E_{16} in zwei verschiedene Bahnen: Die, die durch Anwenden von Automorphismen aus $\mathcal{U}$ aus ζ_1 hervorgehen, und die, die durch Anwenden von Automorphismen aus deren Nebenklasse $\mathcal{N}$ aus ζ_3 hervorgehen.

Mit Hilfe der obigen Rechenregeln kann man leicht herausfinden, wie diese Bahnen zusammengesetzt sind. Carl Friedrich erkennt, dass für das Folgende diese Unterscheidung bedeutsam werden wird. Die erste Bahn fasst er in Q_1 zusammen, die zweite in Q_2: $E_{16} = Q_1 \cup Q_2$. Es sind

$$Q_1 = \{\zeta_1, \zeta_2, \zeta_4, \zeta_8, \zeta_9, \zeta_{13}, \zeta_{15}, \zeta_{16}\}$$

und

$$Q_2 = \{\zeta_3, \zeta_5, \zeta_6, \zeta_7, \zeta_{10}, \zeta_{11}, \zeta_{12}, \zeta_{14}\}.$$

Sechste Vorbereitung: Für die Aufgabe der Kuchenteilung nutzt Carl Friedrich die Darstellung der Einheitswurzeln als Ausdrücke mit transzendenten Funktionen wie exp, sin und cos herzlich wenig. Er muss versuchen, sie in algebraische Ausdrücke zu transformieren, die auf ganzen Zahlen und den Grundrechenarten sowie dem Ziehen der Quadratwurzel beruhen. Nur dann besteht Aussicht, sie mit Zirkel und Lineal konstruieren zu können.

Dazu stellt er die Summen

$$p_1 = \zeta_1 + \zeta_2 + \zeta_4 + \zeta_8 + \zeta_9 + \zeta_{13} + \zeta_{15} + \zeta_{16}$$

und

$$p_2 = \zeta_3 + \zeta_5 + \zeta_6 + \zeta_7 + \zeta_{10} + \zeta_{11} + \zeta_{12} + \zeta_{14}$$

auf, die sogenannten *Gaußschen Perioden*. Für diese gilt aufgrund der Rechenregeln

$$p_1 + p_2 = -1$$

und, was etwas aufwändiger zu prüfen ist,

$$p_1 \cdot p_2 = -4.$$

Diese Überprüfung kann mittels folgender Tabelle 20.1 erfolgen.

Tab. 20.1: Zur Auswertung des Produkts der Gaußschen Perioden

·	ζ_1	ζ_2	ζ_4	ζ_8	ζ_9	ζ_{13}	ζ_{15}	ζ_{16}
ζ_3	ζ_4	ζ_5	ζ_7	ζ_{11}	ζ_{12}	ζ_{16}	ζ_1	ζ_2
ζ_5	ζ_6	ζ_7	ζ_9	ζ_{13}	ζ_{14}	ζ_1	ζ_3	ζ_4
ζ_6	ζ_7	ζ_8	ζ_{10}	ζ_{14}	ζ_{15}	ζ_2	ζ_4	ζ_5
ζ_7	ζ_8	ζ_9	ζ_{11}	ζ_{15}	ζ_{16}	ζ_3	ζ_5	ζ_6
ζ_{10}	ζ_{11}	ζ_{12}	ζ_{14}	ζ_1	ζ_2	ζ_6	ζ_8	ζ_9
ζ_{11}	ζ_{12}	ζ_{13}	ζ_{15}	ζ_2	ζ_3	ζ_7	ζ_9	ζ_{10}
ζ_{12}	ζ_{13}	ζ_{14}	ζ_{16}	ζ_3	ζ_4	ζ_8	ζ_{10}	ζ_{11}
ζ_{14}	ζ_{15}	ζ_{16}	ζ_1	ζ_5	ζ_6	ζ_{10}	ζ_{12}	ζ_{13}

In der Tabelle tritt jedes ζ_j, $j \in \{1, \ldots, 16\}$ genau viermal auf, folglich ist das Produkt beider Gaußscher Perioden gleich -4.

Sowohl Summe als auch Produkt von p_1 und p_2 sind ganzzahlig. Das kann nur heißen, dass beide mit Hilfe der Quadratwurzel ausgedrückt werden können:

$$(x - p_1) \cdot (x - p_2) = x^2 - (p_1 + p_2) \cdot x + p_1 \cdot p_2 = x^2 + x - 4,$$

womit $\{p_1, p_2\} = \{-\frac{1}{2} - \frac{1}{2} \cdot \sqrt{17}, -\frac{1}{2} + \frac{1}{2} \cdot \sqrt{17}\}$ ist.

Ein Größenvergleich ergibt schnell:

$$p_1 = -\frac{1}{2} + \frac{1}{2} \cdot \sqrt{17}, \quad p_2 = -\frac{1}{2} - \frac{1}{2} \cdot \sqrt{17}$$

Siebte Vorbereitung: Q_1 zerfällt gleichfalls in zwei Bahnen, nämlich die Zahlen Q_{11}, die beim iterierten Erheben zur 4. Potenz aus ζ_1 hervorgehen, und die Zahlen Q_{12}, die dabei aus ζ_2 hervorgehen.

In Q_2 passiert das Gleiche; hier ergeben sich verschiedene Bahnen, wenn man $\zeta_3 (\to Q_{21})$ bzw. $\zeta_6 (\to Q_{22})$ iteriert in die 4. Potenz erhebt.

Über Q_{11}, Q_{12}, Q_{21} und Q_{22} bildet Carl Friedrich nun die Summen

$$\begin{aligned}
p_3 &= \zeta_1 + \zeta_4 + \zeta_{13} + \zeta_{16}, \\
p_4 &= \zeta_2 + \zeta_8 + \zeta_9 + \zeta_{15}, \\[6pt]
p_5 &= \zeta_3 + \zeta_5 + \zeta_{12} + \zeta_{14} \\
p_6 &= \zeta_6 + \zeta_7 + \zeta_{10} + \zeta_{11}.
\end{aligned}$$

Er fährt weiter fort wie im ersten Durchgang und findet

$$\begin{aligned}
p_3 + p_4 &= p_1 = -\frac{1}{2} + \frac{1}{2} \cdot \sqrt{17}, \\
p_3 \cdot p_4 &= -1, \\
p_5 + p_6 &= p_2 = -\frac{1}{2} - \frac{1}{2} \cdot \sqrt{17}, \\
p_5 \cdot p_6 &= -1.
\end{aligned}$$

Damit und mit zwei weiteren Größenvergleichen kann er die Werte von p_3, p_4, p_5 und p_6 ermitteln, indem er p_1 und p_2 als Koeffizienten quadratischer Gleichungen einsetzt und diese mit der ihm aus der Schule bekannten p-q-Formel löst:

$$p_3 = -\frac{1}{4} + \frac{1}{4} \cdot \sqrt{17} + \sqrt{\frac{17}{8} - \frac{1}{8} \cdot \sqrt{17}}$$

$$p_4 = -\frac{1}{4} + \frac{1}{4} \cdot \sqrt{17} - \sqrt{\frac{17}{8} - \frac{1}{8} \cdot \sqrt{17}}$$

$$p_5 = -\frac{1}{4} - \frac{1}{4} \cdot \sqrt{17} + \sqrt{\frac{17}{8} + \frac{1}{8} \cdot \sqrt{17}}$$

$$p_6 = -\frac{1}{4} - \frac{1}{4} \cdot \sqrt{17} - \sqrt{\frac{17}{8} + \frac{1}{8} \cdot \sqrt{17}}$$

Achte Vorbereitung: Carl Friedrich erkennt, dass er der Darstellung der 17. Einheitswurzeln als algebraische Ausdrücke dicht auf den Fersen ist. Er braucht das erprobte Verfahren nun nur noch mit den verschiedenen Bahnen in Q_{11} wiederholen, die als iterierte 16. Potenzen von ζ_1 bzw. ζ_4 auftreten: $\{\zeta_1, \zeta_{16}\}$ und $\{\zeta_4, \zeta_{13}\}$.

$$p_7 = \zeta_1 + \zeta_{16}$$

$$p_8 = \zeta_4 + \zeta_{13}$$

$$p_7 + p_8 = p_3$$

$$p_7 \cdot p_8 = p_5$$

$$x^2 - p_3 \cdot x + p_5 = (x - p_7) \cdot (x - p_8)$$

$$\Rightarrow p_{7,8} = \frac{p_3}{2} \pm \sqrt{\frac{p_3^2}{4} - p_5}$$

$p_7 = \zeta_1 + \zeta_{16}$ liegt weiter rechts des Ursprungs als $p_8 = \zeta_4 + \zeta_{13}$, daher entspricht der Wurzelausdruck mit „+" dem numerischen Wert von p_7. Also ist

$$p_7 = \frac{p_3}{2} + \sqrt{\frac{p_3^2}{4} - p_5}$$

$$= -\frac{1}{8} + \frac{1}{8} \cdot \sqrt{17} + \sqrt{\frac{17}{32} - \frac{1}{32} \cdot \sqrt{17}} + \sqrt{\frac{17}{16} + \frac{3}{16} \cdot \sqrt{17} - \sqrt{\frac{85}{128} + \frac{19}{128} \cdot \sqrt{17}}} \ .$$

Am Ziel: Damit ist er am Ziel, denn p_7 ist nichts anderes als die Summe von ζ_1 und $\overline{\zeta_1}$ und damit der doppelte Realteil von ζ_1, der sich gut mit Hilfe der cos-Funktion darstellen lässt.

Er findet nun noch schnell die etwas schönere Darstellung:

$$\cos\left(\frac{2 \cdot \pi}{17}\right) = \frac{1}{16} \cdot \left(-1 + \sqrt{17} + \sqrt{34 - 2 \cdot \sqrt{17}}\right)$$

$$+ \frac{1}{8} \cdot \sqrt{17 + 3 \cdot \sqrt{17} - \sqrt{34 - 2 \cdot \sqrt{17}} - 2 \cdot \sqrt{34 + 2 \cdot \sqrt{17}}}$$

20.2   Die Konstruktion

Der Rest ist nun — wie bereits einiges von der Vorarbeit — reine Fleißsache: Die Vorgehensweise zur Konstruktion einer Strecke, die so lang ist, wie die Wurzel einer bereits zuvor konstruierten Strecke, hatten Carl Friedrich und seine Freunde im Geometrieunterricht behandelt.

Damit können sie nun endlich den Geburtstagskuchen in 17 völlig gleiche Stücke schneiden, und es gibt keinen Anlass zum Streit.

Eine besonders kurze, platzsparende und sogar leicht zu merkende Vorgehensweise, wie man dieses auch auf seiner eigenen Geburtstagsparty erreichen kann,
möchte ich hier aufzeigen (siehe Abbildung 20.1).

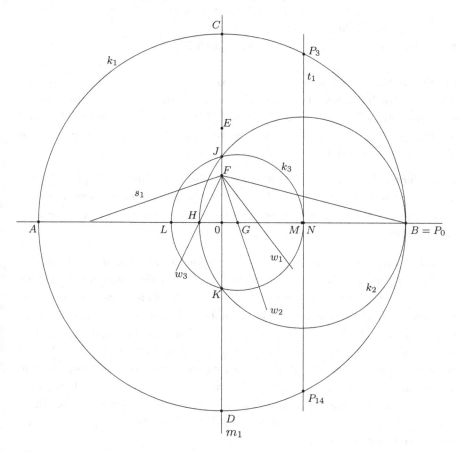

Abb. 20.1: Konstruktion des regelmäßigen Siebzehnecks

Konstruktionsanleitung:

- Zeichnen eines ausreichend großen Kreises k_1 um 0.
- Zeichnen eines Durchmessers $\overline{AB}$ und Konstruktion der Mittelsenkrechten
  m_1, die den Kreis k_1 in C und D schneidet.
- Konstruktion des Mittelpunktes E von $\overline{C0}$.
- Konstruktion des Mittelpunktes F von $\overline{E0}$. Zeichnen von $\overline{FB}$.
- Konstruktion der Winkelhalbierenden w_1 des Winkels $\angle 0FB$.
- Konstruktion der Winkelhalbierenden w_2 des Winkels zwischen m_1 und w_1,
  die mit $\overline{AB}$ den Schnittpunkt G hat.
- Konstruktion einer Senkrechten s_1 zu w_2 durch den Punkt F.
- Konstruktion der Winkelhalbierenden w_3 zwischen s_1 und w_2 mit dem
  Schnittpunkt H von w_3 und $\overline{AB}$.

- Konstruktion des Thaleskreises k_2 über der Strecke $\overline{HB}$ mit den Schnitt-punkten J und K von k_2 und $\overline{CD} = m_1$.

- Konstruktion eines Kreises k_3 um G, der durch J und K verläuft und der AB in den Punkten L und N schneidet (Achtung: N liegt sehr nahe am Mittelpunkt M des Thaleskreises k_2).

- Konstruktion einer Tangente t_1 zu k_3 durch N.

Die Schnittpunkte der Tangente mit k_1 sind die Punkte P_3 und P_{14} des re-gelmäßigen Siebzehnecks. Diese Nummerierung ergibt sich aus dem vollständig konstruierten Siebzehneck. Ausgehend von $B = P_0$ lassen sich durch fortgesetz-tes Abtragen des Abstandes $\overline{P_0 P_3}$ auf der Kreislinie k_1 alle weiteren Punkte des Siebzehnecks konstruieren.

Ein anderes Thema ist, nachzuweisen, dass die x-Koordinate des letzten En-des konstruierten Punktes P_1 tatsächlich den obengenannten Zahlenwert hat — man möge sich auf lange, fehlerträchtige Rechnungen mit horrenden Wurzelaus-drücken einstellen!

Noch eine Legende: 1894 lieferte ein Doktorand der Mathematik, Johann Gu-stav Hermes, an der Mathematischen Fakultät der Universität Königsberg einen Koffer ab. Der Inhalt waren etwa 10.000 handgeschriebene Seiten, auf denen er mit vergleichbaren Methoden die Konstruktion eines anderen regelmäßigen n-Ecks behandelt: des 65.537-Ecks. Es handelte sich um den Ertrag seiner zehnjäh-rigen Bemühungen, den Doktorgrad zu erlangen. Die Professoren hatten bereits geglaubt, er werde dies niemals zu einem Ende bringen. Nun hatten sie, die ihm die Aufgabe aus mangelnder Sympathie gestellt hatten, ein ordentliches Pro-blem am Hals: Sie mussten Hermes nachweisen, dass seine Konstruktion falsch war, um zu verhindern, dass er den Doktorhut bekam. Davor kapitulierten sie, und Hermes wurde Doktor.

Der Koffer übrigens überstand beide Weltkriege und ist heute im Museum der Mathematischen Fakultät der Universität Göttingen zu bestaunen.

Norbert Engbers ist Dipl.-Math. und lebt in Osnabrück.

21 Ein Satz von Carnot

Die erste Regel, an die man sich in der Mathematik halten muss,
ist, exakt zu sein. Die zweite Regel ist, klar und deutlich zu sein und
nach Möglichkeit einfach.   (Lazare Nicolas Marguerite Carnot)

In diesem Kapitel wollen wir dem Leser einen kleinen, aber sehr interessanten und ich denke nicht allzu bekannten Satz am Dreieck vorstellen.

Die Grundfrage lautet: Welche Beziehungen müssen gelten, wenn drei auf den Dreiecksseiten senkrecht stehende Geraden einander in einem Punkt schneiden?

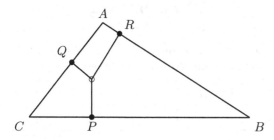

Abb. 21.1: Drei auf den Dreiecks-seiten senkrechte Geraden schnei-den einander in einem Punkt.

Einen Sonderfall kennt jeder: Die Höhen, die einander in einem Punkt schneiden. Aber wie kann man dies verallgemeinern?

21.1 Satz von Carnot

Lazare Nicolas Marguerite Carnot (1753–1823) war französischer Offizier, Politiker und bedeutender Mathematiker. Sein mathematisches Hauptwerk *Géométrie de position* erschien 1803. Unter anderem hat er sich die Frage gestellt, welche

Beziehung zwischen den Streckenabschnitten am Dreieck gelten müsse, damit drei auf den Dreiecksseiten senkrecht stehende Geraden einander in einem Punkt schneiden.

Satz 21.1 (Satz von Carnot)
Wenn drei Geraden, die lotrecht auf den Seiten eines Dreiecks ABC stehen, nämlich in den Punkten P auf BC, Q auf AC und R auf AB, einander in einem Punkt schneiden, besteht zwischen den Streckenabschnitten BP, CQ, AR, CP, AQ und BR folgender Zusammenhang (siehe auch Abbildung 21.2):

$$\overline{BP}^2 + \overline{CQ}^2 + \overline{AR}^2 = \overline{CP}^2 + \overline{AQ}^2 + \overline{BR}^2 \qquad (21.1)$$

Beweis: Um den Satz zu beweisen, benutzen wir Grundlagen aus der Schulgeometrie. Zunächst einmal ergänzen wir Abbildung 21.1 zu Abbildung 21.2:

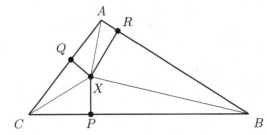

Abb. 21.2: Skizze zum Beweis

Wir verwenden die Notation und Bezeichnungen aus Abbildung 21.2. Mit Hilfe des Satzes von Pythagoras lassen sich folgende Beziehungen aufstellen:

$$\overline{CP}^2 + \overline{PX}^2 = \overline{CX}^2 \qquad (21.2)$$

$$\overline{BP}^2 + \overline{PX}^2 = \overline{BX}^2 \qquad (21.3)$$

$$\overline{CQ}^2 + \overline{QX}^2 = \overline{CX}^2 \qquad (21.4)$$

$$\overline{AQ}^2 + \overline{QX}^2 = \overline{AX}^2 \qquad (21.5)$$

$$\overline{BR}^2 + \overline{RX}^2 = \overline{BX}^2 \qquad (21.6)$$

$$\overline{AR}^2 + \overline{RX}^2 = \overline{AX}^2 \qquad (21.7)$$

Nun führen wir folgende Subtraktionen durch:

$$\overline{BP}^2 - \overline{CP}^2 = \overline{BX}^2 - \overline{CX}^2 \quad ((21.3)\text{-}(21.2)) \qquad (21.8)$$

$$\overline{CQ}^2 - \overline{AQ}^2 = \overline{CX}^2 - \overline{AX}^2 \quad ((21.4)\text{-}(21.5)) \qquad (21.9)$$

$$\overline{AR}^2 - \overline{BR}^2 = \overline{AX}^2 - \overline{BX}^2 \quad ((21.7)\text{-}(21.6)) \qquad (21.10)$$

Die Summe der Gleichungen (21.8), (21.9) und (21.10) ergibt:

$$\overline{BP}^2 + \overline{CQ}^2 + \overline{AR}^2 - \overline{CP}^2 - \overline{AQ}^2 - \overline{BR}^2 = 0$$
$$\Leftrightarrow \overline{BP}^2 + \overline{CQ}^2 + \overline{AR}^2 = \overline{CP}^2 + \overline{AQ}^2 + \overline{BR}^2$$

Damit ist der Beweis erbracht. $\qquad\qquad\qquad\qquad\qquad\qquad\qquad\square$

21.2 Umkehrsatz von Carnot

Für den vorgestellten Satz von Carnot gilt auch die Umkehrung. Man hat damit auch ein Kriterium, ob drei Geraden, die in ausgewählten Punkten auf jeweils einer Dreiecksseite senkrecht stehen, einander in einem Punkt schneiden. Interessant ist besonders der Beweis.

Satz 21.2 (Umkehrsatz von Carnot)
Gegeben seien ein Dreieck ABC, Punkte P auf BC, Q auf AC und R auf AB.

Wenn die Gleichung

$$\overline{BP}^2 + \overline{CQ}^2 + \overline{AR}^2 = \overline{CP}^2 + \overline{AQ}^2 + \overline{BR}^2 \qquad (21.11)$$

gilt, so schneiden die drei in P, Q bzw. R senkrecht auf den Dreieckseiten stehenden Geraden einander in einem Punkt.

Beweis: Die Idee zum Beweis ist diese: Man kann P und Q auf BC bzw. CA beliebig wählen, und die Lote zu diesen beiden Punkten treffen einander in einem Punkt X. Das Lot zur Seite AB und dessen Schnittpunkte mit den anderen Loten bleiben zunächst außen vor. Die Frage ist jetzt, ob das Lot von R — wenn dieser Punkt auf AB so gewählt wird, dass

$$\overline{BP}^2 + \overline{CQ}^2 + \overline{AR}^2 = \overline{CP}^2 + \overline{AQ}^2 + \overline{BR}^2$$

gilt — diesen Punkt X auch trifft. Dass es irgendwo auf AB den Punkt R' gibt, für den das Lot den Punkt X trifft, leuchtet ja jedem Leser ein: Man muss nur vom Schnittpunkt X aus das Lot auf AB fällen und findet R'. Der Witz ist, dass X auch dann getroffen wird, wenn man nach der Gleichung geht, um den Lotfußpunkt R zu finden — dass also das nach Gleichung gefundene R mit dem nach Konstruktion gefundenen R' übereinstimmt.

Die Wahl von P und Q als Bestimmende für den Schnittpunkt X erfolgt hier o. B. d. A., denn von den drei gegebenen Punkten P, Q und R wähle man, falls das Dreieck ABC stumpfwinklig ist, die zwei aus, die sich auf den Dreiecksseiten, die dem stumpfen Winkel anliegen, befinden. Ist das Dreieck aber nicht stumpfwinklig, d. h., alle Winkel sind kleiner oder gleich $90°$, so kann man beliebige zwei der drei Punkte für die Argumentation im vorigen Abschnitt nehmen. Der Grund für diese Rücksicht auf stumpfe Winkel ist der, dass man sicher sein muss, dass das Lot von X auf die dritte Seite tatsächlich diese Seite trifft.

Aus dem Satz von Carnot und der Voraussetzung 21.11 folgt:

$$\overline{AR}^2 - \overline{BR}^2 = \overline{AR'}^2 - \overline{BR'}^2$$

Durch Einsetzen von $\overline{BR} = \overline{AB} - \overline{AR}$ und $\overline{BR'} = \overline{AB} - \overline{AR'}$ folgt:

$$\overline{AR}^2 - (\overline{AB} - \overline{AR})^2 = \overline{AR'}^2 - (\overline{AB} - \overline{AR'})^2$$
$$\Leftrightarrow \overline{AR}^2 - \overline{AB}^2 + 2 \cdot \overline{AB} \cdot \overline{AR} - \overline{AR}^2 = \overline{AR'}^2 - \overline{AB}^2 + 2 \cdot \overline{AB} \cdot \overline{AR'} - \overline{AR'}^2$$
$$\Leftrightarrow \overline{AR} = \overline{AR'}$$

Somit fallen R und R' zusammen und wir haben bewiesen, dass bei Gültigkeit der Gleichung die Lote einander in einem Punkt schneiden. $\square$

Florian Modler studiert Mathematik in Hannover.

22 Die Kardioide als Hüllkurve

Bei einer früheren Gelegenheit [66] beschäftigte ich mit den Einhüllenden von Kurvenscharen. Hier folgt ein weiteres Beispiel, das wahrscheinlich schon längst bekannt ist, mir aber bisher noch nicht auffiel. Ich habe auch nicht danach gesucht, weder in Büchern noch im Internet.

Wählt man auf einem Kreis, dessen Mittelpunkt auf der x-Achse liegt und der durch den Ursprung geht (Abbildung 22.1), beliebige Punkte

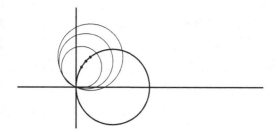

Abb. 22.1: Kreise durch den Ursprung mit Mittelpunkt auf dem gegebenen Kreis

und schlägt um sie Kreise, die ebenfalls durch den Ursprung gehen (Abb. 22.2),

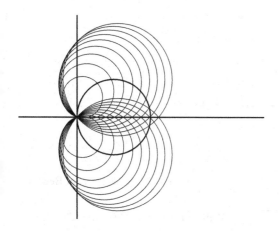

Abb. 22.2: Mehrere solcher Kreise

so ist die Einhüllende der so entstehenden Kreisschar eine Kardioide (Abb. 22.3):

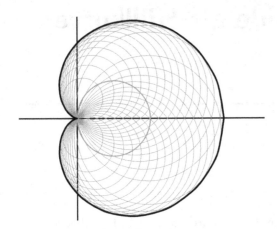

Abb. 22.3: Die Hüllkurve ist eine Kardioide

Beweis: Für den Kreis K_1 mit Radius R gilt (siehe Abbildung 22.4)

$$(x_M - R)^2 + y_M{}^2 = R^2$$
$$x_M{}^2 + y_M{}^2 - 2Rx_M = 0, \tag{22.1}$$

und für den Kreis K_2 um den Punkt $P(x_M, y_M)$ gilt:

$$(x - x_M)^2 + (y - y_M)^2 = a^2 \text{ mit } a^2 = x_M{}^2 + y_M{}^2$$
$$(x - x_M)^2 + (y - y_M)^2 = x_M{}^2 + y_M{}^2$$
$$x^2 - 2x_M x + y^2 - 2y_M y = 0 \tag{22.2}$$

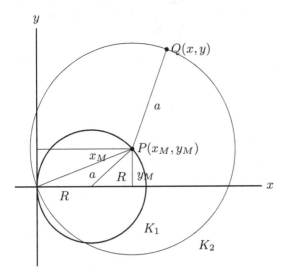

Abb. 22.4: Skizze zum Beweis

Aus (22.1) folgt $y_M = \sqrt{2Rx_M - x_M{}^2}$, und das ergibt eingesetzt in (22.2):

$$x^2 - 2x_M x + y^2 = 2\sqrt{2Rx_M - x_M{}^2}\, y \tag{22.3}$$

Dies ist eine andere Form der Gleichung für K_2, sie enthält nicht mehr y_M.

Wird darin x_M frei gewählt, so entstehen lauter verschiedene Kreise K_2, deren Mittelpunkte auf K_1 liegen und die durch den Ursprung gehen. D.h., (22.3) beschreibt die in den obigen Abbildungen angedeutete Kreisschar; dabei ist x_M der Scharparameter.

Wie in [66] erklärt wird, kürzt man dies mit

$$F(x, y, x_M) = 0$$

ab, und um die Einhüllende der Kreisschar zu finden, muss die partielle Ableitung von F nach x_M gleich 0 gesetzt werden:

$$-2x - \frac{2 \cdot (2R - 2x_M)y}{2 \cdot \sqrt{2Rx_M - x_M{}^2}} = 0$$

$$\text{oder} \quad x + \frac{(R - x_M)y}{\sqrt{2Rx_M - x_M{}^2}} = 0 \tag{22.4}$$

Hiermit ist als nächstes x_M aus (22.3) zu eliminieren. Dabei gelten die folgenden Rechnungen für Argumente, die den Nenner nicht 0 werden lassen.

Mit (22.4) gilt

$$\sqrt{2Rx_M - x_M{}^2} = -\frac{(R - x_M)y}{x},$$

so dass sich durch Einsetzen in (22.3)

$$x^2 + y^2 - 2x_M x + \frac{2(R - x_M)y^2}{x} = 0$$

ergibt, woraus

$$x_M = \frac{x(x^2 + y^2) + 2Ry^2}{2(x^2 + y^2)} \tag{22.5}$$

folgt. Durch Quadrieren beider Seiten von (22.3) erhält man weiter

$$(x^2 + y^2)^2 - 2(x^2 + y^2) \cdot 2x_M x + 4x_M^2 x^2 = 4(2Rx_M - x_M^2)y^2.$$

Dies ist eine quadratische Gleichung in x_M

$$4(x^2 + y^2)x_M^2 - 4(2Ry^2 + (x^2 + y^2)x)x_M + (x^2 + y^2)^2 = 0 \tag{22.6}$$

mit den Lösungen:

$$x_M = \frac{2Ry^2 + (x^2 + y^2)x \pm \sqrt{(2Ry^2 + (x^2 + y^2)x)^2 - (x^2 + y^2)^3}}{2(x^2 + y^2)}$$

Ein Vergleich mit (22.5) ergibt:

$$x(x^2 + y^2) + 2Ry^2 = 2Ry^2 + (x^2 + y^2)x \pm \sqrt{(2Ry^2 + (x^2 + y^2)x)^2 - (x^2 + y^2)^3}$$

$$0 = \sqrt{(2Ry^2 + (x^2 + y^2)x)^2 - (x^2 + y^2)^3}$$

Damit haben wir die parameterfreie Darstellung der Hüllkurve:

$$(2Ry^2 + (x^2 + y^2)x)^2 = (x^2 + y^2)^3 \qquad (22.7)$$

Einfacher zu verstehen ist 22.7 mit Hilfe von Polarkoordinaten

$$x = r \cdot \cos\varphi, \ y = r \cdot \sin\varphi, \ \text{mit } r \in \mathbb{R}, r \geq 0, \varphi \in [0,2\pi).$$

Damit erhält man:

$$(2Rr^2 \sin^2\varphi + r^3 \cos\varphi)^2 = r^6$$

Daraus ergibt sich die Lösung:

$$r = 2R \cdot (1 + \cos\varphi) \qquad (22.8)$$

Dies ist die Gleichung einer Kardioide wie der Randkurve in Abbildung 22.3.

Hans-Jürgen Caspar, pens. Lehrer für Physik und Mathematik.

Teil IV

Elliptische Kurven und Kryptographie

23 Das Gruppengesetz elliptischer Kurven

Übersicht

Elliptische Kurven sind seit einigen Jahren in aller Munde: Sie waren der wesentliche Schlüssel zu Andrew Wiles' Beweis von Fermats legendärem letzten Satz, und in Form des ElGamal-Kryptosystems halten sie Einzug in unseren Alltag auf SmartCards, PocketPCs und anderen Kleingeräten, die eine Ressourcen schonendere Public-Key-Verschlüsselung benötigen als das sonst übliche RSA-Verfahren sie bereitstellen kann.

Doch was sind eigentlich elliptische Kurven und was macht sie so besonders? Diese Frage versuche ich in diesem Kapitel zu beantworten.

23.1 Motivation

Eben weil elliptische Kurven ein spannendes und wichtiges Thema sowohl in reiner als auch in angewandter Mathematik sind, findet man viel Literatur dazu und in keiner Quelle fehlt dabei das Gruppengesetz, um das sich auch dieser Beitrag hier dreht.

Ich habe im Laufe der Zeit immer wieder einmal diese Literatur durchforstet, aber kein Skript, kein Paper, das ich fand, enthielt, was ich mir vorstellte. Entweder war es sehr auf reine Mathematik ausgerichtet und die Problematik des Gruppengesetzes wurde viel allgemeiner und mit schweren Geschützen z. B. aus der algebraischen Geometrie angegangen oder es waren praxisorientierte Texte über Kryptographie, die sich sehr unpräzise mit dem Gruppengesetz beschäftigten, um den Fokus auf die Anwendungen zu legen. Sehr oft war es dann so, dass die Definitionen nur für Spezialfälle angegeben wurden und der Beweis der Assoziativität aufgrund seiner Länge ganz ausgelassen wurde.

Ich habe vor kurzem im Buch „Elliptic Curves – Number Theory and Cryptography" [67] das erste Mal einen vollständigen Beweis des Assoziativgesetzes entdeckt, doch auch dieser stellte mich nicht zufrieden, da er einen relativ großen Umweg dafür machte.

Kurzum: Ich habe mir in diesem Kapitel vorgenommen, die Gruppenstruktur auf elliptischen Kurven in ihrer allgemeinen Form zu definieren und insbesondere die Assoziativität nachzurechnen, ohne mit allzu großen Kanonen auf Spatzen zu schießen.

23.2   Definition elliptischer Kurven

Zuerst zur Frage, was elliptische Kurven eigentlich sind: Mit dem Ausdruck *elliptische Kurve* wird eine spezielle Art algebraischer Kurven bezeichnet, nämlich die Lösungen von Gleichungen der Form

$$y^2 + a_1 xy + a_3 y = x^3 + a_2 x^2 + a_4 x + a_6.$$

Dies ist die sogenannte *verallgemeinerte Weierstraß-Gleichung*. Die Bezeichnung der Koeffizienten (insbesondere die Abwesenheit von a_5) ist traditionell so wie hier angegeben.

Es ist also so, dass wir einen Körper K und ein Polynom

$$F = y^2 + a_1 xy + a_3 y - x^3 - a_2 x^2 - a_4 x - a_6 \in K[x,y]$$

haben. Eine elliptische Kurve ist dann im Wesentlichen die Nullstellenmenge eines solchen Polynoms.

Die kleinen Unterschiede liegen in den sogenannten „singulären Punkten". Die Menge S dieser singulären Punkte schließen wir nämlich aus dieser Nullstellenmenge aus. (Was genau singuläre Punkte sind und wieso wir sie weglassen, darauf werden wir im nächsten Abschnitt zu sprechen kommen.) Ein weiterer Unterschied ist der, dass wir einen weiteren Punkt dazunehmen, den wir mit ∞ bezeichnen werden.

Als elliptische Kurve im engeren Sinne ist also eine Menge folgender Gestalt definiert:

$$E(K) := \{ \infty \} \cup \Big\{ (x,y) \in K^2 \ \Big| \ F(x,y) = 0 \Big\} \setminus S$$

∞ wird der *unendlich ferne Punkt* genannt, der später noch eine wichtige Rolle spielen wird. Auch wenn zunächst nicht offensichtlich ist, wieso man da noch einen Zusatzpunkt „künstlich" dazunehmen sollte, ist er von entscheidender Bedeutung, denn er wird später das neutrale Element unserer Gruppenstruktur sein.

Welchen Körper man für K wählt, ist theoretisch egal. Interessant für die Praxis sind aber vor allem die Körper $\mathbb{F}_p$ für große Primzahlen p und die Körper $\mathbb{F}_{2^m}$ für große m. In der Theorie sind Kurven über $\mathbb{Q}$ und den p-adischen Zahlen $\mathbb{Q}_p$ ganz interessant. Sie spielen u. a. eine große Rolle in dem angesprochenen Beweis von Wiles.

Elliptische Kurven über $\mathbb{Z}_n$ und anderen kommutativen Ringen werden in speziellen Problemen auch betrachtet. Man kommt dann aber mit der Gruppenstruktur, so wie wir sie hier definieren wollen, in Schwierigkeiten, da nicht durch jede Zahl dividiert werden kann. (Was durchaus gewollt sein kann, da man an einer solchen „Schwierigkeit" bei Kurven über $\mathbb{Z}_n$ erkennt, dass n keine Primzahl ist, sodass man mit solchen Kurven Faktorisierungsalgorithmen, Pseudoprimzahltests und sogar Primalitätsbeweise implementieren kann.)

Ab jetzt wird K immer einen Körper bezeichnen, $F(x,y)$ immer ein Polynom aus $K[x,y]$ von oben angegebener Gestalt, dessen Koeffizienten wir auch immer wie oben bezeichnen werden. $E(K)$ wird auch immer die durch F definierte elliptische Kurve bezeichnen. Da wir nie mit mehr als einer elliptischen Kurve zugleich hantieren werden, sollte das keine Unklarheiten bereiten, denke ich.

23.3 Singuläre Punkte

Die Menge S aus unserer Definition ist die Menge der sogenannten *singulären Punkte*. Ein Punkt (u,v) auf der algebraischen Kurve $F(x,y) = 0$ heißt dabei singulär, wenn $\nabla F(u,v) = (0,0)$, d. h., wenn $\frac{\partial F}{\partial x}(u,v) = \frac{\partial F}{\partial y}(u,v) = 0$ ist. (Dies sind einfach formale Ableitungen in $K[x,y]$, keine Ableitungen im Sinne der reellen oder komplexen Analysis.)

Singuläre Punkte haben die unangenehme Eigenschaft, dass eine elliptische Kurve dort, anschaulich gesprochen, keine eindeutig bestimmte Tangente besitzt.

Es gibt bei algebraischen Kurven, die durch kubische Polynome wie unser F definiert sind, nur zwei Möglichkeiten für singuläre Punkte:

Der *Newtonsche Knoten* (oben in Abbildung 23.1) mit der Gleichung $y^2 = x^3 + x^2$ hat z. B. in $(0,0)$ einen singulären Punkt (einen Kreuzungspunkt, um

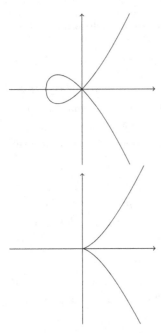

Abb. 23.1: Newtonscher Knoten (oben) und Neilsche Parabel (unten)

genau zu sein) und wie man an der Zeichnung sieht, gäbe es in diesem Punkt mindestens zwei Möglichkeiten, eine Tangente an den Graphen zu legen.

Ähnlich verhält es sich mit der *Neilsche Parabel* (unten in Abbildung 23.1), die die Gleichung $y^2 = x^3$ hat. Sie hat ebenfalls in (0,0) einen singulären Punkt (hier einen Rückkehrpunkt). Dort fällt es uns ebenso schwer, eine sinnvolle Tangente an den Graphen zu legen.

Da wir Tangenten jedoch unbedingt brauchen werden für die vollständige Definition der Gruppenverknüpfung, stören uns die singulären Punkte so sehr, dass wir sie einfach entfernen.

Wir werden jetzt ein Lemma beweisen, das sicherstellt, dass wir uns nachher keine Schwierigkeiten mit der Abgeschlossenheit einfangen, wenn wir die Singularitäten eliminieren:

Lemma 23.1
Sei $(u, v) \in K^2$ ein Punkt auf der algebraischen Kurve $F(x, y) = y^2 + a_1 xy + a_3 y - x^3 - a_2 x^2 - a_4 x - a_6 = 0$ über K. (u, v) ist genau dann singulär, wenn alle Geraden durch diesen Punkt die Kurve mehr als einmal in (u, v) schneiden.

Was bedeutet das konkret? Jede Gerade in K^2, die durch (u, v) verläuft, kann durch $(x, y) = (u, v) + t(r_x, r_y)$ parametrisiert werden, wobei t über ganz K variiert und $(r_x, r_y) \neq (0; 0)$ die „Richtung" der Geraden angibt. Setzt man diese zwei Ausdrücke für x und y in F ein, erhält man ein Polynom in t, dessen Nullstellen genau die Schnittpunkte der Geraden mit der Kurve darstellen. Wenn (u,v) auf der Kurve liegt, heißt das, dass $t = 0$ eine Nullstelle dieses Polynoms ist. Dass die Gerade die Kurve nun „mehrfach in (u,v) schneidet", bedeutet demzufolge nichts anderes, als dass $t = 0$ eine mehrfache Nullstelle des Polynoms ist.

Beweis: Wir setzen zunächst die beiden Ausdrücke aus der allgemeinen Geradengleichung in F, in $\frac{\partial F}{\partial x}$ und $\frac{\partial F}{\partial y}$ ein und erhalten drei Polynome $\tilde{F}$, $\tilde{F}_x$ und $\tilde{F}_y \in K[t]$:

$$\begin{aligned}
\tilde{F}(t) &= (v + tr_y)^2 + a_1(u + tr_x)(v + tr_y) + a_3(v + tr_y) \\
&\quad - (u + tr_x)^3 - a_2(u + tr_x)^2 - a_4(u + tr_x) - a_6 \\
&= -r_x^3 t^3 + (-3r_x^2 u - a_2 r_x^2 + r_y^2 + a_1 r_x r_y)t^2 \\
&\quad + (r_y(2v + a_1 u + a_3) + r_x(a_1 v - 3u^2 - 2a_2 u - a_4))t \\
&\quad + (v^2 + a_1 uv + a_3 v - u^3 - a_2 u^2 - a_4 u - a_6) \\
\tilde{F}_x(t) &= a_1(v + tr_y) - 3(u + tr_x)^2 - 2a_2(u + tr_x) - a_4 \\
&= -3r_x^2 t^2 + (a_1 r_y - 6ur_x - 2a_2 r_x)t + (a_1 v - 3u^2 - 2a_2 u - a_4) \\
\tilde{F}_y(t) &= 2(v + tr_y) + a_1(u + tr_x) + a_3 \\
&= (2r_y + a_1 r_x)t + (2v + a_1 u + a_3)
\end{aligned}$$

„$\Longrightarrow$":

Ist (u,v) ein singulärer Punkt der Kurve, so gilt $\tilde{F}(0) = \tilde{F}_x(0) = \tilde{F}_y(0) = 0$, d.h., alle drei Absolutglieder sind 0. Der Koeffizient des linearen Glieds von $\tilde{F}$ ist nun aber eine Linearkombination der beiden Absolutglieder von $\tilde{F}_x$ und $\tilde{F}_y$, also auch 0. Somit ist $t = 0$ eine (mindestens) doppelte Nullstelle von $\tilde{F}$ für jede entsprechende Gerade, also unabhängig von r_x und r_y.

„$\Longleftarrow$":

Anders herum ist es genauso einfach: Wenn 0 für jede Gerade eine mehrfache Nullstelle von $\tilde{F}$ ist, dann ist der Koeffizient vor dem linearen Glied für jede Wahl von r_x und r_y gleich 0, insbesondere für $(r_x, r_y) = (1,0)$ und für $(r_x, r_y) = (0,1)$. Also sind auch die beiden Absolutglieder von $\tilde{F}_x$ und $\tilde{F}_y$ gleich 0, also ist (u,v) ein singulärer Punkt der Kurve. $\qquad\square$

Man erkennt an den Formeln auch, dass eine Gerade durch (u,v), deren Richtungsvektor (r_x, r_y) „senkrecht" auf $(a_1 v - 3u^2 - 2a_2 u - a_4, 2v + a_1 u + a_3) = \nabla F(u,v)$ steht, auch im nichtsingulären Fall die Kurve mehrfach in (u,v) schneidet. Eine solche Gerade ist die Tangente an den Graphen durch (u,v) (es ist sogar die einzige mit dieser Eigenschaft, wenn (u,v) nichtsingulär ist, aber das brauchen wir nicht).

Es sei noch einmal festgehalten, dass eine elliptische Kurve $E(K)$ per Definition keine singulären Punkte enthält. Die algebraische Kurve $F(x,y) = 0$ kann dies jedoch durchaus.

23.4   Das Gruppengesetz

Dass elliptische Kurven auf eine „natürliche" Art und Weise mit einer Gruppenstruktur versehen werden können, ist ihr entscheidender Vorteil gegenüber anderen algebraischen Kurven und macht sie für die vielfältigen Anwendungen so interessant. Wir wollen uns nun endlich ansehen, wie diese Verknüpfung definiert ist.

Die Idee ist folgende: Man nimmt sich zwei Punkte auf einer elliptischen Kurve und verbindet sie durch eine Gerade. Die Hoffnung besteht dann, dass diese Gerade die Kurve noch ein drittes Mal schneidet und man eben jenen dritten Punkt nutzen kann, um die Verknüpfung der ersten beiden Punkte zu erklären (siehe auch Abbildung 23.2).

In diesem Sinne ist die entstehende Verknüpfung „natürlich", weil sie sich aus der geometrischen Anschauung herleitet. Dass das, was wir gleich machen werden, aber wirklich eine Gruppenstruktur liefert, ist alles andere als offensichtlich. (Es sei denn, man hat viele, viele Rechenbeispiele durchexerziert und zufällig immer darauf geachtet.)

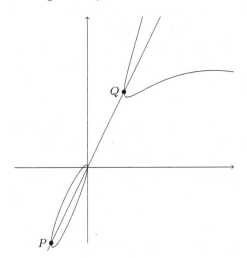

Abb. 23.2: Geometrische Idee des Gruppengesetzes: Drei Kurvenpunkte auf einer gemeinsamen Gerade

Dabei stellen sich folgende Fragen:

- Wie formalisiert man das, sodass es für alle Körper funktioniert?

- Wie gehen wir mit dem unendlichen fernen Punkt dabei um?
- Wie garantieren wir, dass wirklich immer ein dritter Punkt herauskommt?
- Was macht man, wenn Punkte zusammenfallen?

Nun, die erste Frage ist noch die einfachste von allen: Alle geometrischen Konstruktionen, die wir aus der Anschaulichkeit dieser Idee herleiten werden, können so umformuliert werden, dass sie ausschließlich durch die vier Grundrechenarten beschrieben werden können, sodass wir einfach die sich ergebenden Formeln als Definition benutzen und auf sämtliche Körper ausdehnen. Wir betreiben im Prinzip also affine Geometrie in K^2 und benutzen für die Herleitungen und Beweise keine Spezifika der reellen oder komplexen Zahlen.

23.4.1 Der unendlich ferne Punkt

Wie binden wir nun den unendlich fernen Punkt in unsere Überlegungen mit ein? Am besten tun wir dies, indem wir die Zahlenebene, die uns als Veranschaulichung dient, um eine obere und eine untere Kante erweitern. Der unendlich ferne Punkt wird also an das obere und das untere Ende gesetzt (beides!). Konkret können wir uns das so vorstellen, dass jede Gerade durch den unendlich fernen Punkt eine senkrechte Gerade ist und umgekehrt jede senkrechte Gerade durch den unendlich fernen Punkt geht.

Aber wir wollten uns ja nicht allzu sehr an der Anschauung festhalten. Daher sei nun definiert:

Definition 23.2
Sind $(u,v), (u,v') \in E(K)$ Punkte einer elliptischen Kurve mit $v \neq v'$, so definieren wir $(u,v) \oplus (u,v') := (u,v') \oplus (u,v) := \infty$. Ist $v = v'$ und $\frac{\partial F}{\partial y}(u,v) = 0$, so definieren wir ebenfalls $(u,v) \oplus (u,v') := \infty$.   ◆

Ich erwähnte ja schon, dass ∞ das neutrale Element unserer Verknüpfung werden soll. Zwei Punkte, die direkt übereinander liegen, deren verbindende Gerade also senkrecht ist, sind demzufolge zueinander invers. Ein Punkt, der die Ableitungsbedingung erfüllt, besitzt analog eine senkrechte Tangente, die man sich als Verbindungsgerade des Punktes mit sich selbst vorstellen könnte, und ist mit dieser Definition selbstinvers (siehe auch Abbildung 23.3).

Da wir uns noch nicht sicher sind, dass wir wirklich eine Gruppe vorliegen haben, zeigen wir jetzt ausnahmsweise, dass dieses obige Inverse immer existiert und eindeutig bestimmt ist:

Lemma 23.3
Sei $E(K)$ eine fest gewählte elliptische Kurve. Ist $(u,v) \in E(K)$, so gibt es maximal einen weiteren Punkt aus $E(K)$, dessen x-Koordinate ebenfalls gleich u ist, nämlich den Punkt $(u, -a_1 u - a_3 - v) \in E(K)$. Gilt dabei $v = -a_1 u - a_3 - v$, so gilt auch $\frac{\partial F}{\partial y}(u,v) = 0$.

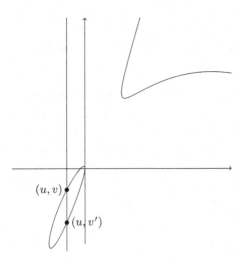

Abb. 23.3: Eine senkrechte Gerade durch inverse Elemente

Beweis: Setzen wir $x = u$ in die Gleichung $F(x, y) = 0$ ein, welche die elliptische Kurve $E(K)$ festlegt, so erhalten wir eine Gleichung in y, die die Form
$y^2 + (a_1 u + a_3)y + \ldots = 0$ hat. Da wir hier mit Körpern hantieren, kann diese Gleichung maximal zwei Lösungen haben, also kann es nur maximal zwei
solcher v geben. Ist ein Punkt (u, v) auf der Kurve vorgegeben, so ist also v
eine Lösung der Gleichung. Wir wissen, dass die andere Lösung v' (die dann
notwendigerweise auch in K liegt) die Identität $a_1 u + a_3 = -(v + v')$ erfüllt
$\implies v' = -a_1 u - a_3 - v$.

(u, v') liegt also in K^2 und erfüllt $F(u, v') = 0$. Wir müssen noch sichergehen,
dass (u, v') nicht singulär ist. Dann haben wir gezeigt, dass es zur elliptischen
Kurve gehört. Dies folgt aber aus 23.1, denn wäre es singulär, so wäre (u, v') ein
mehrfacher Schnittpunkt der algebraischen Kurve $F(x, y) = 0$ mit der Gerade
$x = u$. Wir wissen aber, dass es höchstens zwei solcher Schnittpunkte gibt.
Beide Schnittpunkte müssten also identisch $(u, v') = (u, v')$ sein. Also wäre
(u, v) singulär, was im Widerspruch zur Voraussetzung $(u, v) \in E(K)$ steht.

Fallen die beiden konstruierten Punkte (u, v) und $(u, -a_1 u - a_3 - v)$ zusammen,
dann ist $v = -a_1 u - a_3 - v \implies 2v + a_1 u + a_3 = 0$. Dies ist aber genau $\frac{\partial F}{\partial y}(u, v)$.
$\square$

Die obige Definition, wann sich zwei Elemente zum unendlich fernen Punkt
addieren, liefert uns also wirklich ein eindeutig bestimmtes (und vor allem auch
immer existentes) Inverses, wie wir es uns wünschen.

23.4.2 Die anderen Fälle

Nach diesem leider notwendigen Schwenk können wir unsere Idee von oben konkretisieren und die Verknüpfung, auf die wir es so sehr abgesehen haben, zu Ende definieren.

Führen wir nämlich unsere Idee von oben aus und basteln aus den Punkten (u_1, v_1) und $(u_2, v_2) \in E(K)$ einen dritten Punkt $(u_3, v_3) \in E(K)$, so definieren wir $(u_1, v_1) \oplus (u_2, v_2) := -(u_3, v_3)$ (wobei hier natürlich das oben konstruierte Inverse gemeint ist und etwa $-(a, b) = (-a, -b)$).

Lasst uns denn zur Tat schreiten und besagte Konstruktion durchführen:

Seien $(u_1, v_1), (u_2, v_2) \in E(K)$ und $u_1 \neq u_2$, dann hat die verbindende Gerade durch diese beiden Punkte die Gleichung: $y = mx + n$ mit $m = \frac{v_1 - v_2}{u_1 - u_2}$ und $n = v_1 - mu_1$.

Insbesondere ist die Gerade nicht senkrecht, d. h., unsere Konstruktion kollidiert nicht mit der Definition für inverse Elemente, die nur den Fall senkrechter Geraden betrifft.

Wenn wir dies nun in $F(x, y) = 0$ einsetzen, erhalten wir die Gleichung

$$(mx + n)^2 + a_1 x(mx + n) + a_3(mx + n) = x^3 + a_2 x^2 + a_4 x + a_6$$
$$\implies 0 = x^3 + (a_2 - m^2 - a_1 m)x^2$$
$$+ \text{ Terme kleineren Grades.}$$

Wir wissen bereits, dass diese Gleichung zwei Lösungen hat, nämlich u_1 und u_2. Daraus können wir nun den dritten Schnittpunkt ermitteln, denn es gilt $-(u_1 + u_2 + u_3) = a_2 - m^2 - a_1 m \implies u_3 = -a_2 + m^2 + a_1 m - u_1 - u_2$.

Damit wissen wir schon sehr viel: Wir können aus der Geradengleichung die zugehörige Koordinate v_3 berechnen und erhalten dann einen Punkt $(u_3, v_3) \in K^2$ auf der algebraischen Kurve $F(x, y) = 0$. Wir wissen vor allem auch, dass dieser Punkt eindeutig bestimmt ist und immer existiert. Das einzige, was uns noch zu zeigen bleibt, ist die Tatsache, dass der Punkt (u_3, v_3) nichtsingulär ist, also wirklich in $E(K)$ liegt. Auch hier leistet das Lemma 23.1 hervorragende Dienste, denn wir haben eine Gerade durch (u_3, v_3) und kennen alle Schnittpunkte mit der Kurve. Wäre (u_3, v_3) singulär, so müssten mindestens zwei der drei Punkte zusammenfallen, d. h., es würde $(u_1, v_1) = (u_3, v_3)$ oder $(u_2, v_2) = (u_3, v_3)$ gelten. In jedem Fall wäre (u_3, v_3) nach Voraussetzung schon nichtsingulär. Wir erhalten also einen Widerspruch. Damit ist also (u_3, v_3) existent, eindeutig bestimmt und ein Element von $E(K)$. Dasselbe trifft damit natürlich auch auf $-(u_3, v_3)$ zu.

Definition 23.4

Wir definieren also für $(u_1, v_1), (u_2, v_2) \in E(K)$ mit $u_1 \neq u_2$ den Punkt (u_3, v_3)
(und damit auch den Punkt $(u_1, v_1) \oplus (u_2, v_2) = -(u_3, v_3)$) durch:

$$m := \frac{v_1 - v_2}{u_1 - u_2}$$

$$n := v_1 - m u_1$$

$$u_3 := -a_2 + m^2 + a_1 m - u_1 - u_2$$

$$v_3 := m u_3 + n$$

◆

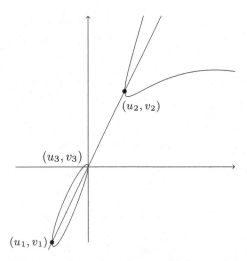

Abb. 23.4: Der Fall zweier verschiedener, nicht übereinander liegender Punkte

Es bleibt uns nur noch der Fall zu untersuchen, dass wir zwei identische Punkte
haben. Ist nämlich bei zwei Punkten $u_1 = u_2$, dann gilt entweder $v_1 \neq v_2$ und
unsere Definition für die Inversen greift oder es gilt $v_1 = v_2$. Jetzt setzen wir
zusätzlich $\frac{\partial F}{\partial y}(u, v) \neq 0$ voraus, denn den anderen Fall haben wir ebenfalls in
unserer Definition des Inversen inbegriffen.

Die Idee ist nun dieselbe: Wir betrachten die „Gerade durch die Punkte (u, v)
und (u, v)". Anschaulich gesprochen ist das genau die Tangente, denn, wenn wir
zwei Punkte aufeinander zu gehen und sich in (u, v) treffen lassen, dann geht
ihre Verbindungsgerade in die Tangente durch (u, v) über. (Natürlich nur, sofern
(u, v) wirklich eine solche besitzt, also nichtsingulär ist.)

Wie finden wir nun die Tangentengleichung? Gewöhnliches Differenzieren ist
meist nicht möglich, da wir ja keine Funktion $y(x)$ haben. Wir können aber
statt dessen *implizit* differenzieren:

$$y^2 + a_1 xy + a_3 y = x^3 + a_2 x^2 + a_4 x + a_6 \implies 2yy' + a_1 y + a_1 xy' + a_3 y' = 3x^2 + 2a_2 x + a_4$$

In Punkten (u_1, v_1), in denen $\frac{\partial F}{\partial y}(u_1, v_1) \neq 0$ ist, gilt dann

$$m = y' = \frac{3u_1^2 + 2a_2u_1 + a_4 - a_1v_1}{2v_1 + a_1u_1 + a_3} = -\frac{\frac{\partial F}{\partial x}(u_1, v_1)}{\frac{\partial F}{\partial y}(u_1, v_1)}.$$

Dies liefert uns wieder eine Tangentengleichung der Form $y = mx + n$ mit dem obigen m und $n = v_1 - mu_1$.

Das gleiche Spiel wie oben liefert uns ein Polynom in x vom Grad drei, dessen Nullstellen die Schnittpunkte der Geraden mit der Kurve angeben. Jetzt kennen wir ebenfalls schon zwei Nullstellen dieses Polynoms, denn im Zusammenhang mit Lemma 23.1 haben wir festgestellt, dass die Tangente den Graphen in (u_1, v_1) mehrfach schneidet. (In diesem Sinne ist also die Vorstellung der Tangenten als „Gerade durch (u_1, v_1) und (u_1, v_1)" durchaus berechtigt.)

Wir können also auch jetzt u_3 durch $-a_2 + m^2 + a_1m - u_1 - u_1$ und v_3 durch Einsetzen in die Geradengleichung erhalten.

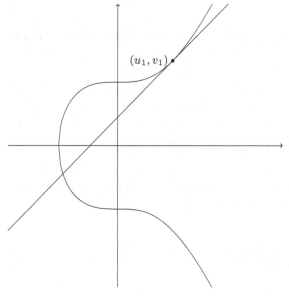

(u_1, v_1)

Abb. 23.5: Der Fall zweier identischer Punkte und nichtsenkrechter Tangente

Die Formulierung „Gerade durch P und Q" werden wir im Folgenden weiterhin so benutzen, dass eine Gerade durch zwei identische Punkt die Tangente meint. Wie wir hier gesehen haben, schadet das ja keinesfalls der Gültigkeit unserer Konstruktion.

23.4.3 Zusammenfassung der Definition

Endlich können wir die Verknüpfung vollständig definieren:

Definition 23.5

Seien $(u_1, v_1), (u_2, v_2) \in E(K)$ beliebige endliche Punkte einer elliptischen Kurve. Dann definieren wir:

i. $\infty \oplus \infty := \infty$.

ii. $(u_1, v_1) \oplus \infty := \infty \oplus (u_1, v_1) := (u_1, v_1)$.

iii. $(u_1, v_1) \oplus (u_2, v_2) := (u_2, v_2) \oplus (u_1, v_1) := \infty$ wenn $u_1 = u_2$ und $v_1 \neq v_2$ oder wenn $(u_1, v_1) = (u_2, v_2)$ und $\frac{\partial F}{\partial y}(u, v) = 0$.

iv. In allen anderen Fällen: $(u_1, v_1) \oplus (u_2, v_2) := (u_3, -a_1 u_3 - a_3 - v_3)$, wobei

$$m := \begin{cases} \dfrac{v_1 - v_2}{u_1 - u_2} & u_2 \neq u_1 \\[2em] -\dfrac{\frac{\partial F}{\partial x}(u_1, v_1)}{\frac{\partial F}{\partial y}(u_1, v_1)} & \text{sonst} \end{cases}$$

$$u_3 := -a_2 + m^2 + a_1 m - u_1 - u_2$$

$$v_3 := m u_3 + (v_1 - m u_1)$$

♦

Direkt aus der Definition kann man ablesen, was wir bereits festgestellt haben: Es gibt ein neutrales Element und aus Lemma 23.3 folgt, dass jedes Element auch ein beidseitiges Inverses hat. Eine winzige Rechnung zeigt auch, dass iv. kommutativ ist, sodass die Verknüpfung insgesamt kommutativ ist. (Was ja auch einleuchtend ist, denn die Gerade durch die beiden Punkte ist ja das Entscheidende für die Definition und dabei ist es natürlich egal, ob die Gerade vom ersten zum zweiten Punkt oder anders herum geht.)

Bis hierhin haben wir also eine sogenannte Quasigruppe vorliegen. Was uns jetzt über alle Maßen glücklich machen würde, wäre das Assoziativgesetz, und genau das ist es, was uns wirklich vor Schwierigkeiten stellt.

23.5   Die Assoziativität

23.5.1   Vorbereitung

Wir wollen nun beweisen, dass für alle $P, Q, R \in E(K)$ gilt:

$$P \oplus (Q \oplus R) = (P \oplus Q) \oplus R \tag{A}$$

Dies wird leider etliche Fallunterscheidungen und viel Geduld erfordern. Zunächst werden wir ein Lemma beweisen, das wir für die Umformungen später benötigen werden:

Lemma 23.6

Es gilt für alle Punkte P, Q aus $E(K)$

$$(-(P \oplus Q)) \oplus P = -Q$$

und

$$(-P) \oplus (P \oplus Q) = Q.$$

Beweis: Ist $P \oplus Q = \infty$, so gilt $(-(P \oplus Q)) \oplus P = (-\infty) \oplus P = P = -Q$. Natürlich gilt die Gleichung auch, wenn $P = \infty$ oder $Q = \infty$ ist. Wir können also o. B. d. A. nur endliche Punkte betrachten.

Wir wissen aus der Definition, dass $-(P \oplus Q)$ der dritte Punkt auf der nichtsenkrechten Geraden durch P und Q ist. Umgekehrt kann man aber auch sagen, dass Q der dritte Punkt auf der Geraden durch P und $-(P \oplus Q)$ ist. Somit gilt nach Definition $(-(P \oplus Q)) \oplus P = -Q$.

Vollkommen analog beweist man die zweite Gleichung. $\qquad\square$

Mit Hilfe von Lemma 23.6 können wir den Fall abhandeln, dass $Q \oplus R = \infty$ ist, denn dann haben wir $R = -Q$ und die rechte Seite von (A) geht über in $(P \oplus Q) \oplus (-Q)$, was nach dem Lemma (man benutze die zweite Gleichung und die Kommutativität) gleich P ist. Und P ist ja auch das Ergebnis der linken Seite. Analog lässt sich der Fall $P \oplus Q = \infty$ erledigen.

Ebenfalls können wir den Fall behandeln, dass $P \oplus (Q \oplus R) = \infty$ ist, denn dann gilt $P = -(Q \oplus R) \implies P \oplus Q = -R$ nach 23.6 (erste Gleichung auf Q und R angewandt) und somit $(P \oplus Q) \oplus R = \infty = P \oplus (Q \oplus R)$.

Wir können also eine weitere Einschränkung treffen und sagen, dass nicht nur P, Q, R, sondern auch $Q \oplus R$, $P \oplus Q$, $P \oplus (Q \oplus R)$ und $(P \oplus Q) \oplus R$ vom unendlich fernen Punkt verschieden sind.

23.5.2 Ausschluss der einfachen Fälle

Wir betrachten jetzt die sechs Geraden, die bei unserer Verknüpfung auftauchen (siehe Abbildung 23.6), als da wären: Die Geraden durch

- Q und R $(=: \mathfrak{m}_1)$,
- P und Q $(=: \mathfrak{l}_1)$,
- $P \oplus Q$ und sein Inverses $(=: \mathfrak{m}_2)$,
- $Q \oplus R$ und sein Inverses $(=: \mathfrak{l}_2)$,
- P und $Q \oplus R$ $(=: \mathfrak{m}_3)$ und durch
- $P \oplus Q$ und R $(=: \mathfrak{l}_3)$.

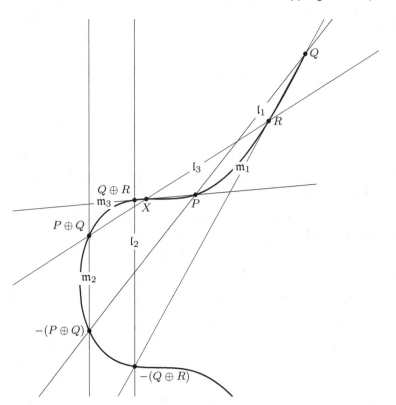

Abb. 23.6: Die drei Punkte und sechs Geraden

(Auch hier meint eine Gerade durch zwei identische Punkte die Tangente.)

Stellen wir die Geraden und ihre gegenseitigen Schnittpunkte in einer Tabelle zusammen, ergibt sich Tabelle 23.1.

Da wir davon ausgehen, dass die vier Summen $Q \oplus R, P \oplus Q, P \oplus (Q \oplus R)$ und $(P \oplus Q) \oplus R$ alle ungleich ∞ sind, sind insbesondere die Geraden $\mathfrak{l}_1, \mathfrak{l}_3, \mathfrak{m}_1$ und $\mathfrak{m}_3$ nicht senkrecht.

Anders herum sind aber $\mathfrak{l}_2$ und $\mathfrak{m}_2$ senkrechte Geraden, da sie zwei inverse Punkte verbinden (oder eben einen selbstinversen Punkt mit sich selbst). Das erklärt auch, warum hier ∞ als Schnittpunkt dieser beiden Geraden auftaucht, denn den unendlich fernen Punkt hatten wir ja anschaulich als oberes und unteres Ende von senkrechten Geraden festgelegt.

Wie wir sehen, liegen acht von den neun Punkten in der Tabelle auf der elliptischen Kurve. Der Trick wird nun sein, dass der letzte Punkt X, der Schnittpunkt von $\mathfrak{l}_3$ und $\mathfrak{m}_3$, erstens wirklich existiert und zweitens auch auf der Kurve liegt.

Dann ergibt sich nämlich durch unsere Definition der Gruppenverknüpfung, dass $X = -(P \oplus (Q \oplus R)) = -((P \oplus Q) \oplus R)$ ist, denn X ist dann jeweils der dritte Punkt von $\mathfrak{l}_3$ und $\mathfrak{m}_3$ auf der elliptischen Kurve.

Tab. 23.1: Sechs Geraden und (hoffentlich) neun Punkte

	$\mathfrak{l}_1$	$\mathfrak{l}_2$	$\mathfrak{l}_3$
$\mathfrak{m}_1$	Q	$-(Q \oplus R)$	R
$\mathfrak{m}_2$	$-(P \oplus Q)$	∞	$P \oplus Q$
$\mathfrak{m}_3$	P	$Q \oplus R$	X?

Durch Bilden des Inversen erhalten wir daraus direkt die Gültigkeit des Assoziativgesetzes.

Wir werden also versuchen zu zeigen, dass es so einen Schnittpunkt X wirklich gibt, dass also $\mathfrak{l}_3$ und $\mathfrak{m}_3$ nicht parallel sind, und dass $F(X) = 0$ ist.

Damit wir den Beweis, den wir also vorhaben, wirklich führen können, müssen wir zunächst sicherstellen, dass $\mathfrak{l}_i$ und $\mathfrak{m}_j$ jeweils voneinander verschieden sind. Schauen wir also zunächst, was passiert, wenn das nicht so ist. Es stellt sich heraus, dass wir alle sich ergebenden Fälle bereits ausgeschlossen haben oder mit 23.6 erschlagen können.

Wenn nämlich $\mathfrak{l}_i = \mathfrak{m}_j$ gilt, dann sind diverse Punkte „zuviel" gleichzeitig auf einer gemeinsamen Gerade und auf der elliptischen Kurve. Die Idee ist also jedes Mal, dass einige der Punkte gleich sein müssen:

Fall 1: $\mathfrak{l}_1 = \mathfrak{m}_1$
Dann lägen P, Q, R auf einer gemeinsamen, nichtsenkrechten Geraden.

Sind P, Q, R paarweise verschieden, so muss dann nach Definition $-R = P \oplus Q$ sein. $\implies (P \oplus Q) \oplus R = \infty$. Das hatten wir ausgeschlossen.

Ist $P = Q \neq R$ oder $P \neq Q = R$, so funktioniert das analoge Argument mit der Tangente durch Q.

Ist $P = R$, so gilt aufgrund der Kommutativität: $P \oplus (Q \oplus R) = P \oplus (Q \oplus P) = (P \oplus Q) \oplus P = (P \oplus Q) \oplus R.$ ✓

Fall 2: $\mathfrak{l}_1 = \mathfrak{m}_2$
Hatten wir ausgeschlossen, da $\mathfrak{m}_2$ eine senkrechte Gerade ist, $\mathfrak{l}_1$ jedoch nicht. ✓

Fall 3: $\mathfrak{l}_1 = \mathfrak{m}_3$
$P, Q \oplus R$ und $-(P \oplus Q)$ lägen dann auf einer gemeinsamen, nichtsenkrechten Geraden.

Sind die drei Punkte paarweise verschieden oder $P = Q \oplus R \neq -(P \oplus Q)$, so gilt nach Definition $P \oplus (Q \oplus R) = -(-(P \oplus Q)) = P \oplus Q \overset{23.6}{\implies} Q = Q \oplus R \overset{23.6}{\implies} R = \infty$. Das hatten wir ausgeschlossen.

Ist $Q \oplus R = -(P \oplus Q)$, so folgt $P \oplus (Q \oplus R) = P \oplus (-(P \oplus Q)) \overset{23.6}{=} -Q$ und $(P \oplus Q) \oplus R = (-(Q \oplus R)) \oplus R \overset{23.6}{=} -Q$ Also gilt Assoziativität. ✓

Fall 4: $\mathfrak{l}_2 = \mathfrak{m}_1$

Analog zum Fall 2. ✓

Fall 5: $\mathfrak{l}_2 = \mathfrak{m}_2$

Dann liegen $Q \oplus R, P \oplus Q$ und $-(P \oplus Q)$ auf einer senkrechten Geraden. Auf einer senkrechten Geraden gibt es (mit Vielfachheiten) genau zwei endliche Punkte der elliptischen Kurve.

$$\implies Q \oplus R = \pm(P \oplus Q)$$

Ist $Q \oplus R = P \oplus Q$, so gilt mit 23.6 $P = R \implies \mathfrak{l}_1 = \mathfrak{m}_1$. Das ist Fall 1.

Ist $Q \oplus R = -(P \oplus Q)$, so gilt nach 23.6 $P \oplus (Q \oplus R) = -Q$ und $(P \oplus Q) \oplus R = -(Q \oplus R) \oplus R = -Q$ ebenfalls nach 23.6. Also gilt auch hier die Assoziativität. ✓

Fall 6: $\mathfrak{l}_2 = \mathfrak{m}_3$

Analog zu Fall 2. ✓

Fall 7: $\mathfrak{l}_3 = \mathfrak{m}_1$

$R, Q \oplus P$ und $-(R \oplus Q)$ lägen dann auf einer gemeinsamen, nichtsenkrechten Geraden. Das lässt sich – unter Ausnutzung der Kommutativität – durch denselben Beweis wie in Fall 3 erledigen, man muss nur P und R vertauschen. ✓

Fall 8: $\mathfrak{l}_3 = \mathfrak{m}_2$

Analog zu Fall 2. ✓

Fall 9: $\mathfrak{l}_3 = \mathfrak{m}_3$

Dann sind R, P und $Q \oplus R$ auf einer gemeinsamen, nichtsenkrechten Geraden.

Analog zu Fall 7 ergibt sich dann die Assoziativität. ✓

23.5.3 Der letzte Fall

Nach all den Fällen, in denen wir die Assoziativität schon zeigen konnten, drängt sich einem ja doch das Gefühl auf, es müsse auch allgemein gelten. Um das zu zeigen, bleibt uns in der Tat nur noch ein einziger Fall zu untersuchen, der sich aber als der komplizierteste herausstellt.

Jede unserer Geraden kann als Nullstellenmenge eines Polynoms der Form $ax + by + c \in K[x, y]$ dargestellt werden, die wir entsprechend den Geraden mit l_i und m_j bezeichnen.

Ebenso kann aber auch jede Gerade parametrisiert werden, wie wir es für 23.1 bereits getan haben:

$$(x, y) = (u, v) + t(r_x; r_y)$$

Wir werden jetzt beides brauchen. Zunächst setzen wir nämlich eine Parametrisierung von $\mathfrak{l}_1$ in F ein. Wir erhalten dann ein Polynom $\tilde{F} \in K[t]$ (wie es genau aussieht, haben wir schon einmal beim Beweis von 23.1 gesehen), dessen Nullstellen genau diejenigen t sind, die den Punkten P, Q und $-(P \oplus Q)$ entsprechen. Wenn Punkte zusammenfallen, dann hatten wir definiert, dass $\mathfrak{l}_1$ als „Gerade durch mehrere identische Punkte" die Tangente an $E(K)$ meint. Dann entspricht ein solcher „mehrfacher Punkt" auch einer mehrfachen Nullstelle von $\tilde{F}$.

Wir setzen diese Parametrisierung von $\mathfrak{l}_1$ auch in die Polynomdarstellungen von $\mathfrak{m}_1, \mathfrak{m}_2$ und $\mathfrak{m}_3$ ein und erhalten Polynome $\tilde{m}_1, \tilde{m}_2, \tilde{m}_3 \in K[t]$. Diese sind vom Nullpolynom verschieden, da $\mathfrak{l}_1 \neq \mathfrak{m}_i$ vorausgesetzt ist, und die Nullstellen entsprechen genau den Schnittpunkten von $\mathfrak{l}_1$ mit $\mathfrak{m}_i$, also $Q, -(Q \oplus P)$ und P.

Daraus folgt: $\tilde{m}_1 \cdot \tilde{m}_2 \cdot \tilde{m}_3$ und $\tilde{F}$ sind Polynome vom gleichen Grad, deren Nullstellen mit Vielfachheit übereinstimmen. Es gibt deshalb ein $\alpha \in K^\times$ mit $\tilde{F} = \alpha \cdot \tilde{m}_1 \cdot \tilde{m}_2 \cdot \tilde{m}_3$.

Wir nehmen uns dieses α und definieren ein weiteres Polynom, nämlich:

$$C := F - \alpha \cdot m_1 m_2 m_3$$

Wenn wir die Parametrisierung von $\mathfrak{l}_1$ in dieses Polynom einsetzen, erhalten wir das Nullpolynom, da ja $\tilde{F} - \alpha \cdot \tilde{m}_1 \cdot \tilde{m}_2 \cdot \tilde{m}_3 = 0$ herauskommt nach der eben erfolgten Überlegung.

C ist natürlich ein Polynom in x und y. Wenn man aber $b \neq 0$ (es sind nichtsenkrechte Geraden!) und

$$y^n = \frac{1}{b^n}((ax + by + c) - (ax + c))^n$$

ausnutzt, kann man C als Polynom aus $K[x][ax + by + c]$ darstellen, d. h., man kann Polynome γ_0 bis $\gamma_3 \in K[x]$ finden mit:

$$C(x,y) = \gamma_3(x)(ax + by + c)^3 + \gamma_2(x)(ax + by + c)^2 + \gamma_1(x)(ax + by + c) + \gamma_0(x)$$

l_1, d. h., das Polynom, dessen Nullstellenmenge genau $\mathfrak{l}_1$ ist, hat genau diese Form $ax + by + c$, und da $\mathfrak{l}_1$ keine senkrechte Gerade ist, ist $b \neq 0$. Wir können dieses Verfahren also hier anwenden.

$$\implies C(x,y) = \gamma_3(x) \cdot l_1(x,y)^3 + \gamma_2(x) \cdot l_1(x,y)^2 + \gamma_1(x) \cdot l_1(x,y) + \gamma_0(x)$$

Jetzt setzen wir noch einmal die Parametrisierung von $\mathfrak{l}_1$ in C ein. Wir wissen schon, dass das Nullpolynom herauskommen muss. Wir wissen aber auch weiter, dass l_1 identisch null wird, wenn man die Parametrisierung einsetzt (l_1 ist ja gerade das Polynom, dessen Nullstellenmenge $\mathfrak{l}_1$ ist). Also bleibt nur $\gamma_0(x)$ über, denn in den Summanden, wo $l_1(x,y)$ vorkommt, kommt das Nullpolynom heraus.

$\Longrightarrow \gamma_0(x) = 0 \Longrightarrow C$ wird von l_1 geteilt.

Wenn man die Rollen der $\mathfrak{l}$ und $\mathfrak{m}$ vertauscht, erhält man analog ein $\beta \in K^{\times}$, sodass $F - \beta \cdot l_1 l_2 l_3$ von m_1 geteilt wird.

Wir setzen jetzt $D = F - \alpha m_1 m_2 m_3 - \beta l_1 l_2 l_3$. Ziel wird es sein, zu zeigen, dass dieses Polynom identisch dem Nullpolynom ist.

Offensichtlich wird D von l_1 und von m_1 geteilt. $\mathfrak{l}_1$ und $\mathfrak{m}_1$ sind verschiedene Geraden, also sind l_1 und m_1 teilerfremde Polynome. Also wird D sogar vom Produkt $l_1 \cdot m_1$ geteilt.

D ist höchstens ein kubisches Polynom, also gibt es ein drittes, (höchstens) lineares Polynom $L \in K[x, y]$, sodass

$$D = L \cdot l_1 \cdot m_1.$$

($K[x, y]$ hat eine eindeutige Primfaktorzerlegung, woraus sich zusammen mit den Graden ergibt, dass L existiert und höchstens linear sein kann, da L höchstens Grad drei hat.)

Wir wollen zeigen, dass L schon das Nullpolynom sein muss. Zunächst bemerken wir, dass $P \oplus Q =: (u_a, v_a)$ und $Q \oplus R =: (u_b, v_b)$ Nullstellen von L sind, da $F(u_a, v_a) = l_3(u_a, v_a) = m_2(u_a, v_a) = 0$ und ebenso $F(u_b, v_b) = l_3(u_b, v_b) = m_2(u_b, v_b) = 0$.

Aus der Faktorzerlegung von D folgt also, dass $l_1(u_a, v_a) = 0$ oder $m_1(u_a, v_a) = 0$ oder $L(u_a, v_a) = 0$ sein muss. Wäre $l_1(u_a, v_a) = 0$, läge $P \oplus Q$ also auf $\mathfrak{l}_1$, so wären $P, Q, P \oplus Q$ kollinear. Das hatten wir bereits ausgeschlossen in Fall 2 weiter oben. Wäre $m_1(u_a, v_a) = 0$, so sind $R, P \oplus Q$ und Q kollinear. Dies ist der Fall 7 von oben, fällt also ebenfalls weg.

Bleibt also $L(u_a, v_a) = 0$ übrig. Ganz analog können wir $L(u_b, v_b) = 0$ folgern. Also hat L zwei verschiedene Nullstellen (sonst $P \oplus Q = Q \oplus R \overset{23.6}{\Longrightarrow} P = R$, das ist wieder Fall 1).

Daraus folgt, dass L ein lineares Polynom oder das Nullpolynom ist, eine von Null verschiedene Konstante kann es nicht mehr sein.

Wir wissen weiterhin, dass $\mathfrak{l}_2$ und $\mathfrak{m}_2$ senkrechte Geraden sind. l_2 und m_2 haben daher die Form $ax + c$. Also kommt im Produkt $l_1 l_2 l_3$ nirgendwo ein y^3 vor. Ebenso kommt y höchstens in zweiter Potenz in $m_1 m_2 m_3$ und in F vor, sodass auch D nur y bis höchstens zur zweiten Potenz enthält.

Da l_1 und m_1 aber garantiert y enthalten (denn dies sind ja nichtsenkrechte Geraden), darf L kein y mehr enthalten, um das zu gewährleisten. Also ist auch L von der Form $ax + c$.

Wäre nun L linearen Grades, so wäre die durch L definierte Gerade $\mathfrak{L} \subseteq K^2$ also eine senkrechte Gerade durch $P \oplus Q$ und $Q \oplus R$, d. h. $P \oplus Q = -(Q \oplus R)$. Das ist Fall 7.

So! Das war's! Doch, wirklich. Jetzt hat das Assoziativgesetz keine Chance mehr, sich vor uns zu verbergen, ab hier ist es geliefert: L muss das Nullpolynom sein, weil wir inzwischen alle anderen Fälle ausgeschlossen haben.

Also ist $0 = D = F - \alpha m_1 m_2 m_3 - \beta l_1 l_2 l_3 \implies F = \alpha m_1 m_2 m_3 + \beta l_1 l_2 l_3$.

Wären $\mathfrak{l}_3$ und $\mathfrak{m}_3$ parallel, dann gäbe es $\zeta, \xi \in K^\times$ mit $l_3 = \zeta m_3 + \xi \implies F = \alpha m_1 m_2 m_3 + \beta \zeta l_1 l_2 m_3 + \beta \xi l_1 l_2$.

Jetzt setzen wir z. B. den Punkt $X_1 = -(P \oplus (Q \oplus R))$ ein. Dieser liegt auf der elliptischen Kurve und auf $\mathfrak{m}_3$, ist also eine Nullstelle von F. Ebenso ist er eine Nullstelle von m_3. Demzufolge muss auch $l_1(X_1) = 0$ oder $l_2(X_1) = 0$ sein.

Ist X_1 Nullstelle von l_1, so ist $\mathfrak{l}_1 = \mathfrak{m}_3$, ist X_1 Nullstelle von l_2, so wäre $\mathfrak{l}_2 = \mathfrak{m}_3$. Beide Fälle hatten wir ausgeschlossen $\implies$ $\mathfrak{l}_3$ und $\mathfrak{m}_3$ können nicht parallel sein $\implies$ ein gemeinsamer Schnittpunkt X muss existieren.

Da m_3 und l_3 im Punkt X Null werden, wird also auch F an der Stelle X null. Also liegt X auf der elliptischen Kurve und endlich haben wir auch den allerletzten Fall erschlagen. Das Assoziativgesetz gilt tatsächlich!

23.6 Andere Ansätze

Nachdem wir es wirklich geschafft haben, die Assoziativität der Verknüpfung zu beweisen, will ich noch einen kleinen Ausblick auf andere Ansätze geben, die es für diesen Nachweis gibt.

23.6.1 Projektive Geometrie

Der Ansatz, der in Washington [67] verfolgt wird, ist im Grunde ein ähnlicher, wie der, den ich gegangen bin. Der wesentliche Unterschied ist aber, dass dort eine andere Geometrie betrachtet wurde. Anstatt nämlich elliptische Kurven als Punktmenge in K^2 zu betrachten, ist es auch oft sinnvoll, sie als Nullstellenmenge eines homogenen Polynoms in der projektiven Ebene KP^2 zu betrachten.

KP^2 ist dabei die Menge $(K^3 \setminus \{0\})/\sim$, wobei $\nu_1 \sim \nu_2 : \iff \nu_1 = \lambda \nu_2$ für ein $\lambda \in K^\times$. Die Äquivalenzklasse des Vektors (u, v, w) wird dann als $(u : v : w)$ geschrieben.

Was ist der Vorteil der projektiven Betrachtungsweise?

Zum einen kann man die „normale" Ebene als Teilmenge der projektiven betrachten, indem man den Punkt (u, v) in KP^2 als $(u : v : 1)$ einbettet. Zum anderen kann man gleichzeitig unendlich ferne Punkte mit einführen, indem man die Punkte, die nicht von dieser Einbettung getroffen werden, als die unendlichen Punkte definiert. Da konstante Vielfache bei den Äquivalenzklassen keine Rolle spielen, sind das also genau diejenigen Klassen mit projektiven Koordinaten $(u : v : 0)$.

Anstelle unseres Polynoms F wird ein homogenes Polynom dritten Grades F' benutzt, das durch $F'(x, y, z) = y^2z + a_1xyz + a_3yz^2 - x^3 - a_2x^2z - a_4xz^2 - a_6z^3$ gegeben ist. Es muss ein homogenes Polynom sein, um sicherzustellen, dass die Nullstellenmenge des Polynoms in der projektiven Ebene wohldefiniert ist, denn wählt man aus der Nebenklasse $(u : v : w)$ einen Vertreter, also einen Vektor $(\lambda u, \lambda v, \lambda w)$ und setzt ihn in F' ein, so erhält man

$$F'(\lambda u, \lambda v, \lambda w) = \lambda^3 F'(u, v, w).$$

Das rechtfertigt es also, auch in der projektiven Ebene von der Nullstellenmenge des Polynoms F' zu sprechen. Man erkennt schnell, dass $F(u, v) = F'(u, v, 1)$ ist und somit die Identifikation der endlichen Punkte unserer (affinen) elliptischen Kurve mit denen der projektiven Variante super funktioniert.

Der Vorteil liegt auf der Hand, sobald man etwas mehr über die projektive Geometrie weiß: Jetzt kann man das alles wesentlich verkürzen, da man den unendlich fernen Punkt nicht mehr in jedem Beweis und jeder Definition extra untersuchen muss. Er entspricht ganz einfach dem Punkt $(0 : 1 : 0)$, den man behandeln kann wie jeden anderen. (Im Gegensatz zu unserer Definition von $E(K)$ gibt es in der projektiven Ebene nicht mehr „den" unendlichen Punkt, sondern i. A. mehrere. Es gibt aber nur einen, der Nullstelle von F' ist, daher auch jetzt noch die Bezeichnung.)

Ebenso wird eine Unterscheidung von senkrechten und nichtsenkrechten Geraden überflüssig, genau wie man auch nicht mehr auf parallele Geraden besonders achten muss. Alle Geraden schneiden einander in einer projektiven Ebene (notfalls in einem unendlichen Punkt). Man kann dann generell sagen: „Liegen drei Punkte einer elliptischen Kurve auf einer gemeinsamen Gerade, so verschwindet ihre Summe."

Das konnten wir in der affinen Variante nur für nichtsenkrechte Geraden sagen.

Trotz all dem schien mir der Beweis aus diesem Buch nicht geeignet. Er war an einigen Stellen sehr schwammig und trotzdem für mich nicht einfach genug, viele Schritte konnten weggelassen oder wesentlich verkürzt werden.

Projektive Koordinaten extra für diesen Beweis einzuführen, erschien mir auch zu umständlich. Und die Handhabung des Beweises war schon deshalb schwieriger, da man überall mindestens eineinhalb Mal so viele Koordinaten und Variablen zu überblicken hatte.

Für einen Fortgeschrittenen ist dies sicherlich ein interessanter Weg, der von mir gesuchte elementare Beweis für Einsteiger ist es jedoch sicher nicht.

23.6.2 Divisoren

Es gibt einen weiteren Beweisansatz, der äußerst elegant und kurz daherkommt. Er benutzt die sogenannten Divisoren. Technisch gesehen ist die Menge der Divisoren $\mathrm{Div}(E)$ einer elliptischen Kurve $E(K)$ die freie abelsche Gruppe über den Elementen von $E(K)$, d. h., jedem Punkt $P \in E(K)$ wird ein Erzeuger $[P]$ zugeordnet, und ein Divisor ist eine formale (aber endliche!) Summe $a_\infty[\infty] + a_P[P] + a_Q[Q] + \ldots$ mit $a_\infty, a_P, a_Q, \ldots \in \mathbb{Z}$.

Die Divisoren sind eine Gruppe (das lässt sich ja bei der Bezeichnung „freie abelsche Gruppe" bereits vermuten, ist aber auch sehr leicht nachzurechnen). Der Trick ist nun, dass man eine Untergruppe $\mathrm{Div}^0(E)$ der Divisoren betrachtet und davon wiederum eine Faktorgruppe. Dann kann man einen Isomorphismus von dieser Faktorgruppe nach $E(K)$ finden. Da in der Faktorgruppe selbstverständlich das Assoziativgesetz gilt, überträgt sich diese Eigenschaft dann auf $E(K)$.

Der Vorteil dieser Herangehensweise ist auch klar: Es ist ein äußerst schöner, effizienter und kurzer Beweis. Leider ist er auch sehr schwierig vorzubereiten. Wenn man es direkt versucht, hat man große Probleme, die Faktorgruppe und den Isomorphismus erstens zu finden und zweitens nachzurechnen, dass der Isomorphismus wirklich einer ist. Um das zu vermeiden, braucht man wieder neues Handwerkszeug, und genau da stecken die Kanonen auf Spatzen, die ich eigentlich vermeiden wollte.

Kurzum: Für den Profi ist dies sicherlich *der* Beweis schlechthin, er hat alles, was man sich wünscht, aber wieder ist man weit davon entfernt, einen für totale Einsteiger lesenswerten Beweis gefunden zu haben.

23.7 Abschluss

So, das war mein Beitrag über das Gruppengesetz elliptischer Kurven. Ich hoffe, dass er vielleicht dem Einen oder Anderen nutzen wird, der nach diesem Thema sucht, wie ich es getan habe.

Möglicherweise gibt es ihn ja doch, den einfachen, kurzen und elementaren Beweis des Assoziativgesetzes, nach dem ich lange vergeblich suchte.

$$F(\mathfrak{m}_i f g, Gockel_j) = 0$$

Johannes Hahn (*Gockel*) ist Dipl.-Math. und promoviert in Jena.

24 ECC — Elliptic Curves Cryptography

Wie versprochen, möchte ich nach dem Gruppengesetz elliptischer Kurven nun die hervorstechendste Anwendung elliptischer Kurven in der Praxis vorstellen: Die Verwendung in der Kryptographie. Insbesondere gehe ich dabei auf Schlüsselaustausch, asymmetrische Ver- und Entschlüsselung sowie Signierung mit Hilfe von elliptischen Kurven ein.

24.1 Einführung

Ich werde in diesem Kapitel sehr „universelle" Verfahren für drei der wesentlichen Grundaufgaben der Kryptographie vorstellen, die in der Praxis aber oft auf die elliptischen Kurven spezialisiert werden.

Es soll dabei um ganz wesentliche Bestandteile des verschlüsselten Informationsaustausches gehen: Die Beschaffung eines geheimen Schlüssels für symmetrische Verfahren, Verschlüsselung mit öffentlichem Schlüssel und Signierung von Daten.

Viele kryptographische Verfahren basieren auf „asymmetrischen" Problemstellungen, sogenannten Einweg- und Trapdoor-Einwegfunktionen. Eine Funktion f heißt dabei *Einwegfunktion*, wenn

1. $y = f(x)$ effizient aus x berechnet werden kann und
2. zu einem gegebenen y nicht mit vertretbarem Aufwand ein passendes Urbild gefunden werden kann.

„Effizient" meint dabei in 1., dass es einen deterministischen Algorithmus gibt, der y in Polynomialzeit aus x berechnet. Im Gegensatz dazu darf sich die Operation auch mit einem probabilistischen Algorithmus nicht in Polynomialzeit umkehren lassen. (Am besten auch dann nicht, wenn man statt des Worst-Case den Average-Case betrachtet, denn auf den kommt es in der Praxis ja an.)

Es gibt viele Funktionen, von denen man vermutet, sie seien Einwegfunktionen. Solche verwendet man z. B. bei Hashalgorithmen. Die tatsächliche Existenz einer solchen Funktion hat allerdings bisher niemand nachweisen können. (Ein solcher Beweis hätte übrigens die Ungleichheit von P und NP unmittelbar zur Folge.)

Zum Beispiel wird vermutet, dass die Multiplikation von Primzahlen eine solche Einwegfunktion ist, denn die Multiplikation als solche ist sehr schnell durchführbar, während für die Zerlegung in Primfaktoren bisher kein Algorithmus mit vertretbarer Laufzeit bekannt ist.

Interessant wird es für Verschlüsselungen bei den sogenannten *Trapdoor-Einwegfunktionen*. Dies sind Funktionen, die bei Kenntnis einer Zusatzinformation eben doch die effiziente Umkehrung ermöglichen. Eine solche tritt bei vielen Public-Key-Verfahren auf. Beliebter Vertreter dieser Spezies ist das RSA-Verfahren, das darauf basiert, dass die Exponentiation modulo n sehr effizient machbar ist, während das Berechnen einer Wurzel praktisch undurchführbar ist, es sei denn man kennt den privaten zweiten Exponenten, mit dem die Entschlüsselung erfolgt.

24.2   Das Problem des diskreten Logarithmus

Die vier Algorithmen, die ich nun vorstellen werde, machen von einem ähnlichen Problem Gebrauch. Es geht dabei um das *Diskreter-Logarithmus-Problem* (abgekürzt DLP). In seiner allgemeinen Formulierung ist das DLP folgende Problemstellung:

Man hat die zyklische Gruppe $\Gamma = \langle \gamma \rangle$ (inklusive des Erzeugers γ) sowie ein Element $\psi \in \Gamma$ gegeben. Das Problem besteht nun darin, einen Exponenten $k \in \mathbb{Z}$ zu finden, sodass $\psi = \gamma^k$ gilt. (Da man meistens endliche Gruppen betrachtet, geht es genau genommen nur um die Bestimmung von $k \bmod |\Gamma|$)

Für bestimmte Gruppen ist dies sehr einfach zu erledigen: Wenn man z. B. die Untergruppe $\langle 2 \rangle$ von $(\mathbb{Q}^\times, \cdot)$ betrachtet, dann liefert eine Anwendung des binären Logarithmus effizient die gesuchte Lösung.

Auch in den „Prototypen" der zyklischen Gruppen $(\mathbb{Z}/n\mathbb{Z}, +)$ ist das Problem sehr einfach, da man nur eine Division mod n durchführen muss.

Diese Gruppen eignen sich also nicht für kryptographische Zwecke.

Doch schon, wenn man die multiplikativen Gruppen der endlichen Körper $\mathbb{F}_q^\times$ betrachtet, wird das Problem ungleich schwieriger. In der Tat lässt sich das DLP in diesen Gruppen nur mit einem ähnlich hohen Aufwand lösen, wie man ihn zur Faktorisierung natürlicher Zahlen benötigt.

Für uns von besonderer Bedeutung sind aber natürlich die Punktgruppen elliptischer Kurven über endlichen Körpern. Sie sind zwar i. A. nicht selbst zyklisch, aber man kann einfach ein Element auswählen und die von ihm erzeugte Untergruppe betrachten. Wenn man die Kurve und diese Untergruppe geschickt wählt, dann ist das DLP für diese Konstellation mit keinem bekannten Algorithmus vernünftig lösbar.

Aus diesem Grund sind elliptische Kurven und die Verfahren, die auf dem DLP beruhen, vom kryptographischen Standpunkt so interessant: Ein diskreter Logarithmus lässt sich bei geeigneter Wahl der Punktgruppe nämlich sogar noch schwerer berechnen als die Faktorisierung einer Zahl. Das führt zu dem, was ich einleitend schon erwähnte: Für die gleiche Sicherheitsstufe benötigt ein Algorithmus, der auf Faktorisierung beruht, ungleich größere Zahlen als ein Algorithmus, der auf dem DLP in elliptischen Kurven beruht.

Ein weiterer wichtiger Grund, elliptische Kurven zu verwenden, ist, dass die Gruppenoperation relativ schnell ausgeführt werden kann. Eine Gruppe ist klarerweise nur dann von praktischem Nutzen, wenn nur das Knacken einer Verschlüsselung oder eines anderen Verfahrens praktisch nicht machbar ist, während das Anwenden des Verfahrens effizient sein muss.

Woran aber liegen diese Unterschiede zwischen den einzelnen Gruppen? Ein elementarer Satz der Gruppentheorie sagt uns doch eigentlich, dass alle zyklischen Gruppen derselben Mächtigkeit zueinander isomorph sind. Wieso sind trotzdem verschiedene Vertreter derselben Isomorphieklasse mal mehr und mal weniger geeignet für kryptographische Anwendungen? Die Antwort liegt in der Art dieses Isomorphismus: Es ist nämlich genau der diskrete Logarithmus, der diesen Isomorphismus zu den „Prototypen" $\mathbb{Z}$ bzw. $\mathbb{Z}/n\mathbb{Z}$ darstellt.

Wie schwer das DLP in einer Gruppe Γ zu lösen ist, hängt also davon ab, ob man diesen Isomorphismus in eine effizient berechenbare Form bringen kann. Und genau das ist in vielen Gruppen noch niemandem gelungen. Es ist also der vielzitierte Unterschied zwischen Theorie und Praxis, der das DLP wirklich interessant macht.

24.3   Schlüsseltausch nach Diffie-Hellman

Zunächst soll es nun um den Schlüsselaustausch nach Diffie-Hellmann gehen. Dies ist ein simples Protokoll, welches es zwei Gesprächspartnern, die traditionellerweise mit A(lice) und B(ob) bezeichnen werden, ermöglicht, über einen öffentlichen Kanal (der also u. U. abgehört werden könnte) derart Informationen austauschen, dass sie danach beide ein und denselben „Wert" haben, aus dem sie einen gemeinsamen Schlüssel für eine geschützte Kommunikation ermitteln können.

Das Vorgehen ist dabei das Folgende:

1. A und B verständigen sich öffentlich über eine Gruppe $\langle \gamma \rangle$.

2. Sowohl A als auch B wählen geheime Zufallszahlen a bzw. b und berechnen $\kappa_A = \gamma^a$ bzw. $\kappa_B = \gamma^b$.

3. Diese Werte κ_A bzw. κ_B schicken sie sich gegenseitig.

4. A berechnet aus den ihr bekannten Werten κ_B^a und B berechnet analog κ_A^b.

Wegen $\kappa_B^a = (\gamma^b)^a = \gamma^{a \cdot b} = (\gamma^a)^b = \kappa_A^b$ erhalten sie beide dasselbe Gruppenelement, während ein eventueller Lauscher nur γ, γ^a und γ^b kennt. Dieses Gruppenelement kann nun auf eine vorher festgelegte Weise dazu benutzt werden, um einen gemeinsamen Schlüssel für eine symmetrische Verschlüsselungsmethode zu finden.

Kann also in der zyklischen Gruppe das DLP effizient gelöst werden, dann kann man auch effizient den geheimen Schlüssel von A und B ermitteln.

Wenn man hingegen eine „gute" Gruppe findet, dann sind die Aussichten für den eventuellen Lauscher, den geheimen Schlüssel zu finden, sehr entmutigend. Diese Fragestellung, ob es möglich ist, aus den drei öffentlichen Werten den Schlüssel zu ermitteln, heißt auch *Diffie-Hellmann-Problem*. Die einzige bekannte Möglichkeit, es zu lösen, ist eben genau die Anwendung des diskreten Logarithmus. Solange man also eine Gruppe findet, in der das DLP praktisch nicht zu lösen ist, ist man mit Diffie-Hellmann auf der sicheren Seite.

Selbst das schwächere *Diffie-Hellmann-Entscheidungsproblem*, bei dem es nur darum geht, zu überprüfen, ob eine geratene Lösung die richtige ist, ist in vielen Gruppen (z. B. in endlichen Körpern) bisher nicht ohne diskreten Logarithmus vernünftig lösbar. (Wobei hier die endlichen Körper im Vorteil sind. Zumindest dieses Entscheidungsproblem ist nämlich bei einigen Klassen von elliptischen Kurven sehr effizient lösbar.)

24.4 Public-Key-Verschlüsselung nach ElGamal

Während das Diffie-Hellmann-Protokoll dazu dient, zwei Kommunikationspartnern einen gemeinsamen Schlüssel für eine symmetrische Verschlüsselung zu beschaffen, wird das nun folgende Protokoll eine asymmetrische Verschlüsselung bereit stellen, d. h. ein Public-Key-Verfahren, welches genau wie Diffie-Hellmann auf dem DLP beruht. Benannt ist dieses Protokoll nach dem US-amerikanischen Kryptologen Taher ElGamal (der oft auch Tahir al-Dschamal geschrieben wird)

Prinzipiell gibt es drei Stufen des Protokolls (wie üblich sind unsere beiden gesprächigen Kryptographen mit A(lice) und B(ob) bezeichnet):

i. Erzeugung des Schlüssels für A

    a) A wählt eine endliche, zyklische Gruppe $\Gamma = \langle \gamma \rangle$.

    b) Sie wählt zufällig eine ganze Zahl $x \in \{\,2, \ldots, |\Gamma| - 2\,\}$ und berechnet $\psi := \gamma^x$.

    c) A hat nun (Γ, γ, ψ) als öffentlichen und x als privaten Schlüssel.

ii. Verschlüsselung einer Botschaft für A von B:

    a) B besorgt sich den öffentlichen Schlüssel von A und stellt seine Nachricht als ein Element $\mu \in \Gamma$ dar.

    b) Er wählt eine zufällige ganze Zahl $k \in \{\,2, \ldots, |\Gamma| - 2\,\}$ und berechnet $\alpha := \gamma^k$ sowie $\beta := \mu\psi^k$.

    c) B überträgt an A die Werte α und β.

iii. Entschlüsselung der Botschaft

    a) A berechnet mit Hilfe ihres privaten Schlüssels x einfach $\mu = \beta(\alpha^x)^{-1}$.

Dies funktioniert deshalb, weil

$$\beta(\alpha^x)^{-1} = \mu\psi^k \cdot (\gamma^k)^{-x} = \mu(\gamma^x)^k \cdot (\gamma^k)^{-x} = \mu\gamma^{xk} \cdot (\gamma^{xk})^{-1} = \mu$$

ist.

Der ElGamal-Algorithmus hat wesentliche Vorteile gegenüber anderen asymmetrischen Verfahren: Dadurch, dass man eine zufällige Zahl k zur Verschlüsselung verwendet, hängt der chiffrierte Text im Idealfall nicht mehr vorhersehbar vom Klartext ab: Der gleiche Klartext kann mit demselben Schlüssel viele verschiedene Chiffretexte ergeben. Dadurch können Angriffe, die mit gewähltem Klartext arbeiten, unwirksam gemacht werden. Ebenso werden statistische Angriffe unbrauchbar, da die Verteilung des Chiffretextes einer Gleichverteilung angenähert wird.

Nur wenn das Problem des diskreten Logarithmus in Γ praktisch lösbar ist, ist es bisher möglich, die Verschlüsselung zu brechen. Das heißt aber wie im letzten Abschnitt, dass lediglich kein anderes Verfahren bekannt ist, die Verschlüsselung zu knacken, ohne das DLP zu lösen. In der Praxis ist das aber natürlich völlig ausreichend.

24.5   Signierung nach ElGamal und mit ECDSA

Neben der reinen Verschlüsselung von Daten ist eine der Hauptanwendungen der Kryptographie natürlich auch das Sicherstellen der Authentizität von gesendeten Daten. Man braucht also ein Verfahren, mit dem Alice überprüfen kann, ob ihre empfangene Nachricht tatsächlich von Bob stammt.

Manchmal ist es möglich, die asymmetrische Verschlüsselung und die Signierung in einem Algorithmus zu kombinieren (z. B. beim RSA-Public-Key-Verfahren ist dies denkbar). Ich werde aber zwei eigenständige und allgemeine Signierungsprotokolle vorstellen, die mit jeder Verschlüsselungsmethode genutzt werden können: Die Signierung nach ElGamal und den *Elliptic Curves Digital Signature* Algorithmus (abgekürzt ECDSA).

24.5.1   ElGamal-Signatur-Algorithmus

Dieser Algorithmus läuft ebenfalls in drei Schritten ab:

i.   Erzeugung des Schlüssels für B.

  a)   B wählt wieder eine endliche, zyklische Gruppe $\Gamma = \langle \gamma \rangle$ mit N Elementen. N wird üblicherweise so gewählt, dass es einige sehr große Primfaktoren hat oder am besten selbst prim ist.

  b)   Außerdem wählt er eine Funktion $f : \Gamma \rightarrow \mathbb{Z}$, die die Eigenschaft hat, dass die einzelnen Urbilder nur sehr wenige Gruppenelemente enthalten.

  c)   Ebenfalls wählt er wieder eine Zahl $x \in \{\, 2, \ldots, N-2 \,\}$ und berechnet $\psi = \gamma^x$.

  d)   B veröffentlicht den Schlüssel $(\Gamma, \gamma, \psi, f)$. Sein privater Schlüssel ist wie gehabt x.

ii.   Signieren einer Nachricht von B für A.

  a)   B stellt die Nachricht als ganze Zahl m dar (Hashfunktionen sind in diesem Zusammenhang üblich, da sie die Größe von m beschränken).

  b)   B wählt eine zufällige Zahl k mit $ggT(k, N) = 1$ und ermittelt $\rho = \gamma^k$.

  c)   Schließlich wird $s = k^{-1}(m - x \cdot f(\rho)) \bmod N$ berechnet. Die Signatur ist dann (m, ρ, s).

iii.   Verifizieren der Signatur durch A

  a)   A hat Kenntnis von (m, ρ, s) und dem öffentlichen Schlüssel $(\Gamma, \gamma, \psi, f)$ von B.

  b)   Sie berechnet $\nu_1 = \psi^{f(\rho)} \cdot \rho^s$ sowie $\nu_2 = \gamma^m$.

  c)   Ist $\nu_1 = \nu_2$ so akzeptiert A die Signatur als korrekt.

Zunächst untersuchen wir, warum dies funktioniert, d. h., wieso bei einer korrekt signierten Nachricht tatsächlich $\nu_1 = \nu_2$ ist:

Ist (m, ρ, s) eine korrekte Signatur, so gilt $k \cdot s = m - x \cdot f(\rho) + hN$ für ein $h \in \mathbb{Z}$. Daraus folgt:

$$
\begin{aligned}
\nu_1 &= \psi^{f(\rho)} \cdot \rho^s \\
&= (\gamma^x)^{f(\rho)} \cdot (\gamma^k)^s \\
&= \gamma^{x \cdot f(\rho)} \cdot \gamma^{k \cdot s} \\
&= \gamma^{x \cdot f(\rho) + m - x \cdot f(\rho) + hN} \\
&= \gamma^m \cdot (\gamma^N)^h \\
&= \nu_2 \cdot 1
\end{aligned}
$$

Die zweite Frage, die sich aufdrängt, ist natürlich, was für eine Funktion f denn da verwendet werden soll. ElGamal hat seine Verfahren zunächst für die multiplikativen Gruppen der endlichen Körper entwickelt. Wenn man dann z. B. die Gruppe $\mathbb{F}_p^\times$ als Ausgangspunkt hat, dann bietet sich für f die kanonische Abbildung nach $\{ 1, \ldots, p - 1 \}$ an, die aus jeder Restklasse den passenden Repräsentanten auswählt.

Wenn stattdessen Γ eine Untergruppe einer elliptischen Kurve $E(\mathbb{F}_p)$ ist, dann ist $(u, v) \mapsto u$ eine übliche Wahl für f.

Welche Funktion man letzten Endes benutzt, ist zunächst egal. Aus Sicherheitsgründen sollte jedoch die oben genannte Bedingung sichergestellt werden, dass nicht allzu viele Gruppenelemente dasselbe Bild unter f haben. Im Beispiel $\mathbb{F}_p^\times$ wäre f z. B. injektiv, im Beispiel der elliptischen Kurven hätten höchstens zwei Punkte dasselbe Bild unter f.

Außerdem muss sich f natürlich auch effizient auswerten lassen, sonst würde das Verfahren seinen praktischen Nutzen verlieren.

Die nächste Fragestellung ist die nach der Sicherheit des Verfahrens: Ist es dem Außenstehenden C(harles) möglich, fremde Nachrichten mit Bobs Signatur zu versehen?

Um dies zu tun, müsste C ein Tripel (m, ρ, s) erzeugen, das $\psi^{f(\rho)} \cdot \rho^s = \gamma^m$ erfüllt. Bekannt sind ihm dazu nur Bobs öffentlicher Schlüssel $(\Gamma, \gamma, \psi, f)$ sowie die Nachricht m.

C könnte also ein ρ festsetzen und versuchen, ein dazu passendes s zu finden. Dazu müsste er die Gleichung $\rho^s = \gamma^m \cdot \psi^{-f(\rho)}$ nach s auflösen können, er müsste also einen diskreten Logarithmus bestimmen. Nach unserer Generalannahme, dass dies praktisch nicht machbar ist, fällt dieser Weg weg.

Ein anderer Weg wäre es, s festzulegen und ein passendes Gruppenelement ρ zu finden. Dazu müsste die Gleichung $\psi^{f(\rho)} \cdot \rho^s = \gamma^m$ nach ρ aufgelöst werden. Es wird allgemein angenommen, dass dieses Problem mindestens genauso schwer ist, wie das Problem des diskreten Logarithmus, wenn nicht noch schwerer.

Sicher ist das allerdings nicht, da diese Frage noch nicht vollständig untersucht wurde.

Jetzt kommt auch die Bedingung ins Spiel, dass das Bild von f nicht wesentlich kleiner als Γ selbst ist. Wäre im(f) nämlich sehr klein, so könnte C alle möglichen Bilder $f(\rho_i)$ durchprobieren, die Gleichung $\rho^s = \gamma^m \cdot \psi^{-f(\rho_i)}$ nach ρ auflösen und prüfen, ob $f(\rho_i) = f(\rho)$ ist. Je kleiner im(f) ist, desto wahrscheinlicher ist es dann, schnell einen Treffer zu landen und so eine gültige Signatur (m, ρ, s) zu produzieren.

Da man sich ja o. B. d. A. alle Exponenten modulo $N = |\Gamma|$ reduziert denken kann, muss die Wahl von f eigentlich noch weiter eingeschränkt werden. Auch die Gruppenordnung N darf nicht allzu beliebig sein, da sonst noch weitere Angriffe möglich wären, wenn N eine ungünstige Primfaktorzerlegung hat. Daher wählt man meist solche Untergruppen, deren Ordnung große Primfaktoren hat oder die selbst prim ist.

Es ist auch noch offen, ob es vielleicht ein Verfahren gibt, ρ und s zugleich zu bestimmen. Bisher ist es aber niemandem gelungen und deshalb wird das Signatur-Verfahren nach ElGamal auch als sicher angesehen.

24.5.2 ECDSA

Ein zweiter, dem ElGamal-Verfahren sehr ähnlicher Signaturalgorithmus ist der Elliptic Curves Digital Signature Algorithmus - abgekürzt ECDSA -, der eine Abwandlung des klassischen Digital Signature Algorithmus (DSA) für die Benutzung mit elliptischen Kurven darstellt.

Wie auch die ElGamal-Protokolle wurde der DSA nämlich zunächst für endliche Körper definiert.

i.   Erzeugung des Schlüssels für B.

    a)   B wählt eine (ausnahmsweise multiplikativ geschriebene) elliptische Kurve $E(\mathbb{F}_p)$, deren Ordnung gleich $l \cdot q$ ist, wobei q eine große Primzahl ist und l eine kleine Zahl.

    b)   B wählt einen Punkt $\gamma \in E(\mathbb{F}_p)$ der Ordnung q und wie gewohnt eine zufällige Zahl x und berechnet daraus $\psi = \gamma^x$.

    c)   Die Information (E, p, q, γ, ψ) werden öffentlich gemacht, x wird geheim gehalten.

ii.   Signierung einer Nachricht für A von B.

    a)   B stellt seine Nachricht wie gehabt als natürliche Zahl m dar.

    b)   Er wählt zufällig eine Zahl $k \in \{2, \ldots, q-2\}$ und berechnet das Gruppenelement $\rho = \gamma^k = (u, v) \in \mathbb{F}_p^2$.

c) Daraus berechnet er $s = k^{-1}(m + xu) \bmod q$. Falls $s = 0$, so wählt B einfach ein neues k und versucht es noch einmal.

d) Die Signatur ist wieder (m, ρ, s).

iii. Verifizierung der Nachricht durch A.

a) A berechnet $b_1 = s^{-1} \cdot m \bmod q$ und $b_2 = s^{-1} \cdot u \bmod q$.

b) Sie berechnet weiterhin $\rho' = \gamma^{b_1} \cdot \psi^{b_2}$.

c) Die Signatur wird akzeptiert, wenn $\rho' = \rho$ ist.

Wir können uns auch hier durch eine winzige Rechnung davon überzeugen, dass der Algorithmus bei einer gültigen Signatur perfekt funktioniert. Dann gilt nämlich:

$$
\begin{aligned}
\rho' &= \gamma^{b_1} \cdot \psi^{b_2} \\
&= \gamma^{s^{-1} \cdot m} \cdot (\gamma^x)^{s^{-1} \cdot u} \\
&= \gamma^{s^{-1} \cdot m + x \cdot s^{-1} \cdot u} \\
&= \gamma^{s^{-1} \cdot (m + xu)} \\
&= \gamma^k \\
&= \rho
\end{aligned}
$$

Die Sicherheit von ECDSA ist vergleichbar mit der des ElGamal-Signatur-Algorithmus, da ein Angreifer vor denselben Problemen stehen würde. Der wesentlichste Unterschied liegt in der Effizienz:

Für die Verifizierung einer Nachricht benötigt Alice beim ElGamal-Verfahren drei Exponentiationen, beim ECDSA-Verfahren nur zwei, die sich auch noch etwas effizienter als normal gestalten lassen. Da dies der rechenaufwändigste Schritt ist, ist jede Verbesserung willkommen in der Praxis.

24.6   Index Calculus

Jetzt möchte ich kurz noch den tieferen Grund besprechen, wieso elliptische Kurven gegenüber der zweiten großen Klasse von kryptographisch verwendbaren Gruppen — den multiplikativen Gruppen der endlichen Körper — so sehr im Vorteil sind.

Das liegt am sogenannten *Index-Calculus-Algorithmus*, der es in endlichen Körpern erlaubt, das Problem des diskreten Logarithmus etwas effizienter zu lösen als in anderen Gruppen.

Ich deute kurz an, wie der Algorithmus über $\mathbb{F}_p$ funktioniert.

Gegeben ist wie gewohnt ein erzeugendes Element γ von $\mathbb{F}_p^\times$ und ein weiteres Element $\psi \in \mathbb{F}_p^\times$. Gesucht ist eine ganze Zahl k mit $\psi = \gamma^k$. Wesentlicher Grundstein ist, dass die Abbildung des diskreten Logarithmus auch in endlichen Gruppen aus Produkten Summen macht:

$$\log_\gamma(xy) \equiv \log_\gamma(x) + \log_\gamma(y) \bmod p - 1$$

Dies wird im Algorithmus ausgenutzt, um $\log_\gamma(b)$ für ganz bestimmte $b \in \Gamma$ zu bestimmen und daraus schließlich $\log_\gamma(\psi)$ zu ermitteln.

1. Man wählt eine sogenannte Faktorbasis B, die die Primzahlen bis zu einer gewissen Grenze enthält.

2. Man berechnet verschiedene Potenzen γ^k und versucht, je einen Repräsentanten in ein Produkt aus Elementen von B zu faktorisieren. Anhand einer solchen „B-Zerlegung" erhält man eine lineare Gleichung für die diskreten Logarithmen der Elemente aus B.

3. Wenn man genügend solcher Gleichungen zusammen hat, kann man mittels linearer Algebra die diskreten Logarithmen der Elemente von B ausrechnen.

4. Danach versucht man, ψ oder ein Vielfaches von ψ ebenfalls in Primfaktoren aus B zu zerlegen. Gelingt dies, so erhält man eine lineare Gleichung für $\log_\gamma(\psi)$, in der nur die inzwischen bekannten Werte $\log_\gamma(b)$ für $b \in B$ vorkommen.

Zunächst ein Beispiel, um das Wirkungsprinzip zu verdeutlichen:

Sei $p = 401, \gamma = 6 \bmod p$ und $\psi = 214 \bmod p$.

1. Wir wählen $B = \{\, 2{,}3 \,\}$.

2. Indem wir γ^k für $k = 1,2,3,\ldots$ berechnen und jeweils versuchen, die Ergebnisse zu faktorisieren, erhalten wir folgende Gleichungen:

$$\gamma^1 \equiv 2^1 \cdot 3^1 \bmod 401$$
$$\gamma^{15} \equiv 2^0 \cdot 3^5 \bmod 401$$

3. Umformuliert sind das die Gleichungen:

$$1 \equiv 1 \cdot L_2 + 1 \cdot L_3 \bmod 400$$
$$15 \equiv 0 \cdot L_2 + 5 \cdot L_3 \bmod 400$$

Wobei L_b die Abkürzung für $\log_\gamma(b)$ sei. Dies ist ein ganz normales lineares Gleichungssystem, das wir relativ einfach lösen können. Dabei erhalten wir nach einer Probe der verschiedenen Möglichkeiten (da 5 und 15 Nullteiler in $\mathbb{Z}/400\mathbb{Z}$ sind, gibt es mehr als eine Lösung):

$$L_2 \equiv 238 \bmod 400$$
$$L_3 \equiv 163 \bmod 400$$

4. Wir können nun mit Hilfe der Relation $2 \cdot \psi \equiv 428 \equiv 3^3 \bmod 401$ den diskreten Logarithmus finden: $\log_\gamma(2) + \log_\gamma(\psi) \equiv 3 \cdot \log_\gamma(3) \bmod 400 \implies \log_\gamma(\psi) \equiv 251 \bmod 400$.

Insgesamt hat der Algorithmus eine Laufzeit von etwa $\mathcal{O}(\exp(\sqrt{2 \cdot \ln p \cdot \ln \ln p}))$. Damit ist er allgemein verwendbaren Algorithmen deutlich überlegen, denn diese haben bisher eine Laufzeit von $\mathcal{O}(\sqrt{p}) = \mathcal{O}(\exp(\frac{1}{2} \cdot \ln p))$.

Der wichtigste Effizienzfaktor am Index-Calculus-Algorithmus ist dabei die Wahl von B. Wählt man B kleiner, sinkt die Wahrscheinlichkeit, B-faktorisierbare Körperelemente und nützliche Relationen zwischen ihnen zu finden. Wählt man B größer, steigt die Laufzeit des Algorithmus jedoch dramatisch an.

Man kann den Algorithmus auf offensichtliche Weise auf beliebige endliche Körper übertragen, denn diese können ja als Quotienten der Polynomringe $\mathbb{F}_p[x]$ realisiert werden. Da man auch in Polynomringen eine eindeutige Primfaktorzerlegung hat, funktioniert das Verfahren auch dort. Man muss in B dann auch die Primelemente des Polynomrings zulassen (d. h. die irreduziblen Polynome).

Der Punkt ist aber, dass der Index-Calculus-Algorithmus unbedingt die Möglichkeit zur Faktorisierung benötigt. So etwas wie eine Primfaktorzerlegung ist in allgemeinen Gruppen aber nicht gegeben. Der Algorithmus lässt sich also nicht weiter ausdehnen. Vor allem lässt er sich nicht auf elliptische Kurven umschreiben, und dort bleiben einem Angreifer im Idealfall nur die wesentlich langsameren, allgemeinen Verfahren.

24.7 Abschluss

Die vielfältigen Möglichkeiten, das diskrete-Logarithmus-Problem zu kryptographischen Zwecken zu benutzen, werden in der Praxis vor allem über endlichen Körpern und elliptischen Kurven eingesetzt. Wie wir gesehen haben, sind elliptische Kurven aber heutzutage deutlich im Vorteil gegenüber den endlichen Körpern. Ich hoffe ich konnte euch diese Anwendungen und Vorteile elliptischer Kurven etwas näher bringen.

$$\log_{mfg}(Gockel)$$

25 Primzahlen und elliptische Kurven

Nach den zwei vorangegangenen Kapiteln über das Gruppengesetz elliptischer Kurven und die Elliptic Curves Cryptography soll es nun im dritten Kapitel um zahlentheoretische Anwendungen elliptischer Kurven gehen. Ich werde dabei den Faktorisierungsalgorithmus nach Hendrik Lenstra und das Goldwasser-Kilian-Primalitätszertifikat vorstellen.

25.1 Mathematisches über elliptische Kurven

Bevor es richtig losgeht, möchte ich kurz etwas zur Mathematik der elliptischen Kurven sagen. Wir benötigen dieses Mal nämlich ein wenig mehr mathematisches Handwerkszeug als das reine Gruppengesetz.

25.1.1 Hasses Satz

Ein grundlegender, aber äußerst nützlicher Satz ist nach Helmut Hasse benannt. Er liefert eine Abschätzung für die Anzahl der Punkte einer elliptischen Kurve über endlichen Körpern:

Satz 25.1 (Satz von Hasse)
Ist $E(\mathbb{F}_q)$ eine elliptische Kurve, so gilt

$$q + 1 - 2\sqrt{q} \leq |E(\mathbb{F}_q)| \leq q + 1 + 2\sqrt{q}.$$

Ich werde den Satz in diesem Beitrag ohne Beweis benutzen, da der Beweis etwas länger ist, wenn man ihn von Anfang an aufbauen muss, und außerdem keine für diesen Darstellung interessanten Erkenntnisse liefert.

Es sind neben diesem Satz noch viele weitere Aussagen zur Gruppenordnung möglich und mit Schoofs Algorithmus ist es auch möglich, sie effizient zu berechnen. (Schoofs Algorithmus berechnet die Anzahl Punkte einer elliptischen Kurve über einem endlichen Körper in polynomieller Zeit.)

25.1.2 Elliptische Kurven mod n

Wir werden uns mit Algorithmen beschäftigen, die der Beantwortung wesentlicher Fragen der algorithmischen Zahlentheorie dienen, nämlich der Fragen, ob eine natürliche Zahl n prim ist und wenn sie es nicht ist, wie ihre Primfaktorzerlegung aussieht.

Dabei werden wir mit elliptischen Kurven über $\mathbb{Z}/n\mathbb{Z}$ hantieren. Auch wenn wir bisher nur elliptische Kurven über Körpern untersucht haben, ist das für die Praxis erst einmal kein Problem für uns. Die Algorithmen, die ich gleich vorstellen werde, funktionieren bestens, wenn man das Gruppengesetz der elliptischen Kurven völlig naiv eins zu eins übernimmt.

Es ist trotzdem erwähnenswert, dass man mit der bekannten Berechnungsvorschrift i. A. *keine* Gruppe bekommt, da in der Definition der Verknüpfung Divisionen auftreten. Wie wir wissen, gibt es bei zusammengesetzten n aber Nullteiler in $\mathbb{Z}/n\mathbb{Z}$, die eine solche Division unmöglich machen. Die Verknüpfung ist also auf diese Weise nicht für alle Elemente der Menge definierbar.

Wie gesagt, für die Praxis ist das kein Problem, denn sobald man bei den Berechnungen der nachfolgenden Algorithmen auf so einen Nullteiler stößt, hat man ja einen nichttrivialen Teiler von n zur Hand, indem man den ggT des Divisors mit n berechnet, und damit auch eine Antwort auf die jeweilige Fragestellung gefunden.

Für die theoretischen Überlegungen ist dies aber zunächst doch ein Problem. Indem man jedoch eine verallgemeinerte Definition der Gruppenverknüpfung mittels projektiver Koordinaten benutzt, kann dies gelöst werden. Dann kann man elliptische Kurven über allen kommutativen Ringen mit 1 definieren (vergleiche hierzu Kapitel 23 Abschnitt 23.6.1 „Projektive Geometrie"):

Die projektive Ebene über dem Ring R definiert man dann wie folgt: Zunächst führt man auf R^3 diese Relation ein:

$$\nu_1 \sim \nu_2 : \Longleftrightarrow \exists \lambda \in R^\times : \nu_1 = \lambda\nu_2$$

Die Äquivalenzklasse von (u, v, w) wird dann mit $(u : v : w)$ bezeichnet, genau wie wir das schon von der projektiven Geometrie über Körpern kennen. Die projektive Ebene ist aber nur eine Teilmenge dieser Faktormenge:

$$RP^2 := \{ (u : v : w) \mid \exists r_u, r_v, r_w \in R : r_u u + r_v v + r_w w = 1 \}$$

Ist R ein Körper, so ergibt das die übliche Definition, da die Bedingung für jedes Tripel $(u, v, w) \neq (0,0,0)$ erfüllbar ist. Im Fall $R = \mathbb{Z}$ wäre die Bedingung äquivalent zu $\mathrm{ggT}(u, v, w) = 1$ und im Fall $R = \mathbb{Z}/n\mathbb{Z}$ zu $\mathrm{ggT}(u, v, w, n) = 1$.

Eine elliptische Kurve $E(R)$ wird dann genauso definiert wie bei den Körpern, nämlich als Nullstellenmenge eines homogenen Polynoms der Form

$$y^2 z + a_1 xyz + a_3 yz^2 - x^3 - a_2 x^2 z - a_4 xz^2 - a_6 z^3 \in R[x, y, z].$$

Es gibt i. A. mehrere unendliche Punkte bei elliptischen Kurven über Ringen, trotzdem ist $(0 : 1 : 0)$ weiterhin das neutrale Element.

Ein nützlicher Aspekt an dieser Definition ist, dass die Reduktion der Punktkoordinaten einer Kurve $E(\mathbb{Z}/n\mathbb{Z})$ modulo einer Primzahl $p \mid n$ einen Gruppenhomomorphismus $E(\mathbb{Z}/n\mathbb{Z}) \to E(\mathbb{Z}/p\mathbb{Z})$ liefert.

Das ist vor allem dann interessant, wenn man zwei Primteiler p und q von n sowie einen Punkt $P \in E(\mathbb{Z}/n\mathbb{Z})$ hat, der mod p den unendlich fernen Punkt ergibt, mod q aber nicht. Dieser Punkt liegt dann „teilweise im Unendlichen" und die dritte Koordinate ist dann durch p, aber nicht durch q teilbar.

Die dritte Koordinate solcher „halbunendlichen" Punkte hat also einen gemeinsamen Primteiler mit n. Man kann zeigen, dass das Auftreten eines solchen Punktes äquivalent dazu ist, dass bei seiner Berechnung durch das Gruppengesetz, wie wir es kennen, eine unerlaubte Division durch einen Nullteiler auftrat.

25.2 ECM — Faktorisierung mit elliptischen Kurven

Es existieren dutzende Verfahren zur Faktorisierung von speziellen natürlichen Zahlen. John M. Pollard beschrieb 1974 ein solches Verfahren, das man auch *Pollards $(p - 1)$-Algorithmus* nennt. Schauen wir uns doch einmal kurz an, was seine Idee war:

Angenommen, die Zahl $n = pqr$ sei gegeben, wobei hier p und q verschiedene Primzahlen sind und r einfach eine natürliche Zahl ist.

Nehmen wir auch noch an, dass $p - 1$ selbst keine allzu großen Primfaktoren hat. Wählt man dann eine genügend große Schranke B und berechnet das Produkt e aller Primpotenzen kleiner oder gleich B, dann ist $p - 1$ ein Teiler dieses Produkts.

Es gilt dann nach Fermats kleinem Satz für jede natürliche Zahl a, die nicht von p geteilt wird:

$$a^e \equiv 1 \bmod p$$

Es ist hingegen nicht sehr wahrscheinlich, dass dies auch für alle Primfaktoren von n zutrifft, sofern man die Schranke B geschickt wählt. Es existiert also höchstwahrscheinlich ein zweiter Primteiler q, sodass

$$a^e \not\equiv 1 \bmod q$$

ist. Das heißt, dass $a^e - 1$ von p, aber nicht von q geteilt wird. Bildet man also $\mathrm{ggT}(a^e - 1, n) = \mathrm{ggT}(a^e - 1 \bmod n, n)$, so ist man effizient in der Lage, einen nichttrivialen Faktor von n zu finden, nämlich p oder zumindest ein Vielfaches von p.

Nun hat man aber das Problem, dass man p vorher nicht kennt und daher die Schranke B nur schlecht bestimmen kann. Wählen wir uns irgendein B, so besteht zwar eine gewisse Chance, dass $p - 1$ „B-potenzglatt" ist — wie man die obige Eigenschaft auch nennt — aber wenn $p - 1$ das nicht ist, haben wir ein Problem.

Man könnte größere Werte von B ausprobieren, aber da die Wahl dieser Schranke den größten Anteil an der Laufzeit des Algorithmus hat, würde dies den Effizienzvorteil zunichte machen.

Das Verfahren ist so also nicht für allgemeine Zwecke zu gebrauchen. Es taugt nur für einige spezielle Zahlen. Glücklicherweise entwickelte Hendrik Lenstra 1980 aber eine abgewandelte Version dieses Verfahrens für elliptische Kurven, welche auch Lenstras Methode oder ECM — *Elliptic Curves Method* — genannt wird. Sie ist wesentlich vielseitiger einsetzbar und ist auf eine sehr viel größere Menge von natürlichen Zahlen anwendbar. Der Algorithmus ist erstaunlich einfach und rückblickend wieder einmal völlig naheliegend.

Wir haben wieder eine Zahl n und eine Schranke B wie oben. Aus dieser Schranke berechnen wir uns ebenfalls den Exponenten e. Dann geht es los mit der ECM:

1. Wähle zufällig eine elliptische Kurve $E(\mathbb{Z}/n\mathbb{Z})$ und einen Punkt $P \in E(\mathbb{Z}/n\mathbb{Z})$.
2. Berechne das Element $e \cdot P$.
3. Wird bei der Berechnung durch ein Element geteilt, was in $\mathbb{Z}/n\mathbb{Z}$ nicht invertierbar ist (also gemeinsame Teiler mit n hat), so wird abgebrochen.
4. Wenn nicht, dann starten wir noch einen Versuch.

Warum funktioniert das? Nehmen wir wieder die Faktorisierung $n = pqr$ an.

Wählen wir dann eine elliptische Kurve $E(\mathbb{Z}/n\mathbb{Z})$ und reduzieren sie mod p, so erhalten wir $E(\mathbb{Z}/p\mathbb{Z})$ und von dieser Kurve wissen wir, dass sie zwischen $p + 1 - 2\sqrt{p}$ und $p + 1 + 2\sqrt{p}$ Elemente hat.

Jede natürliche Zahl im Intervall $(p + 1 - 2\sqrt{p}, p + 1 + 2\sqrt{p})$ kommt dabei vor und die Ordnungen der elliptischen Kurven mod p sind auch einigermaßen gleichförmig verteilt in diesem Intervall, wenn p nicht sehr klein ist (aber kleine Primfaktoren schließt man in der Praxis sowieso durch eine Probedivision von vornherein aus).

Nun gibt es höchstwahrscheinlich auch einige B-potenzglatte Ordnungen in diesem Intervall, solange B eine vernünftige Größe hat. Treffen wir eine Kurve mit so einer Ordnung, dann ist $e \cdot P = \infty$ in $E(\mathbb{Z}/p\mathbb{Z})$, da e ja ein Vielfaches der Ordnung $|E(\mathbb{Z}/p\mathbb{Z})|$ ist.

Wie schon bei der $(p - 1)$-Methode ist es aber weniger wahrscheinlich, dass $e \cdot P$ auch modulo anderen Primteilern von n zu ∞ wird. Wir haben also einen „halbunendlichen" Punkt gefunden, bei dessen Berechnung Nullteiler von $\mathbb{Z}/n\mathbb{Z}$ aufgetreten sein müssen. In Schritt 2 finden wir somit einen der gesuchten Teiler von n.

Betrachtet man die Unterschiede zwischen Pollards und Lenstras Vorgehen, so fällt ein wesentlicher Vorteil der ECM ins Auge: Beim $(p-1)$-Algorithmus hatte man wenig Möglichkeiten, wenn $p - 1$ nun nicht B-potenzglatt war, und musste den Algorithmus dann ohne Ergebnis abbrechen.

Die Faktorisierung mit elliptischen Kurven lässt sich davon jedoch nicht abschrecken, denn wir können einfach eine neue Kurve wählen. Hier kommt es nämlich darauf an, dass die Ordnung der zufällig gewählten Kurve die Glattheitseigenschaft erfüllt und nicht die feste Zahl $p - 1$.

Ein weiterer nicht zu verachtender Vorteil ist die Tatsache, dass sich der Algorithmus parallel verarbeiten lässt. Hat man mehrere Prozessoren zur Verfügung, so kann man gleichzeitig mehrere elliptische Kurven abarbeiten lassen und den Algorithmus so kräftig beschleunigen.

Auch hier ist allerdings die Größe von B bzw. e der entscheidende Faktor in der Laufzeit. Wählt man B kleiner, so sinkt die Dichte von B-potenzglatten Zahlen im Intervall, das durch den Satz von Hasse vorgegeben wird. Vergrößert man B, explodiert wieder die Laufzeit.

In der Praxis sieht es deshalb heutzutage so aus: Einige High-End-Algorithmen wie das Quadratische Sieb und das allgemeine Zahlkörpersieb sind erheblich im Vorteil gegenüber der ECM, was die asymptotische Laufzeit betrifft. Allerdings haben sie große Konstanten, sodass man die Faktorisierung meist aufteilt:

Kleine Primfaktoren findet man durch Probedivision. Für die mittelgroßen Primfaktoren benutzt man die Methode der elliptischen Kurven mit einem B in der Größenordnung 10^8. Damit findet man Faktoren mit ca. 40 Ziffern (≈ 130 Bits), und nur für die größeren Faktoren nimmt man dann wieder die richtig schweren Geschütze.

25.3   Zertifizierung von Primzahlen

25.3.1   Was ist eigentlich ein Zertifikat?

Dieser Frage gehen wir zuerst nach. Für viele Anwendungen, z. B. in der Kryptographie, werden Primzahlen benötigt und nicht immer hat der Anwender diese dabei selbst erzeugt. Oft genug bekommt er öffentliche Schlüssel zugeschickt und muss sie anwenden. In sehr vielen Algorithmen sind dabei eine oder mehrere Primzahlen im Spiel und die Sicherheit hängt nicht selten genau von dieser Primalität ab. Besonders in sicherheitskritischen Bereichen benötigt man deshalb Beweise, dass die jeweilige Zahl wirklich prim ist.

Hier kommen dann die Zertifikate ins Spiel. Allgemein formuliert ist ein Zertifikat ein Satz von Daten, die es effizient erlauben, eine bestimmte Eigenschaft zu überprüfen und zweifelsfrei zu beweisen. („Zweifelsfrei" ist natürlich abstrahiert zu verstehen. Völlige Sicherheit vor z. B. Hardwarefehlern kann es naturbedingt nicht geben.)

Ein simples Beispiel: Angenommen, man möchte die Eigenschaft „n ist eine zusammengesetzte Zahl" zertifizieren. Dazu ist es völlig ausreichend, einen Teiler von n anzugeben. Wer immer das Zertifikat prüfen möchte, kann dies dann durch eine simple Probedivision tun. Geht sie ohne Rest auf, so hat der Prüfer damit einen todsicheren Beweis, dass n keine Primzahl ist. Bleibt ein Rest, so wird das Zertifikat abgelehnt und der Kommunikationspartner als Betrüger entlarvt.

An diesem Beispiel fällt schon ein wesentliches Kriterium für Zertifikate auf: Nur das Überprüfen muss effizient möglich sein. Das konkrete Finden eines Teilers ist z. B. ziemlich aufwändig, während die Division sehr effizient implementiert werden kann.

Noch etwas fällt auf: Zertifikate sind i. A. so angelegt, dass nur die positive Antwort etwas bringt. Wenn die Probedivision aus dem Beispiel fehlschlägt, dann wissen wir weiterhin nicht, ob n zusammengesetzt oder prim ist.

Wir wollen nun ein Zertifikat kennenlernen, das einer gegebenen Zahl p bescheinigt, wirklich eine Primzahl zu sein.

25.3.2   Das Goldwasser-Kilian-Zertifikat

Das Zertifikat nach Goldwasser-Kilian (benannt nach der amerikanischen Informatikerin Shafi Goldwasser und ihrem Kollegen Joe Kilian), das die Primalität der natürlichen Zahl n beweist, besteht aus folgenden Daten:

1.   Einer elliptischen Kurve $E(\mathbb{Z}/n\mathbb{Z})$ zusammen mit einem Punkt $P \in E(\mathbb{Z}/n\mathbb{Z})$,

2. einer Primzahl $q > (\sqrt[4]{p} + 1)^2$, sodass es eine Zahl $m = k \cdot q$ gibt mit $m \cdot P = \infty$ und $k \cdot P = (u : v : w)$ mit $w \in (\mathbb{Z}/n\mathbb{Z})^\times$,

3. einem weiteren Zertifikat, welches beweist, dass q prim ist.

Das Goldwasser-Kilian-Zertifikat ist also ein rekursives Zertifikat, das eine Folge von immer kleiner werdenden (q kann immer kleiner als n gewählt werden) Primzahlen und den entsprechenden Daten enthält. Die Folge endet selbstverständlich, sobald die Zahlen klein genug sind, um sie sofort als Primzahlen zu erkennen.

Die natürliche Frage ist nun, warum das Zertifikat funktioniert. Das ist aber schnell zu beantworten:

Satz 25.2
Liegt ein gültiges Goldwasser-Kilian-Zertifikat für n vor, so ist n eine Primzahl.

Beweis: Aus dem Zertifikat wissen wir, dass es einen Punkt der Ordnung q in $E(\mathbb{Z}/n\mathbb{Z})$ gibt, nämlich den Punkt $k \cdot P$ (Es ist ja $kP \neq \infty = (0 : 1 : 0)$ und $q(kP) = mP = \infty$).

Gäbe es nun einen Primteiler $p \leq \sqrt{n}$, so können wir $E(\mathbb{Z}/n\mathbb{Z})$ modulo p reduzieren. Da die dritte Koordinate von $k \cdot P$ teilerfremd zu n ist, ist sie auch teilerfremd zu p und insbesondere modulo p von Null verschieden. Auch in $E(\mathbb{Z}/p\mathbb{Z})$ ist also $kP \neq \infty$. Daher muss $kP \bmod p$ auch die Ordnung q haben.

Nun wissen wir aber aus Hasses Theorem, dass $E(\mathbb{Z}/p\mathbb{Z})$ maximal die Ordnung

$$p + 1 + 2\sqrt{p} \leq \sqrt{n} + 1 + 2\sqrt[4]{n} = (\sqrt[4]{n} + 1)^2 < q$$

hat. Das ist ein Widerspruch, denn wenn kP die Ordnung q hat, dann müsste q ein Teiler von $|E(\mathbb{Z}/p\mathbb{Z})|$ sein.

Also kann n keine zusammengesetzte Zahl sein. □

Goldwasser und Kilian haben neben der Idee für dieses Zertifikat auch gleich noch einen Algorithmus angegeben, der in einer erwarteten Laufzeit von $\mathcal{O}(\log^{12} n)$ ein solches Zertifikat für eine Primzahl n generiert (Diese Laufzeit gilt - sofern einige Vermutungen wahr sind, die man aber heutzutage für richtig hält - für fast alle Eingaben):

Gegeben sei eine natürliche Zahl n, die höchstwahrscheinlich prim ist (also z. B. einen Miller-Rabin-Test mit 10 bis 20 Basen bestanden hat).

1. Wähle zufällig eine elliptische Kurve $E(\mathbb{Z}/n\mathbb{Z})$ und berechne mit Schoofs Algorithmus die Ordnung m, die $E(\mathbb{Z}/n\mathbb{Z})$ haben müsste, wenn n prim ist. Tritt in Schoofs Algorithmus ein Fehler auf, so ist n nicht prim.

2. Spalte kleine Primfaktoren von m durch Probedivision ab und prüfe, ob der Rest eine wahrscheinliche Primzahl $(\sqrt[4]{n} + 1)^2 < q \leq \frac{m}{2}$ ist. Ist er das nicht, beginne mit einer neuen Kurve von vorn.

3. Wähle einen zufälligen Punkt $P \in E(\mathbb{Z}/n\mathbb{Z})$ und teste, ob $\frac{m}{q} \cdot P \neq \infty$ und $m \cdot P = \infty$ ist. Wenn ersteres nicht gilt, dann wähle einen anderen Punkt, wenn zweiteres nicht gilt, dann kann m nicht die Ordnung $|E(\mathbb{Z}/n\mathbb{Z})|$ sein, also kann n nicht prim sein.

4. Wiederhole den Test mit q. Ist q nicht prim, so beginne von vorn, ist q prim, so haben wir ein gültiges Zertifikat für n erstellt.

Dieser Algorithmus hat im Gegensatz zu anderen Primzahltests entscheidende Vorteile. Zum einen ist seine Laufzeit für fast alle Eingaben effizient. Zum anderen ist das Überprüfen des entstehenden Zertifikats noch einmal deutlich schneller möglich, nämlich in $\mathcal{O}(\log^4 n)$. Dies ist deutlich schneller, als es selbst der AKS-Primzahltest sein könnte.

Da AKS im Moment sowieso noch unpraktikabel ist, ist der Goldwasser-Kilian-Test noch immer verbreitet, meistens allerdings in der verbesserten Version von Atkin und Morain, die das Zertifikat noch einmal ein paar Größenordnungen schneller erzeugen kann, nämlich in erwarteten $\mathcal{O}(\log^6 n)$. Ihr Vorgehen wandelt den ersten Schritt ab, indem nicht mehr aus der Kurve die Ordnung berechnet wird, sondern stattdessen ein m vorgegeben wird, zu dem eine passende Kurve konstruiert wird.

Der Beweis der Primeigenschaft ist mit der Methode nach Goldwasser-Kilian sogar so effizient, dass damit schon für über 20000-stellige Primzahlen Zertifikate erstellt werden konnten. Das Programm PRIMO, welches diesen Test implementiert, ist eines der meistgenutzten Tools für das Testen auf Primalität allgemeiner Zahlen.

25.3.3 Am Beispiel der vierten Fermat-Zahl

Ich möchte das Goldwasser-Kilian-Verfahren nun direkt am Beispiel der vierten Fermat-Zahl $2^{2^4} + 1$ demonstrieren. Wer ein bisschen programmieren kann oder geduldig mit dem Taschenrechner durch 54 Primzahlen dividieren will, der kann sich natürlich einfach davon überzeugen, dass diese Zahl prim ist. Aber das ist ja viel weniger spannend als der Weg über die elliptischen Kurven.

Sei also $p = 2^{2^4} + 1 = 65537$. Wenn man ein wenig Glück (oder wahlweise mehr Hintergrundwissen) hat, dann findet man schnell die Kurve E_1, die durch die Gleichung $y^2 = x^3 + 2$ über $\mathbb{F}_p$ gegeben ist und $m = p + 1$ Punkte hat (sofern p wirklich prim ist). Durch Probedivision mit den Primzahlen unterhalb von 20 findet man:

$$m = 2 \cdot 3^2 \cdot 11 \cdot 331$$

331 kommt also für das gesuchte q in Frage, denn $331 > (\sqrt[4]{p} + 1)^2 \approx 289$. Fehlt uns also noch ein Punkt P, der $m \cdot P = \infty$ und $\frac{m}{q} P \neq \infty$ erfüllt. Man sieht sofort, dass $P = (-1 : 1 : 1)$ ein Punkt auf der Kurve ist. Man kann jetzt

überprüfen, ob $(2 \cdot 3^2 \cdot 11)P \neq \infty$ ist. Nach einer langwierigen Rechnung, für die man sich am besten Computerunterstützung besorgt, erhält man $198P = (11137 : -19443 : 1)$. Jetzt nehmen wir diesen Punkt und multiplizieren ihn mit 331. Das ergibt in der Tat $(0 : 1 : 0) = \infty$. P ist also für unser Zertifikat geeignet.

Was jetzt noch zu tun bleibt, ist ein Zertifikat für $q = 331$ auszustellen. Hier findet man schnell die Kurve E_2, die durch $y^2 = x^3 + x$ über $\mathbb{F}_q$ gegeben ist und $m = q + 1 = 332$ Elemente hat, wenn q wirklich prim ist.

Durch Probedivision erhalten wir $m = 2^2 \cdot 83$ und mit ein wenig Probieren findet man heraus, dass $P = (3 : 19 : 1)$ ein Punkt der Kurve ist, der $4P = (14 : 21 : 1)$ und $332P = (0 : 1 : 0) = \infty$ erfüllt.

Da wir 83 ohne Probleme direkt als Primzahl erkennen können und $83 > (\sqrt[4]{331} + 1)^2 \approx 27{,}7$ gilt, ist damit bewiesen, dass 331 prim ist, und damit wissen wir wiederum, dass 65537 prim ist.

25.4 Abschluss

So, das war dann das letzte Kapitel über elliptische Kurven und ihre Anwendungen. Ich hoffe, er hat euch gefallen. Es gäbe noch unendlich viel mehr über elliptische Kurven zu erzählen und wer weiterhin Interesse an diesem spannenden Thema zeigt, dem sei ein weiteres Mal das Buch Washington [67] empfohlen.

$$E(\mathbb{F}_{mfg}) \to E(\mathbb{F}_{Gockel})$$

Johannes Hahn (Gockel) ist Dipl.-Math. und promoviert in Jena.

26 Primzahlen mit Abstand

Übersicht

26.1 Der Abstand zwischen 2 Primzahlen wird beliebig groß

Die Anzahl der Primzahlen ist unendlich, das hat schon Euklid, der vor 2300 Jahren lebte, bewiesen. Dennoch bilden die Primzahlen kein Muster. Das *Bertrandsche Postulat* sagt zwar, dass es zwischen einer natürlichen Zahl n und $2n$ eine Primzahl geben muss (siehe Aigner [68]). Doch wenn man die natürlichen Zahlen durchgeht und Primzahlen sucht, dann weiß man nicht, wie viele Zahlen man prüfen muss, bis man die nächste Primzahl findet. Zu Anfang findet man recht häufig Primzahlen, die 2, 3, 5, 7, 11, 13, 17, 19, 23, 29, 31, 37 usw. Aber in höheren (und sehr hohen) Bereichen der Zahlen wird der Abstand von der einen zur nächsten Primzahl beliebig groß.

Was heißt das?

Denk dir eine Zahl, z. B. 1.000.000 (eine Million), und man kann irgendwo in den natürlichen Zahlen zwei Primzahlen p_1 und p_2 finden, zwischen denen keine anderen Primzahlen liegen und deren Abstand größer ist als 1.000.000. Und für jeden anderen gewünschten Abstand, z. B. 1.000.000.000.000.000, gilt das Gleiche.

Warum stimmt das?

Warum kann man das so sagen, obwohl es keine Formel für die Primzahlberechnung gibt? Man beweist es so:

Beweis: Sei m eine beliebige natürliche Zahl. Für das, was wir zeigen wollen, ist es keine Einschränkung, wenn wir $m > 3$ voraussetzen. Betrachte die Zahlen:

$$m! + 2$$
$$m! + 3$$
$$m! + 4$$
$$\cdots$$
$$m! + m - 1$$
$$m! + m$$

Alle diese Zahlen sind keine Primzahlen, denn $m!$ ist durch 2 teilbar und also auch $m! + 2$. $m!$ ist auch durch 3 teilbar und darum ist auch $m! + 3$ durch 3 teilbar. Und schließlich ist $m! + m$ durch m teilbar. Jede dieser aufeinander folgenden m Zahlen hat einen echten Teiler.   □

Was hat man damit gezeigt?

Es gibt in den natürlichen Zahlen für jede beliebige Zahl m (den Abstand) einen Bereich mit (mindestens) $m - 1$ aufeinander folgenden Zahlen, die alle keine Primzahlen sind. Das bedeutet: Der Abstand zwischen 2 Primzahlen wird beliebig groß.

26.2 In jeder unbegrenzten arithmetischen Progression gibt es unendlich viele Primzahlen

Sie liegen also beliebig weit auseinander, machen sich rar unter den großen Zahlen, dennoch kann man es fast nicht vermeiden, über sie zu stolpern, wenn man mit einer festen Schrittweite durch die Zeilen schreitet.

Eine *arithmetische Progression* ist eine Folge $a + n \cdot d$, $n \in \mathbb{N}$, a und d sind natürliche Zahlen. Es ist trivial, dass es arithmetischen Progressionen, wie $2 + n \cdot 2$, gibt, in denen nicht unendlich viele Primzahlen vorkommen. Es ist aber nicht trivial, was Dirichlet bewies, nämlich dass in jeder arithmetischen Progression, bei der a und d relativ prim sind, immer unendlich viele Primzahlen vorkommen. Demzufolge gibt es unendlich viele Primzahlen der Form $2 + n \cdot 3$, unendlich viele der Gestalt $4 + n \cdot 1$, auch $4 + n \cdot 3$ usw. Dieses Ergebnis sagt nicht, dass alle Zahlen in einer solchen arithmetischen Progression Primzahlen sein müssen, es sagt, dass — schreitet man weiter und weiter — man immer wieder auf eine Primzahl stoßen wird.

Dieses Ergebnis interpretiere ich so: Die Primzahlen sind zwar im Einzelnen unvorhersagbar, aber um das zu sein, darf es auf der anderen Seite auch keine Bereiche in den natürlichen Zahlen geben, die aus nicht trivialen Gründen primzahlfrei sind. So gesehen ist das Ergebnis von Dirichlet notwendig.

26.3 Es gibt arithmetischen Progressionen beliebiger Länge, die nur aus Primzahlen bestehen

Die Primzahlforschung geht zurück bis ins Altertum, aber sie ist auch heute noch ein lebendiges und sehr produktives Arbeitsgebiet in der Mathematik. Der Leser denkt da sicher sogleich an die populären Bemühungen große und immer größere Primzahlen zu finden, wenn gleich dies schon nicht mehr mathematisch, sondern vielmehr algorithmisch, technisch und logistisch die größeren Herausforderungen bedeutet.

Ein neueres Ergebnis anderer Art möchte ich zum Schluss noch nennen; es wurde von Green und Tao [70] 2008 bewiesen:

Satz 26.1 (Green-Tao-Theorem)
Es gibt arithmetische Progressionen beliebiger Länge, die nur aus Primzahlen bestehen.

Das ist eine Existenzaussage. Mittlerweise hat man auch schon einige Beispiele für solche Progressionen gefunden.

Beispiel 26.2
Die arithmetische Progression

$$468\ 395\ 662\ 504\ 823 + n \cdot 205\ 619 \cdot 223\ 092\ 870$$

liefert für $n = 0$ bis 23 Primzahlen. ∎

Man kann also eine beliebige natürliche Zahl vorgeben, z. B. 83843, und sicher sein, dass es irgendwo in den natürlichen Zahlen eine arithmetische Progression der geforderten Länge (z. B. 83843) gibt, in der nur Primzahlen vorkommen. Das finde ich überraschend.

Martin Wohlgemuth aka *Matroid.*

27 Faktorisierungsverfahren

Übersicht

$$2^{2^7} + 1 = 59649589127497217 \cdot 5704689200685129054721$$

(Morrison & Brillhart, 1970)

Bekannterweise ist das klassische Problem, die Primzahlen von den zusammengesetzten Zahlen zu unterscheiden, nach heutigem Kenntnisstand sehr effizient lösbar. Als viel schwieriger erweist es sich aber, die komplette Faktorzerlegung einer natürlichen Zahl anzugeben. Obwohl dieses Problem sehr alt und grundlegend ist, muss man tief in die mathematische Trickkiste greifen, um selbst Primfaktoren moderater Länge bestimmen zu können. Das Kapitel beleuchtet klassische und aktuelle Verfahren zur Faktorisierung. Neben den Verfahren selbst stehen Laufzeitanalyse und Hinweise zur effizienten Realisierung auf dem Computer im Mittelpunkt.

27.1 Einführung

Dass eine natürliche Zahl eine (bis auf die Reihenfolge der Faktoren) eindeutige Primfaktorzerlegung besitzt, hatte schon Euklid etwa 300 v. Chr. gezeigt. Lange Zeit haben sich die meisten Mathematiker auch mit diesem Wissen begnügt; die konkreten Faktoren zu bestimmen war meist die damit verbundene Arbeit nicht wert. Das änderte sich schlagartig Mitte der 60er-Jahre des vorigen Jahrhunderts, als leistungsfähige Computer verfügbar wurden und — etwas später — das RSA-Kryptosystem erfunden wurde. Daraufhin wurde viel Energie in die Erforschung der Problematik und die Entwicklung „guter" Faktorisierungsalgorithmen gesteckt — mit mäßigem Erfolg. Bis heute ist es niemandem gelungen, das Faktorisierungsproblem als effizient lösbar nachzuweisen. Dennoch sollen einige der Ergebnisse bzw. Verfahren in den nachfolgenden Abschnitten besprochen werden.

27.2 Probedivision

Die Probedivision ist die naive Methode, Primfaktoren zu erhalten. Man fängt an, durch 2, 3, usw. zu dividieren, und schaut, ob die Division aufgeht. Wenn ja, hat man einen Primfaktor gefunden. Das Verfahren hat seine Berechtigung, da das Vorhandensein kleiner Faktoren sehr viel wahrscheinlicher ist als das großer; eine Division ist auch sehr schnell ausgeführt. Ist N die zu faktorisierende Zahl und gibt es einen Teiler $a > \sqrt{N}$ von N, so ist der Komplementärteiler $b = N/a$ kleiner als $\sqrt{N}$. Es reicht also, die Probedivisionen bis $\sqrt{N}$ auszuführen.

Algorithmus (Probedivision)

1: Eingabe: N
2: **for all** $2 \leq p \leq \sqrt{N}$ **do**
3:   **if** $p \mid N$ **then**
4:     Abbruch
5:   **end if**
6: **end for**
7: Ausgabe: p

An dieser Stelle soll ausdrücklich darauf hingewiesen werden, dass man sich erst vergewissern sollte, ob N auch wirklich zusammengesetzt ist. Das ist leicht möglich (z. B. mit dem Miller-Rabin-Test) und soll hier nicht weiter erläutert werden.

Verbesserungen

Eigentlich genügt es, nur Primzahlen p zu testen. Ist $a = p \cdot q$ zusammengesetzt, so testet man ja p bzw. q viel früher als a. Dazu müsste man vorher eine Primzahltabelle erstellen, was sich aber nicht immer lohnt.

Man kann sich aber mit folgender Überlegung behelfen: Hat man bereits durch 2 getestet, so kann man sich alle anderen durch 2 teilbaren Zahlen sparen, indem man nur die ungeraden Zahlen testet. Will man auch den Vielfachen von 3 aus dem Weg gehen, so testet man nur alle zu $2 \cdot 3 = 6$ teilerfremden Zahlen (welche von der Form $6k \pm 1$ sind). Um zusätzlich die 5 zu berücksichtigen, testet man nur alle zu 30 teilerfremden Zahlen (diese sind von der Form $30k \pm 1, \pm 7, \pm 11, \pm 13$). Das kann man zwar beliebig weiter treiben, wird aber schnell ziemlich mühsam.

Mit der Probedivision kann man sehr schnell alle „Trivialteiler" erkennen. Bei einer Laufzeit von $\mathcal{O}(p)$ für einen Primfaktor p ist sie aber ab einer gewissen Größe der Faktoren nicht mehr praktikabel.

27.3   Fermat-Faktorisierung

Eines der klassischen Verfahren hat Fermat 1643 in einem Brief erwähnt. Darin stellt er die zu zerlegende Zahl als Differenz zweier Quadrate dar. Dann gilt

$$N = x^2 - y^2 = (x+y)(x-y)$$

und man bekommt eine Faktorzerlegung von N. Ausgehend von der umgestellten Gleichung $x^2 - N = y^2$ kam Fermat auf die Idee, zu prüfen, ob die Differenz $x^2 - N$ (für verschieden gewählte x) ein Quadrat darstellt. Die Wahrscheinlichkeit dafür ist am größten, wenn x^2 in der Nähe von N liegt. Das Verfahren definiert also eine Folge x_k mit

$$x_0 := \left\lceil \sqrt{N} \right\rceil \quad \text{und} \quad x_k := x_0 + k$$

und testet, ob $z_k := x_k^2 - N$ ein Quadrat ist.

Algorithmus (Fermat-Verfahren)

1: Eingabe: N (ungerade)
2: **for** $x := \left\lceil \sqrt{N} \right\rceil$ to $(N+9)/6$ **do**
3:    $z := x^2 - N$
4:    **if** $z = y^2, y \in \mathbb{N}$ **then**
5:       Abbruch
6:    **end if**
7: **end for**
8: Ausgabe: $x - y$

Eine obere Grenze für x ist der Wert $x = (N+9)/6$. Dann ist $y = (N-9)/6$ und wir bekommen den Faktor $p = x - y = 3$, falls dieser existiert. Es macht aber keinen Sinn, so weit zu gehen, da wir dann bereits mehr Aufwand als die Probedivision betrieben hätten.

Beispiel

Am Beispiel von $N = 314731$ soll das einmal demonstriert werden. Wir beginnen bei $x_0 := \lceil \sqrt{N} \rceil = 562$ und bekommen die folgenden Werte:

k	x_k	$z_k = x_k^2 - N$	
0	562	1113	$= 3 \cdot 7 \cdot 53$
1	563	2238	$= 2 \cdot 3 \cdot 373$
2	564	3365	$= 5 \cdot 673$
3	565	4494	$= 2 \cdot 3 \cdot 7 \cdot 107$
4	566	5625	$= 75^2$

Bereits nach vier Iterationen haben wir ein Quadrat und bekommen die Zerlegung $N = 566^2 - 75^2 = (566 - 75)(566 + 75) = 491 \cdot 641$. Man prüft leicht nach, dass es sich um Primfaktoren handelt.

Verbesserungen

Überlegen wir uns, wie wir dieses Verfahren effizient umsetzen können. Statt jedes Mal eine Quadrierung durchzuführen, nutzen wir die Beziehung

$$x_{k+1}^2 = (x_k + 1)^2 = x_k^2 + 2x_k + 1,$$

es folgt

$$z_{k+1} = z_k + 2x_k + 1,$$

was sich schneller berechnen lässt. Auch Wurzelziehen ist teuer; wir versuchen daher schon im Vorfeld zu entscheiden, ob z_k überhaupt ein Quadrat sein kann. Dazu bestimmen wir den Rest $r \equiv z_k$ modulo einer geeigneten kleinen Zahl m. Ist r kein quadratischer Rest mod m (d. h., die Gleichung $x^2 \equiv r$ besitzt modulo m keine Lösung), so kann z_k auch keine Quadratzahl sein.

Für $m = 10$ gibt es beispielsweise nur die quadratischen Reste $\{0, 1, 4, 5, 6, 9\}$, die beiden ersten berechneten Werte für z_k scheiden also schon aus (diese enden auf 3 und 8). Noch besser sieht es bei $m = 16$ aus, dort haben wir nur $\{0, 1, 4, 9\}$ als mögliche Reste. Man kann also anhand der letzten vier Bit sofort 75 % der Nichtquadrate identifizieren.

Laufzeit

Jetzt kann man sich fragen, ob der Fermat-Algorithmus eigentlich alle Faktoren findet — und wenn ja, wie lange er dafür braucht. Sei zunächst N ungerade und $N = p \cdot q$ (wobei $p \geq q$). Dann sind p, q ungerade und

$$x := \frac{p + q}{2} \quad \text{und} \quad y := \frac{p - q}{2}$$

sind ganze Zahlen und es gilt die geforderte Eigenschaft $N = x^2 - y^2$. Da alle x getestet werden, werden p und q in jedem Fall gefunden. Weiterhin sieht man leicht, dass der Algorithmus versagt, falls N gerade und nicht durch 4 teilbar ist. Potenzen von 2 sollten also vorher herausdividiert werden.

Satz 27.1

Ist $N = p \cdot q$ ungerade und $|p - q| \leq c \cdot \sqrt[4]{N}$ mit $c > 0$, dann werden p und q in $\mathcal{O}(c^2)$ Schritten gefunden.

Beweis: Sei o. B. d. A. $p \geq q$ und $N = (x+y)(x-y)$ die gefundene Lösung (also $y = \frac{p-q}{2}$), welche in Schritt k gefunden wird. Wir benutzen die Ungleichungen $x_0 \leq \sqrt{N} + 1$ (also $x_0^2 \leq N + 2\sqrt{N} + 1$) und $z_k = y^2 \leq \frac{c^2}{4}\sqrt{N}$ und die explizite Darstellung $z_k = z_0 + 2kx_0 + k^2$. Für k gilt dann:

$$
\begin{aligned}
k &= \sqrt{x_0^2 + z_k - z_0} - x_0 \\
&\leq \sqrt{N + 2\sqrt{N} + 1 + \frac{c^2}{4}\sqrt{N} - 1} - \sqrt{N} \\
&= \sqrt{N + (2 + \frac{c^2}{4})\sqrt{N}} - \sqrt{N} \\
&= \sqrt{N}\left(\sqrt{1 + \frac{8+c^2}{4\sqrt{N}}} - 1\right) \\
&\leq \sqrt{N}\left(1 + \frac{8+c^2}{8\sqrt{N}} - 1\right) \\
&= 1 + \frac{c^2}{8}
\end{aligned}
$$

$\square$

Wenn sich die Faktoren p und q also nur um $\sqrt[4]{N}$ unterscheiden, werden sie quasi sofort gefunden. Je weiter sie aber auseinanderliegen, desto schlechter wird das Verfahren. Im schlimmsten Fall werden $(N + 9)/6$ Operationen gebraucht, weil erst dann ein Trivialfaktor wie 3 gefunden wird.

27.4 Lehman-Algorithmus

Eine interessante Kombination von Probedivision und Fermat-Verfahren mit verbesserter Laufzeit wurde von R. S. Lehman [72] vorgestellt. Er benutzt den folgenden Satz:

Satz 27.2 (von Lehman)

Ist $N = p \cdot q$ ungerade mit Primzahlen p, q und ist $1 \le r < \sqrt{N}$, wobei $\sqrt{\frac{N}{r+1}} \le p \le \sqrt{N}$, so gibt es natürliche Zahlen x, y und k mit den Eigenschaften:

1. $x^2 - y^2 = 4kN$
2. $x \equiv 1 \pmod 2$, *falls k gerade und* $x \equiv k + N \pmod 4$, *falls k ungerade*
3. $\sqrt{4kN} \le x \le \sqrt{4kN} + \frac{1}{4(r+1)}\sqrt{\frac{N}{k}}$

Ist N prim, so gibt es solche Zahlen nicht.

Darauf aufbauend hat Lehman ein Verfahren zur Faktorzerlegung angegeben. Damit die Laufzeit möglichst klein wird und die Voraussetzungen des Satzes sicher erfüllt sind, muss $r = \sqrt[3]{N}$ gewählt werden.

Man macht zunächst eine Probedivision bis r. Findet sich kein Teiler (wobei N aber in jedem Fall zusammengesetzt ist), so sind die Voraussetzungen des Satzes erfüllt. Man geht jetzt alle erdenklichen Paare (k, x) durch, die Punkt 3 des Satzes erfüllen (wobei offensichtlich $1 \le k \le r$) und prüft, ob $x^2 - 4kN$ eine Quadratzahl ($= y^2$) ist. Wenn ja, so liefern $\text{ggT}(x - y, N)$ und $\text{ggT}(x + y, N)$ die gesuchten Faktoren p und q.

Algorithmus (Lehman-Verfahren)

1: Eingabe: N
2: **for all** $2 \le p \le \sqrt[3]{N}$, p prim **do**
3:     **if** $p \,|\, N$ **then**
4:         Ausgabe: p
5:     **end if**
6: **end for**
7: **for** $k := 1$ to $\sqrt[3]{N}$ **do**
8:     **for** $x := \sqrt{4kN}$ to $\sqrt{4kN} + \frac{\sqrt[6]{N}}{4\sqrt{k}}$ **do**
9:         $z := x^2 - 4kN$
10:        **if** $z = y^2$, $y \in \mathbb{N}$ **then**
11:            Abbruch
12:        **end if**
13:    **end for**
14: **end for**
15: Ausgabe: $\text{ggT}(x - y, N)$

Laufzeit

Schauen wir uns die Laufzeit an: Die Probedivision kostet $\mathcal{O}(\sqrt[3]{N})$ Operationen. Die beiden geschachtelten Schleifen sehen zunächst sehr aufwändig aus, der Aufwand ist aber mit

$$\mathcal{O}\left(\sum_{k=1}^{\sqrt[3]{N}} \frac{\sqrt[6]{N}}{4\sqrt{k}}\right) = \mathcal{O}\left(\int_{k=1}^{\sqrt[3]{N}} \frac{\sqrt[6]{N}}{4\sqrt{k}}\,\mathrm{d}k\right) = \mathcal{O}(\sqrt[3]{N})$$

erforderlichen Operationen vergleichbar mit der Probedivision. Damit haben wir ein Verfahren kennengelernt, das asymptotisch besser als die „reine" Probedivision ist. Dass das überhaupt möglich ist, liegt ja nicht auf der Hand!

27.5   Pollard-Rho-Verfahren

Mit dem folgenden, von John M. Pollard 1975 vorgestellten Verfahren können wir die Laufzeit, einen Primfaktor p zu finden, auf $\mathcal{O}(\sqrt{p})$ herunterschrauben. Das gelingt uns aber nur unter Aufgabe der Erfolgsgarantie, die wir ja bei den bisherigen Verfahren hatten. Es handelt sich um eine Monte-Carlo-Methode, bei der der Zufall mit von der Partie ist.

Eine Geburtstagsfolge

Das Verfahren beruht auf der Ausnutzung des Geburtstagsparadoxons. Bei diesem Problem geht es eigentlich um die Frage, wie groß eine Gruppe Personen sein muss, um mit mindestens 50-%iger Wahrscheinlichkeit ein Paar mit demselbem Geburtsdatum darunter zu haben (Lösung: 23).

Allgemeiner haben wir eine Urne mit p Kugeln und fragen nach der mittleren Anzahl Ziehungen mit Zurücklegen, bis die erste Wiederholung auftaucht. Es stellt sich heraus, dass wir dafür nur ungefähr $\sqrt{p}$ Versuche benötigen. Wie kann man sich das überlegen? Die Chance auf eine Wiederholung bei einem Versuch steigt linear mit der Zahl der bereits durchgeführten Versuche, die Chance auf eine Wiederholung in *allen* Versuchen damit quadratisch.

Das Faktorisierungsverfahren definiert nun eine Zufallszahlenfolge a_k modulo N. Ist p ein Teiler von N, so können wir also davon ausgehen, dass etwa unter den ersten $\sqrt{p}$ Folgengliedern eine Wiederholung der Folge modulo p auftritt. In diesem Fall hätten wir ein Paar (a_i, a_j) mit der Eigenschaft $a_i \equiv a_j \pmod{p}$. Wenn wir dieses Paar fänden, könnten wir $\mathrm{ggT}(a_i - a_j, N)$ berechnen und erhielten damit entweder p oder ein Vielfaches von p. Um nicht N zu erhalten (womit wir nichts erreicht hätten), darf der Trivialfall $a_i \equiv a_j \pmod{N}$ natürlich nicht eintreten.

Floyd's Zyklenalgorithmus

Das Problem liegt im Finden, denn wir können schlecht alle Paare testen (das sind immerhin $\approx p$ Stück). Man kann dieses Problem aber dennoch lösen: Dazu wählen wir keine „echte" Zufallsfolge a_k, sondern eine Pseudozufallsfolge mit einer deterministischen Berechnungsvorschrift $a_{k+1} = f(a_k)$. Dadurch ist gewährleistet, dass $a_k \bmod p$ in eine Periode eintritt, falls sich ein Element wiederholt. Die Funktion f sollte einfach gehalten sein, aber dennoch hinreichend „zufällige" Zahlen erzeugen. Bewährt hat sich

$$a_{k+1} = f(a_k) = a_k^2 + c \;(\bmod\; N), \quad c \notin \{-2, 0\}.$$

Nach Durchlauf einer Vorperiode der Länge m kommt die Folge $a_k \bmod p$ in eine Periode der Länge $l \approx \sqrt{p}$; man kann sich leicht davon überzeugen, dass das bei einer linearen Funktion f nicht der Fall ist. Anschaulich ergibt sich eine Schleife, die an den griechischen Buchstaben ρ erinnert, der auch der Namensgeber der Methode ist (Abbildung: 27.1):

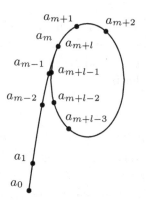

Abb. 27.1: Verlauf der Pseudozufallsfolge mod p

Die Existenz einer Periode bewirkt, dass wir mit einem speziellen Algorithmus das fragliche Paar (a_i, a_j) finden können, ohne alle Paare zu testen. Wir können uns nämlich ohne Mühe davon überzeugen, dass der folgende Satz gilt:

Satz 27.3 (von Floyd)
Für eine periodische Folge $(a_k) \bmod p$ *mit Vorperiode* m *und Periode* l *gilt*
$a_i \equiv a_j \;(\bmod\; p) \;\Rightarrow\; i \equiv j \;(\bmod\; l).$

Die Differenz $j - i$ ist dabei entweder genau l oder ein *kleines* Vielfaches von l, da man annehmen kann, dass die Vorperiode nicht viel länger ist als die Periode.

Der Zyklenalgorithmus von Floyd macht sich diese Eigenschaft zu Nutze, indem er nur die Paare (a_k, a_{2k}) für aufsteigende k testet. Denn irgendwann ist $2k - k = k$ das entsprechende Vielfache von l. Wir können natürlich nicht die Paare (a_0, a_k) testen, da a_0 mit hoher Wahrscheinlichkeit in der Vorperiode liegt.

Wegen $l \approx \sqrt{p}$ benötigen wir für das Finden also nur $\mathcal{O}(\sqrt{p})$ Schritte.

Algorithmus (Pollard-Rho-Verfahren)

1: Eingabe: N
2: Wähle $0 < x = y < N$ und $c \notin \{-2, 0\}$, $p := 1$
3: **while** $p = 1$ **do**
4:     $x := x^2 + c \pmod{N}$
5:     $y := (y^2 + c)^2 + c \pmod{N}$
6:     $p := \mathrm{ggT}(x - y, N)$
7: **end while**
8: Ausgabe: p

(Im Algorithmus ist $a_k = x$ und $a_{2k} = y$.)

Rechnen wir dazu ein Beispiel. Gegeben sei $N = 222473$; unsere Folge beginnt mit $a_0 := 1$, als Rekursion benutzen wir $a_{k+1} = a_k^2 + 1$ (also ist $c = 1$). Die einzelnen Rechenschritte lassen sich aus folgender Tabelle ablesen:

k	a_k	a_{2k}	$a_k - a_{2k} \pmod{N}$	$\mathrm{ggT}(a_k - a_{2k}, N)$
1	2	5	222470	1
2	5	677	221801	1
3	26	40692	181807	1
4	677	98211	124939	1
5	13384	28790	207067	1
6	40692	97934	165231	1
7	194799	98737	96062	1
8	98211	32201	66010	1
9	83607	23650	59957	1
10	28790	34307	216956	1
11	152176	7945	144231	1
12	97934	125980	194427	379

Wie wir sehen, erhalten wir nach 12 Iterationen den Faktor 379 und damit die Zerlegung $N = 379 \cdot 587$.

Verbesserungen

Natürlich bräuchte man die Werte für a_k nicht nochmals neu zu berechnen, da man diese ja schon einmal vorher (für a_{2k}) erzeugt hat. Man kann das Verfahren also etwas schneller machen, wenn man die a_k speichert. Dann geht aber einer der Vorteile des Verfahrens — geringer Platzbedarf — verloren. Nachbessern kann man aber noch an einem anderen Punkt: Statt nach jeder Iteration den ggT zu berechnen, können wir das Produkt

$$P(k_0) := \prod_{k=k_0}^{k_0+n} (a_k - a_{2k}) \ (\text{mod } N)$$

der Werte aus n Iterationen bilden (z. B. $n = 50$) und erst danach den ggT$(P(k_0), N)$ bestimmen. Für die ggT-Berechnung muss extra der Euklidische Algorithmus angeworfen werden, der hier mit Abstand den größten Rechenaufwand verursacht. Ein eventueller Faktor p geht dadurch nicht verloren. Allerdings steigt die Gefahr, dass sich auch ein zweiter Faktor q im Produkt $P(k_0)$ wiederfindet.

Eine weitere Verbesserung wurde von Richard P. Brent vorgeschlagen. Diese besteht darin, den Algorithmus von Floyd durch einen etwas schnelleren zu ersetzen — der Unterschied ist aber marginal.

Laufzeit

Wie bereits oben erklärt, haben wir eine heuristische Laufzeit von $\mathcal{O}(\sqrt{p})$. Eine alternative Begründung liefert folgende Rechnung:

$$
\begin{aligned}
a_{2k} - a_k &= (a_{2k-1}^2 + c) - (a_{k-1}^2 + c) \\
&= (a_{2k-1}^2 - a_{k-1}^2) \\
&= (a_{2k-1} + a_{k-1}) \cdot (a_{2k-1} - a_{k-1}) \\
&= (a_{2k-1} + a_{k-1}) \cdot \left((a_{2k-2}^2 + c) - (a_{k-2}^2 + c) \right) \\
&= (a_{2k-1} + a_{k-1}) \cdot (a_{2k-2}^2 - a_{k-2}^2) \\
&= (a_{2k-1} + a_{k-1}) \cdot (a_{2k-2} + a_{k-2}) \cdot (a_{2k-2} - a_{k-2}) \\
&= \ldots \\
&= (a_{2k-1} + a_{k-1}) \cdot (a_{2k-2} + a_{k-2}) \cdot \ldots \cdot (a_k + a_0) \cdot (a_k - a_0) \\
&= (a_k - a_0) \cdot \prod_{i=0}^{k-1} (a_{k+i} + a_i)
\end{aligned}
$$

Die Iterierte $a_{2k} - a_k$ ist also ein Produkt aus k Faktoren modulo N (bzw. p). Taucht in nur einem dieser Faktoren unser p auf, so finden wir p durch Berechnung von ggT$(a_{2k} - a_k, N)$ (respektive ggT$(a_k - a_{2k}, N)$). Der Trick besteht also darin, pro Iteration nicht nur einen potentiellen Faktor auf Teilbarkeit zu testen (wie bei der Probedivision), sondern gleich mehrere parallel. Nach k Iterationen haben wir ungefähr k^2 Faktoren getestet.

Die genaue Anzahl der erforderlichen Iterationen kann man natürlich nicht vorhersehen. Je nach Wahl von a_0 und c kommt man mal schneller, mal langsamer zum Ziel. Es kann auch vorkommen, dass von zwei Primfaktoren der größere zuerst gefunden wird. Ein weiterer (unwahrscheinlicher) Fall, der eintreten kann, ist der, dass $\mathrm{ggT}(a_{2k} - a_k, N) = N$ zurückgegeben wird. Das ist dann der Fall, falls sich modulo aller Primteiler gleichzeitig eine Periode bildet.

27.6 $(p-1)$-Verfahren

Das $(p-1)$-Verfahren von Pollard nutzt die Struktur der Gruppe $\mathbb{F}_p^*$ (der Menge $\{1, 2, \ldots, p-1\}$ mit der Multiplikation modulo p) aus. Es basiert auf den bekannten Sätzen von Fermat und Lagrange.

Satz 27.4 (von Fermat)
Ist p Primzahl und $a \in \mathbb{N}$ nicht durch p teilbar, so gilt $a^{p-1} \equiv 1 \,(\mathrm{mod}\ p)$.

Hier und in den beiden folgenden Kapiteln wird noch der Primzahlsatz benötigt, weswegen wir ihn hier noch schnell einschieben.

Satz 27.5 (Primzahlsatz)
Gegeben ist die Primzahlfunktion $\pi(x) := |\{p \text{ Primzahl}, p \leq x\}|$. Dann gilt die Asymptotik
$$\lim_{x \to \infty} \frac{\pi(x)}{x / \ln(x)} = 1.$$

Das heißt, die Anzahl der Primzahlen kleiner oder gleich x kann durch $x/\ln(x)$ abgeschätzt werden. Für die nachfolgenden Ausführungen benötigen wir noch den Begriff der Glattheit:

Definition 27.6 (glatt, potenzglatt)
Sind N, B natürliche Zahlen, so heißt N B-glatt, falls alle Primteiler von N nicht größer sind als B. N heißt B-potenzglatt, wenn das auch für alle Primzahlpotenzen gilt. ♦

$175 \,(= 5^2 \cdot 7)$ wäre also 7-glatt, 25-potenzglatt, aber nicht 7-potenzglatt.

Ist jetzt p eine Primzahl und $p - 1 = p_1 \cdot p_2 \cdot \ldots \cdot p_k$ die Primfaktorzerlegung von $p - 1$ in absteigender Ordnung (also $p_1 \geq p_2 \geq \ldots \geq p_k$) und B eine natürliche Zahl, für die $p - 1$ B-potenzglatt ist (daraus folgt dann schon $B \geq p_1$), dann gilt für jedes $m \in \mathbb{N}$, das durch alle Zahlen $\leq B$ teilbar ist:

$$p - 1 \mid m \quad \text{und} \quad a^m \equiv 1 \pmod{p}$$

für jedes nicht durch p teilbare a. Falls die Kongruenz $a^m \equiv 1 \pmod{p}$ für einen Primteiler p von N gilt (und für keinen anderen!), so bekommen wir p durch Berechnung von $p = \mathrm{ggT}(a^m - 1, N)$. Abgesehen von dem Problem, dass wir $B \geq p_1$ wählen müssen, müssen wir sicherstellen, dass $p - 1$ ein Teiler von m ist. Eine einfache Wahl von m wäre $m = B!$. Bei „normalen" Zahlen $p - 1$ reicht es aber, wenn m alle Primzahlen $\leq p_1$ als Faktoren enthält; die großen nur einmal, sehr kleine (z. B. < 50) auch mehrfach.

Jetzt wird sich mancher fragen, ob $a^m - 1 \pmod{N}$ überhaupt effizient berechenbar ist. Dazu betrachten wir die Aufgabe, $b \equiv a^m \pmod{N}$ zu bestimmen. m besitzt eine eindeutige Binärdarstellung $m = \sum_{i \in I} 2^i$ (mit einer Indexmenge I). Dann gilt

$$b \equiv a^m \equiv a^{\sum_{i \in I} 2^i} \equiv \prod_{i \in I} a^{2^i} \pmod{N}.$$

Die Werte a^{2^i} erhält man einfach durch fortgesetztes Quadrieren modulo N. Die Zahl der benötigten Quadrierungen entspricht der Anzahl der Bits von m und wächst demzufolge logarithmisch mit m. Es geht also sehr effizient (diese Potenzierungsmethode wird auch „Square & Multiply" genannt).

Der Algorithmus berechnet nun nicht $a^m - 1 \pmod{N}$ an einem Stück, sondern schrittweise $a_0 := a$, $a_{k+1} := a_k^{q_k} \pmod{N}$ mit allen in m enthaltenen Primteilern q_k. Zwischendurch wird sporadisch getestet, ob $\mathrm{ggT}(a_k - 1, N) > 1$ ist. Wurde B hinreichend groß gewählt, dann bekommen wir den Primfaktor p.

Algorithmus ((p-1)-Verfahren, Version 1)

1: Eingabe: N
2: Wähle $1 < a < N - 1$, $B \in \mathbb{N}$
3: **for all** $q \leq B$, q Primzahl, kleine q mehrfach **do**
4:     $a := a^q \pmod{N}$
5:     $p := \mathrm{ggT}(a - 1, N)$
6:     **if** $p \mid N$ **then**
7:         Abbruch
8:     **end if**
9: **end for**
10: Ausgabe: p

(m wäre hier also das Produkt der q aus Schritt 3).

Beispiel

Diesmal ist $N = 90044497$ zu zerlegen. Wir machen einen einfachen Test mit $B = 50$; begonnen wird mit $a_0 = 2$. Potenziert wird mit allen Primzahlen ≤ 50, mit den Primzahlen 2, 3 dreifach, mit 5 und 7 zweifach. Es ergeben sich folgende Werte:

k	q_k	$a_k \equiv a_{k-1}^{q_k} \pmod{N}$	$\mathrm{ggT}(a_k - 1, N)$
1	2^3	256	1
2	3^3	27611727	1
3	5^2	38291456	1
4	7^2	6393722	1
5	11	44197845	1
6	13	53185607	1
7	17	72650205	1
8	19	69088449	1
9	23	1465908	1
10	29	32373292	5743

Daraus erhalten wir $N = 5743 \cdot 15679$. Schaut man sich die Zerlegung von $p - 1$ an, so ergibt sich $p - 1 = 5742 = 2 \cdot 3 \cdot 3 \cdot 11 \cdot 29$. Insbesondere sehen wir, dass das mehrfache Vorkommen kleinerer Primzahlen zu berücksichtigen ist. Für den Komplementärteiler gilt $15678 = 2 \cdot 3 \cdot 3 \cdot 13 \cdot 67$, dieser ist also weniger glatt und wird erst mit $B \geq 67$ ein paar Iterationen später gefunden.

Eine schnellere Version

Nach dem Satz von Lagrange ist die Ordnung jeder Untergruppe von $\mathbb{F}_p^*$ ein Teiler von $p - 1$. Potenzieren wir eine der Iterierten a_k mit einem Teiler von $p - 1$, so gelangen wir in eine kleinere Untergruppe von $\mathbb{F}_p^*$ (wodurch sich die Chance erhöht, später $a_k \equiv 1 \pmod{p}$ zu erhalten).

Bleibt nur ein Primteiler übrig, d.h., hat man $b := a^{p_2 \cdots \cdot p_k}$ berechnet, so braucht man nicht mehr mit allen weiteren Primzahlen zu potenzieren. Es genügt, wenn wir b^{p_1} finden. Das können wir viel einfacher erreichen, indem wir aufsteigend b^{q_i} mit Primzahlen q_i berechnen, bis $q_i = p_1$ ist. Wegen $b^{q_{i+1}} = b^{q_i + d_i} = b^{q_i} \cdot b^{d_i}$ brauchen wir dafür nur mit den zu den entsprechenden Primzahldifferenzen d_i zugehörigen Werten b^{d_i} zu multiplizieren. Die Werte für b^{d_i} kann man vorberechnen und abspeichern. Der resultierende Speicheraufwand ist gering, da die Abstände d_i nach dem Primzahlsatz von der Größenordnung $\ln p_i$ sind. Die Berechnungen sind dann insgesamt deutlich schneller.

Der modifizierte Algorithmus sieht also so aus: Wir definieren zwei Schranken B_1 und B_2 (wobei $B_1 \ll B_2$) und wenden Version 1 des Verfahrens mit B_1 als

Schranke an. Danach haben wir ein Element $b \in \mathbb{F}_p^*$ bekommen und berechnen weiter alle Potenzen b^{q_i} für Primzahlen $B_1 < q_i \leq B_2$. Da diese Berechnungen deutlich schneller vonstatten gehen, kann B_2 sehr viel größer als B_1 gewählt werden.

Algorithmus ((p-1)-Verfahren, Version 2)

1: Eingabe: N
2: Wähle $1 < a < N - 1$, $B_1, B_2 \in \mathbb{N}$, $B_1 < B_2$
3: **for all** $q \leq B_1$, q Primzahl, kleine q mehrfach **do**
4:     $a := a^q \,(\mathrm{mod}\ N)$
5:     $p := \mathrm{ggT}(a - 1, N)$
6:     **if** $p \mid N$ **then**
7:         Abbruch
8:     **end if**
9: **end for**
10: $q_0 :=$ kleinste Primzahl $> B_1$, $b := a^{q_0} \,(\mathrm{mod}\ N)$
11: **for all** $q_0 < q_k \leq B_2$, q_k Primzahl, $k = 1, 2, \ldots$ **do**
12:     $b := b \cdot a^{q_k - q_{k-1}} \,(\mathrm{mod}\ N)$
13:     $p := \mathrm{ggT}(b - 1, N)$
14:     **if** $p \mid N$ **then**
15:         Abbruch
16:     **end if**
17: **end for**
18: Ausgabe: p

(Die Werte a^2, a^4, $\ldots$, die $a^{q_k - q_{k-1}}$ annehmen kann, werden vor Zeile 11 berechnet und gespeichert.)

Der Wermutstropfen: Neben der Bedingung aus Version 1 ($p_1 \leq B_2$) muss zusätzlich $p_2 \leq B_1$ gelten, da sonst der Algorithmus versagt. Untersuchungen haben aber ergeben, dass im Normalfall $p_2 \ll p_1$ gilt, so dass es i. A. keine Probleme geben sollte.

Weitere Verbesserungen

Analog zum Rho-Verfahren sind wir bestrebt, die Zahl der ggT-Berechnungen gering zu halten. Daher werden zunächst n Stück (z. B. $n = 100$) der erzeugten Werte $(b - 1)$ modulo N aufmultipliziert und erst dann der ggT gebildet.

Pollard hat in seiner Originalarbeit eine Methode angegeben, Phase 2 (Zeile 11 bis 17) spürbar zu beschleunigen. Die Idee ist folgende: Die gesuchte Primzahl p_1 lässt sich eindeutig darstellen als $p_1 = vw - u$, wenn $w := \lceil \sqrt{B_2} \rceil$ und $u < w$, $v \leq w$ sind. Ist jetzt p ein Teiler von $b^{p_1} - 1$, so auch von $b^{vw} - b^u$. Pollard definiert nun ein Polynom $h(x) = \prod_{u < w} (x - b^u) \,(\mathrm{mod}\ N)$ und berechnet

$p = \mathrm{ggT}(\prod_{v \leq w} h(b^{vw}), N)$. Benutzt wird dabei ein schneller Multiplikationsalgorithmus für Polynome, der das Produkt zweier Polynome vom Grad n in $\mathcal{O}(n \ln(n))$ berechnet. Auf Kosten von Speicherplatz kann dadurch die Laufzeit deutlich reduziert werden.

Weitere Verbesserungen hat Peter L. Montgomery ausgearbeitet [73].

Laufzeit

Wie man sieht, werden $\mathcal{O}(p_1)$ Operationen benötigt. Die Größe des größten Primfaktors von $p - 1$ entscheidet also über die Laufzeit. Da man diesen aber nicht kennt, ist das Verfahren wiederum ein Glücksspiel. Um wenigstens herauszufinden, was wir so im Mittel zu erwarten haben, benutzen wir den folgenden Satz:

Satz 27.7 (von Hardy/Ramanujan)
Ist $\Omega(N)$ die Anzahl aller Primteiler von N, dann gilt im Mittel die Abschätzung $\Omega(N) \approx \ln\ln(N)$.

Für $p - 1 = p_1 \cdot \ldots \cdot p_k$ können wir $k \approx \ln\ln(p)$ annehmen und den Ansatz

$$k - 1 \approx \ln\ln\left(\frac{p}{p_1}\right) = \ln(\ln(p) - \ln(p_1)) = \ln\left(\ln(p) \cdot \left(1 - \frac{\ln(p_1)}{\ln(p)}\right)\right)$$

$$= \ln\ln(p) + \ln\left(1 - \frac{\ln(p_1)}{\ln(p)}\right) \approx k + \ln\left(1 - \frac{\ln(p_1)}{\ln(p)}\right)$$

machen. Als Abschätzung für p_1 bekommen wir daraus

$$\ln(p_1) \approx \left(1 - \tfrac{1}{e}\right) \ln(p) \approx 0{,}632 \cdot \ln(p).$$

Die Laufzeit hat dann also einen „Erwartungswert" von $\mathcal{O}(p^{0,632})$. Die Varianz ist aber sehr hoch, so dass man mit diesem Verfahren auch recht große Faktoren finden kann (auch wenn man in 90 % der Fälle Pech hat). Darüber hinaus gibt es noch ein Verfahren (von H. C. Williams), das sich die Glattheit von $p + 1$ zu Nutze macht, was die Erfolgsaussichten erhöht.

27.7 Elliptische-Kurven-Methode

Wie gerade gesehen, hat das $(p - 1)$-Verfahren den unschönen Nachteil, dass die Laufzeit von der Glattheit der Gruppenordnung — auf die man keinerlei Einfluss hat — abhängt. Das nachfolgend vorgestellte (1985 von H. W. Lenstra jr. erfundene) Verfahren funktioniert nach demselben Prinzip, bietet aber die Möglichkeit der Einflussnahme. Die Chance, einen Primfaktor p zu finden, kann dadurch erhöht werden.

Wir benötigen dazu den Begriff der elliptischen Kurve, den wir für unsere Zwecke etwas einschränken.

Definition 27.8 (Elliptische Kurve)
Seien $a, b \in \mathbb{K}$ für einen Körper $\mathbb{K}$ und sei $x^3 + ax + b$ ein Polynom ohne mehrfache Nullstelle. Die Menge $\mathbb{E}$ der Punkte (x, y), die die Gleichung $y^2 = x^3 + ax + b$ erfüllt, zuzüglich eines Elements O heißt elliptische Kurve über $\mathbb{K}$. ♦

Eine typische Kurve über $\mathbb{K} = \mathbb{R}$ zeigt die unten stehende Abbildung 27.2.

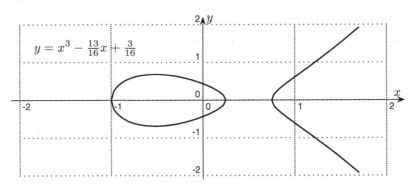

Abb. 27.2: Beispiel für eine elliptische Kurve über $\mathbb{R}$

Wir interessieren uns hier aber für den Restklassenkörper $\mathbb{F}_p$ für eine Primzahl p. Elliptische Kurven über $\mathbb{F}_p$ spielen auch eine wichtige Rolle in der Kryptographie.

Die für uns wesentliche Eigenschaft ist die Tatsache, dass eine solche Kurve eine abelsche Gruppe darstellt. Punkte P, Q auf einer elliptischen Kurve lassen sich beliebig addieren bzw. invertieren, wobei der in der Definition erwähnte Punkt O die Rolle des neutralen Elementes übernimmt. Im Einzelnen gelten für zwei Punkte $P = (x_1, y_1)$, $Q = (x_2, y_2)$ und deren Summe $P + Q = (x_3, y_3)$ folgende Rechenregeln:

1. *Invertierung*: $-P = (x_1, -y_1)$ und $-O = O$. Aus $Q = -P$ folgt $P + Q = O$.
2. *Addition*: Es gilt $x_3 = m^2 - x_1 - x_2$ bzw. $y_3 = -y_1 + m(x_1 - x_3)$, wobei

$$m = \begin{cases} \dfrac{y_2 - y_1}{x_2 - x_1} & , \text{ wenn } P \neq Q, \\[2ex] \dfrac{3x_1^2 + a}{2y_1} & , \text{ wenn } P = Q. \end{cases}$$

Wie in jeder Gruppe ist die Ordnung $\mathrm{ord}(P)$ eines Punktes $P \in \mathbb{E}$ das kleinste $n \in \mathbb{N}$, für das $n \cdot P = O$ ist; wir haben ja hier eine additiv geschriebene Gruppe vor uns. $\mathrm{ord}(\mathbb{E})$ entspricht dabei der Anzahl aller Punkte auf $\mathbb{E}$. Es gilt der folgende wichtige Satz:

Satz 27.9 (von Hasse)
Sei $\mathbb{E}$ eine elliptische Kurve über $\mathbb{F}_p$. Dann gilt für die Ordnung die Schranke $|\mathrm{ord}(\mathbb{E}) - p - 1| < 2\sqrt{p}$.

Das bedeutet, dass bei zufälliger Wahl der Kurvenparameter a und b die Gruppenordnung innerhalb eines Intervalls um p variiert. Man kann ungefähr von einer Gleichverteilung ausgehen; an den Rändern des Hasse-Intervalls scheint die Dichte etwas geringer zu sein.

Was hat das alles nun mit dem Faktorisierungsproblem zu tun? Gegeben sei wieder eine natürliche Zahl N und ein zu findender Primfaktor p von N. Wir würden nun gern Punktadditionen auf einer elliptischen Kurve $\mathbb{E}$ über $\mathbb{F}_p$ anstellen. Da wir p leider nicht kennen, werden wir die oben genannten Operationen (Addition, Multiplikation, Invertierung der x/y-Werte) modulo N ausführen. Da N ein Vielfaches von p ist, sind diese konform zu den jeweiligen Berechnungen modulo p — wir rechnen damit nur mit deutlich größeren Vertretern der „echten" Werte modulo p.

Unser Ziel ist es, eine Addition $P + Q = O$ herbeizuführen. Ist $P = (x_1, y_1)$ und $Q = (x_2, y_2)$, so folgt $P = -Q$ und damit:

1. $x_1 \equiv x_2 \pmod{p}$
2. $y_1 \equiv -y_2 \pmod{p}$

Wollten wir nun die Punkte P und Q addieren, so müssten wir nach den obigen Rechenregeln das Inverse $(x_2 - x_1)^{-1} \pmod{N}$ und (im Falle $P = Q$) $(2y_1)^{-1} = (y_1 + y_2)^{-1} \pmod{N}$ bilden. Aufgrund der Kongruenzen (1.) und (2.) existieren diese nicht und wir bekommen durch Berechnung von $\mathrm{ggT}(x_2 - x_1, N)$ und $\mathrm{ggT}(2y_1, N)$ mit hoher Wahrscheinlichkeit unseren Primfaktor p. Das funktioniert natürlich nicht, wenn die Kongruenzen (1.) und (2.) auch modulo anderer Primfaktoren q von N gelten.

Um die gewünschte Addition zu bekommen, bedienen wir uns derselben Methodik wie das $(p-1)$-Verfahren. Dort sind wir von einem Element $a \in \mathbb{F}_p^*$ und einem geeigneten $m \in \mathbb{N}$ ausgegangen. War $\mathrm{ord}(a) \mid m$, so galt $a^m \equiv 1 \pmod{p}$, und wir hatten unser Ziel erreicht. Analog berechnen wir nun das Vielfache $m \cdot P$. Ist $\mathrm{ord}(P) \mid m$, so gilt $m \cdot P = O$. Das Vielfache $m \cdot P$ berechnen wir mit dem bereits vorgestellten „Square & Multiply"-Verfahren, nur auf eine additive Gruppe angewandt (es müsste demzufolge „Double & Add" heißen).

Bis hierhin haben wir gegenüber dem $(p-1)$-Verfahren nichts gewonnen. Ist aber nun $m \cdot P \neq O$, so müssen wir nicht das Handtuch werfen, sondern können durch Variation der Kurvenparameter a und b immer wieder neue Kurven erzeugen. Da deren Ordnung einen Zufallswert im Hasse-Intervall annimmt, können wir irgendwann doch noch Glück haben und es gilt $\text{ord}(P) \,|\, m$.

Mit dem Unterschied, dass wir auf einer anderen Gruppe arbeiten, entspricht das Vorgehen also genau dem des $(p-1)$-Verfahrens. Daher wird im Folgenden gleich die erweiterte Fassung angegeben.

Algorithmus (ECM)

1: Eingabe: N

2: Wähle eine elliptische Kurve $\mathbb{E}$ und einen Punkt $P \in \mathbb{E}$; ebenfalls Schranken $B_1, B_2 \in \mathbb{N}$, $B_1 < B_2$

3: **for all** $q \leq B_1$, q Primzahl, kleine q mehrfach **do**

4:     $P := q \cdot P$

5:     **if** eine Addition (bzw. Verdopplung) nicht möglich **then**

6:         $p := \text{ggT}(x_2 - x_1, N)$ (bzw. $p := \text{ggT}(2y_1, N)$)

7:         Abbruch

8:     **end if**

9: **end for**

10: $q_0 :=$ kleinste Primzahl $> B_1$, $Q := q_0 \cdot P$

11: **for all** $q_0 < q_k \leq B_2$, q_k Primzahl, $k = 1, 2, \ldots$ **do**

12:     $Q := Q + (q_k - q_{k-1}) \cdot P$

13:     **if** Addition (bzw. Verdopplung) nicht möglich **then**

14:         $p := \text{ggT}(x_2 - x_1, N)$ (bzw. $p := \text{ggT}(2y_1, N)$)

15:         Abbruch

16:     **end if**

17: **end for**

18: Bei Misserfolg: Gehe zu 2.

19: Ausgabe: p

(Vor Zeile 11 werden die möglichen Werte von $(q_k - q_{k-1}) \cdot P$ vorberechnet und gespeichert.)

Analog zum $(p-1)$-Verfahren gilt auch hier: Ist $\text{ord}(P) = p_1 \cdot \ldots \cdot p_k$ die Primfaktorzerlegung der Ordnung des Startpunktes (wobei $p_1 \geq p_2 \geq \ldots \geq p_k$), so haben wir nur dann Erfolg, falls $p_1 \leq B_2$ und $p_2 \leq B_1$ ist.

Ein (kleiner) Vorteil ergibt sich hier noch aus der Tatsache, dass wir auf verschiedenen elliptischen Kurven parallel rechnen; mit jedem weiteren Primfaktor q von N korrespondiert ja eine entsprechende Kurve. Die Erfolgsaussichten werden aber im Wesentlichen durch den kleinsten Primfaktor bestimmt, so dass dieser Vorteil eher vernachlässigbar ist.

Beispiel

Versuchen wir das an einem Beispiel nachzuvollziehen. Die Eingabezahl ist $N = 373935877613$. Als elliptische Kurve wählen wir $\mathbb{E} : y^2 = x^3 + 11x - 11$ und als Startpunkt $P = (1, 1) \in \mathbb{E}$.

Aus Gründen der Einfachheit verzichten wir auf die 2. Phase und wählen nur die Schranke $B_1 = 15$. Eine geeignete Zahl, die alle Primzahlen $\leq B_1$ als Teiler enthält, ist z. B. $m = 360360 = 2^3 \cdot 3^2 \cdot 5 \cdot 7 \cdot 11 \cdot 13$. Für das „Double & Add"-Verfahren müssen wir m als Summe von Zweierpotenzen darstellen, d. h.:

$$m = 2^3 + 2^5 + 2^7 + 2^8 + \ldots + 2^{14} + 2^{16} + 2^{18}$$

Um uns unnötige Additionen zu ersparen, nehmen wir die kürzere Darstellung

$$m = 2^3 + 2^5 - 2^7 + 2^{15} + 2^{16} + 2^{18}.$$

Durch sukzessive Punktverdopplung erhalten wir nun:

$$2^1 P = (47, 373935877290)$$
$$2^2 P = (227972965300, 183442291117)$$
$$2^3 P = (61805727327, 110535328079)$$
$$\vdots$$
$$2^{17} P = (280318713435, 342677737184)$$
$$2^{18} P = (268323296538, 16670570674)$$

Nun sind wir in der Lage, $m \cdot P$ durch Addition der entsprechenden Zweierpotenzen zu bestimmen:

$$2^3 P + 2^5 P = (70097302030, 311003332604)$$
$$2^3 P + 2^5 P - 2^7 P = (34669084331, 321123021245)$$
$$2^3 P + 2^5 P - 2^7 P + 2^{15} P = (317161257334, 188842975469)$$
$$2^3 P + 2^5 P - 2^7 P + 2^{15} P + 2^{16} P = (120533742333, 164980145780)$$

Nun müssen wir noch $2^{18} P$ addieren und stellen fest, dass wir die Punktaddition $(120533742333, 164980145780) + (268323296538, 16670570674)$ nicht ausführen können, da $268323296538 - 120533742333 = 147789554205$ modulo N nicht invertierbar ist. Wir bekommen mit $p = \mathrm{ggT}(147789554205, N) = 157559$ also einen Primfaktor von N.

Für die Kurve $\mathbb{E}$ über $\mathbb{F}_{157559}$ gilt $\mathrm{ord}(P) = 182 = 2 \cdot 7 \cdot 13$ und für die Gruppenordnung $\mathrm{ord}(\mathbb{E}) = 157976 = 2^3 \cdot 7^2 \cdot 13 \cdot 31$. Diese lässt sich übrigens effizient mit Schoof's Algorithmus bestimmen. Das Beispiel zeigt auch gut, dass für den Erfolg die Ordnung des Startpunktes (und nicht der Gruppe) entscheidend ist.

Erweiterungen/Verbesserungen

Ein großer Vorteil dieser Methode ist ihre uneingeschränkte Parallelisierbarkeit. Sämtliche Kurven sind voneinander unabhängig, so dass man die Berechnungen entsprechend verteilen kann.

Es hat sich herausgestellt, dass man B_1/B_2 so wählen sollte, dass sich ein Verhältnis von etwa 2:1 zwischen den Laufzeiten von Phase 1 bzw. 2 ergibt. Des Weiteren gibt es noch einige Tricks, mit denen man die Effizienz noch etwas weiter steigern kann. Im Folgenden eine Auswahl:

1) Einsparung von Punktadditionen

In Phase 2 berechnen wir aufsteigend Punkte $q \cdot P$ für alle Primzahlen q im Intervall $(B_1, B_2]$. Das kostet etwa $B_2/\ln(B_2)$ Punktadditionen. Punktadditionen sind sehr teuer, da sie eine Invertierung beinhalten (dazu muss man den Erweiterten Euklidischen Algorithmus aufrufen). Man kann die Zahl der Additionen aber mit folgendem Trick auf etwa $\sqrt{B_2}$ verringern:

Gegeben sei ein $w \in \mathbb{N}$. Mit natürlichen Zahlen $u \leq w$ und v ergibt sich die (eindeutige) Darstellung

$$q = vw - u$$
$$q \cdot P = vw \cdot P - u \cdot P$$

Fixiert man jetzt w in der Größenordnung $\sqrt{B_2}$, so gilt ebenfalls $u, v \approx \sqrt{B_2}$. Wir können jetzt die Werte $vw \cdot P$ und $u \cdot P$ berechnen und speichern, was $2\sqrt{B_2}$ Punktadditionen kostet. Statt nun die Differenzen $vw \cdot P - u \cdot P$ auszurechnen, bestimmen wir nur den ggT$(x_2 - x_1, N)$ der x-Koordinaten von $vw \cdot P$ bzw. $u \cdot P$ und schauen, ob wir den gesuchten Faktor p bekommen. Weiter kann man Rechenzeit sparen, wenn man mehrere Werte $(x_2 - x_1)$ vor der ggT-Bildung aufmultipliziert.

2) Einsparung von Invertierungen

Unter Verwendung einer anderen Kurvenparametrisierung kann man sogar ganz auf die Invertierungen verzichten. Die von uns eingeführten Kurven haben die Form $\mathbb{E}: y^2 = x^3 + ax + b$, welche auch als Weierstraß-Parametrisierung bekannt ist. Eine Kurve der Form

$$\mathbb{E}: by^2 \cdot z = x^3 + ax^2 \cdot z + x \cdot z^2$$

mit Kurvenpunkten (x, y, z) liegt in der sog. Montgomery-Parametrisierung vor. Eine Addition von Punkten dieser Form kommt ohne Invertierung aus; sie wird gern für Phase 1 verwendet. Details zu dieser Parametrisierung kann man in Montgomery [74] nachlesen.

3) Erhöhung der Glattheit der Gruppenordnung

Man kann dafür sorgen, dass bei geeigneter Wahl der Kurvenparameter gewährleistet ist, dass die Ordnung ord($\mathbb{E}$) immer durch bestimmte (kleine) Zahlen teilbar ist. Man kann damit also „künstlich" die Glattheit der Ordnung erhöhen.

Besorgen tut dies ein sogenannter Kurvengenerator. Ein solcher liefert zu einem Zufallszahlenwert $\sigma \in \mathbb{Z}$ Kurvenparameter a, b für eine elliptische Kurve $\mathbb{E}$ mit besagter Eigenschaft. Daneben wird noch ein gültiger Startpunkt $P \in \mathbb{E}$ generiert.

Als Beispiel wird kurz ein Generator für eine Kurve $\mathbb{E}$ in der oben genannten Montgomeryform angegeben. Sei $\sigma \in \mathbb{Z}$ zufällig gewählt. Dann bekommen wir mit

$$u := \frac{6\sigma}{\sigma^2 + 6} \;(\text{mod } N)$$

$$a := \frac{-3u^4 - 6u^2 + 1}{4u^3} \;(\text{mod } N)$$

$$P := \left(\frac{3u}{4}, -, 1 \right) \;(\text{mod } N)$$

den Parameter a und einen Kurvenpunkt P auf $\mathbb{E}$, wobei ord($\mathbb{E}$) immer durch 12 teilbar ist. Der Parameter b wird (analog zur Weierstraßform) für Punktadditionen in Montgomeryform nicht benötigt, auch wird die y-Koordinate des Startpunkts P für die Berechnung nicht benötigt (darum der Strich).

Einige andere Erweiterungen werden in [74] beschrieben.

Laufzeit

Die Laufzeit hängt entscheidend davon ab, wie viele Kurven wir durchprobieren müssen, bis ord(P) die erforderliche Glattheitseigenschaft erfüllt. Wenn wir einerseits die Schranken B_1/B_2 kleiner wählen, so sind wir mit der Berechnung einer Kurve schneller fertig und können somit mehr Kurven testen. Andererseits könnten wir sie größer wählen, um die Wahrscheinlichkeit für die Glattheit zu erhöhen.

Für eine Antwort brauchen wir eine Aussage über die Häufigkeit glatter Zahlen.

Satz 27.10 (Canfield, Erdös, Pomerance)
Für die „Glattheitsfunktion"

$$\psi(x,y) := |\{n \in \mathbb{N} : n \leq x, \, n \text{ besitzt keinen Primteiler} > y\}|$$

gilt $\psi(x,y) = x \cdot u^{-u(1+o(1))}$, *wobei* $u := \ln(x)/\ln(y)$.

In Kurzform: Für eine zufällig gewählte Zahl $n \leq x$ beträgt die Wahrscheinlichkeit, y-glatt zu sein, etwa u^{-u}. Für uns bedeutet das, dass wir ungefähr u^u Kurven zu testen haben, um einen Primteiler p zu finden, wobei hier $u := \ln(p)/\ln(B_2)$ ist (man kann u als das Längenverhältnis der Zahlen p und B_2 auffassen).

Da die „Double & Add"-Methode pro Kurve etwa B_2 Operationen benötigt, können wir eine Gesamtlaufzeit von $L(p) = u^u \cdot B_2 = u^u \cdot p^{1/u}$ ansetzen. Um die Laufzeit zu minimieren, machen wir den Ansatz $dL/du = 0$, also:

$$-p^{1/u}u^{u-2}(\ln(p) - u^2\ln(u) - u^2) = 0$$
$$\Rightarrow \ln(p) = u^2(1 + \ln(u))$$

Umstellen liefert uns eine asymptotische obere Schranke für die Lösung u_{opt}:

$$u_{opt} \cong \sqrt{2\ln(p)/\ln(\ln(p))},$$

woraus wir mit

$$B_2 \cong \exp\left(\tfrac{1}{2}\sqrt{2\ln(p)\ln(\ln(p))}\right)$$

die entsprechende Wahl für B_2 erhalten. Darüber hinaus ist auch die Bestimmung der asymptotischen Laufzeit möglich. Zur Übersichtlichkeit setzen wir $q := \ln(p)$ und bekommen nach Einsetzen:

$$L(p) = e^{u\ln(u) + \frac{1}{u}\cdot q}$$
$$= e^{\sqrt{2q/\ln(q)}\cdot\frac{1}{2}(\ln(2q) - \ln(\ln(q))) + \sqrt{\ln(q)/2q}\cdot q}$$
$$= e^{\frac{1}{2}\sqrt{2q/\ln(q)}\cdot\ln(q)(1+o(1)) + \frac{1}{2}\sqrt{2q\ln(q)}}$$
$$= e^{\frac{1}{2}\sqrt{2q\ln(q)}\cdot(1+o(1)) + \frac{1}{2}\sqrt{2q\ln(q)}}$$
$$= e^{\sqrt{q\ln(q)(2+o(1))}} = e^{\sqrt{\ln(p)\ln(\ln(p))(2+o(1))}}$$

Die Laufzeit ist somit subexponentieller Natur. Leider gibt es zu wenige glatte Zahlen, um daraus einen effizienten Algorithmus zu erhalten.

Jetzt kommt möglicherweise der Einwand, dass man die optimalen Werte für B_2 und die Kurvenanzahl nicht kennt, da ja auch p nicht bekannt ist. In der Praxis geht man von einer bestimmten Größe von p aus und macht die entsprechenden Tests. Schlagen diese fehl, so wechselt man zur nächsten Größenordnung. Gegenüber dieser ist der Aufwand der ersten Tests vernachlässigbar klein.

27.8 Quadratisches Sieb

Wir rufen uns noch mal die Fermatmethode ins Gedächtnis: Die gegebene Zahl N als Differenz zweier (nichttrivialer) Quadrate dargestellt liefert uns wegen

$N = x^2 - y^2 = (x - y)(x + y)$ zwei ebenso nichttriviale Faktoren von N. Wir verallgemeinern jetzt diese Idee: Gegeben sei eine Kongruenz

$$x^2 \equiv y^2 \pmod{N},$$

dann gilt

$$(x - y)(x + y) \equiv 0 \pmod{N}.$$

Wenn diese Kongruenz nichttrivial ist, d.h., es gilt weder $x - y \equiv 0 \pmod{N}$ noch $x + y \equiv 0 \pmod{N}$, so bekommen wir ebenfalls mit $\mathrm{ggT}(x - y, N)$ und $\mathrm{ggT}(x + y, N)$ zwei Faktoren von N geliefert.

Die Idee des Quadratischen Siebes besteht darin, nicht direkt solche kongruenten Quadrate zu bestimmen, sondern sie aus betragskleinen quadratischen Resten zu kombinieren. Das lässt sich am besten durch ein Beispiel demonstrieren:

Sei $N = 517631$, $\sqrt{N} = 719{,}4\dots$. Das Fermatverfahren würde jetzt bei $x_0 = 720$ aufsteigend testen, ob die Differenz $x_i^2 - N$ ein Quadrat ist. Wir bekommen dabei u. a.:

$$724^2 \equiv 5 \cdot 7 \cdot 11 \cdot 17 \pmod{N}$$
$$739^2 \equiv 2 \cdot 5 \cdot 7 \cdot 11 \cdot 37 \pmod{N}$$
$$741^2 \equiv 2 \cdot 5^2 \cdot 17 \cdot 37 \pmod{N}$$

Bei Fermat würden wir noch bis 816^2 gehen, bevor wir ein echtes Quadrat erhalten. Man sieht aber sehr leicht, dass bereits die drei obigen Zahlen zusammenmultipliziert auch auf der rechten Seite ein Quadrat ergeben, nämlich

$$(724 \cdot 739 \cdot 741)^2 \equiv (2 \cdot 5^2 \cdot 7 \cdot 11 \cdot 17 \cdot 37)^2 \pmod{N}$$
$$\Rightarrow 473961^2 \equiv 351126^2 \pmod{N}$$

und damit $\mathrm{ggT}(473961 - 351126, N) = 431$ sowie $\mathrm{ggT}(473961 + 351126, N) = 1201$. Wenn man es also geschickt anstellt, kann man sich viel Arbeit ersparen.

Die Idee der Kombination quadratischer Reste gab es schon vor 80 Jahren. Eines der ersten darauf basierenden Verfahren war die Kettenbruchmethode, die in den 60er-Jahren recht populär war. Abgelöst wurde sie aber durch das seit 1981 entwickelte Quadratische-Sieb-Verfahren (Pomerance [75]). Dieses arbeitet in zwei Stufen: Im Siebschritt werden einerseits hinreichend viele quadratische Kongruenzen (Relationen) erzeugt, im Auswahlschritt wird andererseits versucht, diese zu einem Quadrat $x^2 \equiv y^2 \pmod{N}$ zu kombinieren.

Haben wir eine solche Kongruenz gefunden, so ist sie mit Wahrscheinlichkeit $1 - (\frac{1}{2})^k$ nichttrivial, wenn k die Anzahl der Primteiler von N ist — da jeder Primfaktor p von N theoretisch mit gleicher Wahrscheinlichkeit in $x - y$ wie in $x + y$ enthalten sein kann.

Siebschritt

Aus dem Beispiel ist vielleicht schon die Methode ersichtlich, mittels derer wir an die begehrten Relationen gelangen können. Wir erzeugen betragskleine quadratische Reste r_i, die nur kleine Primteiler enthalten. Diese kann man mit hoher Wahrscheinlichkeit mit anderen Resten kombinieren, die dieselben Primteiler aufweisen. Kombinieren bedeutet hier multiplizieren, so dass die jeweiligen Primteiler in gerader Potenz enthalten sind.

Klar ist dabei: Je größer ein Primteiler, desto weniger Relationen werden wir finden, die diesen enthalten. Wir sind also an „glatten" quadratischen Resten interessiert. Die Primteiler, die wir zulassen, fassen wir in einer Faktorbasis zusammen.

Definition 27.11 (Faktorbasis)

Sei $B \in \mathbb{N}$. Eine Faktorbasis zu B ist eine Menge $\mathcal{F} = \{-1, p_2, \ldots, p_k\}$ mit Primzahlen $p_2, \ldots, p_k \leq B$. ◆

Negative Reste sind ebenso gewollt, weswegen wir $p_1 := -1$ mit aufnehmen. Daneben brauchen wir noch ein Siebpolynom, das die quadratischen Reste erzeugt. Dieses ist von der Form

$$Q(i) = \left(i + \left\lfloor \sqrt{N} \right\rfloor\right)^2 - N.$$

Wir können bereits jetzt die Faktorbasis auf bestimmte Primzahlen p_i einschränken, da in von einem Siebpolynom $Q(i)$ erzeugten Resten r_i nicht beliebige Primteiler vorkommen können. Welche das sind, bekommen wir über die Berechnung des Legendresymbols heraus.

Definition 27.12 (Legendresymbol)

Sei $a \in \mathbb{Z}$ und p eine Primzahl. Unter dem Legendresymbol versteht man die Schreibweise

$$\left(\frac{a}{p}\right) = \begin{cases} 0 & , \text{wenn } p \mid a, \\ 1 & , \text{wenn } a \text{ quadratischer Rest modulo } p \text{ ist}, \\ -1 & , \text{wenn } a \text{ quadratischer Nichtrest modulo } p \text{ ist}. \end{cases}$$

◆

Eine Primzahl p kann nur dann ein Teiler von $Q(i)$ sein, falls $\left(i + \left\lfloor \sqrt{N} \right\rfloor\right)^2 \equiv N \pmod{p}$ gilt, was sofort $\left(\frac{N}{p}\right) = 1$ impliziert. Bei Erstellung der Faktorbasis wird daher zu jeder Primzahl das Legendresymbol ausgewertet. Das geht auch für große Primzahlen sehr schnell, da es einige einfache Rechenregeln für das Legendresymbol gibt.

Sieht man von der 0 ab, so gibt es modulo einer ungeraden Primzahl genauso viele quadratische Reste wie Nichtreste; im Endeffekt fallen dadurch ca. die Hälfte aller Primzahlen durchs Raster.

Als nächstes benötigen wir das Siebintervall. Dieses definiert diejenigen $i \in \mathbb{Z}$, für die wir die Werte $Q(i)$ verwenden. Es ist von der Form

$$I_\varepsilon := \{i \in \mathbb{Z} : -N^\varepsilon \le i \le N^\varepsilon\},$$

wobei $0 \le \varepsilon \le \frac{1}{2}$ gilt. Das bewirkt, dass die damit gewonnenen quadratischen Reste von der Größenordnung $Q(i) \in \mathcal{O}(N^{\frac{1}{2}+\varepsilon})$ sind.

Wir erzeugen uns also fortlaufend Werte $Q(i)$ und schauen, ob diese über der Faktorbasis $\mathcal{F}$ zerfallen, d. h., $Q(i)$ besitzt nur Primfaktoren aus der Faktorbasis. Die naive Methode, dazu eine Probedivision durch alle Faktoren p aus $\mathcal{F}$ durchzuführen, ist uns dabei viel zu langsam. Stattdessen bedienen wir uns eines deutlich schnelleren Siebverfahrens, das auf der Äquivalenz

$$p^s \mid Q(i) \iff p^s \mid Q(i + l \cdot p^s)$$

mit $l \in \mathbb{Z}$, $s \in \mathbb{N}$ beruht. Dabei lösen wir zunächst die Kongruenz

$$Q(i) \equiv 0 \pmod{p_j^s}$$

für alle Primzahlen $p_j \in \mathcal{F}$ und in Frage kommenden Exponenten s. Man beachte, dass Q ein quadratisches Polynom ist. Modulo einer Primzahl haben solche Polynome höchstens zwei Nullstellen (wir müssen demzufolge auch alle Lösungen betrachten). Die Nullstellen lassen sich auch für große Primzahlen schnell bestimmen; das gilt ebenfalls für die Nullstellen modulo einer Primzahlpotenz.

Haben wir nun zwei Lösungen i_1 und i_2 erhalten, so bekommen wir alle weiteren einfach durch Addition ganzzahliger Vielfacher $l \cdot p_j^s$ zu i_1 bzw. i_2.

Die Ergebnisse werden in einer Siebtabelle festgehalten. Die Zeilen markieren den Index i und die Spalten die Primzahlen p_j der Faktorbasis. Die Einträge sind die Vielfachheiten s des Vorkommens der p_j in der Faktorzerlegung von $Q(i)$. Untenstehend zu sehen ist die Siebtabelle (Tabelle 27.1) für unser Eingangsbeispiel $N = 517631$ und das Siebintervall $I = [-24, 24]$.

Tab. 27.1: Siebtabelle für $N = 517631$

i	x_i	$Q(i)$	-1	2	5	7	11	13	17	23	37
-24	695	-34606	1	1	-	-	3	1	-	-	-
-15	704	-22015	1	-	1	1	-	-	1	-	1
-10	709	-14950	1	1	2	-	-	1	-	1	-
-2	717	-3542	1	1	-	1	1	-	-	1	-
2	721	2210	-	1	1	-	-	1	1	-	-
5	724	6545	-	-	1	1	1	-	1	-	-
15	734	21125	-	-	3	-	-	2	-	-	-
20	739	28490	-	1	1	1	1	-	-	-	1
22	741	31450	-	1	2	-	-	-	1	-	1

In die „finale" Siebtabelle kommen natürlich nur die $Q(i)$, die über der Faktor-
basis $\mathcal{F}$ zerfallen. Um festzustellen, ob das der Fall ist, müssen wir während des
Siebvorgangs $Q(i)$ durch gefundene Faktoren p_j^s dividieren. Wird dadurch am
Ende $Q(i)$ zu 1 reduziert, so ist $Q(i)$ über $\mathcal{F}$ vollständig zerlegbar.

Auswahlschritt

Nachdem wir im ersten Teil des Verfahrens hinreichend viele — was „hinreichend" bedeutet, werden wir gleich sehen — Relationen der Form $x_i^2 \equiv$
$Q(i) \pmod{N}$ gefunden haben, werden diese nun im zweiten Teil zur gesuchten
Lösung kombiniert.

Wir haben also insgesamt l quadratische Reste $Q(i_1), \ldots, Q(i_l)$ gegeben und
suchen jetzt eine Auswahl $\{i_{m_1}, \ldots, i_{m_n}\} \subseteq \{i_1, \ldots, i_l\}$, so dass im Produkt

$$Q(i_{m_1}) \cdot \ldots \cdot Q(i_{m_n}) \equiv (x_{i_{m_1}} \cdot \ldots \cdot x_{i_{m_n}})^2 \pmod{N}$$

auch auf der linken Seite ein echtes Quadrat steht. Dazu müssen die Elemente p_j
der Faktorbasis in der Faktorzerlegung der linken Seite in einer geraden Potenz
vorkommen. Sind s_{ij} die zugehörigen Exponenten, so muss also die Gleichung

$$z_1 s_{1j} + z_2 s_{2j} + \ldots + z_l s_{lj} \equiv 0 \pmod{2}$$

mit Koeffizienten $z_1, \ldots, z_l \in \{0, 1\}$ gelten. Diese Eigenschaft muss natürlich für
alle k Elemente von $\mathcal{F}$ gelten, so dass wir ein Gleichungssystem $Az \equiv 0 \pmod{2}$
der Form

$$\begin{pmatrix} s_{11} & \cdots & s_{l1} \\ \vdots & \ddots & \vdots \\ s_{1k} & \cdots & s_{lk} \end{pmatrix} \cdot \begin{pmatrix} z_1 \\ \vdots \\ z_l \end{pmatrix} \equiv 0 \pmod{2}$$

bekommen. Im Lösungsvektor z sind genau die n Bit gesetzt, die diejenigen
Relationen auswählen, welche sich zur gesuchten Lösung kombinieren lassen.

Zu lösen ist also ein lineares Gleichungssystem über $\mathbb{F}_2$, wobei im Fall $l > k$ sogar eine Lösung garantiert ist. Falls sich als Lösung eine triviale Kongruenz ergibt, muss wenigstens eine weitere Kongruenz gefunden werden.

Beispiel

Bleiben wir bei unserem Beispiel $N = 517631$. Die Siebtabelle haben wir schon gesehen, im zugehörigen Gleichungssystem $Az \equiv 0 \,(\mathrm{mod}\ 2)$ ist dann

$$A = \begin{pmatrix} 1 & 1 & 1 & 1 & 0 & 0 & 0 & 0 & 0 \\ 1 & 0 & 1 & 1 & 1 & 0 & 0 & 1 & 1 \\ 0 & 1 & 0 & 0 & 1 & 1 & 1 & 1 & 0 \\ 0 & 1 & 0 & 1 & 0 & 1 & 0 & 1 & 0 \\ 1 & 0 & 0 & 1 & 0 & 1 & 0 & 1 & 0 \\ 1 & 0 & 1 & 0 & 1 & 0 & 0 & 0 & 0 \\ 0 & 1 & 0 & 0 & 1 & 1 & 0 & 0 & 1 \\ 0 & 0 & 1 & 1 & 0 & 0 & 0 & 0 & 0 \\ 0 & 1 & 0 & 0 & 0 & 0 & 0 & 1 & 1 \end{pmatrix} \quad \text{und } z = \begin{pmatrix} 0 \\ 0 \\ 0 \\ 0 \\ 0 \\ 1 \\ 0 \\ 1 \\ 1 \end{pmatrix}$$

Um zwei kongruente Quadrate zu erzeugen, müssen also die Relationen 6, 8 und 9 kombiniert werden (entspricht den Werten $i = 5$, 20 und 22).

Erweiterungen/Verbesserungen

Der Siebschritt ist natürlich parallelisierbar, da man unabhängig voneinander verschiedene Werte $Q(i)$ berechnen und über verschiedenen $p \in \mathcal{F}$ sieben kann. Man kann aber noch weitere interessante Erweiterungen einbauen.

1) Verwendung von partiellen Relationen

Man kann die Forderung, dass ein quadratischer Rest über $\mathcal{F}$ zerlegbar sein muss, etwas abschwächen. Man lässt in der Faktorzerlegung einen Primfaktor q außerhalb von $\mathcal{F}$ zu, der aber eine bestimmte (nicht zu hohe) Schranke nicht überschreiten darf. Findet man zwei solche sogenannten partiellen Relationen mit demselben Faktor q, so lässt sich q durch Kombination beider Relationen eliminieren. Damit man eine Chance auf solche Paare hat, darf q aber nicht zu groß geraten.

2) Verwendung von Heuristiken

Weiterhin hat man herausgefunden, dass sich das Sieben nach großen Primpotenzen p^s nur für kleine p lohnt und schränkt sich hier entsprechend ein — auch wenn dadurch möglicherweise Relationen übersehen werden.

Eine weitere brauchbare Modifikation ist das logarithmische Sieben. Statt die Werte $Q(i)$ durch gefundene Faktoren p^s zu dividieren, hält man sich eine Tabelle mit den Logarithmen der p^s bzw. der $Q(i)$. Eine Division ersetzt man dann durch eine Subtraktion des entsprechenden Logarithmus. Dahinter steckt die Tatsache, dass eine Subtraktion schneller ausgeführt wird als eine Division. Die Logarithmen werden mit einer hinreichend großen Genauigkeit gespeichert. Ein Rest zerfällt über $\mathcal{F}$, falls die Subtraktionen einen Wert sehr dicht bei 0 ergeben. Nachteil: die Rundungsfehler stellen eine (theoretische) Fehlerquelle dar.

3) Verwendung von Mehrfachpolynomen

Wir benutzten bis jetzt ein einziges Siebpolynom der Gestalt $Q(x) = x^2 - N$. Nur für wenige x sind die so erzeugten Reste wirklich klein; und man ist natürlich an möglichst kleinen Resten interessiert, da diese mit höherer Wahrscheinlichkeit über der Faktorbasis zerfallen.

Daher gibt es eine erweiterte Variante, die variable Polynome der Form

$$Q(x) = (ax + b)^2 - N$$

verwendet. Wählt man hier a und b so, dass a ein Teiler von $b^2 - N$ ist, so gilt

$$Q(x) = (ax + b)^2 - N = a^2x^2 + 2abx + b^2 - N = a \cdot (ax^2 + 2bx + c)$$

für eine ganze Zahl c. Das bedeutet: $Q(x)$ ist immer durch a teilbar, so dass man nur die Werte $Q(x)/a$ betrachten muss. Man kann sich also ein a wählen und erhält dadurch mehrere Siebpolynome. Ein zu großes a führt aber leider dazu, dass die Werte $Q(x)$ schneller anwachsen.

Um ein zugehöriges b zu bekommen, löst man die Kongruenz $b^2 \equiv N \pmod{a}$. Auch hier kann man tricksen, da die Zahl der Lösungen dieser Kongruenz umso größer ist, je mehr Primfaktoren a besitzt. Man wählt daher gern solche a mit vielen verschiedenen kleinen Primfaktoren und erhält entsprechend viele Siebpolynome.

4) Eine Weiterentwicklung: Das Zahlkörpersieb

Ende der 80er-Jahre gelang eine deutliche Verbesserung durch Erfindung des Zahlkörpersiebes. Das Verfahren benutzt algebraische Zahlkörper und erzeugt viel glattere Relationen als das originale QS. Wer sich für dieses Verfahren interessiert, lese z. B. in Lenstra [76] weiter.

Laufzeit

Wählen wir die Faktorbasis sehr groß, so finden wir auch schnell geeignete Relationen, benötigen aber auch viele davon und müssen anschließend noch ein Riesengleichungssystem lösen. Ist die Faktorbasis dagegen klein, suchen wir mitunter sehr lange. Gesucht ist also wieder einmal der goldene Mittelweg.

Fangen wir mit dem Siebverfahren an. $\mathcal{F}$ enthält alle Primzahlen $p \leq B$. Hat man mit dem Siebpolynom n quadratische Reste gewonnen, so werden zu jeder Primzahl $p \in \mathcal{F}$ insgesamt n/p Eintragungen in der Siebtabelle vorgenommen. Für den Gesamtaufwand ergibt sich daraus

$$\sum_{p \in \mathcal{F}} \frac{n}{p} \approx n \cdot \int_2^B \frac{1}{k \ln(k)} \, dk \approx n \cdot \ln(\ln(B)).$$

Die Integralabschätzung bekommt man aus dem Primzahlsatz, aus dem man die Größenordnung $k \ln(k)$ für die k-te Primzahl folgern kann.

Pro berechnetem quadratischen Rest benötigen wir also gerade einmal $\ln(\ln(B))$ Operationen für das Sieben. Jetzt müssen wir uns natürlich überlegen, wie viele quadratische Reste wir durchprobieren müssen, bis uns eine der gewünschten Relationen über den Weg läuft. Für diese muss der Rest über $\mathcal{F}$ zerlegbar, also B-glatt sein. Dazu benötigen wir wieder die in Kapitel 6 vorgestellte Glattheitsfunktion ψ und den Satz von Canfield, Erdös und Pomerance.

Nehmen wir an, alle vom Siebpolynom erzeugten Reste sind im Betrag durch x beschränkt. Es ist dann $x \cdot \psi(x, B)^{-1}$ die zu erwartende Anzahl an benötigten Versuchen, um einen B-glatten Rest zu bekommen. Um im Auswahlschritt das Gleichungssystem lösen zu können, benötigen wir etwa $\pi(B)$ Relationen. Wir können also eine Gesamtlaufzeit von

$$L(x) = \ln(\ln(B)) \cdot \pi(B) \cdot x \cdot \psi(x, B)^{-1}$$

ansetzen. Der Primzahlsatz sagt uns $\pi(B) \approx B/\ln(B)$, wir können $\ln(\ln(B)) \cdot \pi(B)$ also mit B großzügig nach oben abschätzen. Um den Satz von Canfield, Erdös und Pomerance anzuwenden, setzen wir $B := x^{1/u}$, also

$$L(x) = x^{1/u} \cdot x \cdot \psi(x, x^{1/u})^{-1}.$$

Anwenden des Satzes ergibt

$$L(x) = x^{1/u} \cdot u^u.$$

Um die Laufzeit zu minimieren, machen wir wieder den Ansatz $dL/du = 0$, was uns auf

$$\ln(x) = u^2 (\ln(u) + 1)$$

führt. Man beachte die Ähnlichkeit zur Laufzeitanalyse in Kapitel 6. Analog zu dieser bekommen wir

$$u_{opt} \cong \sqrt{2 \ln(x)/\ln(\ln(x))}.$$

Fehlt nur noch das Einsetzen und Vereinfachen:

$$L(x) = e^{\frac{1}{u} \ln(x) + u \ln(u)}$$

$$= e^{\ln(x) \cdot \sqrt{\ln(\ln(x))/2\ln(x)} + \frac{1}{2} \ln(2\ln(x)/\ln(\ln(x))) \cdot \sqrt{2\ln(x)/\ln(\ln(x))}}$$

$$= e^{\sqrt{\frac{1}{2} \ln(x)\ln(\ln(x))} + \frac{1}{2} \ln(\ln(x)) \cdot \sqrt{2\ln(x)/\ln(\ln(x))}}$$

$$= e^{\sqrt{2\ln(x)\ln(\ln(x))}}$$

Wie schon erwähnt, sind die quadratischen Reste im Betrag durch $N^{\frac{1}{2}+\varepsilon}$ beschränkt, wobei man mit $\varepsilon \to 0$ (für $N \to \infty$) auskommt, also:

$$L(N) = e^{\sqrt{2\ln(N^{\frac{1}{2}+o(1)})\ln(\ln(N^{\frac{1}{2}+o(1)}))}}$$

$$= e^{\sqrt{(1+o(1))\ln(N)\ln(\ln(N))}}$$

Man kann jetzt noch nachrechnen, dass die optimale Wahl von B in der Größenordnung

$$B \approx e^{(\frac{1}{2}+o(1))\cdot\sqrt{\ln(N)\ln(\ln(N))}}$$

liegt.

Soweit der Siebschritt. Das Ganze würde natürlich gar keinen Sinn machen, wenn die eigentliche Komplexität im Auswahlschritt läge. Dort haben wir ein Gleichungssystem mit einer $(l \times l)$-Matrix (wobei $l \approx B$) zu lösen. Die Gauß-Elimination hat zwar allgemein eine Laufzeit von $\mathcal{O}(l^3)$, doch handelt es sich hier um extrem dünn besetzte Matrizen. Man kann ja leicht nachrechnen, dass die Anzahl der auf 1 gesetzten Stellen in einer Spalte durch etwa $\ln(N)$ beschränkt ist. In der Praxis ergibt sich daher eine Laufzeit von $B^{2+o(1)}$ für den Auswahlschritt, wobei man eher speziell auf solche Matrizen zugeschnittene Algorithmen verwendet, z. B. das „Block Lanczos"-Verfahren. Der Auswahlschritt ist gegenüber dem Siebschritt fast vernachlässigbar. Das ist auch gut, da sich ersterer — im Gegensatz zu letzterem — schlecht parallelisieren lässt.

Die Laufzeit hat starke Ähnlichkeit mit der Laufzeit der Elliptische-Kurven-Methode. Das ist aber kein Zufall, da die Komplexität beider Verfahren durch glatte Zahlen bestimmt wird. Das QS unterscheidet sich von ECM dadurch, dass der Aufwand ausschließlich von der Länge der Eingabe N abhängt und unabhängig von der Größe der Primteiler von N ist.

In der Praxis läuft es meist auf eine Arbeitsteilung hinaus. Faktoren bis etwa $\sqrt[3]{N}$ werden mit ECM schneller gefunden. Bleiben dagegen genau zwei Faktoren größer als $\sqrt[3]{N}$ übrig, so gibt man dem QS den Vorzug, welches in diesem Fall seine Stärken ausspielen kann.

Nachtrag

Ein kleines Konsolenprogramm, das auf dem Matheplaneten verfügbar ist [77], hat einige der vorgestellten Verfahren implementiert, so dass man das Ganze auch einmal ausprobieren kann.

Die Verfahren und die ihnen zugrunde liegenden Ideen sollten dem Leser ein Gefühl für die Problematik und die damit verbundenen Schwierigkeiten geben. Wie schwer Faktorisieren wirklich ist, ist eine noch ungeklärte Frage. Möglicherweise wird ja doch noch ein „schneller" Algorithmus gefunden.

Kay Schönberger ist Dipl.-Informatiker und lebt in Berlin.

Teil V

Ausblick auf Weiteres

28 Fouriertransformation

28.1 Motivation

Gegen das mathematische Ende des Elektrotechnik-Studiums wird man zu den Funktionaltransformationen (oder Integraltransformationen) gelangen. Es ist ein wichtiges Ziel der Ausbildung, diese Transformationen anwenden zu können. Sie sind sozusagen das Schweizer Sackmesser des Elektroingenieurs.

Dieser Beitrag zielt in erster Linie auf die praktische Anwendung ab. Dazu mag es manchem schon genügen, etwas über komplexe Zahlen zu wissen und algebraische Gleichungen lösen zu können. Das ist natürlich komfortabel, denn es ist gut möglich, solchermaßen ausgerüstet Prüfungen zu bestehen und auch praktische Probleme zu lösen.

Wer es aber genauer wissen will, kommt nicht darum herum, sich mit Funktionentheorie zu beschäftigen. Auch von linearen Differentialgleichungen sollte man etwas verstehen.

Hier geht es vor allem um die Motivation: Wieso und wozu ist das gut? Und die Antwort kann ich zusammengefasst gleich vorwegnehmen: Für nahezu jede Form der Signalverarbeitung, seien es optische, akustische oder andere Signale.

28.2 Zeit und Frequenzbereich

Die meisten Menschen sind es gewohnt, in zeitlichen Abläufen zu denken, das ist unsere alltägliche Erfahrung. Nahezu jeder wissenschaftlich interessierte Mensch kennt die Signaldarstellungen auf dem Oszilloskop. Was wir als Ton hören, wird zu einer Linie der Intensität über die Zeit. Aber wie hören wir diesen Ton? Unser Ohr zerlegt das Signal keineswegs in kleinste Zeiteinheiten, wie es dies das Oszilloskop tut, sondern es filtert die einzelnen Frequenzen heraus, wie in der Abbildung 28.1 veranschaulicht ist.

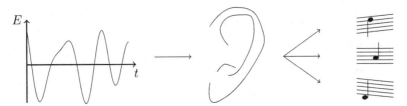

Abb. 28.1: Signalweg im Ohr

Im Schallverlauf $E(t)$, also im Zeitbereich, sieht man die einzelnen Frequenzen nur schlecht. Im Ohr muss also eine Transformation in den Frequenzbereich stattfinden.

Umgekehrt, wie in Abbildung 28.2 gezeigt, geht es auch. Spielt man Töne auf einer Orgel, so addieren sich die Schwingungen und können mit dem Oszillographen betrachtet werden. Aus Signalen verschiedener Frequenz setzt sich also wieder ein Zeitsignal zusammen.

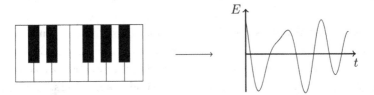

Abb. 28.2: Von der Klaviatur zum Zeitsignal

Man sieht sofort: Die zeitliche Darstellung lässt kaum erkennen, welche Tasten gedrückt wurden. Das Frequenzgemisch sieht ziemlich chaotisch aus. Wie kann der Mensch aus diesem Tongemisch wieder etwas Sinnvolles heraushören? Einerseits zerlegt unser Gehör das Signal wieder in seine Frequenzen. Aber das Gehör und seine Nervenzellen tun noch viel mehr. Störgeräusche (z. B. das Blutrauschen) müssen herausgefiltert werden. Tonfolgen müssen erkannt werden usw. Früher hat man versucht, diesen Geheimnissen durch Tierversuche auf die Spur zu kommen. Wichtige Durchbrüche hat man jedoch erst erzielt, als man neue mathematische Methoden auch mit schnellen, logischen, programmierbaren Bausteinen ausprobieren konnte (FPGA, DSP).

Die Folgerung: *Mathematik rettet Katzenleben!*

Heute sind die Funktionaltransformationen und abgeleitete Berechnungen daraus zu einem wichtigen Wirtschaftfaktor geworden. Das Handy ist nur das naheliegendste Beispiel für moderne Signalverarbeitung. Der Röntgentomograph macht die Bildgebung auch nicht mehr mit Fotoplatten.

28.3 Der Weg zur Fouriertransformation

Nach der Einleitung jetzt ein wenig Mathematik: Ich habe von Transformationen vom Zeit- in den Frequenzbereich gesprochen. Man kann nun versuchen, eine solche Transformation mathematisch zu beschreiben. Eine Sinusfunktion mit der Zeit als Parameter lässt sich auch folgendermaßen schreiben:

$$\sin(t) = \frac{e^{i \cdot t} - e^{-i \cdot t}}{2 \cdot i}$$

Anschaulich ist dies die Differenz zweier gegenläufig rotierender Zeiger auf dem Einheitskreis. Da die Differenz imaginär wird, muss sie mit der Division durch 2i noch um $-90°$ auf die reelle Achse gedreht werden. Man könnte diese Schwingung auch allein durch die beiden Frequenzen $+\omega$ und $-\omega$ und die Amplitude A definieren. Somit ist bereits so etwas wie eine Transformation definiert. Diese einfache „Transformation" hat allerdings zwei Nachteile:

1. Ist das Signal im Zeitbereich aus Schwingungen verschiedener Frequenzen zusammengesetzt, so lässt sich diese Zusammensetzung nicht ermitteln.

2. Wirkliche Signale sind nicht unendlich lang. Außer der Amplitude muss auch noch ihre Zeitdauer berücksichtigt werden. Diese Nachteile lassen sich durch eine bessere Methode beseitigen.

Zu 1. Durch Multiplikation mit einer Testfunktion können die einzelnen Frequenzen ermittelt werden. Die Testfunktion lautet bei der Fouriertransformation $e^{-i\omega t}$. Man nennt diese Funktion den Kern der Transformation. Um zu sehen, wie gut ein Signal auf den Kern passt, wird das Produkt über die Zeit integriert.

Zu 2. Im einfachen Beispiel nahm ich eine unendliche Sinusfunktion an. Um diesem Umstand gerecht zu werden, könnte man eine weitere Zahl einführen für die Zeitdauer oder (und so wird es gemacht) man verschmilzt Amplitude und Dauer mittels Integration, was ja bereits in der Besprechung zu Punkt 1 nahegelegt wird. Nach diesen praktischen Überlegungen mag die Fouriertransformation nicht mehr so fremd erscheinen:

$$Y(\omega) = \frac{1}{2\pi} \cdot \int_{-\infty}^{\infty} y(t) \cdot e^{-i\omega t} \cdot dt \qquad (28.1)$$

Dazu noch einige Erklärungen: Hier wird die Kreisfrequenz $\omega = 2 \cdot \pi \cdot f$ verwendet. Man kann ebenso gut f verwenden, muss aber die Vorfaktoren anpassen: $\frac{1}{2 \cdot \pi}$ fällt dann weg. Dies handhabt jedes Buch oder Skript etwas anders.

28.3.1 Von den Fourierreihen zur Transformation

Einen weiteren Einstieg bilden die Fourierreihen. Damit kann man das erste Problem lösen und ein Signal in seine Frequenzbestandteile zerlegen. Die Einschränkung aus Punkt 2 (Fourierreihen beschreiben unendliche periodische Signale) muss aber noch beseitigt werden.

Ein $2T$-periodisches Signal sei auf $[-T, T]$ absolut integrierbar ($f : \mathbb{R} \to \mathbb{C}$).

Die Fourierkoeffizienten lauten:

$$c_k(f) =: \frac{1}{2T} \cdot \int_{-T}^{T} f(t) \cdot e^{-\mathrm{i} \cdot \frac{k\pi}{T} \cdot t} \, \mathrm{d}t$$

Die Fourierreihe ist dann:

$$\sum_{k=-\infty}^{\infty} c_k(f) \cdot e^{\mathrm{i} \cdot \frac{k \cdot \pi}{T} \cdot t}$$

Der Grenzwert dieser Reihe (falls sie konvergiert) ist wieder die ursprüngliche Funktion f. (Dazu muss die Funktion an Unstetigkeitsstellen das Mittel der links- und rechtsseitigen Grenzwerte sein. An Stetigkeitspunkten ist das automatisch erfüllt.) Dann gibt es eine Bijektion zwischen f und der Folge $c_k(f)$ der Fourierkoeffizienten. Um auch nichtperiodische Funktionen zu behandeln, kann man die Periode in einem Grenzübergang unendlich wachsen lassen.

Wir haben also eine auf $\mathbb{R}$ absolut integrierbare Funktion $f : \mathbb{R} \to \mathbb{C}$. Jetzt schneiden wir das Signal bei den Zeitpunkten $-T$ und T einfach ab und wiederholen es periodisch. Dieses periodische Signal heiße f_T. Es gelte also für $-T < t \leq T : f_T(t) = f(t)$ und die Periodizität $f_T(t) = f_T(t + 2 \cdot T)$ für $t \in \mathbb{R}$.

Die Fourierkoeffizienten für f_T lauten nun (für jedes $k \in \mathbb{Z}$):

$$c_{k,T}(f) = \frac{1}{2 \cdot T} \cdot \int_{-T}^{T} f_T(t) \cdot e^{-\mathrm{i} \cdot \frac{k \cdot \pi}{T} \cdot t} \, \mathrm{d}t$$

Wenn f stetig differenzierbar ist, gilt (für $t \in \,]-T, T[$):

$$f_T(t) = \frac{1}{2\pi} \sum_{k=-\infty}^{\infty} \left(\int_{-T}^{T} f(T) \cdot e^{-\mathrm{i} \cdot \frac{k \cdot \pi}{T} \cdot t} \, \mathrm{d}t \right) \cdot e^{\mathrm{i} \cdot \frac{k \cdot \pi}{T} \cdot t} \cdot \frac{\pi}{T}$$

Wenn man jetzt T unendlich groß werden lässt, konvergiert f_t gegen f. Bei diesem Grenzübergang wird aus der Summe ein Integral. Der Ausdruck $k \cdot \frac{\pi}{T}$ werde durch den Grenzübergang zur Kreisfrequenz ω und $\frac{\pi}{T}$ wird zu $d\omega$. Wir gelangen hiermit zur folgenden Integraldarstellung:

$$f(t) = \frac{1}{2\pi} \int_{-\infty}^{\infty} \left(\int_{-\infty}^{\infty} f(\tau) \cdot e^{-i\omega\tau} \cdot d\tau \right) \cdot e^{i\omega t} \cdot d\omega \qquad (28.2)$$

Diese Herleitung enthielt nicht nur die Transformation in den Frequenzbereich, sondern auch gleich wieder die Rücktransformation in den Zeitbereich, es sollte ja die ursprüngliche Zeitfunktion wiederhergestellt werden. Darum werden hier noch einmal Transformation und Rücktransformation separat in einer Tabelle gezeigt. Dabei habe ich mich auf zeitliche Signale beschränkt. Man kann auch Helligkeitswerte in einem zweidimensionalen Bild transformieren usw. Dies wird hier aber nicht besprochen.

28.3.2 Tabelle zur Fouriertransformation von Zeitsignalen

In der Tabelle 28.1 sind einige Begriffe zusammengestellt. In der letzten Zeile sind die Transformationsformeln vom Frequenz- in den Zeitbereich (links) und vom Zeit- in den Frequenzbereich (rechts) dargestellt.

Tab. 28.1: Tabelle zur Fouriertransformation von Zeitsignalen

	Zeitbereich	Frequenzbereich
Begriffe	Zeitsignal	Spektrum
Parameter	Zeit: t oder Ort: x	Frequenz: ω oder f
Funktionwert	reell: y(t)	komplex: $Y(\omega)$
Transformation in den	$\frac{1}{2\pi} \int\limits_{-\infty}^{\infty} Y(\omega) \cdot e^{i\omega t} \, d\omega$	$\int\limits_{-\infty}^{\infty} y(t) \cdot e^{-i\omega t} \, dt$

Nun sind wir in der Lage, Beispiele zu rechnen. An dieser Stelle wird einfach davon ausgegangen, dass das Integral konvergiert und etwas Sinnvolles herauskommt, was natürlich nicht selbstverständlich ist.

Welche Signale lassen sich transformieren?

Das Oszilloskop kann für jedes technisch erzeugbare Signal eine Transformation in den Frequenzbereich anzeigen. Wo liegen aber mathematisch die Grenzen? Die kleinste Menge der transformierbaren und rück-transformierbaren Funktionen wird *Schwarz-Raum* oder die *Menge der schnell abfallenden Funktionen* genannt (im Wesentlichen sind das Kombinationen aus Gauß-Verteilungsfunktionen).

Diese Funktionen kann man folgendermaßen spezifizieren: Für jedes $k \in \mathbb{N}_0$ und $n \in \mathbb{N}$ ist $\lim\limits_{x \to \pm\infty} |x|^n f^{(k)}(x) = 0$.

Der Schwarz-Raum ist jedoch eine zu starke Eingrenzung und für den Elektrotechniker kaum anwendbar. Erweitern wir ihn deshalb zunächst zu der Menge der *Energiesignale*.

Ein beschränktes, stückweise stetiges Signal $y(t)$ nennt man *Energiesignal*, wenn gilt:

$$\int_{-\infty}^{\infty} y(t) \cdot y^*(t)\, dt = \int_{-\infty}^{\infty} |y(t)|^2\, dt < \infty \tag{28.3}$$

Divergiert obiges Integral, aber existiert der Grenzwert

$$\lim_{T \to \infty} \frac{1}{2T} \int_{-T}^{T} y(t) \cdot y^*(t)\, dt = \lim_{T \to \infty} \frac{1}{2 \cdot T} \int_{-T}^{T} |y(t)|^2\, dt < \infty, \tag{28.4}$$

so spricht man von einem *Leistungssignal*, da man den Grenzwert als mittlere Leistung interpretieren kann.

Diese Signale lassen sich transformieren. Die Transformation kann aber nicht nur zu klassischen Funktionen, sondern auch zu Distributionen führen.

28.4   Beispiele mit dem Oszilloskop

Da dieser Beitrag angewandte Mathematik behandelt, habe ich die Signale mit einem Oszilloskop transformiert. Dieses berechnet die Signale im Frequenzbereich mit der FFT-Methode (*fast fourier transformation*).

28.4.1   Die Sinusfunktion

Zunächst einmal das einfachste Signal in diesem Zusammenhang: die Sinusfunktion. Genau genommen kann man dieses Signal nicht transformieren (technisch), da es unendlich lang andauert. Da es sich aber um ein Leistungssignal handelt (wie oben definiert), ist die Transformation zumindest theoretisch definiert. Nun aber zur Messung.

Bis auf die Mess- und Auflösungsfehler kommt in Abbildung 28.3 etwa das heraus, was wir erwarten würden.

Bei der Frequenz von 1 kHz sieht man den (durch die Messung leicht zerdrückten) Diracstoß. In den Bildern fällt auch auf, dass nur die positiven Frequenzen vorkommen. Die Fouriertransformation erstreckt sich aber auch auf die negativen Frequenzen und das sollte man nie vergessen. In der Technik scheinen diese auf den ersten Blick keine Rolle zu spielen. Beim Beispiel mit der Amplitudenmodulation werden wir aber sehen, dass negative Frequenzen auch in den

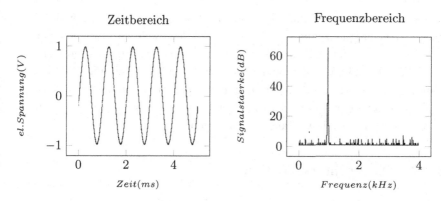

Abb. 28.3: Sinus transformieren

positiven Bereich gespiegelt werden und deshalb nicht vernachlässigt werden dürfen.

Etwas Weiteres wird bei dieser Darstellung vernachlässigt: die Phase. Nach der Fouriertransformation haben wir für jede Frequenz einen komplexen Wert. Der Oszillograph stellt nur den Betrag dar. Man könnte mit einem zweiten Diagramm die Phase über die Frequenz einzeichnen. Diese beiden Darstellungen nennt man auch Bode-Diagramme (Beispiel folgt).

Noch ein paar Worte zur dB-Skala: Diese bezeichnet das Verhältnis von Ausgangs- zu Eingangssignal bei einer bestimmten Frequenz. Die Definition lautet: $L = 20\log_{10} \cdot (U_{out}/U_{in})$. 0 dB bedeutet somit $U_{out} = U_{in}$, 20 dB eine 10-Fache Verstärkung, 40 dB eine hundertfache Verstärkung und -6 dB eine Abschwächung auf etwa 1/2.

Nun soll ein geeigneteres Signal verwendet werden. Um die Energie endlich zu halten, wird das Signal einfach nur in einem gewissen Zeitfenster eingeschaltet. Vorher und nachher sei es Null. In Abbildung 28.4 wird gefenstert.

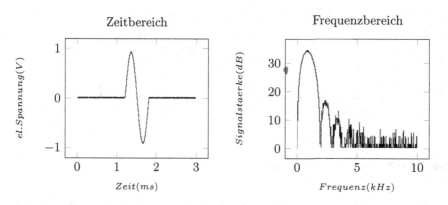

Abb. 28.4: Sinus im Fenster

Wie sieht das denn aus? Aus dem reinen Dirac-Impuls ist ein ziemlich übel verschmierter Frequenzgang geworden und das nur, weil wir etwas abgeschnitten haben. Zugegeben, wir haben ja auch unendlich viel Signal abgeschnitten. Der „Gipfel" des Signals ist immer noch etwa bei 1 kHz (Achtung: die Skala in Abbildung 28.4 ist gegenüber dem ersten Beispiel etwas anders gewählt). Das Frequenzspektrum hat aber noch viele kleinere lokale Maxima, welche bei dieser Messung nach und nach im Rauschen untergehen.

28.4.2   Die Rechteckfunktion

Die Rechteckfunktion hat eine wichtige praktische Bedeutung; sie dient dazu, Funktionen durch ein Zeit- oder Frequenzfenster zu betrachten. Ein einzelner Rechteckpuls soll nun zuerst mathematisch transformiert werden:

$$r_T(t) = \begin{cases} 1 & |t| \le \frac{T}{2} \\ 0 & \text{sonst} \end{cases}$$

Nun setzen wir diese Funktion in das Fourier-Integral ein und erhalten eine Funktion der Frequenz:

$$Y(f) = \int_{-\frac{T}{2}}^{\frac{T}{2}} e^{-i \cdot 2\pi f t} \, dt = \left[\frac{1}{-i \cdot 2\pi f} \cdot e^{-i \cdot 2\pi f t} \right]_{-\frac{T}{2}}^{\frac{T}{2}}$$

$$= \frac{e^{i \cdot \pi f T} - e^{-i \cdot \pi f T}}{i \cdot 2\pi f} = T \cdot \frac{\sin(\pi f T)}{T \pi f} = T \cdot \mathrm{sinc}(\pi f T)$$

Die Bezeichnung sinc(x) ist eine Abkürzung für sin(x)/x. Die Messung zeigt Abbildung 28.5.

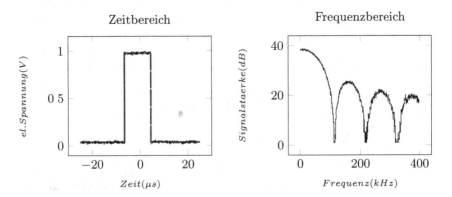

Abb. 28.5: Rechteckpuls transformieren

Die Funktion im Bild rechts ist von der Form $|\mathrm{sinc}(a \cdot f)|$ Nun machen wir das Gegenteil von vorhin. Die Fouriertransformation und die Rücktransformation sehen sehr ähnlich aus. Was passiert also, wenn man die sinc(t) Funktion in den Frequenzbereich transformiert? Die Antwort soll die Messung in Abbildung 28.6 geben. Bis auf die erwarteten Fehler ergibt sich bei dieser Messung wieder ein Rechteck.

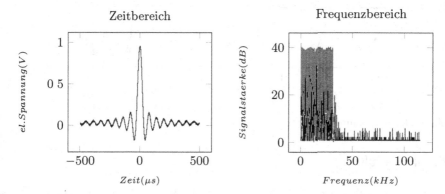

Abb. 28.6: Sinc transformieren

28.4.3 Die Dreieckfunktion

In Abbildung 28.7 erkennt man die Koeffizienten der Fourierreihe. Dank der Tatsache, dass nur ein endliches Signal transformiert wurde, sind diese Spitzen auch nicht unendlich hoch. Die Frequenzen liegen bei der Grundfrequenz, dem 3, 5, 7-fachen usw.

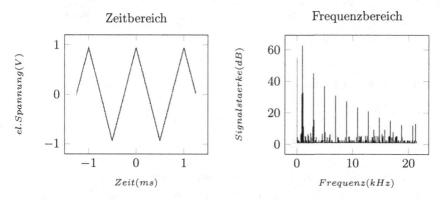

Abb. 28.7: Dreiecksignal transformieren

Bei dem gefensterten Dreieck (Abbildung 28.8) taucht wieder dieser „Verschmiereffekt" auf. Dieser trägt die nicht ganz offensichtliche Bezeichnung *Leckeffekt*.

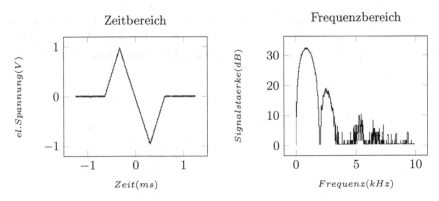

Abb. 28.8: Dreieck im Fenster

28.4.4 Gauß

Zum Schluss noch eine Funktion, die ihre Form behält (wenigstens theoretisch). Es ist die Normalverteilung, oft einfach mit Gauß bezeichnet. Die Messung ist in der Abbildung 28.9 dargestellt.

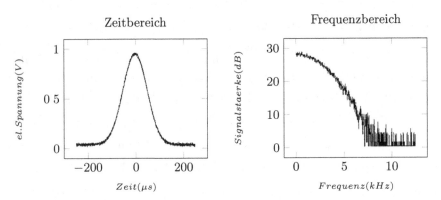

Abb. 28.9: Gauß transformieren

28.5 Die Faltung

In der Praxis stellt sich oft die Aufgabe, gewisse Frequenzen auszufiltern. Nehmen wir an, auf der Tonbandaufnahme stört hochfrequentes Rauschen und Pfeifen. Es sollen nun die Töne über 6 kHz gefiltert werden, um das Stück einigermaßen wieder herzustellen. Mathematisch bietet sich an, das Signal im Frequenzbereich mit einer Fensterfunktion zu multiplizieren, wie in Abbildung 28.10 gezeigt.

Frequenzen ab einer gewissen Höhe werden einfach abgeschnitten. Das Spektrum im Bild ist übrigens nur ein Beispiel. Man kann selbstverständlich jedes

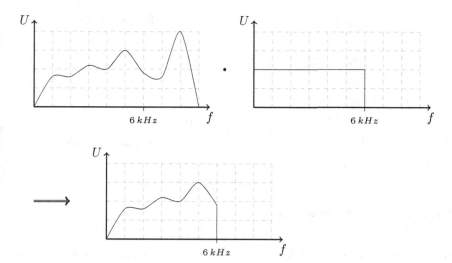

Abb. 28.10: Tiefpass

Spektrum dem Filter unterwerfen. Im Frequenzbereich ist das Signal nun einfach zu beschreiben: Die Anteile, die eine Frequenz unter 6 kHz haben, werden nicht beeinflusst, alles darüber wird null.

Was passiert aber mit dem Zeitsignal, wenn man im Spektrum zwei Signale multipliziert? Die mathematische Herleitung ist nicht allzu schwierig und wird als Faltung oder Faltungsprodukt bezeichnet. Der Ausdruck Produkt rührt daher, dass die Faltung im Frequenzbereich der Multiplikation im Zeitbereich entspricht. Dies gilt auch umgekehrt. Nun aber zur Herleitung der Faltung:

Zwei Signale (f und g) werden im Zeitbereich gefaltet:

$$(f * g)(x) = \int_{-\infty}^{\infty} f(x - t) \cdot g(t)\, \mathrm{d}t$$

Dieses Signal wird nun in den Frequenzbereich transformiert:

$$\int_{-\infty}^{\infty} \int_{-\infty}^{\infty} f(x - t) \cdot g(t) \cdot \mathrm{e}^{-\mathrm{i}\omega x}\, \mathrm{d}t\, \mathrm{d}x$$

$$= \int_{-\infty}^{\infty} \int_{-\infty}^{\infty} f(x - t) \cdot g(t) \cdot \mathrm{e}^{-\mathrm{i}\omega \cdot (x-t)} \cdot \mathrm{e}^{-\mathrm{i}\omega t}\, \mathrm{d}t\, \mathrm{d}x$$

Nun können wir das Faltungsintegral in ein Transformationsintegral wandeln durch die Substitution $z = x - t$, $\mathrm{d}z = \mathrm{d}x$:

$$\int_{-\infty}^{\infty} f(z) \cdot \mathrm{e}^{-\mathrm{i}\omega z}\, \mathrm{d}z \cdot \int_{-\infty}^{\infty} g(t) \cdot \mathrm{e}^{-\mathrm{i}\omega t}\, \mathrm{d}t$$

Dies ist aber das Produkt der Signale im Frequenzbereich. Damit sind wir fertig.

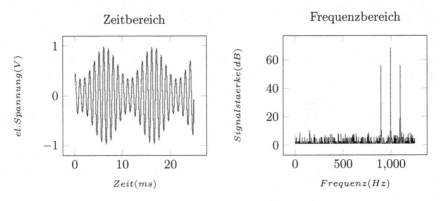

Abb. 28.11: Amplitudenmodulation

Multipliziert man zwei Signale in einem Mischer, so entstehen neue Frequenzen (Abbildung 28.11).

Dies wird beispielsweise genutzt, um hochfrequente Signale in einen tieferen Frequenzbereich zu transformieren, wo sie elektronisch besser verarbeitet werden können.

Im Bild 28.12 links wurde ein Sinussignal von 1 kHz mit einem Sinus von 100 Hz moduliert. Neben den ursprünglichen Frequenzen zeigt die Transformation noch Signale bei 900 Hz und bei 1100 Hz. Wie diese entstehen, sieht man am besten, wenn man die Faltung graphisch aufzeichnet:

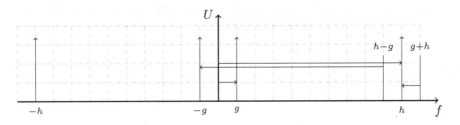

Abb. 28.12: Faltung

Die Grundfrequenz in dieser Grafik im Frequenzbereich heißt h (bei der Messung oben 1 kHz). Diese wird moduliert von g. Bei jeder Frequenz bildet man nun ein Faltungsintegral. Bei den meisten Integralen ergibt sich null, da sich die Diracpulse von g und h genau treffen müssen, damit etwas herauskommt. Ein Zusammentreffen findet unter anderem für die Frequenzen $h + g$ (untere Pfeile) und $h - g$ (obere Pfeile) statt. (Die gleiche Überlegung gilt auch für die negative Seite.)

Ein Signal mit aufmodulierter Information benötigt deshalb immer eine gewisse Bandbreite. Ist g die höchste aufmodulierte Frequenz, so wird das amplitudenmoduliert Signal Frequenzen im Bereich $h \pm g$ enthalten. Diese Frequenzbänder sind inzwischen knapp und deshalb dementsprechend teuer. Dank Digitaltechnik sind die Bänder beispielsweise fürs Fernsehen etwa 8-mal schmaler geworden, bei gleichbleibender oder besserer (gefühlter) Qualität.

28.6 Systeme

Bisher wurden nur Funktionen transformiert. Ein Signal wurde zum Beispiel aus dem Zeitbereich in den Frequenzbereich transformiert, bearbeitet und wieder zurückgeschickt. Eine große Stärke der Fouriertransformation liegt aber darin, dass man lineare Differentialgleichungen transformieren kann.

Technisch ausgedrückt kann man dies etwa so verstehen (siehe Abbildung 28.13): Unser Signal sei weiterhin als Eingangssignal einer Schaltung vorhanden. Das Signal werde nun mit Spulen, Kondensatoren und anderen linearen Bauteilen behandelt. Wir wollen wissen, welches Signal am Ausgang der Schaltung anliegt. Was wir wollen, ist also eine Funktion (genauer ein Operator), die aus einem Eingangssignal das Ausgangssignal berechnet.

Abb. 28.13: Der Systemgedanke

Um das Ausgangssignal zu erhalten, können wir die ganze Gleichung in den Frequenzbereich transformieren, dort lösen und wieder zurück in den Zeitbereich transformieren. Zuerst müssen wir unter anderem wissen, was aus einer n-ten Ableitung im Zeitbereich im Frequenzbereich wird. Ohne Beweis seien in Tabelle 28.2 einige nützliche Korrespondenzen zur Behandlung von Differentialgleichungen aufgeführt.

Im Zeitbereich lauten die Funktionen $f(t)$ und $g(t)$ und im Frequenzbereich $F(\omega)$ und $G(\omega)$.

Tab. 28.2: Regeln zur Fouriertransformation von Zeitsignalen

Name	Zeitbereich	Frequenzbereich
1. Linearität	$\alpha \cdot f(t) + \beta \cdot g(t)$	$\alpha \cdot F(\omega) + \beta \cdot G(\omega)$
2. Ähnlichkeitssatz	$f(a \cdot t)$	$(1/a) \cdot F(\omega/a)$
3. Faltung	$(f * g)(t)$	$F(\omega) \cdot G(\omega)$
4. Verschiebung	$f(t - T)$	$e^{-i\omega T} \cdot F(\omega)$
5. Multiplikation mit t	$t^k \cdot f(t)$	$i^k \cdot F^{(k)}(\omega)$
6. Ableitung	$f^{(k)}(t)$	$i^k \cdot \omega^k \cdot F(\omega)$

Mit diesen Korrespondenzen sind wir nun in der Lage, Systeme zu transformieren. Als einfaches Beispiel diene der Tiefpass mit Widerstand und Spule in Abbildung 28.14.

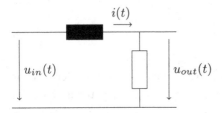

Abb. 28.14: Tiefpass

Diese Schaltung lässt sich durch eine lineare Differentialgleichung 1. Ordnung beschreiben:

$$L \cdot \frac{\mathrm{d}}{\mathrm{d}t} i(t) + R \cdot i(t) = u_{in}(t) \tag{28.5}$$

Wir geben ein Signal $u(t)$ in die Schaltung und wollen den Strom $i(t)$ wissen.

Die Differentialgleichung wird unter Benutzung der Korrespondenzen in den Frequenzbereich transformiert:

$$L \cdot \mathrm{i} \cdot \omega \cdot I(\omega) + R \cdot I(\omega) = U(\omega) \tag{28.6}$$

Das Schöne daran ist: Das ist keine Differentialgleichung mehr, sondern nur eine algebraische. Stellt man diese um, so erhält man die Übertragungsfunktion G:

$$I(\omega) = \frac{1}{\mathrm{i} \cdot \omega L + R} \cdot U(\omega) = G(\omega) \cdot U(\omega) \tag{28.7}$$

Die Übertragungsfunktion könnte man in den Zeitbereich zurück transformieren. Dies ist aber nicht das, was wir wirklich wollen. Die Schaltung stellt einen Filter dar. Das heißt, wir wollen wissen, wie die Schaltung auf Signale verschiedener Frequenz reagiert. Das wissen wir aber bereits. Trotzdem ist es noch nützlich, $G(\omega)$ in Bodediagramme aufzutragen. Zuerst wird der Betrag von G in Abhängigkeit der Frequenz in Abbildung 28.15 dargestellt.

Wird die Frequenz und die Verstärkung (bzw. Abschwächung) linear in einem Diagramm aufgetragen (Abbildung 28.15, links), so sieht die Übertragungskurve kompliziert aus und ist schlecht zu handhaben. Daher verwendet man ein doppelt logarithmisches Diagramm, wie rechts in der Abbildung.

Dank dieser Art der Darstellung kann man nun vereinfachend mit geraden Strecken arbeiten. Bei Spannungs- oder Stromverhältnissen entsprechen 20 dB dem Faktor 10. Bei der 10fachen Eckfrequenz ist das Ausgangssignal bei diesem Tiefpass noch 10 % vom Eingang. Berauschend ist das nicht gerade, daher werden oft elektronische Filter mit größerer Steilheit (höherer Ordnung) verwendet.

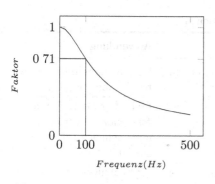
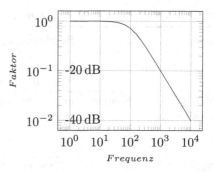

Abb. 28.15: Bodediagramm für den Betrag, links mit linearen und rechts mit logarithmischen Achsen

Was ich bisher in diesem Beitrag vernachlässigt habe, soll nun noch in der Abbildung 28.16 zu Ehren kommen: Der Phasengang. Bei der Fouriertransformation erhält man ja schließlich einen komplexen Funktionswert, und der hat eine Phase. Bei einem Tiefpass erster Ordnung dreht sich die Phase um $-90°$ zu den hohen Frequenzen hin.

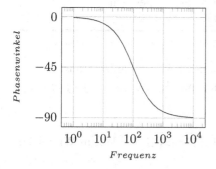

Abb. 28.16: Bodediagramm für die Phase

28.7 Was es sonst noch gibt

Bisher wurde von der Fouriertransformation gesprochen. Es gibt aber eine Vielzahl von Funktionaltransformationen für verschiedene Anwendungen. Eine Auswahl aus dem Gebiet der Signalverarbeitung ist in Tabelle 28.3 gegeben.

Ein guter Teil der Transformationen baut auf der Fouriertransformation auf. Es macht also Sinn, dass man diese gründlich studiert. Für die Bildverarbeitung und auch die Kompression von Bildern wird oft eine zweidimensionale Fouriertransformation verwendet. Wavelets wird manchmal auch als Überbegriff verwendet und dann fallen auch Fourier- und Laplacetransformation darunter. Die Laplacetransformation wird in der Regeltechnik und Filtertheorie verwendet.

Tab. 28.3: Verschiedene Funktionaltransformationen

Name	Beschreibung	Anwendung
Fouriertransformation	Signale werden in ihr Spektrum „zerlegt"	Signalverarbeitung, Filter, Bildbearbeitung
DFT (diskrete Fouriertransformation)	Fourier für digitale Systeme	FFT: *fast Fourier transformation*: verbreitete und schnelle Methode zur DFT
Wavelets	Weiterentwicklung der Fouriertransformation, optimierte Fensterung	Signalanalyse
Laplacetransformation	Einseitige Transformation mit Dämpfung im Kern	Lösen von Diff-gl., Regeltechnik
Z-Transformation	Ähnlich wie DFT, Spektrum „aufgewickelt"	Digitale Signalverarbeitung
Hilbert Transformation	Signale positiver Frequenz werden um -90° gedreht, bei neg. Frequenzen um +90°	Hüllkurven, Einseitenband-Demodulation

Dank eines Dämpfungsgliedes im Kern können mit der Laplacetransformation auch Funktionen transformiert werden, die mit der Zeit ansteigen, also zum Beispiel die lineare Rampenfunktion.

Ueli Hafner ist Dipl.Ing. FH und lebt in Winterthur.

29 Das Brachistochronenproblem

29.1 Einleitung

Im Jahr 1696 stellte Johann Bernoulli, ein Mitglied der berühmtesten Schweizer Gelehrtenfamilie, der mathematischen Welt ein einfach formuliertes, doch bei näherer Betrachtung schwieriges und recht aufschlussreiches Problem:

> *„Wenn in einer verticalen Ebene zwei Punkte A und B gegeben sind, soll man dem beweglichen Punkte M eine Bahn zuweisen, auf welcher er von A ausgehend vermöge seiner Schwere in kürzester Zeit nach B gelangt."*

In modernerer Sprache ausgedrückt, würde seine Aufgabe folgendermaßen lauten:

> Wie muss eine Bahn beschaffen sein, auf der ein sich reibungsfrei bewegender Körper von einem höher gelegenen Punkt A zu einem niedriger, jedoch nicht senkrecht darunter liegenden Punkt B allein von der Schwerkraft angetrieben die kürzeste mögliche Zeit benötigt?

Zu diesem Problem hat Bernoulli möglicherweise das Werk Galileis inspiriert, der den Kreisbogen fälschlicherweise für den optimalen Bahnverlauf gehalten hatte. Auch lag Johann fast ständig im Streit mit seinem zwölf Jahre älteren Bruder Jakob Bernoulli, der ebenfalls ein sehr produktiver Physiker und Mathematiker war (was man damals nicht so streng unterschied wie heute). Johann wettete, dass er das Problem schneller und eleganter lösen könne als alle anderen, darum veröffentlichte er seine Problemstellung in der Zeitschrift *„Acta Eruditorum"*.

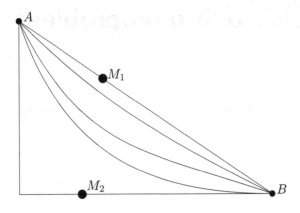

Abb. 29.1: Welche Bahn ist die schnellste von A nach B?

Es ist ein Trugschluss anzunehmen, dass die Bahn mit der kürzesten Länge, nämlich die Strecke $\overline{AB}$, auch die sei, auf der der Körper M_1 die kürzeste Zeit benötigt. Das zeigt schon der Vergleich mit der Bahn, auf der der Körper M_2 zunächst von

$$A = \begin{pmatrix} a_1 \\ a_2 \end{pmatrix}$$

senkrecht herunterfällt, um dann mit konstant der Geschwindigkeit, die er am Ende des Freifallabschnitts hat, waagerecht

$$B = \begin{pmatrix} b_1 \\ b_2 \end{pmatrix}$$

zu erreichen (siehe Abbildung 29.1).

Bei der direkten Bahn von A nach B wirkt, wie aus der elementaren Dynamik bekannt ist, die Hangabtriebskraft $\vec{F}_\mathrm{H}$ in Richtung $\overrightarrow{AB}$ mit

$$\left| \vec{F}_\mathrm{H} \right| = m \cdot g \cdot \sin(\alpha).$$

Dabei ist (mit $\Delta x = |b_1 - a_1|,\ \Delta y = |b_2 - a_2|$)

$$\alpha = \arctan\left(\frac{\Delta y}{\Delta x} \right)$$

der Neigungswinkel der Bahn gegen die Horizontale und $g = 9{,}81\,\mathrm{m/s}^2$ die Erdbeschleunigung. So gilt mit dem fundamentalen Gesetz der Newtonschen Mechanik „Kraft ist gleich Masse mal Beschleunigung" ($\vec{F} = m \cdot \vec{a}$):

$$\vec{a} = g \cdot \frac{\Delta y}{(\Delta x)^2 + (\Delta y)^2} \cdot \begin{pmatrix} \Delta x \\ \Delta y \end{pmatrix}$$

$$a := |\vec{a}| = g \cdot \frac{\Delta y}{\sqrt{(\Delta x)^2 + (\Delta y)^2}}$$

(Dabei wurde die Identität $\sin(\arctan(x)) = \dfrac{x}{\sqrt{1+x^2}}$ verwendet.)

Um damit die $l = \sqrt{(\Delta x)^2 + (\Delta y)^2}$ lange Bahn herabzukommen, benötigt der Körper also gemäß dem Gesetz der beschleunigten Bewegung $l = \frac{1}{2} \cdot a \cdot t^2$:

$$
\begin{aligned}
t_{\text{direkt}} &= \sqrt{\frac{2 \cdot l^2}{g \cdot \Delta y}} \\
&= \sqrt{2} \cdot \sqrt{\frac{(\Delta x)^2 + (\Delta y)^2}{g \cdot \Delta y}}
\end{aligned}
$$

Ausnutzen der Reibungsfreiheit in dem Sinne, dass stets

$$
E_{\text{kin}} + E_{\text{pot}} = m \cdot g \cdot h + \frac{1}{2} \cdot m \cdot v^2 = \text{const.}
$$

gilt, führt ebenfalls zu diesem Ergebnis. Dies wird später noch verwendet werden.

Bei der „Knickbahn" benötigt er hingegen für den senkrechten Teil nach $\Delta y = \frac{1}{2} \cdot g \cdot t_1^2$ die Zeit

$$
t_1 = \sqrt{\frac{2 \cdot \Delta y}{g}},
$$

für den waagerechten Teil

$$
t_2 = \frac{\Delta x}{\sqrt{2 \cdot g \cdot \Delta y}},
$$

so dass die Gesamtzeit

$$
t_{\text{Knick}} = t_1 + t_2 = \sqrt{2} \cdot \frac{\Delta y + \frac{\Delta x}{2}}{\sqrt{g \cdot \Delta y}}
$$

beträgt.

Der Vergleich ergibt, dass die Knickbahn schneller ist, falls

$$
(\Delta x)^2 + (\Delta y)^2 > \left(\Delta y + \frac{\Delta x}{2} \right)^2,
$$

also wenn $\Delta x > \dfrac{4}{3} \cdot \Delta y$. Sonst ist die schiefe Ebene „schneller".

Beide Versuche scheinen also nicht optimal zu sein.

29.2 Formalisierung des Problems

Um die optimale Bahnkurve zu finden, nehme man vernünftigerweise an, dass diese existiere und als zweimal stetig differenzierbare Funktion $y(x)$ darstellbar ist. Ferner möge A mit dem Nullpunkt identisch sein und F_G in negativer y-Richtung wirken (vgl. Abbildung 29.2).

Zunächst muss ein Ausdruck für die Zeit für das Durchlaufen der ganzen Bahn gefunden werden. Auf dem Bahnstück dl, das nach Pythagoras die Länge

$$
dl = \sqrt{(dx)^2 + (dy)^2} = \sqrt{1 + (y'(x))^2} \cdot dx
$$

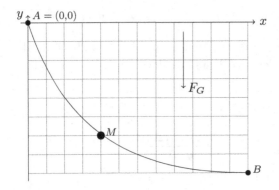

Abb. 29.2: Zum Ansatz für die Lösung

hat, läuft der Körper mit der Geschwindigkeit

$$v = \sqrt{\frac{m \cdot g \cdot h}{\frac{m}{2}}} = \sqrt{-2 \cdot g \cdot y(x)}$$

(man beachte, dass $y(x)$ stets negativ ist).

Durch infinitesimales Aufsummieren, also Integrieren des Quotienten $\frac{l}{v}$, ergibt sich die Gesamtlaufzeit.

Dies liefert den Ausdruck

$$
\begin{aligned}
T(y) \;&=\; \int_0^{b_1} \frac{l(x)}{v(x)}\, \mathrm{d}x \\
&=\; \frac{1}{\sqrt{2 \cdot g}} \cdot \int_0^{b_1} \frac{\sqrt{1 + (y'(x))^2}}{\sqrt{-y(x)}}\, \mathrm{d}x,
\end{aligned}
$$

der minimal werden soll.

29.3   Ein mächtiges Werkzeug: Variationskalkül

$T = T(x, y, y')$ ist eine reellwertige „Funktion", deren Argument nicht nur eine reelle Zahl ist, sondern die zusätzlich von einer differenzierbaren Funktion über dem Intervall $I = [x_1, x_2]$, $y : I \to \mathbb{R}$, $x \mapsto y(x)$ und deren erster Ableitung y' abhängt. Solch eine „Funktion auf einer Klasse von Funktionen" nennt man ein *Funktional*. Im vorliegenden Fall kann man sich auf die Problemklasse beschränken, bei der T nicht explizit von x abhängt und T durch ein Integral mit festen Integrationsvariablen und stetiger Funktion $F : \mathbb{R}^3 \mapsto \mathbb{R}$ definiert ist:

$$T(y) = \int_{x_1}^{x_2} F(x, y(x), y'(x))\, \mathrm{d}x$$

Mit diesen Objekten beschäftigt sich heute die Funktionalanalysis, die Anfang des 20. Jahrhunderts entwickelt wurde. Tatsächlich aber wurden Probleme dieser Art schon weit früher mit den Mitteln der Analysis gelöst. Den wichtigsten allgemeinen Ansatz zum Auffinden von Funktionen, die gewisse Funktionale minimieren, bildet die Variationsrechnung, die von Joseph Louis Lagrange entwickelt und von Euler perfektioniert wurde.

Gegeben sei also ein stetig differenzierbares Funktional $T = \int_{x_1}^{x_2} F(x, y, y')\,\mathrm{d}x$. Lagranges Ansatz zur Lösung lässt sich als Analogie zur Vorgehensweise bei der Extremwertsuche für differenzierbare Funktionen auffassen: Für das Funktional wird eine vereinfachende Darstellung aus konstantem Wert T an einer Stelle, linearer Form D_T und Termen höherer Ordnung gesucht. Was man hier sieht, ist der Beginn einer „verallgemeinerten Taylor-Entwicklung" für eine Funktion $T : \mathbb{R}^3 \mapsto \mathbb{R}$:

$$T(x, y, y') = T(x_0, y_0, y_0') + D_T(x_0, y_0, y_0') \cdot (x - x_0, y - y_0, y' - y_0')^{\mathrm{T}} + O(2)$$

Die Linearform D_T (hier dargestellt als Zeilenvektor) stellt dabei das Analogon zur ersten Ableitung einer differenzierbaren Funktion dar, die zwecks Extremwertsuche gleich null gesetzt wird. Praktischerweise gilt nach dem Satz von der Ableitung unter dem Integralzeichen, dass die Differentiation des Funktionals T gleichbedeutend ist mit der Integration der Ableitung von F.

Aber halt — kann man denn nach Funktionen differenzieren? Man kann, und dieser Ansatz ist das eigentlich Geniale an Lagranges Gedankengang. Der Raum der für die Lösung in Frage kommenden Funktionen y ist ein Vektorraum, nämlich der Vektorraum der auf einem Intervall zweimal stetig differenzierbaren Funktionen. Man bezeichnet diesen üblicherweise mit $C^2([x_1, x_2])$; im vorliegenden Fall also mit $C^2([0, b_1])$.

Die Entsprechung zu Geraden durch einen Punkt y sind in diesem Raum Mengen von Funktionen der Form

$$z = y + \epsilon \cdot \eta, \quad \epsilon \in \mathbb{R},$$

wobei η eine ebenfalls zweimal stetig differenzierbare Funktion auf $[x_1, x_2]$ mit der Einschränkung $\eta(x_1) = \eta(x_2) = 0.$ ist.

Dies deshalb, damit die Randbedingungen des Problems nicht verletzt werden. Die vermeintliche Schwierigkeit, es gebe überabzählbar viele mögliche derartige Funktionen η, erweist sich als Vorteil, denn die Stetigkeit von F garantiert für alle η:

$$F(x, y, y') = \lim_{\epsilon \to 0} F(x, y + \epsilon \cdot \eta, y' + \epsilon \cdot \eta'),$$

und beim Extremalpunkt y_{E} hat für jedes beliebige η zu gelten:

$$\frac{\mathrm{d}F(x, y_{\mathrm{E}} + \epsilon \cdot \eta, y_{\mathrm{E}}' + \epsilon \cdot \eta')}{\mathrm{d}\epsilon} = 0$$

Damit ist gemeint, dass — egal, in welcher „Richtung" η man die Lösung y_E im Funktionenraum durchläuft — man dort stets ein Extremum vorfindet, und dieses lässt sich per Differentiation nach ϵ bequem lokalisieren. Diese Richtungsableitungen nennt man **Gateaux-Ableitungen**.

Zunächst stellt man unter Zuhilfenahme der Kettenregel $\frac{dF}{d\epsilon}$ dar als

$$
\begin{aligned}
\frac{dF}{d\epsilon} &= \frac{\partial F}{\partial y} \cdot \frac{dy}{d\epsilon} + \frac{\partial F}{\partial y'} \cdot \frac{dy'}{d\epsilon} \\
&= F_y(x, y, y') \cdot \eta + F_{y'}(x, y, y') \cdot \eta' \\
&= F_{y'}(x, y, y') \cdot \eta + \left(\frac{d}{dx}\left(F_{y'}(x, y, y') \cdot \eta\right) - \left(\frac{d}{dx}F_{y'}(x, y, y')\right) \cdot \eta \right).
\end{aligned}
$$

Hier wurden verwendet,

- dass das Funktional F nicht explizit von der freien Variablen x abhängt,
- die Produktregel zur Ableitung von $F_{y'}(x, y, y') \cdot \eta$.

Falls das Funktional — wie in diesem Fall, aber auch in vielen anderen Anwendungsfällen — durch ein Integral zwischen zwei festen Grenzen beschrieben ist, verschwindet wegen der Randbedingungen für η der mittlere Term, und man erhält:

$$
\frac{dF}{d\epsilon} = \left(F_y(x, y, y') - \frac{d}{dx}F_{y'}(x, y, y') \right) \cdot \eta
$$

Zusammengenommen ergibt sich die fundamentale

Euler-Lagrange-Gleichung:

$$
F_y - \frac{d}{dx}F_{y'} = 0
$$

Sie muss stets erfüllt sein, wenn ohne weitere Einschränkungen ein Funktional auf $C^2([x_1, x_2])$ einen extremalen Wert annehmen soll. Hängt ein Funktional von mehreren Variablen und deren Ableitungen ab, so gibt es für jedes dieser Paare eine Gleichung, die auf ein System von Differentialgleichungen führt. Dies ist eine grundlegende Technik der analytischen Mechanik.

29.4 Bestimmen der optimalen Lösung

Mit diesen Erkenntnissen wird nun die hier gesuchte Lösungskurve, die wegen dieser Eigenschaft *Brachistochrone* genannt wird (von gr. $\beta\varrho\alpha\chi\iota\varsigma\tau o\varsigma$ = kürzester, $\chi\varrho o\nu o\varsigma$ = Zeit), bestimmt. Direkt aus der Euler-Lagrange-Gleichung ergibt sich als Folgerung

$$
0 = y' \cdot \left(F_y - \frac{d}{dx}F_{y'} \right)
$$

$$= y' \cdot F_y + F_{y'} \cdot y'' - F_{y'} \cdot y'' - y' \cdot \frac{\mathrm{d}}{\mathrm{d}x} F_{y'}$$

$$= \left(F_y \cdot y' + F_{y'} \cdot y'' \right) - \left(F_{y'} \cdot y'' + \frac{\mathrm{d}}{\mathrm{d}x} F_{y'} \cdot y' \right)$$

$$= \frac{\mathrm{d}}{\mathrm{d}x} F - \frac{\mathrm{d}}{\mathrm{d}x} (F_{y'} \cdot y')$$

$$= \frac{\mathrm{d}}{\mathrm{d}x} (F - F_{y'} \cdot y'),$$

also ist

$$F(x, y, y') - y' \cdot F_{y'}(x, y, y')$$

konstant, und zwar gleich C.

Das zu lösende Problem, formal vereinfacht um den Faktor $\sqrt{2 \cdot g}$, wird damit zu:

$$C = \frac{\sqrt{1 + (y'(x))^2}}{\sqrt{-y(x)}} - \frac{(y'(x))^2}{\sqrt{-y(x)} \cdot \sqrt{1 + (y'(x))^2}}$$

$$\Leftrightarrow \qquad C \cdot \sqrt{-y(x)} \cdot \sqrt{1 + (y'(x))^2} = 1 + (y'(x))^2 - (y'(x))^2$$

$$= 1$$

Demzufolge ist C echt positiv und auch

$$\sqrt{-y(x)} \cdot \sqrt{1 + (y'(x))^2}$$

auf $(0, b_1]$ konstant, nämlich $\frac{1}{C}$. Wegen $y(0) = 0$ erkennt man an dieser Stelle schon, dass $y'(x)$ in $x = 0$ eine Singularität hat, wegen $\forall x : y(x) \leq 0$ also $\lim_{x \to 0} y'(x) = -\infty$ gelten muss. M wird sich auf der optimalen Bahn von A aus also zunächst senkrecht abwärts bewegen. Nach Quadrieren muss auch

$$(1 + (y'(x))^2) \cdot (-y(x))$$

im genannten Bereich konstant sein.

Damit ist die Differentialgleichung

$$(1 + (y'(x))^2) \cdot y(x) = K = -\frac{1}{C^2}$$

aufgestellt. Mit der Substitution $y' = \cot(\varphi)$ sowie der bekannten Identität

$$1 + \cot^2(\varphi) = \frac{1}{\sin^2(\varphi)}$$

ergibt sich aus der Differentialgleichung

$$y = K \cdot \sin^2(\varphi).$$

Dies leite man nun ab und setze es gleich $\cot(\varphi)$. Man erhält:

$$y' = 2 \cdot K \cdot \sin(\varphi) \cdot \cos(\varphi) \cdot \varphi'$$

Division durch y' $(= \cot(\varphi))$ ergibt

$$1 = 2 \cdot K \cdot \sin^2(\varphi) \cdot \frac{d\varphi}{dx},$$

und nun wird noch die trigonometrische Identität $\sin^2(x) = \frac{1}{2} - \frac{1}{2} \cdot \cos(2 \cdot x)$ berücksichtigt:

$$
\begin{aligned}
dx &= 2 \cdot K \cdot \left(\frac{1}{2} - \frac{1}{2} \cdot \cos(2 \cdot \varphi) \right) \cdot d\varphi \\
&= K \cdot (1 - \cos(2 \cdot \varphi)) \cdot d\varphi
\end{aligned}
$$

Nach Integration erhält man

$$x + c_1 = K \cdot \left(\varphi - \frac{1}{2} \cdot \sin(2 \cdot \varphi) \right)$$

(wegen $x(0) = 0$ muss $c_1 = 0$ gelten) und

$$
\begin{aligned}
y &= K \cdot \sin^2(\varphi) \\
&= K \cdot \left(\frac{1}{2} - \frac{1}{2} \cdot \cos(2 \cdot \varphi) \right) \\
&= \frac{K}{2} \cdot (1 - \cos(2 \cdot \varphi)).
\end{aligned}
$$

Damit ist eine Parameterdarstellung der Lösungskurve gefunden. Leider ist es nicht möglich, φ zu eliminieren und den Term als $y(x)$ hinzuschreiben, aber man kann dessen Umkehrfunktion als $x(y)$ darstellen, indem man den Term für y nach φ auflöst und dies in den Term für x einsetzt.

Dadurch ergibt sich die Darstellung der Lösungskurve:

$$x(y) = -\frac{K}{2} \cdot \arccos\left(1 - \frac{2 \cdot y}{K} \right) - \sqrt{K \cdot y - y^2}$$

$K = -\frac{1}{C^2}$ ist dabei der Skalierungsfaktor und ist in dieser Formel als negative Länge aufzufassen; ferner ist die Konstante C so zu wählen, dass sich für $y = b_2$ gerade $x = b_1$ ergibt. Die Kurve kann man sich z. B. durch einen Funktionenplotter auf dem PC anzeigen lassen. Falls y nicht automatisch als Bezeichnung für die Ordinate verstanden wird, ergibt sich die korrekte Darstellung der Lösungskurve durch Spiegelung an der 1. Winkelhalbierenden $y = x$ im Koordinatensystem, siehe Abbildung 29.3.

Nun sei noch angemerkt, dass es sich bei dieser Kurve um den Anfang eines Zykloidenbogens handelt. Die Zykloide erhält man graphisch, indem man einen Punkt auf einem Kreis markiert, der entlang einer Geraden ohne Gleiten abrollt. Langzeitbelichtete Aufnahmen eines rollenden Fahrrades mit Speichenstrahlern z. B. zeigen näherungsweise Zykloiden als Leuchtspuren.

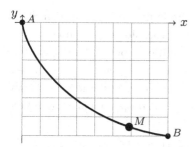

Abb. 29.3: Die Lösungskurve ist Teil einer Zykloide.

Diese Lösung bleibt auch dann die beste, wenn das Verhältnis $\frac{\Delta y}{\Delta x}$ ungünstiger ist, etwa der horizontale Abstand von A und B mehr als $\pi/2$-fach größer ist als ihr vertikaler. Der Zykloidenbogen wird fortgesetzt durchlaufen, bis im Falle $\Delta y = 0$ ein vollständiger Durchlauf die optimale Bahn darstellt. Dabei liegt der tiefste Punkt der Bahn unterhalb von B, siehe Abbildung 29.4. Durch den intuitiv nicht nachzuvollziehenden „Gang durch den Keller" ergibt sich der nötige Geschwindigkeitszuwachs, um B schneller zu erreichen.

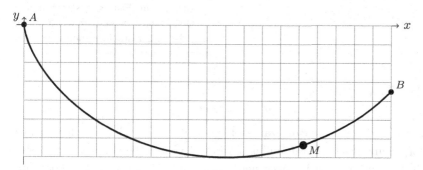

Abb. 29.4: Für lange horizontale Strecken muss „durch den Keller gegangen" werden.

29.5 Abschluss

Wie ging der Streit zwischen den Gebrüdern Bernoulli weiter? Johann hatte das Problem in der besagten Fachzeitschrift veröffentlicht und bekam daraufhin eine Anzahl Zuschriften, von denen die meisten die korrekte Lösung enthielten. Die Lösungswege waren aber höchst unterschiedlich. Eine Zuschrift war anonym, doch erkannte Johann sogleich *„ex ungue leonem"* (an der Pranke den Löwen): Sie war von Sir Isaac Newton höchstpersönlich verfasst, der für seine miserable Handschrift berüchtigt war. Später gab dieser zu, dass ihn Johann Bernoullis Problem „einen ganzen Tag angestrengten Nachdenkens" gekostet habe.

Jakob Bernoulli brachte auch eine Lösung zustande und war sicher, den Streit damit zu seinen Gunsten entschieden zu haben. Aber Johann Bernoulli hatte seinen wichtigsten Trumpf noch im Ärmel: Er fand eine bei weitem elegantere Lösung, die auf dem Fermatschen Prinzip aus der Optik beruht. Nach diesem durchläuft ein Lichtbündel in einem Medium mit sich stetig ändernder Brechzahl n, die zur Lichtgeschwindigkeit im Medium umgekehrt proportional ist, den Weg mit der kürzesten aller möglichen Laufzeiten.

Damit kann man nach dem Brechungsgesetz des Holländers W. Snellius (siehe Abbildung 29.5)

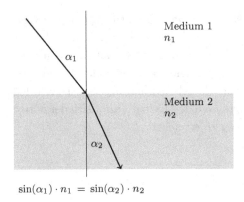

$$\sin(\alpha_1) \cdot n_1 = \sin(\alpha_2) \cdot n_2$$

Abb. 29.5: Das Brechungsgesetz von Snellius: Beim Übergang zwischen Medien ändern sich mit dem Brechungsindex auch die Lichtgeschwindigkeit und der Winkel des Strahls zum Lot. Fermat erkannte, dass dieser Lichtweg immer die Laufzeit minimiert (Fermatsches Prinzip). Dieses Prinzip behält seine Gültigkeit auch im Falle sich stetig ändernder Brechzahlen n, weshalb es für die Lösung des Brachistochronenproblems herangezogen werden kann.

und dem Zusammenhang

$$n^2 \cdot y = \text{const.,}$$

der in einem Medium die Brechzahl stetig so regelt, dass sich der Lichtstrahl wie ein Körper unter Schwerkrafteinfluss darin fortpflanzt, die Differentialgleichung für die Lösung des Brachistochronenproblems sofort angeben. Die Forderung $y \leq 0$ kann fallengelassen werden, da sie in dieser Analogie nicht benötigt wird:

$$\sin(\alpha_1) \cdot n_1 = \sin(\alpha_2) \cdot n_2$$

gilt überall, also ist

$$\sin(\text{arccot}(y'(x))) \cdot n = C$$
$$\Leftrightarrow \sqrt{1 + (y'(x))^2} \cdot \sqrt{y(x)} = C$$
$$\Leftrightarrow y'(x) = \sqrt{\frac{C^2 - y(x)}{y(x)}}.$$

Von dieser Gleichung war Johann Bernoulli bekannt, dass der Zykloidenbogen sie löste. Damit hatte er den Bruderzwist im Hause Bernoulli für sich entschieden, denn kürzer geht es wirklich kaum!

Norbert Engbers ist Dipl.-Math. und arbeitet in Osnabrück.

30 Repunits, geometrische Summen und Quadratzahlen

Zahlen, die nur aus Einsen bestehen, heißen *repunits*. Der Begriff ist zusammengesetzt aus *repeated* (wiederholt) und *unit* (Einheit). Betrachtet man die Zahlen 11111... in einem Zahlensystem mit der Basis q, so scheinen diese kaum Quadratzahlen zu repräsentieren. Zumindest dann nicht, wenn sie mehr als zweistellig sind.

Vor längerer Zeit wurde im Forum von Matroids Matheplanet über dieses Problem ausgiebig diskutiert, speziell über die Basis 3. Da dieser Fall damals ohne ausreichende Lösung blieb, stelle ich hier einen Ansatz vor, der die noch offenen Fragen beantwortet. Der Beweis ist nicht schwierig, erfordert aber etwas Ausdauer und Geduld beim Nachvollziehen.

Um das Ganze auch für Anfänger leicht verständlich zu halten, betrachte ich zuerst ein paar simple Spezialfälle, stelle zwei bekannte Standardmethoden zur Lösung solcher Aufgaben vor und betrachte dann das Kernproblem, „Basis = 3".

Die m-stellige Zahl 111...111 im q-adischen System ist nichts anderes als die geometrische Summe

$$S(q, m-1) := \sum_{k=0}^{m-1} q^k = \frac{q^m - 1}{q - 1}.$$

Also ist eine solche Zahl genau dann Quadratzahl, wenn es auch $S(q, m-1)$ ist.

Dies führt zu folgender

Problemstellung: Seien $q, m \in \mathbb{N}$ mit $q > 1$ und $m > 2$. Für welche Paare (q, m) gibt es ein $N \in \mathbb{N}$ mit

$$\frac{q^m - 1}{q - 1} = N^2.$$

Vorbemerkungen:

(1) 0 ist bei mir keine natürliche Zahl, $\mathbb{N}_0 := \mathbb{N} \cup \{0\}$

(2) $a \equiv b(m)$ bedeutet $a \equiv b \bmod m$

(3) Es sei stets $d \in \mathbb{N}$, $d > 2$, $d \cdot (d - 1)$ quadratfrei

(4) $p^r \| n :\Leftrightarrow p^r \mid n$ und $p^{r+1} \nmid n$

30.1   Einige Spezialfälle

Alle folgenden Aussagen bzgl. q, m und Lösbarkeit beziehen sich auf die vorgenannte Problemstellung.

Hilfssatz 30.1

$m = 3$ *ist nicht lösbar.*

Beweis: $N^2 = \dfrac{q^3 - 1}{q - 1} = q^2 + q + 1 > q^2 \Longrightarrow N^2 \geq (q + 1)^2$

$\Longrightarrow q^2 + q + 1 \geq q^2 + 2q + q \Longrightarrow$ Widerspruch $\square$

Die Aussage bedeutet, dass die *repunit* 111 zu keiner Basis q eine Quadratzahl ist.

Hilfssatz 30.2

Seien $r \in \{1, 2\}$ *und* t *ungerade. Dann gilt:* $q = 2^r \cdot t$ *ist nicht lösbar.*

Beweis: $N^2 = S(q, m - 1) = 1 + q \cdot S(q, m - 2)$

$\Longrightarrow 2^r \cdot t \cdot S(2^r \cdot t, m - 2) = N^2 - 1 = (N - 1) \cdot (N + 1)$

$N^2 = S(2^r \cdot t, m - 1)$ und $S(2^r \cdot t, m - 2)$ sind ungerade. Die rechte Seite ist darum durch 8 teilbar, die linke höchstens durch 4. $\Rightarrow$ Widerspruch $\square$

Hilfssatz 30.3

$q = 8$ *ist nicht lösbar.*

Beweis: Sei $\dfrac{8^m - 1}{7} = N^2$.

Ist $m = 2k$, so ist die linke Seite gleich $\dfrac{8^k - 1}{7} \cdot (8^k + 1)$.

Weil $8^k - 1$ und $8^k + 1$ teilerfremd sind und $8^k + 1$ nicht durch 7 teilbar ist, gibt es ein $M \in \mathbb{N}$ mit $8^k + 1 = M^2$.

$$\Rightarrow 8^k = (M + 1) \cdot (M - 1) \Rightarrow M = 3 \Rightarrow k = 1 \Rightarrow m = 2 \Rightarrow \text{Widerspruch}$$

Sei nun m ungerade. Dann ist:

$$\frac{8^m - 1}{7} = \frac{(2^m)^3 - 1}{7} = \frac{1}{7} \cdot (2^m - 1) \cdot \left((2^m)^2 + 2^m + 1\right) = N^2$$

Sei d ein gemeinsamer Teiler von $2^m - 1$ und $(2^m)^2 + 2^m + 1$

$$\Rightarrow d \mid 2^{2m} + 2^{m+1} \Rightarrow d \mid 2^m \cdot (2^m + 2) \Rightarrow d \mid (2^m + 2).$$

Wegen $d \mid 2^m - 1 \Rightarrow d \mid 3 \Rightarrow d = 3 \vee d = 1$.

Weil m ungerade, ist $2^m - 1$ nicht durch 3 teilbar $\Rightarrow d = 1$.

Damit sind $(2^m - 1)$ und $(2^m)^2 + 2^m + 1$ teilerfremd.

Nun gibt es 2 Fälle zu betrachten:

1. Fall: $7 \mid (2^m - 1)$: Dann sind $\dfrac{2^m - 1}{7}$ und $(2^m)^2 + 2^m + 1$ teilerfremd.

$\Rightarrow$ Es gibt ein $M \in \mathbb{N}$ mit $(2^m)^2 + 2^m + 1 = M^2$.

Mit $a := 2^m$ ist dann $a^2 + a + 1 = M^2 \Rightarrow M^2 > a^2 \Rightarrow M \geq (a + 1)$

$\Rightarrow a^2 + a + 1 \geq a^2 + 2a + 1 \Rightarrow$ Widerspruch.

2. Fall: $7 \nmid (2^m - 1)$: Dann gibt es ein ungerades $M \in \mathbb{N}$ mit $2^m - 1 = M^2$.

$\Rightarrow 2^m = M^2 + 1 \Rightarrow 2^m \equiv 1 + 1 \equiv 2(4)$

$\Rightarrow m = 1$ und dies ist ein Widerspruch zu $m > 2$. $\qquad\square$

Hilfssatz 30.4

(3,5) und (7,4) sind Lösungen.

Beweis: Erfolgt durch Einsetzen der Werte: $\frac{3^5 - 1}{2} = 121 = 11^2$, $\frac{7^4 - 1}{6} = 400 = 20^2$. $\qquad\square$

30.2 Hilfsmittel

30.2.1 Die Pellsche Gleichung

Zur Lösung unseres Problems greifen wir auf ein bewährtes Hilfsmittel zurück, die Pellsche Gleichung.

Definition 30.5
Die Gleichung $x^2 - D \cdot y^2 = 1$ mit $(x,y) \in \mathbb{Z} \times \mathbb{Z}$ und $D \in \mathbb{Z}$ heißt *Pellsche Gleichung*.   ♦

In den folgenden beiden Hilfssätzen werden zwei Eigenschaften der Pellschen Gleichung angegeben. Diese Aussagen sind allgemein bekannt, weshalb für die Beweise auf Bundschuh [85] verwiesen wird.

Hilfssatz 30.6
Ist D quadratfrei, so hat die Pellsche Gleichung unendlich viele Lösungen $(u,v) \in \mathbb{N} \times \mathbb{N}_0$.

Definition 30.7
Die *kleinste positive* Lösung (u,v) der Pellschen Gleichung (d. h. $(u,v) \in \mathbb{N} \times \mathbb{N}$ und u minimal), heißt *Fundamentallösung* und wird im Folgenden mit (u_0, v_0) bezeichnet.   ♦

Hilfssatz 30.8
Sei D quadratfrei. Dann ist für $n \in \mathbb{N}_0$ jeder Lösungswert $(u(n), v(n)) \in \mathbb{N} \times \mathbb{N}_0$ für (x,y) von der Form:

$$u(n) = \frac{1}{2} \cdot \left((u_0 + v_0 \cdot \sqrt{D})^n + (u_0 - v_0 \cdot \sqrt{D})^n \right) \qquad (30.1)$$

$$v(n) = \frac{1}{2 \cdot \sqrt{D}} \cdot \left((u_0 + v_0 \cdot \sqrt{D})^n - (u_0 - v_0 \cdot \sqrt{D})^n \right)$$

Speziell ist $(u(0), v(0)) = (1,0)$ und $(u(1), v(1)) = (u_0, v_0)$.

Um die Pellsche Gleichung auf unser Problem anwenden zu können, müssen wir sie allerdings noch etwas verallgemeinern.

Hilfssatz 30.9

Sei $D := d \cdot (d-1)$ und

$$(I) \qquad d \cdot x^2 - (d-1) \cdot y^2 = 1. \qquad (30.2)$$

Sei (u_0, v_0) die Fundamentallösung der Pellschen Gleichung

$$(II) \qquad x^2 - D \cdot y^2 = 1.$$

(1) *Dann sind alle positiven Lösungen für x von (I) gegeben durch*

$$u(n) = \frac{1 + \sqrt{\frac{d-1}{d}}}{2} \cdot A^n + \frac{1 - \sqrt{\frac{d-1}{d}}}{2} \cdot B^n \qquad (30.3)$$

   mit $A := u_0 + v_0 \cdot \sqrt{D}$ und $B := u_0 - v_0 \cdot \sqrt{D}$.

(2) *Es gilt*
$$A \cdot B = 1. \qquad (30.4)$$

Beweis: **(1)** Setze in (I) für x, y : $x = x_0 + (d-1) \cdot y_0$ und $y = x_0 + d \cdot y_0$. Dann geht (I) über in:

$$dx_0{}^2 + 2dx_0 \cdot (d-1)y_0 + d(d-1)^2 \cdot y_0{}^2$$
$$- (d-1)x_0{}^2 - 2(d-1)x_0 \cdot d \cdot y_0 - (d-1)d^2 \cdot y_0{}^2 = 1$$
$$\Leftrightarrow x_0{}^2 - y_0{}^2 \cdot d \cdot (d-1) \cdot (d - (d-1)) = 1$$

Damit lässt sich eine umkehrbar eindeutige Beziehung zwischen (x, y) und (x_0, y_0) herstellen, durch die jede Lösung von (I) genau einer Lösung von (II) entspricht.

Seien A und B wie oben und $u_0(n)$ und $v_0(n)$ die Lösungen von (II). Dann gilt:

$$u_0(n) = \frac{1}{2} \cdot A^n + \frac{1}{2} \cdot B^n \quad \text{sowie}$$

$$v_0(n) = \frac{1}{2 \cdot \sqrt{d \cdot (d-1)}} \cdot A^n - \frac{1}{2 \cdot \sqrt{d \cdot (d-1)}} \cdot B^n$$

$$\Rightarrow u(n) = u_0(n) + (d-1) \cdot v_0(n)$$

$$= \left(\frac{1}{2} + \frac{d-1}{2 \cdot \sqrt{d \cdot (d-1)}} \right) \cdot A^n + \left(\frac{1}{2} - \frac{d-1}{2 \cdot \sqrt{d \cdot (d-1)}} \right) \cdot B^n$$

$$= \frac{d + \sqrt{d \cdot (d-1)}}{2d} \cdot A^n + \frac{d - \sqrt{d \cdot (d-1)}}{2d} \cdot B^n$$

Beweis von (2) wird zur Übung empfohlen! $\square$

30.2.2   Rekursive Folgen

Hilfssatz 30.10

(1)   *Seien* $s, t \in \mathbb{Z}$ *mit* $t \neq -\dfrac{s^2}{4}$.

Für eine Folge $(r(n))_{n \in \mathbb{N}}$ *sei* $r(n+1) = s \cdot r(n) + t \cdot r(n-1)$.

Dann gibt es $a, b \in \mathbb{R}$, *so dass gilt*

$$r(n) = a \cdot A^n + b \cdot B^n \qquad (30.5)$$

mit $A = \dfrac{s + \sqrt{s^2 + 4t}}{2}$ *und* $B = \dfrac{s - \sqrt{s^2 + 4t}}{2}$.

(2)   *Seien* $a, b, R, S \in \mathbb{R}$ *sowie* $A = R + S$ *und* $B = R - S$.

Für eine Folge $(r(n))_{n \in \mathbb{N}}$ *sei* $r(n) = a \cdot A^n + b \cdot B^n$.

Dann gilt

$$r(n+1) = s \cdot r(n) + t \cdot r(n-1) \qquad (30.6)$$

mit $s = A + B$ *und* $t = -A \cdot B$.

Beweis: Folgt sofort durch Nachrechnen.   □

Hilfssatz 30.11

Für $D := d \cdot (d - 1)$ *sei* (u_0, v_0) *die Fundamentallösung der Pellschen Gleichung* $x^2 - D \cdot y^2 = 1$.

$u(n)$ *mit* $n \in \mathbb{N}_0$ *seien die nichtnegativen Lösungen* x *der Pellschen Gleichung*

$$d \cdot x^2 - (d - 1) \cdot y^2 = 1.$$

Mit $A := u_0 + v_0 \cdot \sqrt{D}$ *und* $a = \dfrac{1 + \sqrt{\frac{d-1}{d}}}{2}$ *gilt:*

(1)

$$u(n) = \frac{a \cdot A^{2n} + 1 - a}{A^n} \qquad (30.7)$$

(2)

$$u(n+1) = 2 \cdot u_0 \cdot u(n) - u(n-1) \qquad (30.8)$$

Beweis: (1) Mit $R = u_0$ und $S = v_0 \cdot \sqrt{D}$ sind $A = R + S$ und $B = R - S$.

Aus (30.3) folgt

$$u(n) = \frac{1 + \sqrt{\frac{d-1}{d}}}{2} \cdot A^n + \frac{1 - \sqrt{\frac{d-1}{d}}}{2} \cdot B^n.$$

Damit sind die Voraussetzungen von (30.6) erfüllt und (2) folgt mit $u(n) = r(n)$ wegen $t = -A \cdot B = 1$ und $s = A + B = 2 \cdot u_0$.

$u(0) = 1 \Rightarrow b = 1 - a$ sowie $B = \frac{1}{A}$ wegen $A \cdot B = 1$.

Einsetzen in (30.3) ergibt (1). $\qquad\qquad\qquad\qquad\qquad\qquad\qquad\qquad$ □

30.3 Der Fall $q = 3$

30.3.1 m geradzahlig

Satz 30.12
Sei $m = 2k$. Dann gilt:

$$\frac{3^m - 1}{2} = N^2 \text{ ist nicht lösbar.} \qquad (30.9)$$

Beweis: Die linke Seite lässt sich zerlegen und man erhält

$$\frac{1}{2} \cdot (3^k - 1) \cdot (3^k + 1) = N^2.$$

Man erkennt: Beide Klammern sind stets durch 2 teilbar, höchstens eine aber ist durch 4 teilbar. Insbesondere ist auch N gerade.

1. Fall: $2 \,\|\, (3^k - 1)$

Dann sind $\frac{3^k - 1}{2}$ und $(3^k + 1)$ teilerfremd.
$\Rightarrow \exists\, M \in \mathbb{N} : 3^k + 1 = M^2$
$\Rightarrow 3^k = M^2 - 1 = (M - 1) \cdot (M + 1) \Rightarrow M = 2$
$\Rightarrow k = 1 \Rightarrow m = 2 \Rightarrow$ Widerspruch

2. Fall: $2 \,\|\, (3^k + 1)$

Dann sind $\frac{3^k + 1}{2}$ und $(3^k - 1)$ teilerfremd.
$\Rightarrow \exists\, M \in \mathbb{N} : 3^k - 1 = M^2$
$\Rightarrow 3^k = M^2 + 1 \equiv 1(4),$
weil aus N gerade und $\frac{3^k + 1}{2}$ ungerade folgt, dass M gerade ist, und hieraus folgt $4 \mid M^2$.

Also $3^k \equiv 1(4) \Rightarrow k$ gerade, also $k = 2t$

$\Rightarrow (3^t)^2 - 1 = M^2 \Rightarrow$ Widerspruch

□

30.3.2 m ungeradzahlig

So leicht das Problem für gerades m zu lösen war, so schwierig erweist sich der andere Fall, m ungerade. Den Zugang liefert die Pellsche Gleichung.

Wir formen die Ausgangsgleichung um und erhalten eine Pellsche Gleichung wie in (30.2):

$$3 \cdot (3^k)^2 - 2 \cdot N^2 = 1 \Longleftrightarrow 3x^2 - 2y^2 = 1$$

Dies führt zu einer Folge $r(n)$, die die x-Lösungen dieser Gleichung durchläuft. Damit reduziert sich das Ausgangsproblem darauf, alle Folgenglieder $r(n)$ zu finden, die 3er-Potenzen sind.

Hilfssatz 30.13

*Die Folge $(r(n))_{n \in \mathbb{N}}$ sei gegeben mit: $r(0) = 1$, $r(1) = 9$
und $r(n+1) = 10 \cdot r(n) - r(n-1)$.*

Ist (k, N) eine Lösung des Ausgangsproblems, also

$$\frac{3^{2k+1} - 1}{2} = N^2, \tag{30.10}$$

dann gibt es ein n mit $r(n) = 3^k$.

Beweis: Aus $\dfrac{3^{2k+1} - 1}{2} = N^2$ folgt $3 \cdot (3^k)^2 - 2 \cdot N^2 = 1$.

Damit ist 3^k eine Lösung der Pellschen Gleichung

$$3x^2 - (3 - 1) \cdot y^2 = 1$$

Nach (30.2) ist damit die Fundamentallösung von

$$x^2 - 6y^2 = 1$$

zu suchen. Diese ist (5,2). Damit sind $A = 5 + 2 \cdot \sqrt{6}$ und $B = 5 - 2 \cdot \sqrt{6}$ sowie

$$a = \frac{1 + \sqrt{\frac{2}{3}}}{2} \quad \text{und} \quad b = \frac{1 - \sqrt{\frac{2}{3}}}{2}$$

und es gilt für Lösungen $r(n)$ von x:

$$r(n) = a \cdot A^n + b \cdot B^n \qquad \text{(nach (30.3) und (30.4))}$$

Wegen $A \cdot B = 1$ folgt aus (30.6) die Behauptung.

□

Folgerung: Für die gesuchten Lösungen gilt also:

(1)   Sie sind in der Folge der $r(n)$ enthalten.

(2)   Es gibt passende n, so dass die Lösungen von der Form

$$\frac{a \cdot A^{2n} + 1 - a}{A^n} \text{ sind, mit } a, A \text{ wie oben in (30.7).}$$

Die in der Folgerung bei (2) angegebene Darstellung der Folge $r(n)$ lässt sich in unserem speziellen Fall mit $A = 5 + 2 \cdot \sqrt{6}$ vereinfachen.

Hilfssatz 30.14

Mit $A := 5 + 2 \cdot \sqrt{6}$ gilt:

$$r(n) = \frac{1}{A+1} \cdot \frac{A^{2n+1} + 1}{A^n} \qquad (30.11)$$

Beweis: Es ist:

$$a = \frac{1 + \sqrt{\frac{2}{3}}}{2} = \frac{1}{6} \cdot (3 + \sqrt{6})$$

$$\frac{A}{A+1} = \frac{5 + 2 \cdot \sqrt{6}}{6 + 2 \cdot \sqrt{6}} = \frac{6 + 2 \cdot \sqrt{6}}{12} = a$$

Mit (30.7) und (30.8) folgt $r(n) = \dfrac{\frac{A}{A+1} \cdot A^{2n} + 1 - \frac{A}{A+1}}{A^n}$. $\square$

Jetzt werden wir die Folge $r(n)$ genauer betrachten. Man erkennt schnell eine Besonderheit: Es sind $r(1)$ durch 9, $r(1 + 3)$ durch 27, $r(1 + 3 + 9)$ durch 3^4 teilbar usw.

Um dies allgemein nachzuweisen, wird im folgenden Satz 30.15 gezeigt werden, dass von diesen speziellen Folgengliedern jedes das jeweils nachfolgende teilt. Und als wesentlicher Teil wird dabei noch gezeigt, dass der Quotient der beiden Folgenglieder stets durch 3, nie aber durch 9 teilbar ist. Daraus ergibt sich sofort $3^{t+2} \mid r(1 + 3 + \ldots + 3^t)$.

Satz 30.15

Zu jedem $t \in \mathbb{N}$ gibt es ein $c(t) \in \mathbb{N}$ mit $3 \nmid c(t)$, so dass gilt:

$$r\left(\frac{3^{t+1} - 1}{2}\right) = 3 \cdot c(t) \cdot r\left(\frac{3^t - 1}{2}\right) \qquad (30.12)$$

Beweis: Aus Satz 30.14 ergibt sich:

$$r\left(\frac{3^{t+1}-1}{2}\right) = \frac{1}{A+1} \cdot \frac{A^{2 \cdot \left(\frac{3^{t+1}-1}{2}\right)+1}+1}{A^{\frac{3^{t+1}-1}{2}}} = \frac{1}{A+1} \cdot \frac{A^{3^{t+1}}+1}{A^{\frac{3^{t+1}-1}{2}}}$$

$$\text{und } r\left(\frac{3^t-1}{2}\right) = \frac{1}{A+1} \cdot \frac{A^{3^t}+1}{A^{\frac{3^t-1}{2}}}$$

$$\Rightarrow \frac{r\left(\frac{3^{t+1}-1}{2}\right)}{r\left(\frac{3^t-1}{2}\right)} = \frac{1}{A^{\frac{1}{2}\cdot(3^{t+1}-1-3^t+1)}} \cdot \frac{A^{3^{t+1}}+1}{A^{3^t}+1}$$

$$= \frac{1}{A^{3^t}} \cdot \frac{\left(A^{3^t}\right)^3+1}{A^{3^t}+1}$$

Setze $X = X(t) := A^{3^t}$. Dann ist

$$\frac{r\left(\frac{3^{t+1}-1}{2}\right)}{r\left(\frac{3^t-1}{2}\right)} = \frac{1}{X} \cdot \frac{X^3+1}{X+1} = X - 1 + \frac{1}{X}.$$

Es ist offensichtlich $X = v + w \cdot \sqrt{6}$ mit $v = v(t) \in \mathbb{N}$ und $w = w(t) \in \mathbb{N}$.

$$\Rightarrow \frac{1}{X} = \frac{v - w \cdot \sqrt{6}}{v^2 - 6 \cdot w^2}$$

$$\Rightarrow X - 1 + \frac{1}{X} = v - 1 + \frac{v}{v^2 - 6 \cdot w^2} + \sqrt{6} \cdot w \cdot \left(1 - \frac{1}{v^2 - 6 \cdot w^2}\right)$$

Wegen

$$\frac{r\left(\frac{3^{t+1}-1}{2}\right)}{r\left(\frac{3^t-1}{2}\right)} \in \mathbb{Q} \Rightarrow v^2 - 6w^2 = 1, \text{ da } w \neq 0$$

folgt

$$X - 1 + \frac{1}{X} = 2v - 1 \in \mathbb{N}.$$

Damit haben wir

$$r\left(\frac{3^{t+1}-1}{2}\right) = (2v-1) \cdot r\left(\frac{3^t-1}{2}\right).$$

Es bleibt zu zeigen: $3 \,\|\, (2v-1)$. Hierzu zeigen wir: $v \equiv -1(9)$.

Für $t = 1$ ist $X = (5 + 2 \cdot \sqrt{6})^3 \Rightarrow v = 125 + 3 \cdot 5 \cdot 4 \cdot 6 \equiv 125 \equiv -1(9)$.

$t \to t+1$: Sei $A^{3^t} = v + w \cdot \sqrt{6}$ und $v \equiv -1(9)$.

$$v(t+1) + w(t+1) \cdot \sqrt{6} = A^{3^{t+1}} = (A^{3^t})^3 = (v + w \cdot \sqrt{6})^3$$

$$\Rightarrow v(t+1) = v^3 + 18vw^2 \equiv (-1)^3 \equiv -1(9) \quad \text{(nach Ind.vor.)}$$

$$\Rightarrow 2v - 1 \equiv -2 - 1 \equiv -3(9) \Rightarrow 3 \mid (2v - 1)$$
$$\Rightarrow 2v - 1 = 3 \cdot c(t) \text{ mit } 3 \nmid c(t)$$

$\square$

Satz 30.16
Für $t \in \mathbb{N}$ gilt:

$$(1) \qquad\qquad 3^{t+1} \mid r\left(\frac{3^t - 1}{2}\right) \qquad\qquad (30.13)$$

$$(2) \qquad\qquad 3^{t+2} \nmid r\left(\frac{3^t - 1}{2}\right) \qquad\qquad (30.14)$$

Beweis: Wegen $r(1) = 9$ ist dies klar für $t = 1$.

$t \to t + 1$: Dies folgt sofort aus Satz 30.15. $\square$

Für einen kleinen Teil der Folge $r(n)$ wissen wir nun, wie die 3er-Potenzen verteilt sind. Jetzt werden wir den großen Rest betrachten und zeigen, dass dieser für die Teilbarkeit durch 3 „vernachlässigbar" ist. Vernachlässigbar heißt in diesem Fall, dass eine bestimmte 3er-Potenz als Teiler jeweils das erste Mal in der oben betrachteten Teilfolge auftritt und in keinem Fall früher (∗).

Daraus lässt sich dann ein Zusammenhang zwischen der Teilbarkeit durch eine 3er-Potenz und der Größe der Folgenglieder herstellen, welcher letztendlich den gewünschten Widerspruch liefern wird.

Die Untersuchung dieses Rests der Folge wird mittels eines geeigneten Siebverfahrens durchgeführt. Man zeigt schnell, dass genau jedes dritte Folgenglied der $r(n)$ durch 3 teilbar ist. Also konstruieren wir eine Teilfolge, die nur aus diesen Gliedern besteht, und teilen diese durch 3, jetzt beim ersten Mal sogar durch 9. Die Eigenschaft, dass genau jedes dritte Folgenglied durch 3 teilbar ist, vererbt sich, wir wählen wieder nur diese aus, teilen wieder durch 3 usw. Dieses Siebverfahren liefert uns die gewünschte Eigenschaft (∗).

Definition 30.17
Für $k \in \mathbb{N}_0$ seien folgende Folgen definiert:

$$r_0(n) := r(n)$$
$$r_1(n) := \frac{1}{9} \cdot r_0(3n + 1)$$
$$r_{k+1}(n) := \frac{1}{3} \cdot r_k(3n + 1) \text{ für } k \geq 1 \qquad\qquad \blacklozenge$$

Hilfssatz 30.18

Für $k \geq 1$, $n \geq 0$ gilt:

$$r_k(n) = \frac{1}{3^{k+1}} \cdot r_0 \left(3^k \cdot n + \frac{3^k - 1}{2} \right) \qquad (30.15)$$

Beweis: Für $k = 1$ folgt die Aussage direkt aus der Definition.

Sei $k \geq 1$ und es gelte

$$r_k(n) = \frac{1}{3^{k+1}} \cdot r_0 \left(3^k \cdot n + \frac{3^k - 1}{2} \right)$$

$$\Rightarrow r_{k+1}(n) = \frac{1}{3} \cdot r_k(3n + 1) = \frac{1}{3} \cdot \frac{1}{3^{k+1}} \cdot r_0 \left(3^k \cdot (3n + 1) + \frac{3^k - 1}{2} \right)$$

$$= \frac{1}{3^{k+2}} \cdot r_0 \left(3^{k+1} \cdot n + 3^k + \frac{3^k - 1}{2} \right).$$

Hieraus folgt sofort die Behauptung. $\qquad\qquad\qquad\qquad\qquad\qquad\qquad\qquad\square$

Zuerst brauchen wir einige technische Eigenschaften dieser Teilfolgen.

Hilfssatz 30.19

Es gilt:

(1) $r_k(n) = a_k \cdot A^{3^k \cdot n} + b_k \cdot \left(\dfrac{1}{A} \right)^{3^k \cdot n}$ *mit $a_k, b_k \in \mathbb{R}^+$*   (30.16)

(2)   *Für $k \geq 1, n \geq 0$ existiert ein $a(k) \in \mathbb{N} \setminus \{1\}$ mit*

$$r_k(n + 1) = a(k) \cdot r_k(n) - r_k(n - 1) \qquad (30.17)$$

(3) $a(k) \equiv -2(9)$ *für $k \geq 1$*   (30.18)

Beweis: **Zu (1):** Für $k = 0$ ist dies klar, denn nach Satz 30.14 ist

$$r_0(n) = \frac{A}{A + 1} \cdot A^n + \frac{1}{A + 1} \cdot \left(\frac{1}{A} \right)^n.$$

$k \to k + 1$:

$$r_{k+1}(n) = \frac{1}{3} \cdot r_k(3n + 1)$$

$$= \frac{1}{3} \cdot \left(a_k \cdot A^{3^k \cdot (3n+1)} + b_k \cdot \left(\frac{1}{A} \right)^{3^k \cdot (3n+1)} \right)$$

$$= \left(\frac{1}{3} \cdot a_k \cdot A^{3^k}\right) \cdot A^{3^{k+1} \cdot n} + \left(\frac{1}{3} \cdot b_k \cdot \left(\frac{1}{A}\right)^{3^k}\right) \cdot \left(\frac{1}{A}\right)^{3^{k+1} \cdot n}$$

Für $k = 0$ ist statt $\frac{1}{3}$ der Bruch $\frac{1}{9}$ zu setzen.

Zu (2): Die Existenz eines solchen $a(k)$ folgt aus (30.16) und (30.6).

Damit bleibt die Ganzzahligkeit $a(k) > 1$ zu zeigen. Für $k = 0$ ist $a(k) = 10$.

Sei nun $a(k) \in \mathbb{N}\backslash\{1\}$.

Nach (30.6) ist

$$a(k) = A^{3^k} + \left(\frac{1}{A}\right)^{3^k}$$

$$\Rightarrow a(k+1) = A^{3^{k+1}} + \left(\frac{1}{A}\right)^{3^{k+1}} = \left(A^{3^k}\right)^3 + \left(\left(\frac{1}{A}\right)^{3^k}\right)^3$$

$$= \left(A^{3^k} + \left(\frac{1}{A}\right)^{3^k}\right) \cdot \left(\left(A^{3^k} + \left(\frac{1}{A}\right)^{3^k}\right)^2 - 3\right)$$

$$= a(k) \cdot \left(a^2(k) - 3\right) \geq 2 \cdot (4 - 3).$$

Zu (3): $a(1) = 970 \equiv -2(9)$. Der Rest ist durch Induktion klar.   □

Nun gehen wir daran zu zeigen, dass genau jedes dritte Folgenglied der $r_k(n)$ durch 3 teilbar ist, $r_0(n)$ sogar durch 9.

Hilfssatz 30.20

Sind $r_k(0)$ und $r_k(1) \in \mathbb{N}$ und ist $r_k(0)$ nicht, wohl aber $r_k(1)$ durch 3 teilbar, dann gilt:

(1)	$r_k(n) \in \mathbb{N}$ *für alle* $n \in \mathbb{N}$	(30.19)
(2)	$3 \mid r_k(n) \Longleftrightarrow n \equiv 1(3)$	(30.20)
(3)	$9 \mid r_0(n) \Longleftrightarrow n \equiv 1(3)$	(30.21)

Beweis: Seien $r_k(0)$ und $r_k(1)$ wie vorgegeben. Aus der Konstruktion der $r_k(n)$ folgt $r_k(n) > 0$.

Da $r_k(0)$, $r_k(1)$ und $a(k) \in \mathbb{N}$, folgt $r_k(n) \in \mathbb{Z}$ nach (30.17). Daraus folgt (1).

Es ist $r_k(0) \equiv \pm 1(3)$ und $r_k(1) \equiv 0(3)$.

Nach (30.18) ist $a(k) \equiv 1(3)$.

$$\Rightarrow r_k(2) = a(k) \cdot r_k(1) - r_k(0) \equiv 1 \cdot 0 - (\pm 1) \equiv \mp 1(3)$$

$$\Rightarrow r_k(3) = a(k) \cdot r_k(2) - r_k(1) \equiv 1 \cdot (\mp 1) - 0 \equiv \mp 1(3)$$
$$\Rightarrow r_k(4) = a(k) \cdot r_k(3) - r_k(2) \equiv (\mp 1) - (\mp 1) \equiv 0(3)$$

Der Rest folgt durch Induktion.

Aus

$$r(n+1) \equiv r(n) - r(n-1)(9), \ r(0) = 1 \text{ sowie } r(1) \equiv 0(9)$$
$$\text{folgt } r(2) \equiv -1(9) \Rightarrow r(3) \equiv -1(9) \Rightarrow r(4) \equiv 0(9)$$
$$\text{und } r(5) \equiv 1(9) \Rightarrow r(6) \equiv 1(9).$$

Der Rest folgt induktiv.   □

Der einschränkenden Voraussetzungen für die $r_k(n)$ bei Hilfssatz (30.20) werden wir uns jetzt entledigen:

Satz 30.21

$$r_k(n) \in \mathbb{N} \quad \forall n, k \in \mathbb{N}_0$$

Beweis: $r_0(n) \in \mathbb{N} \ \forall n$ ist klar.

$\Rightarrow r_1(0) = 1$, $r_1(1) = 969$ und $r_1(n) \in \mathbb{N} \ \forall n$.

$r_1(4) = \frac{1}{9} \cdot r_1(3)$ ist genau durch 9 teilbar nach Satz 30.16. Damit ist $r_2(0)$ nicht, wohl aber $r_2(1)$ durch 3 teilbar.

$k \rightarrow k+1$: Seien nun $r_k(0)$ nicht, wohl aber $r_k(1)$ durch 3 teilbar. Damit sind nach (30.19) alle $r_k(n) \in \mathbb{N}$.

Nach (30.15) ist $r_k(1) = \dfrac{1}{3^{k+1}} \cdot r_0 \left(\dfrac{3^{k+1} - 1}{2} \right)$.

Damit ist nach Satz 30.16 $r_k(1)$ genau durch 3 teilbar.

Also ist $r_{k+1}(0) = \dfrac{1}{3} \cdot r_k(1)$ nicht durch 3 teilbar.

Entsprechend ist $r_k(4) = \dfrac{1}{3^{k+1}} \cdot r_0 \left(\dfrac{3^{k+2} - 1}{2} \right)$ und damit durch 9 teilbar.

Also ist $r_{k+1}(1)$ durch 3 teilbar. Damit sind nach (30.19) alle $r_{k+1}(n) \in \mathbb{N}$.   □

Hilfssatz 30.22

$$3^k \parallel r(n) \Rightarrow \exists \, t \in \mathbb{N}_0 \ \textit{mit} \ r_{k-1}(t) = \frac{1}{3^k} \cdot r(n) \quad\quad (30.22)$$

Beweis: Für $k = 2$ ist dies offensichtlich richtig. Sei $k > 2$.

Sei $3^{k+1} \parallel r(n) \Rightarrow 3^k \mid r(n)$

$$\Rightarrow \exists\, t \in \mathbb{N}_0 \text{ mit } r_{k-1}(t) = \frac{1}{3^k} \cdot r(n) \text{ (nach Ind.vor.)}$$

$$\Rightarrow 3 \parallel r_{k-1}(t) \Rightarrow \exists\, t_0 \in \mathbb{N}_0 \text{ mit } t = 3 \cdot t_0 + 1 \text{ nach (30.20)}.$$

$\square$

Hilfssatz 30.23

$$3^k \mid r(n) \Rightarrow n \geq \frac{3^{k-1} - 1}{2} \qquad\qquad (30.23)$$

Beweis: Aus (30.22) folgt: $\exists\, t \in \mathbb{N}_0$ mit $r_{k-1}(t) = \frac{1}{3^k} \cdot r(n)$.

$$\Rightarrow \frac{1}{3^k} \cdot r(n) = r_{k-1}(t) \geq r_{k-1}(0) = \frac{1}{3^k} \cdot r\left(\frac{3^{k-1} - 1}{2}\right).$$

Wegen der Monotonie von r_k, $t \geq 0$ und (30.15) folgt

$$r(n) \geq r\left(\frac{3^{k-1} - 1}{2}\right).$$

Aus der Monotonie folgt die Behauptung.

$\square$

Satz 30.24

Für $n > 1$ ist $r(n)$ keine 3er-Potenz.

Beweis: Aus $r(1) = 9$ und der Monotonie folgt $r(n) \neq 1;\ 3;\ 9$ für $n > 1$.

Sei nun $k > 2$ und $r(n) = 3^k$.

$$(30.23) \Rightarrow n \geq \frac{3^{k-1} - 1}{2}$$

$$(30.11) \Rightarrow 3^k = \frac{1}{A+1} \cdot \frac{A^{2n+1} + 1}{A^n} > \frac{1}{A+1} \cdot A^{n+1}$$

$$A = 5 + 2 \cdot \sqrt{6} \Rightarrow 9 < A < 11$$

$$\Rightarrow 3^k > \frac{1}{11} \cdot 9^{\frac{3^{k-1}-1}{2}} = \frac{1}{11} \cdot 3^{3^{k-1}-1} > 3^{3^{k-1}-4}$$

$$\Rightarrow k > 3^{k-1} - 4 \Rightarrow k + 4 > 3^{k-1}$$

Dies ist offensichtlich falsch.

$\square$

Satz 30.25

Sei $m = 2k + 1$. Dann gilt:

$$\frac{3^m - 1}{2} = N^2 \ \textit{ist nicht lösbar.} \tag{30.24}$$

Beweis: Nach Hilfssatz 30.13 muss es zu einer Lösung (q, m) ein n mit $r(n) = 3^q$ geben. In Satz 30.24 wurde gezeigt, dass es so eines für ungerade m nicht gibt. □

Insgesamt haben wir gezeigt, dass mit Ausnahme von 11111_3 keine *repunit* zur Basis 3 mit mehr als 2 Stellen ($m > 2$) eine Quadratzahl ist. Die *repunits* $1_3 = 1$ und $11_3 = 4$ sind nämlich Quadratzahlen, wir hatten aber in unserer Problemstellung und für alle weiteren Untersuchungen Stellenzahl $m > 2$ vorausgesetzt.

30.4   Ausblick

Das Problem, wann die geometrischen Summen Quadrate ergeben, war für mich ein Zeitvertreib, eine Art Kreuzworträtsel für Mathematiker. Wer mag, kann auch andere Basiszahlen q betrachten. Eine einfache Lösung für die Verallgemeinerung auf beliebige Basiszahlen gebe ich in [83].

W. Ljunggren verallgemeinerte das Problem von Quadratzahlen auf beliebige natürliche Potenzen sowie beliebige Basiszahlen und gibt eine Lösung in [82].

Reinhard Brünner ist Dipl. Math. und lebt in Bayern.

31 Irrationalität von e und π

31.1 Einleitung

Jeder von uns kann es wohl im Schlaf auswendig sagen: Die Zahlen e und π sind nicht nur irrational, sondern sogar transzendent, also nicht algebraisch über $\mathbb{Q}$.

Ich möchte in diesem Kapitel für die beiden „Klassiker" e und π die Eigenschaft der Irrationalität zeigen. Im anschließenden Kapitel werde ich dann einen Beweis für die Transzendenz von e angeben, der noch mit elementaren Mitteln (Arithmetik und Integralrechnung) auskommt. Für den Beweis der Transzendenz von π werden entweder der Satz von Lindemann-Weierstraß oder aber einige Kenntnisse über symmetrische Polynome vorauszusetzen sein.

„Elementar" ist hier nicht als „trivial" oder „einfach nachzuvollziehen" zu verstehen, sondern bezieht sich auf die verwendeten Hilfsmittel aus Arithmetik, Algebra und Integralrechnung, die — wenigstens im Prinzip — dem Schüler der Oberstufe bekannt sein sollten.

Definition 31.1 (Rationalität, Irrationalität)

Eine reelle Zahl x heißt *rational*, wenn sie als rationales Verhältnis zweier ganzer Zahlen darstellbar ist, d. h.:

$$\exists\, p, q \in \mathbb{Z}, q \neq 0 : \ \frac{p}{q} = x$$

Die Menge der rationalen Zahlen wird mit $\mathbb{Q}$ bezeichnet. Reelle Zahlen, die nicht rational sind, heißen *irrational*. Die Menge $\mathbb{R}\backslash\mathbb{Q}$ der irrationalen Zahlen bezeichnet man mit $\mathbb{I}$. ♦

31.2   Die Irrationalität von e

Die Eulersche Zahl e sei wie üblich definiert als der Grenzwert der Zahlenfolge

$$\left(1 + \frac{1}{n}\right)^n, \quad n \in \mathbb{N}.$$

Satz 31.2

    e *ist eine irrationale Zahl.*

Wegen

$$\left(1 + \frac{1}{n}\right)^n = \sum_{k=0}^{n} \binom{n}{k} \cdot \frac{1}{n^k} = \sum_{k=0}^{n} \frac{n \cdot (n-1) \cdot \ldots \cdot (n-k+1)}{k! \cdot n^k}$$

gilt im Grenzwert $n \to \infty$ (die maßgeblichen kleinen k werden im Vergleich zu n so klein, dass die $n-1, \ldots, n-k+1$ im Grenzwert wie n behandelt werden können und sich gegen n^k herauskürzen) die Darstellung

$$e = \lim_{n \to \infty} \sum_{k=0}^{n} \frac{1}{k!},$$

auf die der folgende Beweis gestützt ist. Wir verwenden auch, dass e keine ganze Zahl sein kann, weil man abschätzen kann, dass $2 < e < 3$.

Beweis: Es sei angenommen, dass

$$e = \sum_{k=0}^{\infty} \frac{1}{k!} \in \mathbb{Q},$$

es gäbe also $p, q \in \mathbb{N}$ mit $e = \frac{p}{q}$. Es ist dabei $q \geq 2$, denn e ist keine ganze Zahl. Dann kann man die Summe zerlegen in

$$e = s + t \quad \text{mit} \quad s = \sum_{k=0}^{q} \frac{1}{k!} \quad \text{und} \quad t = \sum_{k=q+1}^{\infty} \frac{1}{k!}$$

und schätzt t ab mittels:

$$
\begin{aligned}
t &= \frac{1}{(q+1)!} \cdot \sum_{i=0}^{\infty} \frac{(q+1)!}{(q+1+i)!} \\
&\leq \frac{1}{(q+1)!} \cdot \sum_{k=0}^{\infty} \frac{1}{(q+2)^k} \\
&= \frac{1}{(q+1)!} \cdot \frac{1}{1 - \frac{1}{q+2}}
\end{aligned}
$$

$$\begin{aligned}
&= \frac{1}{(q+1)!} \cdot \frac{q+2}{q+2-1} \\
&= \frac{q+2}{(q+1)^2} \cdot \frac{1}{q!} \\
&= \frac{q+2}{q^2+2 \cdot q+1} \cdot \frac{1}{q!} \\
&\leq \frac{q+2}{q^2+2 \cdot q} \cdot \frac{1}{q!} \\
&= \frac{1}{q} \cdot \frac{1}{q!}
\end{aligned}$$

Für $b := (e-s) \cdot q \cdot q!$ gilt also $0 < b \leq 1$ und somit

$$e = \frac{p}{q} = \sum_{k=0}^{q} \frac{1}{k!} + \frac{b}{q \cdot q!}.$$

Man multipliziert auf beiden Seiten mit $q!$:

$$p \cdot (q-1)! = q! \cdot \sum_{k=0}^{q} \frac{1}{k!} + \frac{b}{q}$$

Nun steht links eine ganze Zahl. Da alle Nenner in der Summe Teiler von $q!$ sind, ist das $q!$-fache der Summe ebenfalls ganz. Demnach muss auch $\frac{b}{q}$ ganz sein, b also ein Vielfaches von q. Wegen $0 < b \leq 1$ und $q \geq 2$ ergibt sich ein Widerspruch. $\qquad\square$

In diesem noch sehr einfachen Beweis zeigt sich bereits das Beweisprinzip, das auch im Folgenden verwendet wird: Aus algebraischen Gründen ergibt sich, dass ein Ausdruck größer sein muss, als er aus analytischen Gründen sein darf.

Historische Anmerkung

Die Irrationalität von e wurde von Johann Heinrich Lambert 1767 erstmals gezeigt. Er verwendete für seinen Beweis die Kettenbruchentwicklung von e.

Diese ist im Übrigen bemerkenswert; es gilt:

$$e-1 = 1 + \cfrac{1}{1 + \cfrac{1}{2 + \cfrac{1}{1 + \cfrac{1}{1 + \cfrac{1}{4 + \cfrac{1}{1 + \cfrac{1}{1 + \cfrac{1}{6 + \dots}}}}}}}}$$

$$= [1; 1, 2, 1, 1, 4, 1, 1, 6, \dots] \qquad \text{(Euler)}$$

Eine weitere bemerkenswerte Kettenbruch-Darstellung mit e:

$$\frac{e+1}{e-1} = 2 + \cfrac{1}{6 + \cfrac{1}{10 + \cfrac{1}{14 + \cfrac{1}{18 + \dots}}}}$$

$$= [2; 6, 10, 14, 18, \dots] \qquad \text{(ebenfalls Euler)}$$

31.3   Die Irrationalität von π

Nun möchte ich die Irrationalität von π nachweisen. Dazu wird die charakterisierende Eigenschaft verwendet, dass die Vielfachen von π die Nullstellen der Sinusfunktion und die Extremstellen des Cosinus sind.

Definition 31.3 (π nach E. Landau, 1934)
Die Funktion

$$\sin : \mathbb{R} \to \mathbb{R}, \; x \mapsto \sum_{k=0}^{\infty} \frac{(-1)^k}{(2k+1)!} \cdot x^{2k+1}$$

ist periodisch und besitzt unendlich viele Nullstellen. Die kleinste positive Nullstelle von sin heißt π.   ◆

Satz 31.4
  π ist eine irrationale Zahl.

Beweis: Es wird $\pi^2 \notin \mathbb{Q}$ bewiesen, woraus die Behauptung sofort folgt. Dazu definiert man ein Polynom $2n$-ten Grades

$$f(x) = \frac{x^n \cdot (1-x)^n}{n!} = \frac{1}{n!} \cdot \sum_{k=0}^{n} \binom{n}{k} \cdot (-1)^k \cdot x^{n+k}.$$

0 und 1 sind n-fache Nullstellen von f, daher gilt

$$f^{(r)}(0) = f^{(r)}(1) = 0$$

für $r < n$; für $r > 2n$ gilt dies sowieso.

Für die übrigen Ableitungen von f gilt

$$f^{(n+r)}(x) = \frac{1}{n!} \cdot \sum_{k=r}^{n} \binom{n}{k} \cdot \frac{(n+k)!}{(k-r)!} \cdot (-1)^k \cdot x^{k-r}.$$

Dieser Ausdruck ist für $x = 0$ stets ganzzahlig, was aufgrund der Achsensymmetrie von f bzgl. $x = 1/2$ auch für $x = 1$ gilt. Also gilt

$$f^{(r)}(0), \, f^{(r)}(1) \in \mathbb{Z} \; \text{ für alle } \; r \in \mathbb{N}.$$

Man nehme nun an, π^2 sei rational, also $\pi^2 = \frac{p}{q}$ mit $p, q \in \mathbb{N}$.

Man bildet aus den Ableitungen, die für $x = 0$ und $x = 1$ ganzzahlig werden, den für $x = 0$ und $x = 1$ ebenfalls ganzzahligen Ausdruck

$$F_n(x) = q^n \cdot \left(\pi^{2n} \cdot f(x) - \pi^{2n-2} \cdot f''(x) + - \ldots + (-1)^n \cdot f^{(2n)}(x) \right)$$

$$= q^n \cdot \sum_{j=0}^{n} (-1)^j \cdot \pi^{2(n-j)} \cdot f^{(2j)}(x), \qquad n \in \mathbb{N} \text{ beliebig.}$$

Nun leitet man

$$F_n'(x) \cdot \sin(\pi x) - \pi \cdot F_n(x) \cdot \cos(\pi x)$$

nach x ab. Die Absicht dabei ist, es später als Ableitung von etwas anderem identifizieren zu können. Man erhält

$$F_n''(x) \sin(\pi x) \quad + \quad \pi F_n'(x) \cos(\pi x) - \pi F_n'(x) \cos(\pi x) + \pi^2 F_n(x) \sin(\pi x)$$

$$= \left(F_n''(x) + \pi^2 \cdot F_n(x) \right) \cdot \sin(\pi x).$$

Bei der Auswertung dieses Ausdrucks heben sich alle Terme mit Ableitungen von f gegenseitig weg:

$$q^n \cdot \sin(\pi x) \cdot \left(\sum_{j=0}^{n} (-1)^j \pi^{2n-2j} f^{(2j+2)}(x) + \pi^2 \sum_{j=0}^{n} (-1)^j \pi^{2n-2j} f^{(2j)}(x) \right)$$

$$= q^n \cdot \sin(\pi x) \left(\sum_{j=0}^{n} (-1)^j \pi^{2n-2j} f^{(2j+2)}(x) + \sum_{j=0}^{n} (-1)^j \pi^{2n-2j+2} f^{(2j)}(x) \right)$$

$$= q^n \cdot \sin(\pi x) \cdot \sum_{j=0}^{n} (-1)^j \pi^{2n-2j} f^{(2j+2)}(x)$$

$$- \quad q^n \cdot \sin(\pi x) \cdot \sum_{j=0}^{n} (-1)^{j-1} \pi^{2n-2(j-1)} f^{(2j-2+2)}(x)$$

$$= q^n \sin(\pi x) \left(\sum_{j=0}^{n} (-1)^j \pi^{2(n-j)} f^{(2j+2)}(x) - \sum_{j=-1}^{n-1} (-1)^j \pi^{2(n-j)} f^{(2j+2)}(x) \right)$$

$$= q^n \cdot \sin(\pi x) \cdot \left(\pi^{2n+2} \cdot f(x) \right)$$

$$= p^n \cdot \pi^2 \cdot f(x) \cdot \sin(\pi x)$$

Von der drittletzten zur vorletzten Zeile verschwindet der Term für $j = n$, da alle höheren als die $2n$-te Ableitung von f verschwinden. Die Terme für $1 \leq j \leq n-1$ eliminieren sich gegenseitig, und es bleibt nur noch derjenige für $j = -1$ übrig.

Da f auf [0,1] nur Werte zwischen 0 und $\frac{1}{n!}$ annimmt, folgt, dass

$$0 < \int_0^1 f(x) \, \mathrm{d}x < \frac{1}{n!}.$$

Also gilt wegen $0 \leq \sin(\pi x) \leq 1$ auf [0,1] auch

$$0 < \int_0^1 f(x) \cdot \sin(\pi x) \, \mathrm{d}x < \frac{1}{n!}.$$

und also

$$0 < \int_0^1 p^n \cdot \pi \cdot f(x) \cdot \sin(\pi x) \, \mathrm{d}x < \pi \cdot \frac{p^n}{n!}.$$

Wählt man n groß genug, so kann also

$$\int_0^1 p^n \cdot \pi \cdot f(x) \cdot \sin(\pi x) \, \mathrm{d}x < 1$$

erreicht werden.

$\int_0^1 p^n \cdot \pi \cdot f(x) \cdot \sin(\pi x) \, \mathrm{d}x$ ist aber nach dem Vorausgegangenen das Integral der Ableitung von

$$\frac{F_n'(x) \cdot \sin(\pi x) - \pi \cdot F_n(x) \cdot \cos(\pi x)}{\pi}$$

über dem Intervall $[0,1]$, also gleich der Differenz der Randwerte

$$\left[\frac{F_n'(x) \cdot \sin(\pi x)}{\pi} - F_n(x) \cdot \cos(\pi x) \right]_0^1$$

$$= \frac{F_n'(1) \cdot 0}{\pi} - F_n(1) \cdot (-1) - \frac{F_n'(0) \cdot 0}{\pi} + F_n(0) \cdot 1$$

$$= F_n(1) + F_n(0).$$

Dies ist ganzzahlig, kann also nicht zwischen 0 und 1 liegen: Widerspruch!   □

Hier bekommt man eine Vorstellung davon, wie schwierig es sein kann, die Irrationalität nicht-algebraischer Ausdrücke nachzuweisen: Zunächst völlig undurchschaubare, eigens zum Zweck konstruierte polynomiale Ausdrücke werden definiert, diese werden dann analytisch nach oben abgeschätzt, während die algebraische Behandlung eine konträre Abschätzung nach unten liefert. Diese Methode ist dabei trotz der abschreckenden Terme noch als elementar zu bezeichnen, da man die Hilfsmittel Ableiten, Integrieren, geometrische Reihe etc. noch in der Schule bzw. in den ersten Semestern eines Studiums lernt.

Historische Anmerkung

Erstmals wurde die Irrationalität von π 1761 bewiesen, und zwar ebenfalls von Johann Heinrich Lambert. Er kam damit Euler um 14 Jahre zuvor, der dies erst 1775 vermutet hatte. Auch vermutete Lambert damals bereits, dass π nicht Nullstelle eines Polynoms mit ganzzahligen Koeffizienten sein könne. Die Theorie der algebraischen Zahlen und deren Gegensatz, der *transzendenten* Zahlen, war zu der damaligen Zeit aber erst im Entstehen.

Wenn man heute die Irrationalität von e und π voraussetzt und verwendet, wäre es angebracht, kurz an die Leistung des Herrn Lambert zu denken.

Norbert Engbers ist Dipl.-Math. und lebt in Osnabrück.

32 Transzendenz von e und π

32.1 Einleitung

Transzendenz ist ein Begriff, den die Mathematik aus der Philosophie entlehnt hat, wo er „das die Vernunft Übersteigende" bedeutet. Transzendent ist das, was dem definierenden, beweisenden und erklärenden Geist unzugänglich bleibt, z. B. das Göttliche. In der Algebra und der Zahlentheorie versteigt man sich lieber nicht zu solchen Höhen und spricht von transzendenten Elementen über Körpern oder allgemein über Ringen, wenn diese nicht als Nullstellen von Polynomen über diesen Strukturen beschrieben werden können.

An der Herausbildung des mathematischen Transzendenzbegriffs waren Johann Heinrich Lambert und Leonhard Euler beteiligt. Der erste, der eine konkrete Zahl als transzendent identifizieren konnte, war Joseph Liouville, der dazu sein Ergebnis über die rationale Approximierbarkeit algebraischer Zahlen verwendete, das vereinfacht lautet: Eine algebraische Zahl lässt sich nur mit begrenzter Genauigkeit durch rationale Näherungsbrüche mit beschränktem Nenner approximieren. Ist die Zahl besser durch Brüche approximierbar, so ist sie also transzendent. Das trifft für die Liouvillesche Zahl

$$l := \sum_{k=1}^{\infty} 10^{-k!} = 0{,}11000100000000000000000001000...$$

zu. Georg Cantor bewies dann auf nichtkonstruktivistische Art die Existenz von überabzählbar vielen transzendenten Zahlen in $\mathbb{R}$, indem er die Abzählbarkeit der Menge der algebraischen Zahlen über $\mathbb{Q}$ nachwies.

Definition 32.1 (Algebraizität, Transzendenz)

Eine Zahl $z \in \mathbb{C}$ heißt *algebraisch über dem Körper* $K \subset \mathbb{C}$, wenn ein Polynom $p \in K[X], p \neq 0$,

$$p = a_k \cdot X^k + a_{k-1} \cdot X^{k-1} + \ldots + a_0,$$

existiert, das z annulliert, d. h. $p(z) = 0$. Dabei spricht man von einer algebraischen Zahl *k-ten Grades über* K, wenn es ein z annullierendes Polynom $p \in K[X]$ gibt, das den Grad k hat, und es kein Polynom geringeren Grades gibt, das z annulliert. Ein solches p minimalen Grades heißt *das Minimalpolynom von* z, wenn der Leitkoeffizient von p auf 1 normiert ist. Die Menge der algebraischen Zahlen über dem Körper K wird mit $\overline{K}$ bezeichnet und bildet ihrerseits einen Körper.

Besitzt das Minimalpolynom einer algebraischen Zahl z nur Koeffizienten, die in K ganze Zahlen sind (beispielsweise aus $\mathbb{Z}$ im Fall $K = \mathbb{Q}$), so nennt man z *ganz-algebraisch über* K.

Existiert über K kein z annullierendes Polynom, so heißt z ein *transzendentes Element über* K oder *transzendent über* K.

Im Folgenden wird stets von $K = \mathbb{Q}$ ausgegangen, wobei man dann einfach von Algebraizität oder Transzendenz spricht, ohne den zugrunde gelegten Körper gesondert zu erwähnen. $\overline{\mathbb{Q}}$ ist nicht mehr wie $\mathbb{Q}$ in $\mathbb{R}$ enthalten, weil es z. B. i enthält, und ist daher Teilmenge von $\mathbb{C}$.   ♦

Die Algebraizität reeller und komplexer Zahlen ist eine naheliegende Verallgemeinerung der Rationalität, denn rationale Zahlen annullieren lineare Polynome der Form $q \cdot X - p$. Rationale Zahlen sind also algebraische Zahlen vom Grad 1.

Im Prinzip nimmt man bei den Transzendenzbeweisen daher die gleiche Vorgehensweise wie in den vorangegangenen Beweisen der Irrationalität: Annahme des Gegenteils, d. h. der Existenz eines Minimalpolynoms, Basteln eines Funktionals aus dem Minimalpolynom, dessen analytische und algebraische Abschätzungen einander widersprechen — und fertig ist der Beweis.

32.2 Die Transzendenz von e

Los geht es wieder mit dem leichteren der beiden Fälle, der Transzendenz der Eulerschen Zahl e.

Satz 32.2

  Die Zahl e *ist transzendent.*

Als Vorbereitung für den Beweis definieren wir für eine reelle Zahl t und ein beliebiges Polynom $f \in \mathbb{C}[x]$ mit

$$f(x) = \sum_{j=0}^{n} a_j \cdot x^j, \ a_n \neq 0$$

das Funktional

$$I_f(t) := \int_0^t e^{t-u} \cdot f(u) \, du.$$

Anmerkung: Diese Definition gilt auf natürliche Weise auch für komplexes t, da der Integrationsweg in der komplexen Zahlenebene wegen der Holomorphie des Integranden keine Rolle spielt. Im zweiten Teil dieses Kapitels, in dem die Transzendenz von π bewiesen wird, wird davon Gebrauch gemacht.

$I_f(t)$ wird mittels partieller Integration ausgerechnet; man erhält

$$
\begin{aligned}
I_f(t) &= \left[-e^{t-u} \cdot f(u) \right]_0^t - \int_0^t -e^{t-u} \cdot f'(u) \, du \\
&= -e^0 \cdot f(t) + e^t \cdot f(0) + \left[-e^{t-u} \cdot f'(u) \right]_0^t - \int_0^t -e^{t-u} \cdot f''(u) \, du \\
&= -f(t) + e^t \cdot f(0) + \left(-f'(t) + e^t \cdot f'(0) \right) - \int_0^t -e^{t-u} \cdot f''(u) \, du \\
&= \ldots \\
&= e^t \cdot \sum_{j=0}^{n} f^{(j)}(0) - \sum_{j=0}^{n} f^{(j)}(t),
\end{aligned}
$$

wobei höhere Ableitungsgrade als $n = \operatorname{grad} f$ nicht auftauchen.

Die analytische Abschätzung für $I_f(t)$ soll allgemein durchgeführt werden, d. h. so, dass sie auch für den Transzendenzbeweis für π, wo komplexwertige Argumente auftreten, verwendbar bleibt. Es handelt sich um die Standardabschätzung „*Betrag des Integrals ist kleiner oder gleich der Länge des Integrationsweges mal das Maximum des Betrages auf diesem Weg*", die man auf den geradlinigen Weg in $\mathbb{C}$ von 0 nach t anwendet. $s \in [0,1]$ ist ein reellwertiger Parameter.

$$
\begin{aligned}
|I_f(t)| &= \left| \int_0^t e^{t-u} \cdot f(u) \, du \right| \\
&= \left| \int_0^1 e^{t-s \cdot t} \cdot f(s \cdot t) \cdot t \, ds \right| \\
&\leq 1 \cdot |t| \cdot \max_{0 \leq s \leq 1} \left| e^{t \cdot (1-s)} \cdot f(s \cdot t) \right|
\end{aligned}
$$

$$\leq \ |t| \cdot \max_{0 \leq s \leq 1} \left| e^{t \cdot (1-s)} \right| \cdot \max_{0 \leq s \leq 1} |f(s \cdot t)|$$

$$\leq \ |t| \cdot \max_{0 \leq s \leq 1} e^{|t \cdot (1-s)|} \cdot \max_{0 \leq s \leq 1} \hat{f}(s \cdot |t|)$$

$$= \ |t| \cdot e^{|t|} \cdot \hat{f}(|t|),$$

wobei das Polynom $\hat{f}(X) \in \mathbb{R}[X]$ ist mit

$$\hat{f}(x) = \sum_{j=0}^{n} |a_j| \cdot x^j.$$

Da in $\hat{f}(X)$ alle Koeffizienten positiv sind, ist es auf $\mathbb{R}_{\geq 0}$ streng monoton wachsend, wird sein Betrag für reell-positive Argumente kalkulierbar maximal und liegt das Maximum von $\hat{f}(u)$ am rechten Rand des Integrationsintervalls.

Jetzt kann man die Transzendenz von e beweisen:

Beweis: Es wird angenommen, e sei Nullstelle eines Polynoms $g \in \mathbb{Q}[x]$, grad $f = r > 0$, also

$$g(x) = b_0 + b_1 x + \ldots + b_r \cdot x^r, \ g(\mathrm{e}) = 0.$$

Dieses Polynom mit rationalen Koeffizienten kann durch Multiplikation mit deren Hauptnenner in eines mit ganzzahligen Koeffizienten überführt werden, so dass weder die annullierende Eigenschaft verloren geht noch sich der Grad ändert — die Normiertheit bleibt aber im Allgemeinen nicht erhalten. O. B. d. A. werden also im Folgenden die Koeffizienten von g als ganzzahlig angenommen: $g \in \mathbb{Z}[X]$. Man wählt eine Primzahl $p > \max(r, |b_0|)$ (man wird später die Existenz unendlich vieler Primzahlen derart ausnutzen, dass p beliebig groß gewählt werden kann) und definiert ein Polynom f mittels

$$f(x) = x^{p-1} \cdot (x-1)^p \cdot (x-2)^p \cdot \ldots \cdot (x-r)^p.$$

Es gilt: grad $f = (r+1) \cdot p - 1 =: n$

Des Weiteren sei ein Funktional definiert:

$$J_f = b_0 \cdot I_f(0) + b_1 \cdot I_f(1) + \ldots + b_r \cdot I_f(r)$$

Es ist

$$J_f = \sum_{k=0}^{r} \left(b_k \cdot \mathrm{e}^k \cdot \sum_{j=0}^{n} f^j(0) - b_k \cdot \sum_{j=0}^{n} f^{(j)}(k) \right)$$

$$= \left(\sum_{k=0}^{r} b_k \cdot \mathrm{e}^k \right) \cdot \left(\sum_{j=0}^{n} f^{(j)}(0) \right) - \sum_{k=0}^{r} \sum_{j=0}^{n} b_k \cdot f^{(j)}(k)$$

$$= - \sum_{k=0}^{r} \sum_{j=0}^{n} b_k \cdot f^{(j)}(k).$$

0 ist $(p-1)$-fache Nullstelle von f; $1, \ldots, r$ sind p-fache Nullstellen von f. Es bleiben von der Doppelsumme übrig:

$$J_f = - \sum_{j=p-1}^{n} b_0 \cdot f^{(j)}(0) - \sum_{k=1}^{r} \sum_{j=p}^{n} b_k \cdot f^{(j)}(k)$$

Da in dieser Doppelsumme die p-te und höhere Ableitungen eines Polynoms n-ten Grades, $n > p$, mit ganzzahligen Koeffizienten stehen, sind alle Summanden durch $p!$ teilbar (ein Vielfaches jedes Faktors aus $p!$ findet sich in der Folge der Exponenten von x, die vor den Koeffizienten aus $\mathbb{Z}$ multipliziert werden).

Der erste Summand der Einzelsumme ist immerhin noch mit der gleichen Begründung durch $(p-1)!$ teilbar. Beim Bestimmen der $(p-1)$-ten Ableitung des Terms für f an der Stelle $x = 0$ fehlt nur in einem der vielen Summanden der Faktor x, und nur dieser liefert daher einen nichtverschwindenden Term: Es ist derjenige, in dem x^{p-1} $(p-1)$-mal abgeleitet wird und die $(x-k)^p$ gar nicht. Also ist

$$f^{(p-1)}(0) = (p-1)! \cdot (-1)^p \cdot (-2)^p \cdot \ldots \cdot (-r)^p = (p-1)! \cdot (-1)^{r \cdot p} \cdot (r!)^p.$$

J_f ist eine ganze Zahl und wegen $|b_0| < p$ und $r < p$ auch ein Vielfaches von $(p-1)!$, aber kein Vielfaches von p. Daraus folgt

$$|J_f| = c_1 \cdot (p-1)!, \ c_1 \in \mathbb{Z}, \ c_1 \geq 1.$$

Dies ist die algebraische Abschätzung. Für die analytische geht man zu $\hat{f}$ über, d. h. zu dem Polynom, dessen Koeffizienten den gleichen Betrag wie die von f haben, aber alle positiv sind, also

$$\hat{f}(x) = x^{p-1} \cdot (x+1)^p \cdot (x+2)^p \cdot \ldots \cdot (x+r)^p.$$

Dass in diesem Polynom alle Koeffizienten bis aufs Vorzeichen mit denen in f übereinstimmen, kann man sich klarmachen, indem man in $f(x)$ x durch $-x$ substituiert und sich überlegt, dass das so entstehende Polynom bis auf den Faktor $(-1)^n$ mit $\hat{f}$ übereinstimmt, jedoch sich gegenüber f nur die Vorzeichen der Koeffizienten zu den ungeraden Potenzen von x umgedreht haben.

Es ist

$$\begin{aligned} \hat{f}(k) &= k^{p-1} \cdot (k+1)^p \cdot (k+2)^p \cdot \ldots \cdot (k+r)^p \\ &\leq (2 \cdot r)^{p \cdot r + (p-1)} \\ &= (2 \cdot r)^n, \text{ falls } 0 \leq k \leq r. \end{aligned}$$

Daraus folgt für J_f:

$$|J_f| \leq \sum_{j=0}^{r} |b_j| \cdot |I_f(j)|$$

$$\leq \quad \sum_{j=0}^{r} |b_j| \cdot j \cdot e^j \cdot \hat{f}(j)$$

$$\leq \quad \sum_{j=0}^{r} |b_j| \cdot (2 \cdot r) \cdot e^j \cdot (2 \cdot r)^{(r+1) \cdot p - 1}$$

$$= \quad c_2 \cdot (2 \cdot r)^{(r+1) \cdot p}$$

$c_2 := \sum_{j=0}^{r} |b_j| \cdot e^j$ ist eine von p unabhängige Konstante.

Aus den unterschiedlichen Wachstumsordnungen der Abschätzungen ergibt sich nun der Widerspruch, denn ungeachtet der auftretenden Proportionalitätsfaktoren c_1, c_2 wird für genügend großes p die algebraische Abschätzung nach unten zwingend größer als die analytische Abschätzung nach oben. $\square$

Historische Anmerkung: Die Transzendenz von e wurde erstmals 1873 von Charles Hermite bewiesen. Sein Ansatz entsprach im Wesentlichen dem, der auch hier — wesentlich vereinfacht — verwendet wurde.

32.3   Die Transzendenz von π

Als Ferdinand Lindemann im Jahre 1882 die Transzendenz von π bewies, hatte er damit ein zwei Jahrtausende altes Problem erledigt: Die *Quadratur des Kreises*, oder in heutiger Sprache: Die Konstruktion zweier Strecken mit dem Längenverhältnis $\sqrt{\pi}$ nur mit Zirkel und Lineal.

Man kann bekanntlich Strecken mit Längenverhältnis z zur Einheitsstrecke dann und nur dann mit Zirkel und Lineal konstruieren, wenn z Element eines algebraischen Zahlkörpers K ist, der über eine Kette

$$K = K_1 \supset K_2 \supset \ldots \supset K_n = \mathbb{Q}$$

quadratischer Körpererweiterungen, also so, dass

$$\forall\, i : [K_i : K_{i+1}] = 2$$

gilt, zu dem Körper $\mathbb{Q}$ der rationalen Zahlen absteigt.

Insbesondere muss z dafür Nullstelle eines Polynoms 2., 4., 8., ..., 2^{n-1}. Grades aus $\mathbb{Z}[X]$ sein.

Obgleich also seit 120 Jahren feststeht, dass π dieses Kriterium nicht erfüllt, beschäftigen sich nach wie vor viele Hobbymathematiker mit der Aufgabe, mit den genannten Hilfsmitteln einen Kreis in ein flächengleiches Quadrat zu überführen. Vielleicht vermag dieses Kapitel dagegen ja etwas Abhilfe zu schaffen.

Satz 32.3

Die Zahl π ist transzendent.

Ich erwähne zunächst einen Satz, aus dem die Transzendenz von e und π quasi sofort folgt: den Satz von Lindemann-Weierstraß, mit dem eine große Klasse von Zahlen als transzendent identifiziert werden kann.

Satz 32.4 (Satz von Lindemann-Weierstraß)

Für alle paarweise verschiedenen $\alpha_1, \ldots, \alpha_n \in \overline{\mathbb{Q}} \subset \mathbb{C}$, dem Körper der algebraischen Zahlen über $\mathbb{Z}$, und für alle $\beta_1, \ldots, \beta_n \in \overline{\mathbb{Q}}$ gilt

$$\sum_{k=0}^{n} \beta_k \cdot e^{\alpha_k} \neq 0,$$

oder kurz gefasst: Alle e^{α_k} mit paarweise verschiedenen Exponenten $\alpha_k \in \overline{\mathbb{Q}}$ sind linear unabhängig über $\overline{\mathbb{Q}}$.

Sehr leicht kann man damit nun die Transzendenz von e und π zeigen:

Korollar 32.5

Die Zahl e ist transzendent.

Beweis: Annahme, e sei in $\overline{\mathbb{Q}}$. Setze

$$\alpha_1 = 0, \quad \alpha_2 = 1,$$
$$\beta_1 = e, \quad \beta_2 = -1, \quad \beta_k = 0 \ (\forall \, k \geq 3).$$

Dann ist $e \cdot e^0 - 1 \cdot e^1 = e - e = 0$, im Widerspruch zum Satz von Lindemann-Weierstraß. $\qquad\square$

Korollar 32.6

Die Zahl π ist transzendent.

Beweis: Annahme, π sei in $\overline{\mathbb{Q}}$. Wegen $i^2 = -1$ und der Tatsache, dass die algebraischen Zahlen einen Körper bilden, sind auch $i \cdot \pi$ und $2 \cdot i \cdot \pi$ aus $\overline{\mathbb{Q}}$.

Setze dann

$$\alpha_1 = i \cdot \pi, \quad \alpha_2 = 2 \cdot i \cdot \pi,$$

$$\beta_1 = 1, \quad \beta_2 = 1, \quad \beta_k = 0 \ (\forall \ k \geq 3).$$

Dann ist

$$1 \cdot e^{i \cdot \pi} + 1 \cdot e^{2 \cdot i \cdot \pi} = -1 + 1 = 0,$$

wiederum im Widerspruch zum Satz von Lindemann-Weierstraß. $\square$

Doch statt den Satz von Lindemann-Weierstraß zu beweisen, will ich hier in etwa die gleiche Vorgehensweise wählen wie im Transzendenzbeweis für e.

32.3.1 Vorbereitungen

Als wichtige Voraussetzungen für den Beweis von Satz 32.3 benötigt man eine Aussage über ganz-algebraische Zahlen sowie den Hauptsatz über elementar-symmetrische Funktionen.

Lemma 32.7

Sei ξ eine algebraische Zahl über $\mathbb{Q}$, die über $\mathbb{Q}$ das Minimalpolynom r-ten Grades

$$f \in \mathbb{Q}[X], \quad f = \sum_{k=0}^{r} a_k \cdot X^k$$

habe. Bei Multiplikation des Minimalpolynoms mit dem Hauptnenner A sämtlicher Koeffizienten von f wird daraus ein Polynom aus $\mathbb{Z}[X]$ mit dem führenden Koeffizienten A statt 1.

Dann ist $A \cdot \xi$ eine ganz-algebraische Zahl, also Nullstelle eines normierten Polynoms mit ganzzahligen Koeffizienten (was keine Selbstverständlichkeit ist).

Beweis: Es ist

$$0 = \sum_{j=0}^{r} a_j \cdot \xi^j.$$

Wir multiplizieren die Gleichung mit A^r:

$$0 = A^r \cdot \sum_{j=0}^{r} a_j \cdot \xi^j = A^r \cdot \xi^r + \sum_{j=0}^{r-1} A^r \cdot a_j \cdot \xi^j$$

$$= (A \cdot \xi)^r + \sum_{j=0}^{r-1} A^{r-j} \cdot a_j \cdot (A \cdot \xi)^j$$

$\square$

Den *elementarsymmetrischen Funktionen* begegnet man, wenn man Produkte von Linearfaktoren ausmultipliziert und mit Polynomen vergleicht. Bei den elementarsymmetrischen Funktionen handelt es sich nun um Polynome in mehreren Veränderlichen. Wenn vom Grad von Polynomen in mehreren Veränderlichen die Rede ist, so ist der Totalgrad gemeint, d. h. die höchste vorkommende Summe aller Exponenten in einem Monom.

Permutationen der Nullstellen u_i haben selbstverständlich keinen Einfluss auf das Ergebnis, wenn man die Koeffizienten als Polynome in den Nullstellen auffasst:

$$(x - u_1) \cdot (x - u_2) \cdot \ldots \cdot (x - u_n)$$
$$= x^n - s_{1,n} \cdot x^{n-1} + s_{2,n} \cdot x^{n-2} - + \ldots + (-1)^n \cdot s_{n,n},$$

wobei die $s_{j,n}$ die folgenden Ausdrücke in den u_i sind:

$$s_{1,n} = \sum_{i=1}^{n} u_i$$

$$s_{2,n} = \sum_{1 \leq i < j \leq n} u_i \cdot u_j$$

$$s_{3,n} = \sum_{1 \leq i < j < k \leq n} u_i \cdot u_j \cdot u_k$$

$$\ldots$$

$$s_{n,n} = \prod_{i=1}^{n} u_i$$

Ein *symmetrisches Polynom* p in n Veränderlichen $u_1, u_2, \ldots, u_n$ ist ein Polynom, das invariant gegenüber sämtlichen Permutationen der Variablen ist. Beispiel: Während das Polynom $p_1 := u_1 + u_2 - 2 \cdot u_1 \cdot u_2$ gleich bleibt, wenn man u_1 und u_2 vertauscht, ändert sich das Polynom $p_2 := u_1 - u_2 + u_1^2 \cdot u_2$ dadurch in ein anderes Polynom. Darum ist p_1 ein symmetrisches Polynom, p_2 ist es nicht. Je höher die Zahl der Veränderlichen ist, gegen desto mehr Permutationen muss p invariant sein.

Lemma 32.8 (Satz über elementarsymmetrische Funktionen)
Jedes symmetrische Polynom p in den n Variablen $u_1, u_2, \ldots, u_n$ mit rationalen Koeffizienten besitzt eine eindeutige Darstellung als Polynom mit rationalen Koeffizienten in den elementarsymmetrischen Funktionen

$$s_{1,n}, \ s_{2,n}, \ \ldots, \ s_{n,n}.$$

Sind die Koeffizienten von p ganzzahlig, so ergeben sich für die Darstellung als Polynom in $u_1, u_2, \ldots, u_n$ gleichfalls ganzzahlige Koeffizienten.

Beweis: Die einzelnen Monome des symmetrischen Polynoms p können nach dem Totalgrad geordnet werden; man erhält eine Darstellung des symmetrischen Polynoms als Summe homogener symmetrischer Polynome der Totalgrade $0, 1, \ldots, m$. Es reicht, den Satz für ein beliebiges homogenes symmetrisches Polynom $g = g(x_1, \ldots, x_n)$ vom Totalgrad m zu beweisen.

Dazu ordnet man jedem von dessen Monomen auf eindeutige Weise eine *Höhe* zu:

Das Monom

$$a_{q_1, \ldots, q_n} \cdot x_1^{q_1} \cdot \ldots \cdot x_n^{q_n}, \qquad \sum_{j=1}^{n} q_j = m,$$

erhält die Höhe

$$\sum_{j=1}^{n} j \cdot q_j = 1 \cdot q_1 + 2 \cdot q_2 + \ldots + n \cdot q_n \geq m.$$

Da die Zahl der Monome in g endlich ist, existiert ein Monom, dessen Höhe maximal ist. Sei dies

$$r := a_{q_1, \ldots, q_n} \cdot x_1^{q_1} \cdot \ldots \cdot x_n^{q_n}.$$

r ist dadurch eindeutig bestimmt, dass $q_1 \leq q_2 \leq \ldots \leq q_n$: Jegliche Permutation der q_i würde zu einer geringeren Höhe führen. Aufgrund der Symmetrie des Polynoms g gehören auch alle Monome

$$a_{q_1, \ldots, q_n} \cdot x_1^{q_{\sigma(1)}} \cdot \ldots \cdot x_n^{q_{\sigma(n)}}$$

mit $\sigma \in S_n$ (die Bahn von r unter S_n) zu g, und für

$$h := a_{q_1, \ldots, q_n} \cdot \sum_{\sigma \in S_n} x_1^{q_{\sigma(1)}} \cdot \ldots \cdot x_n^{q_{\sigma(n)}}$$

existiert die Darstellung in elementarsymmetrischen Funktionen

$$a_{q_1, \ldots, q_n} \cdot (s_{n,n})^{q_1} \cdot (s_{n-1,n})^{q_2 - q_1} \cdot (s_{n-2,n})^{q_3 - q_2} \cdot \ldots \cdot (s_{1,n})^{q_n - q_{n-1}},$$

welche so konstruiert wurde, dass sie exakt die gleiche Höhe und den gleichen Koeffizienten hat wie dasjenige Monom in g mit der höchsten Höhe. Folglich ist das höchste Monom in $d := g - h$, welches weiterhin homogen ist, von echt kleinerer Höhe. Die Rationalität bzw. Ganzzahligkeit der Koeffizienten von g bleibt in d erhalten. Diese Prozedur des sukzessiven Subtrahierens der Bahn des Monoms mit maximaler Höhe führt also immer nach endlich vielen Schritten zum Monom der Höhe 0, dem konstanten Polynom. Da dieses der einzige Vertreter in seiner Bahn ist, hat man die eindeutig bestimmte Darstellung von g in den elementarsymmetrischen Funktionen mit rationalen bzw. ganzzahligen Koeffizienten erhalten.   □

32.3.2 Konjugierte von $i \cdot \pi$

Derart gewappnet widmen wir uns nun der Hauptaufgabe dieses Abschnitts, dem Beweis von Satz 32.3.

Beweis: Angenommen, π sei algebraisch über $\mathbb{Q}$. Weil auch i algebraisch über $\mathbb{Q}$ ist und $\overline{\mathbb{Q}}$ ($\subset \mathbb{C}$), die Menge der algebraischen Zahlen über $\mathbb{Q}$, einen Körper bildet, ist auch $i \cdot \pi$ algebraisch mit dem Minimalpolynom

$$g \in \mathbb{Q}[X], \ g(x) = \sum_{k=0}^{r} b_k \cdot x^k, \quad \text{grad } g \geq 2.$$

Der Hauptnenner aller Koeffizienten von g sei B. Nach Satz 32.7 ist damit $B \cdot i \cdot \pi$ eine ganz-algebraische Zahl. Nach dem Fundamentalsatz der Algebra zerfällt g über $\overline{\mathbb{Q}}$ in r verschiedene Linearfaktoren:

$$g(z) = (z - \xi_1) \cdot (z - \xi_2) \cdot \ldots \cdot (z - \xi_r)$$

Dabei sind $\xi_1, \ldots, \xi_r$ die Konjugierten von $i \cdot \pi$, also sämtliche Nullstellen des Minimalpolynoms von $i \cdot \pi$. Unter diesen Konjugierten befindet sich, da die Koeffizienten von g alle reell sind, auch das konjugiert-komplexe $-i \cdot \pi$. Genau wie $B \cdot i \cdot \pi$ sind auch die übrigen $B \cdot \xi_j$ ganz-algebraisch, also Nullstellen des normierten Polynoms d aus $\mathbb{Z}[X]$, welches man gemäß dem Verfahren aus Lemma 32.7 aus g gewinnt. Demnach ist d das Minimalpolynom sämtlicher Konjugierter von $B \cdot i \cdot \pi$.

Mit der Ganzzahligkeit der Koeffizienten im Minimalpolynom d von $B \cdot i \cdot \pi$ können wir bei der algebraischen Abschätzung von Funktionalausdrücken deren Ganzzahligkeit nachweisen.

Man bildet dazu den Ausdruck

$$(1 + e^{\xi_1}) \cdot (1 + e^{\xi_2}) \cdot \ldots \cdot (1 + e^{\xi_r}).$$

Da $i \cdot \pi$ unter den Konjugierten ist und $e^{i \cdot \pi} = -1$, ist dieses Produkt gleich null.

Man multipliziert das Produkt aus und erhält:

$$1 + \sum_{j=1}^{r} e^{\xi_j} + \sum_{1 \leq j < k \leq r} e^{\xi_j + \xi_k} + \ldots + e^{\xi_1 + \ldots + \xi_r}.$$

Sei $\varepsilon_k = (\varepsilon_{1k}, \ldots, \varepsilon_{rk}) \in \{0,1\}^r$, k ein Index, der die 2^r Elemente von $\{0,1\}^r$ durchläuft, dann ist das Produkt

$$(1 + e^{\xi_1}) \cdot (1 + e^{\xi_2}) \cdot \ldots \cdot (1 + e^{\xi_r}) = \sum_{k=1}^{2^r} e^{\varepsilon_{1k} \cdot \xi_1 + \ldots + \varepsilon_{rk} \cdot \xi_r}$$

eine Summe aus 2^r Exponentialtermen, unter deren Exponenten alle Summen aus den ξ_j vorkommen, die möglich sind, wenn jedes ξ_j entweder hineingenommen wird oder nicht.

Diese 2^r Summen werden zur Vereinfachung nun φ_k geschrieben:

$$\varphi_k = \sum_{j=1}^{r} \varepsilon_{jk} \cdot \xi_j, \quad 1 \le k \le 2^r.$$

Wichtige Konsequenz: Permutiert man die Indizes der ξ_j irgendwie, so steht der zu dieser Operation gehörende Term wieder unter den Summanden. Zu jedem

$$\varphi_k = \varepsilon_{1k} \cdot \xi_1 + \ldots + \varepsilon_{rk} \cdot \xi_r$$

ist also auch die ganze Bahn bzgl. der symmetrischen Gruppe S_r unter den 2^r Faktoren, also existiert zu jedem $\sigma \in S_r$ ein $l \in \{1, \ldots, 2^r\}$ mit

$$\varphi_l = \varepsilon_{1k} \cdot \xi_{\sigma(1)} + \ldots + \varepsilon_{rk} \cdot \xi_{\sigma(r)}.$$

Mindestens zwei von diesen Summen sind null — nämlich die zu $\varphi_{n_1} = 0$ und $\varphi_{n_2} = \mathrm{i} \cdot \pi + (-\mathrm{i} \cdot \pi)$ gehörenden. Sei q die Anzahl derer, die null ergeben; diese tragen zum Produkt

$$(1 + \mathrm{e}^{\xi_1}) \cdot (1 + \mathrm{e}^{\xi_2}) \cdot \ldots \cdot (1 + \mathrm{e}^{\xi_n}),$$

wenn man es zur Summe ausmultipliziert, jeweils den Summanden 1 bei. Dieses Produkt kann dann als Summe folgendermaßen geschrieben werden:

$$q + \sum_{k=1}^{n} \mathrm{e}^{\varphi_k} \quad \text{mit } n = 2^r - q$$

Ein entscheidender Trick bei der algebraischen Abschätzung wird sein, die Summe über $1, \ldots, n$ mit $-q$ identifizieren zu können, um daraus eine Teilbarkeitsaussage zu gewinnen.

Wir wählen eine Primzahl p — die groß genug sein muss, denn über deren Größe wird später der Widerspruch geführt — und definieren das Polynom f vom Grad $n \cdot p + p - 1$:

$$f(x) = B^{n \cdot p} \cdot x^{p-1} \cdot \prod_{k=1}^{n} (x - \varphi_k)^p$$

Das Polynom f ist in den Ausdrücken φ_k symmetrisch, d. h. gegenüber jeder Permutation der $\xi_1, \ldots, \xi_r$ invariant, und seine Koeffizienten sind, wie man durch Ausmultiplizieren des Produktes erkennt, ganzzahlig. Der *Hauptsatz über elementarsymmetrische Funktionen (32.8)* garantiert nun, dass das ausmultiplizierte Polynom eine polynomiale Darstellung in

$$s_{1,n}(\varphi_1, \ldots, \varphi_n),$$

$$s_{2,n}(\varphi_1, \ldots, \varphi_n),$$

$$\ldots,$$
$$s_{n,n}(\varphi_1, \ldots, \varphi_n)$$

besitzt, die aufgrund der Ganzzahligkeit der Koeffizienten von $f(x)$ wiederum ganzzahlige Koeffizienten hat. Außerdem gilt, dass das Produkt

$$\prod_{k=1}^{2^r}(x - \varphi_k) = x^{2^r - n} \cdot \prod_{k=1}^{n}(x - \varphi_k)$$

in den Konjugierten $\xi_1, \ldots, \xi_r$ von $i \cdot \pi$ wieder symmetrisch ist. Letzteres ist darin begründet, dass zu jedem $\sigma \in S_r$ ein $l \in \{1, \ldots, 2^r\}$ existiert mit

$$\varphi_l = \varepsilon_1 \cdot \xi_{\sigma(1)} + \ldots + \varepsilon_r \cdot \xi_{\sigma(r)},$$

also die Produkte auch dessen Linearfaktor enthalten.

Also lässt sich — wiederum nach dem Satz über elementarsymmetrische Funktionen — dieses Produkt als Polynom mit ganzzahligen Koeffizienten in den elementarsymmetrischen Funktionen

$$s_{1,r}(\xi_1, \ldots, \xi_r),$$
$$s_{2,r}(\xi_1, \ldots, \xi_r),$$
$$\ldots,$$
$$s_{r,r}(\xi_1, \ldots, \xi_r)$$

schreiben. Die elementarsymmetrischen Funktionen in $\xi_1, \ldots, \xi_r$ sind aber (bis aufs Vorzeichen) die rationalen Koeffizienten

$$1, b_{r-1}, \ldots, b_0$$

des normierten Minimalpolynoms g. Das ergibt sich aus der Identität

$$\sum_{k=0}^{r} b_k \cdot x^k = (x - \xi_1) \cdot (x - \xi_2) \cdot \ldots \cdot (x - \xi_r)$$

nach Ausmultiplizieren der rechten Seite.

Es gibt also ein Polynom $F \in \mathbb{Z}[X, X_{r-1}, \ldots, X_0]$, so dass

$$x^{2^r - n} \cdot \prod_{k=1}^{n}(x - \varphi_k) = F(x, b_{r-1}, \ldots, b_0).$$

Die Koeffizienten von $\prod_{k=1}^{2^r - q}(x - \varphi_k)$ sind die gleichen wie die des Produkts über alle 2^r Linearfaktoren, also rationale Zahlen, ebenso diejenigen von dessen p-ter Potenz. Der Vorfaktor B steht in $f(x)$ $n \cdot p$-mal vor der p-ten Potenz dieses Produkts und damit ausreichend oft, um die Koeffizienten von f alle zu ganzen Zahlen zu machen. Die Darstellung von f mit Koeffizienten sei

$$f(x) = \sum_{j=0}^{n \cdot p + p - 1} a_j \cdot x^j \quad \text{mit} \quad \forall j : a_j \in \mathbb{Z}.$$

32.3.3   Zwei konträre Abschätzungen

Nun bedienen wir uns wieder des bereits aus dem Beweis der Transzendenz von e bekannten Funktionals

$$I_f(t) = \int_0^t \mathrm{e}^{t-u} \cdot f(u) \, \mathrm{d}u \,.$$

Man beachte, dass Integrale dieser Art auch für $t \in \mathbb{C}$ wohldefiniert sind, sofern der Integrand eine auf ganz $\mathbb{C}$ holomorphe Funktion ist, also eine Stammfunktion besitzt. Also gilt die Standardabschätzung für Integrale, *„Betrag eines Integrals ist kleiner oder gleich der Länge des Integrationsweges mal dem Maximum des Betrages auf diesem Weg"* insbesondere für den kürzestmöglichen Weg in $\mathbb{C}$, den geradlinigen Weg von $u = 0$ nach $u = t$.

Algebraische Abschätzung eines Funktionals

Von I_f leiten wir das Funktional

$$J_f = I_f(\varphi_1) + \ldots + I_f(\varphi_n)$$

ab, welches — wie im Beweis der Transzendenz von e — mittels partieller Integration ausgewertet wird zu

$$
\begin{aligned}
J_f &= \left(\sum_{k=1}^n \mathrm{e}^{\varphi_k} \right) \cdot \left(\sum_{j=0}^\infty f^{(j)}(0) \right) - \sum_{k=1}^n \sum_{j=0}^\infty f^{(j)}(\varphi_k) \\
&= \left(\sum_{k=1}^{2^r-q} \mathrm{e}^{\varphi_k} \right) \cdot \left(\sum_{j=0}^{n\cdot p+p-1} f^{(j)}(0) \right) - \sum_{k=1}^n \sum_{j=0}^{n\cdot p+p-1} f^{(j)}(\varphi_k) \,.
\end{aligned}
$$

Wegen der Herleitung aus der partiellen Integration kann a priori keine andere Obergrenze für die Summe über j angegeben werden; deshalb geht die Summe bis unendlich. Höhere als $(n \cdot p + p - 1)$-te Ableitungen sind aber allesamt 0, können also ignoriert werden. Wir setzen

$$m := n \cdot p + p - 1 \,.$$

Damit ist

$$J_f = \left(\sum_{k=1}^{2^r-q} \mathrm{e}^{\varphi_k} \right) \cdot \left(\sum_{j=0}^m f^{(j)}(0) \right) - \sum_{k=1}^n \sum_{j=0}^m f^{(j)}(\varphi_k) \,.$$

Wegen $q + \sum_{k=0}^{2^r-q} \mathrm{e}^{\varphi_k} = 0$ ist die erste Summe $-q$:

$$J_f = -q \cdot \sum_{j=0}^m f^{(j)}(0) - \sum_{j=0}^m \sum_{k=1}^n f^{(j)}(\varphi_k) \,.$$

Aufgrund der ganzzahligen Koeffizienten von f und seiner ersten m Ableitungen und des hohen Exponenten für B ergibt sich, dass die Summen

$$\sum_{k=1}^{n} f^{(j)}(\varphi_k)$$

symmetrische Polynome in den n ganz-algebraischen Zahlen $B \cdot \varphi_1, \ldots, B \cdot \varphi_n$ mit ganzzahligen Koeffizienten sind und also auch J_f ein symmetrisches Polynom ist mit ganzzahligen Koeffizienten in den 2^r Ausdrücken

$$B \cdot \sum_{j=1}^{r} \varepsilon_j \cdot \xi_j.$$

Also lässt sich J_f als ganzzahliges Polynom in den elementarsymmetrischen Funktionen

$$s_{1,r}(B \cdot \xi_1, \ldots, B \cdot \xi_r),$$
$$s_{2,r}(B \cdot \xi_1, \ldots, B \cdot \xi_r),$$
$$\ldots,$$
$$s_{r,r}(B \cdot \xi_1, \ldots, B \cdot \xi_r)$$

schreiben. Diese sind gleich den Koeffizienten im Minimalpolynom d von $B \cdot i \cdot \pi$, also ganzzahlig, so dass wir folgern können, dass J_f eine ganze Zahl ist.

Ist der Ableitungsgrad j echt kleiner als p, so ist $f^{(j)}(\varphi_k) = 0$ für alle $k \in \{1, \ldots, n\}$, da die φ_k als p-fache Nullstellen konstruiert sind. Zu der Doppelsumme tragen also nur die p-te und höhere Ableitungen bei, deshalb ist die Doppelsumme ein Vielfaches von $p!$. Ist $j < p-1$, so ist auch $f^{(j)}(0) = 0$. Ferner ist auch $f^{(j)}(0)$ ein Vielfaches von $p!$, falls $j \geq p$.

Die interessanteste Ableitung ist also $f^{(p-1)}(0)$:

$$f^{(p-1)}(0) = B^{n \cdot p} \cdot (-1)^{n \cdot p} \cdot (p-1)! \cdot (\varphi_1 \cdot \varphi_2 \cdot \ldots \cdot \varphi_n)^p$$

$\varphi_1 \cdot \varphi_2 \cdot \ldots \cdot \varphi_n$ ist symmetrisch in den Konjugierten ξ_j von $i \cdot \pi$: Zu jedem Faktor $\varphi_k = \varepsilon_1 \cdot \xi_1 + \ldots + \varepsilon_r \cdot \xi_r$ ist auch die ganze Bahn bzgl. der symmetrischen Gruppe S_r unter den $n = 2^r - p$ Faktoren. Also existiert zu jedem $\sigma \in S_r$ ein $l \in \{1, \ldots, 2^r - p\}$ mit

$$\varphi_l = \varepsilon_1 \cdot \xi_{\sigma(1)} + \ldots + \varepsilon_1 \cdot \xi_{\sigma(r)}.$$

Demzufolge ist, wieder nach dem Hauptsatz über elementarsymmetrische Funktionen,

$$B^n \cdot \varphi_1 \cdot \varphi_2 \cdot \ldots \cdot \varphi_n$$

ein ganzzahliges Polynom in den elementarsymmetrischen Funktionen der $B \cdot \xi_j$.

Diese sind als die Koeffizienten des Minimalpolynoms d von ganz-algebraischen Zahlen ganzzahlig, also ist $B^n \cdot \varphi_1 \cdot \varphi_2 \cdot \ldots \cdot \varphi_n$ ganzzahlig. $f^{(p-1)}(0)$ ist folglich ein Vielfaches von $(p-1)!$.

Die Primfaktoren in B und $\varphi_1 \cdot \varphi_2 \cdot \ldots \cdot \varphi_n$ sind fest und unabhängig von der Wahl der Primzahl p. p kann also so groß gewählt werden, dass es weder in B noch in $\varphi_1 \cdot \varphi_2 \cdot \ldots \cdot \varphi_n$ vorkommt. So ist gewährleistet, dass $f^{(p-1)}(0)$ nicht Vielfaches von $p!$ ist.

Wir gewinnen die Darstellung:

$$J_f \;=\; -q \cdot a \cdot (p-1)! - b \cdot p! \quad \text{mit } a, b \in \mathbb{Z},\ p \text{ kein Teiler von } a$$

$$\Leftrightarrow \quad \left| \frac{J_f}{(p-1)!} \right| = |q \cdot a + b \cdot p|$$

Ist zudem noch p teilerfremd zu q, so teilt p weder q noch a, und der Betrag ist eine natürliche Zahl echt größer null. Damit folgt

$$|J_f| \;=\; c_3 \cdot (p-1)!, \quad c_3 \in \mathbb{Z},\ c_3 \geq 1.$$

Soweit die algebraische Abschätzung des Funktionals.

Die analytische Abschätzung

Die analytische Abschätzung gewinnt man nun durch die Standardabschätzung.

Dabei ist wieder $\hat{f}(z)$ dasjenige Polynom vom Grad $m = n \cdot p + p - 1$, dessen Koeffizienten betragsmäßig gleich denen von $f(z)$, jedoch alle nichtnegativ sind:

$$f(z) = \sum_{j=0}^{m} a_j \cdot z^j, \qquad \hat{f} = \sum_{j=0}^{m} |a_j| \cdot z^j.$$

So ist gewährleistet, dass das Maximum von $\left| \hat{f}(u) \right|$ auf der Kreisscheibe $\mathcal{K}$ um 0 mit dem Radius $|\varphi_k|$ bei $|\varphi_k|$ angenommen wird, da dort alle z^j und auch alle $|a_j| \cdot z^j$ bei reell-positivem z das gleiche Argument annehmen. Berücksichtigt man die Wirkung der gewichtenden Exponentialterme, ändert sich am Prinzip nichts, außer dass aus Polynomen unendliche Potenzreihen werden. Aus demselben Grund ist das reelle Integral von $e^{|\varphi_k| - u} \cdot \hat{f}(u)$ von 0 bis $|\varphi_k|$ eine Majorante für den Betrag des komplexen Integrals von $e^{\varphi_k - u} \cdot f(u)$ von 0 bis φ_k.

Damit wird der Betrag des Funktionals J_f — ganz grob, da es im Wesentlichen auf die Wachstumsordnung bezüglich p ankommt — nach oben abgeschätzt. Die Integration kann dabei aufgrund der Holomorphie des Integranden wieder über den geradlinigen Weg von 0 nach φ_k vollzogen werden:

$$|J_f| \;=\; \left| \sum_{k=1}^{n} \int_0^{\varphi_k} e^{\varphi_k - u} \cdot f(u)\, \mathrm{d}u \right|$$

$$\leq\; \sum_{k=1}^{n} \left| \int_0^{\varphi_k} e^{\varphi_k - u} \cdot f(u)\, \mathrm{d}u \right|$$

$$\leq \sum_{k=1}^{n} |\varphi_k| \cdot e^{|\varphi_k|} \cdot \hat{f}(|\varphi_k|)$$

$$\leq n \cdot \max_{1 \leq k \leq n} |\varphi_k| \cdot e^{\max_{1 \leq k \leq n} |\varphi_k|} \cdot \hat{f}(\max_{1 \leq k \leq n} |\varphi_k|)$$

Der Betrag der Integrale aus der 2. Zeile wurde mit der im Beweis der Transzendenz von e verwendeten Methode abgeschätzt. Im letzten Schritt werden noch alle n Summanden gegen deren betragsmäßig größten abgeschätzt, wozu man verwendet, dass die Exponentialfunktion und $\hat{f}$ streng monoton wachsend auf der reell-positiven Halbachse sind.

Mit $\Phi := \max_{1 \leq k \leq n} |\varphi_k|$ gilt also

$$|J_f| \leq n \cdot \Phi \cdot e^{\Phi} \cdot \hat{f}(\Phi).$$

Für $x \geq 1$ gilt für das Polynom $\hat{f}$ eine Abschätzung gegen dessen höchstes Monom,

$$\hat{f}(x) \leq (|a_1| + |a_2| + \ldots + |a_m|) \cdot x^{n \cdot p + p - 1}.$$

Wegen $|i \cdot \pi| \geq 3$ ist Φ definitiv größer als 3, so dass diese Abschätzung anwendbar wird. Setzt man nun

$$\mathcal{M} := \Phi^{n+1}$$

und

$$c_4 := n \cdot e^{\Phi} \cdot (|a_1| + |a_2| + \ldots |a_m|),$$

so gilt

$$|J_f| \leq c_4 \cdot \mathcal{M}^p.$$

Somit kann $|J_f|$ nicht stärker als exponentiell mit der Größe von p zunehmen.

Dies steht im Widerspruch zum zuvor erhaltenen Ergebnis der algebraischen Abschätzung $|J_f| \geq (p-1)!$, denn $(p-1)!$ nimmt stärker als exponentiell mit der Größe von p zu: Man findet nämlich, dass mit Anwachsen von p das Verhältnis $(c_4 \cdot \mathcal{M}^p) / (c_3 \cdot (p-1)!)$ beliebig klein wird, ungeachtet der auftretenden Proportionalitätsfaktoren c_3, c_4. Damit gibt es oberhalb einer gewissen Grenze ein p, für das die algebraische Abschätzung für $|J_f|$ nach unten größer wird als die analytische Abschätzung nach oben.

Hiermit erhalten wir schließlich den Widerspruch, der den Beweis vollendet.

$\square$

Norbert Engbers ist Dipl.-Math. und lebt in Osnabrück.

Literaturverzeichnis

Zu den Kapiteln 1 bis 6 „Gruppenzwang I - VI":

[1] H. Kurzweil, B. Stellmacher: „Theorie der endlichen Gruppen", Springer Verlag, 1998

[2] M. Artin: „Algebra", Birkhäuser, 1. Auflage 2009

[3] M. Aschbacher: „Finite group theory", Cambridge University Press, 2000

[4] Johannes Hahn: „Gruppenzwang IX: Unfall im Genlabor: (Per-)mutationen in der Bevölkerung", 2006, www.matheplanet.com/default3.html?call=article. php?sid=965

[5] Johannes Hahn: „Gruppenzwang VII: Gruppen sind immer noch Top!", 2006, www. matheplanet.com/default3.html?call=article.php?sid=923

Zu Kapitel 7 „Ein Spielzeug mit Gruppenstruktur":

[6] David Joyner: „Adventures in Group Theory", The Johns Hopkins University Press, Baltimore, 2008

[7] Hans Julius Zassenhaus: „Rubik's Cube: A toy, a galois tool, group theory for everybody", Physica A, Volume 114, Issue 1-3, p. 629-637, 1982

Zu Kapitel 8 „Endliche Körper":

[8] S. Bosch, „Algebra", Springer Verlag, 7. Auflage 2009

[9] M. Artin: „Algebra", Birkhäuser, 1. Auflage 2009

[10] S. Wewers: *„Die multiplikative Gruppe eines Körpers ist zyklisch"* in Vorlesungsskript „Algebra I", Hannover, 2008/2009, www.iazd.uni-hannover.de/~wewers/lehre/ws08/algebra1/zyklisch.pdf

[11] Chr. Karpfinger, K. Meyberg: „Algebra: Gruppen - Ringe - Körper", Spektrum Akademischer Verlag, 1. Auflage. 2009

Zu Kapitel 9 „Über die Anzahl von Sitzordnungen am runden Tisch":

[12] McGowan, John: "The number of distinct necklaces", sunmarkinc.com/contest/ puzzles2.html

[13] Ask Dr. Math: „Permutations in a Necklace", mathforum.org/dr.math/problems/ romer07.04.99.html, April 1999

[14] Ask Dr. Math: „Polya-Burnside Lemma", mathforum.org/dr.math/problems/ linger.7.02.99.html, Februar 1999

[15] Andreas Drees, Christian Siebeneicher: „Ein Lemma über Perlenketten", www. mathematik.uni-bielefeld.de/~sieben/lothar/perlenketten.pdf

[16] A. Betten, H. Fripertinger, A. Kerber: „Algebraic Combinatorics Via Finite Group Actions", bedvgm.kfunigraz.ac.at:8001/frib/html2/book/hyl00.html, September 7, 1998

[17] Martin Schoenert: „A lemma that is *not* Burnside's", Dec. 7, 1994, www.math.rwth-aachen.de/~Martin.Schoenert/Cube-Lovers/Martin_Schoenert__A_ lemma_that_is_*not*_Burnside's.html

[18] Heinz Lüneburg: „A Lemma that is not Burnside's", www.mathematik.uni-kl.de/ ~luene/miszellen/Burnside.html

[19] Ask Dr. Math: „Combinatorics", `mathforum.org/dr.math/problems/lerche5.16.97.` `html`, Mai 1997

[20] The On-Line Encyclopedia of Integer Sequences, `www.research.att.com/~njas/` `sequences/`

[21] On-Line Encyclopedia of Integer Sequences - Sequence A047996, `www.research.att.` `com/cgi-bin/access.cgi/as/njas/sequences/eisA.cgi?Anum=A047996`

[22] G. Polya: „How To Solve It — A New Aspect of Mathematical Method", Second Edition, Princeton University Press, Princeton, New Jersey, 1988 Zitiert nach `hydra.nat.` `uni-magdeburg.de/geom/PZ.html`.

[23] Peter Paule: „Vorlesungsankündigung Algorithmische Kombinatorik", Graz, zum SS 2001

[24] „Burnside's lemma", `en.wikipedia.org/wiki/Burnside's_lemma`

[25] M. Wohlgemuth: „Halsband-Generator in PHP", 2002, `www.matheplanet.com/` `default3.html?call=matroid/necklaces.php`

[26] The (Combinatorial) Object Server, Index of Generation Pages, `theory.cs.uvic.ca/` `cos.html`, 2003

Zu Kapitel 10 „Summenzerlegungen":

[27] H. S. Wilf: „generatingfunctionology", Philadelphia, 2nd Edition, 1994, `www.math.` `upenn.edu/~wilf/DownldGF.html`

[28] Murray R. Spiegel: „Schaum's outline of theory and problems of calculus of finite differences and difference equations", New York, NY [u. a.], McGraw-Hill, 1971

[29] Leonhard Euler: „Introductio in Analysin Infinitorum", Lausanne 1748 (Nachdruck Springer 1983), Kap. 16

[30] George A. Andrews: „The Theory of Partitions", Addison-Wesley, Reading (MA) 1976, insbes. Kap. 5 betreffend die Formel von Hardy-Ramanujan-Rademacher.

[31] G. H. Hardy and S. Ramanujan: „Asymptotic Formulae in Combinatory Analysis", Proc. London Math. Soc. 17, 75-115, 1918

[32] The On-Line Encyclopedia of Integer Sequences, Sequence A000041: a(n) = number of partitions of n (the partition numbers), `www.research.att.com/~njas/sequences/` `A000041`

[33] M. Wohlgemuth: „Anzahl Möglichkeiten, Beträge bis zu 100 Cent in Münzen zu zahlen", PHP-Anwendung, 2002, `www.matheplanet.com/default3.html?call=matroid/muenzz.` `php`

Zu Kapitel 11 „Pentagon, Kartenhaus und Summenzerlegung":

[34] Abdul Hassen, Thomas J. Osler: „Playing with partitions on the computer", Mathematics Department, Rowan University, NJ, 2001, `www.rowan.edu/open/depts/math/` `HASSEN/Papers/Playingwithpartition.pdf`

[35] Pascal Hitzler: „Eulersche Partitionsprodukte", `www.wv.inf.tu-dresden.de/~pascal/` `prose94.ps.gz`, Proseminararbeit, Universität Tübingen, 1994

[36] Barbara Gärtner: „Zahlentheorie", Vorlesung, PH Karlsruhe, 1999/2000, S. 6 ff, `www.ph-ludwigsburg.de/fileadmin/subsites/2e-imix-t-01/user_files/personal/` `schmidt-thieme/veranstaltungen/zahlentheorie.pdf`

[37] Folge A001318 in *The On-Line Encyclopedia of Integer Sequences*, `www.research.att.` `com/~njas/sequences/A001318`

Zu Kapitel 12 „Das Heiratsproblem":

[38] R. Diestel: „Graphentheorie", Springer Verlag, Berlin, 3. Aufl. 2006.

[39] M. Aigner: „Diskrete Mathematik", Vieweg+Teubner Verlag, 2006

[40] Alexander Schrijver: „Theory of Linear and Integer Programming", John Wiley & Sons; 1. Auflage, 1998

[41] Philipp Hall: „On Representations of Subsets", J. London Math. Soc., 10 (1935) 26-30.

[42] Christina Büsing: „Graphen- und Netzwerkoptimierung", Spektrum Akademischer Verlag, 1. Auflage, 2010

[43] Bernhard Korte, Jens Vygen: „Kombinatorische Optimierung: Theorie und Algorithmen", Springer Verlag, 2010

Zu Kapitel 13 „Über die Anzahl surjektiver Abbildungen":

[44] Elke Wilkeit: „Gesamtheiten", Artikel im Internet (existiert heute nicht mehr), 2001

[45] Erich Priesner: „Anzahlen", 2000, `www.math.tu-cottbus.de/INSTITUT/lsgdi/DM/Anzahlen.html`

Zu Kapitel 14 „Potenzsummen":

[46] Milton Abramowitz, Irene A. Stegun: „Handbook of Mathematical Functions", Dover Publications, New York, USA, 1970

[47] Helmut Richter, Bernhard Schiekel: „Potenzsummen, Bernoulli-Zahlen und Euler'sche Summenformel", München, 2004, `www.lrz-muenchen.de/~hr/numb/potenzsummen.pdf`

[48] Pavel Guerzhoy: „Power Sums, Bernoulli Numbers, and Riemann's Zeta-Function", `www.math.hawaii.edu/~pavel/bernoulli.pdf`

[49] Konrad Königsberger: „Analysis 1", Heidelberg, Springer Verlag, 2003

Zu Kapitel 15 „Berechnung großer Binomialkoeffizienten":

[50] Paulo Ribenboim: „Die Welt der Primzahlen: Geheimnisse und Rekorde", Springer Verlag, 2006

[51] M. Wohlgemuth: „Binomialkoeffizient und Primfaktorzerlegung von $n!$", PHP-Beispielprogramm, 2001, `www.matheplanet.com/default3.html?call=matroid/faktor2.php`

Zu Kapitel 16 „Über Permanenten, Permutationen und Fixpunkte":

[52] H. J. Ryser: „Combinatorial Mathematics", Mathematical Association of America, 1963

[53] Habbo Hait Heinze: „Die Permanente im thermodynamischen Viel-Bosonen-Pfadintegral ...", Diplom-Arbeit, Oldenburg, 1996

[54] H. W. Gould: "Combinatorial Identities", Morgantown Printing and Binding Company, Morgantown, West Virginia, 1972

Zu Kapitel 17 „Zählen mit Permanenten":

[55] The On-Line Encyclopedia of Integer Sequences, `www.research.att.com/~njas/sequences/`

Zu Kapitel 18 „Binomialmatrizen und das Lemma von Gessel Viennot":

[56] M. Aigner: „Lattice Paths and Determinants", Springer Verlag, 2001

[57] G. Helms: „Accessing Bernoulli-Numbers by Matrix-Operations", `go.helms-net.de/` `math/pascal/bernoulli_en.pdf`, Version 2.3.2, 2009

[58] Alan Edelman, Gilbert Strang: „Pascal Matrices", MIT, `web.mit.edu/18.06/www/` `Essays/pascal-work.pdf`, 2006

[59] Maurice F. Aburdene and John E. Dorband: „Unification of Legendre, Laguerre, Hermite, and binomial discrete transforms using Pascal's matrix" aus *Multidimensional Systems and Signal Processing*, Volume 5, Number 3 / Juli 1994, Springer Netherlands, siehe auch `www.springerlink.com/content/l24nm1748t39mu83/`

Zu Kapitel 19 „Winkeldreiteilung und der Satz von Haga":

[60] T. Chen: „Proof of the impossibility of trisecting an angle with euclidean tools", Mathematics Magazin 39, 1966, S. 239-241

[61] Thomas Hull (Herausgeber): „Origami[3]: Third International Meeting of Origami Science, Math, and Education", A K Peters, Abschnitt 2 ab Seite 314, 2001

[62] Robert Lang: „Origami and Geometric Constructions", `www.langorigami.com/science/` `hha/hha.php4`, Seite 22-23, 1996

Zu Kapitel 20 „Das regelmäßige Siebzehneck":

[63] B.L. van der Waerden: „Algebra I/II", Springer Verlag, erstmals erschienen 1930/31, letzte Auflage 1993

Zu Kapitel 21 „Ein Satz von Carnot":

[64] H. S. Coxeter, S. L. Greitzer: „Zeitlose Geometrie", Ernst Klett, 1997

Zu Kapitel 22 „Die Kardioide als Hüllkurve":

[65] Kuno Fladt: „Analytische Geometrie spezieller ebener Kurven", S. 284 ff., Akademische Verlagsgesellschaft Frankfurt a. M., 1962

[66] Hans-Jürgen Caspar: „Über Hüllkurven (Einhüllende, Envelopen)", 2007, `www.` `matheplanet.com/default3.html?call=article.php?sid=1121`

Zu den Kapiteln 23 bis 25 „Elliptische Kurven 1-3":

[67] Lawrence C. Washington: „Elliptic Curves - Number Theory and Cryptography", Chapman, 2. Auflage, 2008

Zu Kapitel 26 „Primzahlen mit Abstand":

[68] Martin Aigner, Günter M. Ziegler: „Das BUCH der Beweise", Springer Verlag, 2003

[69] Paulo Ribenboim: „Die Welt der Primzahlen: Geheimnisse und Rekorde", Springer Verlag, 2006

[70] Ben Green, Terence Tao; „The primes contain arbitrarily long arithmetic progressions", Annals of Mathematics 167: 481-547, 2008

[71] Green-Tao theorem, bei `en.wikipedia.org/wiki/Green-Tao_theorem`

Zu Kapitel 27 „Faktorisierungsverfahren":

[72] R. S. Lehman: „Factoring Large Integers", Mathematics of Computation 28, 1974, S. 637-646

[73] P. L. Montgomery: „Speeding the Pollard and Elliptic Curve Methods of Factorization", Mathematics of Computation 48, 1987, S. 243-264

[74] P. L. Montgomery: „An FFT Extension of the Elliptic Curve Method of Factorization", Dissertation, University of California, 1992

[75] C. Pomerance: „The Quadratic Sieve Factoring Algorithm", Lecture Notes in Computer Science 209, 1985, S. 169-182

[76] A. K. Lenstra, H. W. Lenstra, Jr.: „The Development of the Number Field Sieve", Lecture Notes in Mathematics 1554, 1993

[77] K. Schönberger „Ein Faktorisierungs-Programm in C", 2008, www.matheplanet.com/ default3.html?call=article.php?sid=1163#s12466

Zu Kapitel 28 „Fouriertransformation":

[78] Uwe Kiencke, Holger Jäkel: „Signale und Systeme", Oldenbourg, 2008

[79] K. Burg, H. Haf, R. Wille, A. Meister: „Höhere Mathematik für Ingenieure, Band 3: Gewöhnliche Differentialgleichungen, Distributionen, Integraltransformationen", Vieweg+Teubner, 5. Auflage, 2009

[80] K. Meyberg, P. Vachenauer: "Höhere Mathematik 2: Differentialgleichungen, Funktionentheorie, Fourier-Analyse, Variationsrechnung", Springer Verlag, 2001

Zu Kapitel 29 „Das Brachistochronenproblem":

[81] Alfred Wagner: „Die Variationsrechnung und ihre Baseler Ursprünge", erschienen in: Uni Nova Nr. 87, Wissenschaftsmagazin der Universität Basel, Juni 2000, S.36-40

Zu Kapitel 30 „Repunits, geometrische Summen und Quadratzahlen":

[82] W. Ljunggren: „Noen setninger om ubestemte likninger av formen $(x^n-1)/(x-1) = y^q$", Norsk. Mat. Tidsskr. 25, 1943

[83] Reinhard Brünner: „Geometrische Summen und Quadratzahlen", 2009, www.matheplanet.com/default3.html?article=1234

[84] H. W. Lenstra Jr.: „Solving the Pell Equation" in „Notices of the AMS", Vol. 49, Number 2, S. 182 ff, 2002; auch: www.ams.org/notices/200202/fea-lenstra.pdf

[85] Peter Bundschuh: „Einführung in die Zahlentheorie", Springer Verlag, 1996

Zu den Kapiteln 31 und 32 „Irrationalität/Transzendenz von e und π":

[86] Ivan Niven: „A Simple Proof That Pi Is Irrational", 1947, www.pi314.at/math/misc/ irrational_niven.pdf

[87] Michael Filaseta: „Transcendental Number Theory: Transcendence of E and Pi", www. math.sc.edu/~filaseta/gradcourses/Math785/Math785Notes6.pdf.

[88] Peter Bundschuh: „Einführung in die Zahlentheorie", Springer Verlag, 1996

[89] Kaleidoskop, Ein mathematischer Almanach, herausgegeben von Eberhard Oettinger, Klett Verlag, 1988

[90] Michael Artin: „Algebra", Birkhäuser Verlag, 1998

[91] Rudolf Fritsch: „Hilberts Beweis der Transzendenz der Ludolphschen Zahl π", LMU München, www.mathematik.uni-muenchen.de/~fritsch/pi.pdf, 2003

Bildnachweis: Alle Abbildungen von den Autoren.

Index

Ein visueller Streifzug durch die gesamte Mathematik

www.spektrum-verlag.de

Bilder der Mathematik

2. Aufl. 2010
340 S., 1000 farb. Abb., geb. m. SU
€ [D] 34,95 / € [A] 35,93 / CHF 47,00
ISBN 978-3-8274-2565-2

Georg Glaeser / Konrad Polthier
Bilder der Mathematik

Wie sieht eine Kurve aus, die die ganze Ebene oder den Raum vollständig ausfüllt? Kann man einen Polyeder flexibel bewegen, ja sogar umstülpen? Was ist die projektive Ebene oder der vierdimensionale Raum? Gibt es Seifenblasen, die nicht die runde Kugel sind? Wie kann man Wirbel und die komplizierte Struktur von Strömungen besser verstehen?

In diesem Buch erleben Sie die Mathematik von ihrer anschaulichen Seite und finden faszinierende und bisher nie gesehene Bilder, die Ihnen illustrative Antworten zu all diesen Fragestellungen geben. Zu allen Bildern gibt es kurze Erklärungstexte, viele Literaturhinweise und jede Menge Web-Links mit weitergehenden Informationen.

Das Buch ist für alle Freunde der Mathematik, die nicht nur trockenen Text und endlose Formeln sehen wollen. Vom Schüler zum Lehrer, vom Studenten zum Professor. Die Bilder sollen sie alle inspirieren und anregen, sich mit diesem oder jenem vermeintlich nur Insidern vorbehaltenem Thema zu beschäftigen. Lernen Sie die Mathematik von einer ganz neuen und bunten Seite kennen.

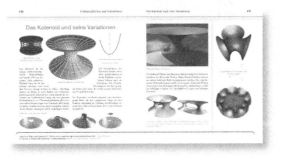

▶ Ein visueller Streifzug durch die gesamte Mathematik
▶ Mehr als 1000 farbige Abbildungen
▶ Bemerkenswertes und Überraschendes von der Arithmetik bis zur Topologie

Genießen Sie die Schönheit und Faszination der Mathematik auf reich bebilderten Seiten zu den Themen:

- Polyedrische Modelle
- Geometrie in der Ebene
- Alte und neue Probleme
- Formeln und Zahlen
- Funktionen und Grenzwerte
- Kurven und Knoten
- Geometrie und Topologie von Flächen
- Minimalflächen und Seifenblasen
- Parkette und Packungen
- Raumformen und Dimensionen
- Graphen und Inzidenzen
- Bewegliche Formen
- Fraktale Mengen
- Landkarten und Abbildungen
- Formen und Verfahren in Natur und Technik

Spektrum
AKADEMISCHER VERLAG

▶ Ausführliche Informationen unter www.spektrum-verlag.de